Ricardo Linden

Algoritmos Genéticos

3ª edição

Algoritmos Genéticos – 3ª Edição

Editor: Paulo André P. Marques
Produção Editorial: Aline Vieira Marques
Capa: Paulo Vermelho
Diagramação: Érika Loroza
Assistente Editorial: Laura Souza

FICHA CATALOGRÁFICA

LINDEN, Ricardo
Algoritmos Genéticos – 3ª Edição
Rio de Janeiro: Editora Ciência Moderna Ltda., 2012

1. Informática
I — Título

ISBN: 978-85-399-0195-1 CDD 001.642

Editora Ciência Moderna Ltda.
R. Alice Figueiredo, 46 – Riachuelo
Rio de Janeiro, RJ – Brasil CEP: 20.950-150
Tel: (21) 2201-6662 / Fax: (21) 2201-6896
LCM@LCM.COM.BR
WWW.LCM.COM.BR

12/11

Dedico este livro a Berta, Runia, Majer e Chaim que chegando em uma terra desconhecida com um língua estranha, construíram as sólidas fundações sobre as quais este livro está baseado.

Agradecimentos

Gostaria de agradecer primeiramente à minha esposa, Claudia, pelo seu apoio incondicional, o seu amor e a sua paciência durante as longas horas que eu passei em frente ao computador escrevendo este livro.

Meus filhos, Ilana e Gabriel, são minha alegria e minha motivação. Nenhum trabalho que faço teria a mesma qualidade sem a força que eles me transmitem todos os dias.

Gostaria de agradecer à reitora da Faculdade Salesiana Maria Auxiliadora, onde leciono, a Irmã Maria Léa Ramos, que criou um ambiente agradável e amistoso, onde é ótimo trabalhar, e sempre incentivou a todos os professores, e a mim especialmente, a procurar crescer como profissionais.

Não poderia esquecer-me também dos meus amigos do CEPEL, excelente ambiente de trabalho, que sempre ouviram as reclamações e deram ideias que me ajudaram a manter a sanidade enquanto escrevia este livro. Paulo, Fatima, Victor, Batalha, Dutra, Guilherme, Bianco e Plutarcho foram sempre companheiros nesta longa jornada.

Gostaria também de agradecer a meus pais, que sempre me incentivaram, e que me impediram de tentar ser jogador de futebol profissional, o que, em retrospecto, parece ter sido uma ótima ideia.

Este livro é decorrente de vários cursos de algoritmos genéticos que ministrei e das aulas de inteligência artificial que lecionei na Faculdade Salesiana Maria Auxiliadora (FSMA), em Macaé, RJ. Todos os alunos me mostraram suas dificuldades e ajudaram-me a criar uma versão mais didática deste texto. Espero que eles tenham aprendido comigo tanto quanto eu aprendi com eles.

Além deles, os leitores da primeira e da segunda edições que me escreveram foram extremamente atenciosos ao me apontar suas dúvidas e eventuais erros no texto. Espero que esta terceira versão do texto passe 100% pelo crivo de todos.

Por último, mas não menos importante, gostaria de agradecer a meu pai, Gilberto Linden, e a meu amigo, Paulo Buarque Guimarães, que leram e comentaram o manuscrito, dando sugestões que só melhoraram a qualidade deste livro. Parte da qualidade do livro é mérito deles, mas quaisquer erros que porventura tenham permanecido são culpa única e exclusiva minha. O Paulo, especialmente, por suas colaborações à didática e organização deste livro, é um dos responsáveis pelo seu sucesso. Tenho certeza que não teria chegado à terceira edição sem suas valiosas opiniões.

Apresentação

É com extrema alegria que eu apresento a vocês esta terceira edição, agora em uma nova editora. Eu sempre soube que os algoritmos genéticos são uma importante ferramenta de otimização e que faltava uma obra completa sobre o assunto em português. Entretanto, nem nos meus sonhos mais ousados, eu imaginaria uma resposta tão positiva sobre este livro. As duas primeiras edições esgotaram-se rapidamente e as respostas que recebi dos leitores foram muito positivas, o que foi um grande estímulo para fazer uma terceira edição um pouco mais completa, incorporando as principais sugestões que recebi dos amigos que este livro me fez adquirir.

O conceito de algoritmos genéticos é baseado na ideia de que a computação, especialmente o campo da inteligência computacional, tem se beneficiado muito da observação da natureza. Através desta observação surgiram, entre outros, as redes neurais (simulação do comportamento do cérebro humano), o resfriamento simulado (simulação do processo de resfriamento de metais) e, finalmente, os algoritmos genéticos (simulação da evolução natural).

Só para deixar bem claro para todos que se aventurarem a ler este texto: apesar do que o termo "algoritmos genéticos" possa sugerir, não há nenhum tipo de experiência genética descrita neste livro, nem nenhum tipo de apoio sugerido a qualquer ideia de eugenia ou superioridade genética.

O objetivo básico deste livro é introduzir de forma clara e concisa uma importante área de pesquisa na qual temos pouca literatura em português. Este livro visa ajudar alunos de graduação da matéria de Inteligência Artificial e/ou eletivas de algoritmos genéticos (GA) e alunos de pós-graduação que desejem iniciar alguma pesquisa na área de GA. Membros da indústria podem aproveitar este livro para ganhar alguma perspectiva sobre uma área da computação que pode lhes ajudar na otimização de seus processos. Para isto, foi introduzido um capítulo que busca descrever de forma sucinta algumas aplicações práticas dos algoritmos genéticos em vários ramos importantes da indústria e pesquisa.

No decorrer deste livro procurei usar uma nomenclatura e termos técnicos consistentes, preferencialmente em português. A exceção mais gritante foi o uso da sigla GA (de *genetic algorithms*) para me referir aos algoritmos genéticos. Eu a escolhi não por submissão a um suposto colonialismo cultural, mas sim por ser a mais usada entre todos os pesquisadores, mesmo aqueles que costumam usar termos em português.

Todos os códigos descritos neste livro foram compilados na versão 1.6 do J2SDK da Sun, usando-se o ambiente de programação NetBeans, versão 6.9. Muitos céticos, ao verem na capa deste livro que há vários exemplos na linguagem Java, devem ter imaginado que esta linguagem foi escolhida devido ao fato de ser "moda" atualmente. A verdade é que os céticos estão totalmente enganados. Há alguns bons motivos para escolher Java, entre os quais podemos destacar:

- Java é independente de ambiente. Eu não sei se meus leitores usam Linux, Windows, Solaris ou qualquer outro ambiente. A verdade é: isto não é importante! Todos os programas descritos neste livro rodarão sem problemas em qualquer ambiente que tenha uma máquina Java padrão instalada. Em linguagem técnica, dizemos que ela é de arquitetura neutra, isto é, o código compilado é executável em muitos processadores, dada apenas, conforme mencionado antes, a presença da máquina virtual Java de tempo de execução (Horstmann, 2007).
- Java é extremamente simples. Se você já conhece C ou C++ e compreende as noções básicas de orientação a objetos, então compreenderá com facilidade o código escrito neste livro. Tentei escrever o código mais simples possível (sacrificando, às vezes, a eficiência) de forma que os leitores possam entender todos os programas fácil e rapidamente. Além disto, no capítulo 1 vocês encontrarão uma breve introdução ao conceito de programação orientada a objetos que os ajudará a compreender o código criado para este livro.
- Java é totalmente orientada a objetos. Ao fazer programas verdadeiramente orientados a objetos temos um código que é reutilizável, além de simples, compartimentalizado e seguro. O principal, entretanto, é a reutilização. Todos os códigos descritos neste livro foram criados de forma que vocês possam usá-los posteriormente para resolver seus problemas reais. Usem e abusem de todas as

classes descritas neste livro: elas foram criadas para vocês! E o melhor de tudo, eles são de graça! O único direito autoral que se aplica sobre os programas é que ao usar meus códigos, vocês devem contar para seus amigos que vocês os retiraram de um livro muito bem escrito que deveria ser comprado por todos!

Apesar de não haver um CD ou disquete associado a este livro (decisão que tomamos para diminuir os custos de produção), todos os códigos fontes completos podem ser baixados diretamente do site http://www.algoritmosgeneticos.com.br. O *download* é gratuito para todos os interessados, inclusive para uso didático e todos os códigos-fontes estão armazenados como projetos para serem utilizados no *software* NetBeans.

É importante ressaltar que os fragmentos de código de cada seção são parte dos códigos completos que também podem ser obtidos no endereço citado. Não reproduzi o código completo pois isto seria um desperdício de espaço. Apenas as rotinas chave são comentadas de forma completa em cada seção, para que o leitor possa compreender como implementar cada um dos conceitos mencionados.

Espero que o estilo do livro agrade a todos, apesar de saber de antemão que isto é virtualmente impossível. Procurei fazer um livro que seja fácil e agradável de ler e que ainda assim seja completo e preciso o suficiente para servir como material introdutório e apoio a cursos de graduação ou pessoas interessadas em iniciar pesquisas nesta área. Para tanto procurei ser bem humorado ao escrever o texto, sem fazer disto um motivo para retirar dele os tópicos mais importantes e o conteúdo que considero necessário. Acredito que qualquer tema técnico já é suficientemente árido e ser sisudo não melhora a compreensão de ninguém – um pouco de "açúcar" faz com que o assunto seja compreensível de forma mais agradável.

Além disto, muitos capítulos incluem exercícios que devem ser encarados como guias para o estudo do material apresentado e para estudos complementares a serem realizados pelo aluno. Vários exercícios não têm suas respostas dentro do capítulo onde ele é apresentado, mas requerem da parte do aluno um esforço adicional de pesquisa, podendo ser usados por professores como trabalhos complementares para uma matéria oferecida em uma faculdade.

O livro está organizado em três partes, de forma que estes objetivos didáticos sejam alcançados mais facilmente.

A primeira parte, intitulada "O básico", busca introduzir os conceitos necessários para a compreensão dos algoritmos genéticos. O capítulo 1 introduz conceitos de informática que considero relevantes para a compreensão da importância e do funcionamento dos algoritmos genéticos. O capítulo 2 inclui conceitos básicos de genética e biologia evolucionária para que seja possível entender as analogias feitas pelos algoritmos genéticos. Estes dois capítulos podem ser pulados por quem possui os conhecimentos fundamentais de ambas as áreas.

A partir deste ponto começamos a ver a parte relativa especificamente aos algoritmos genéticos. O capítulo 3 apresenta os conceitos básicos envolvendo algoritmos genéticos e evolucionários enquanto que, ao fim do capítulo 4, o leitor já deve ser capaz de fazer um GA simples e resolver alguns problemas menos complexos.

Começa então a parte II do livro, denominada "Avançando nos Algoritmos Genéticos", que trata de tópicos ligeiramente mais avançados dos algoritmos genéticos, mas que, espero, continuarão a ser compreensíveis para todos. O objetivo desta parte é fornecer todas as ferramentas fundamentais para que você, já possuindo os conceitos iniciais dos GAs, possa desenvolver suas próprias aplicações.

A segunda parte se inicia com o capítulo 5, que discute, de forma nem um pouco árida, espero, a teoria dos esquemas, fundamentação teórica dos algoritmos genéticos proposta por Holland. A discussão ocorre logo pois os esquemas servem para entender melhor o funcionamento dos operadores.

Cada um dos capítulos seguintes desta seção discute como é possível melhorar algum aspecto do GA mais elementar discutido na parte I. O capítulo 6 discorre sobre operadores genéticos, o capítulo 7, sobre módulo de população, o capítulo 8, sobre a função de avaliação e o capítulo 9, sobre a forma de selecionar os pais. O capítulo 10 fala sobre representações alternativas e deve ser estudado com atenção para que o estudante não fique, como muitos, viciado em uma representação binária que nem sempre é a mais adequada. Coloco aqui a ideia básica para todos que leiam este livro: estou querendo que vocês acrescentem os algoritmos genéticos à sua ampla caixa de ferramentas para resolução de problemas, e não que vocês achem que os GAs sejam a mais nova panacéia computacional, a maneira mais fácil de curar o câncer e trazer a paz mundial!

A última parte do livro, "Tópicos Avançados", tem por objetivo discutir vários tópicos interessantes associados à área dos algoritmos genéticos, incluindo hibridização com outras técnicas inteligentes e como os GAs têm sido usados em alguns campos de pesquisa proeminentes.

Os capítulos 11 e 12 apresentam duas técnicas "primas" dos algoritmos genéticos, também pertencentes ao ramo dos algoritmos evolucionários. No fundo, a fronteira entre estas áreas é meramente acadêmica, pois todas as três técnicas utilizam os mesmos conceitos fundamentais, variando apenas as estruturas de dados e operadores. Logo, é interessante que vocês tenham ouvido falar de todos os ramos dos algoritmos evolucionários.

O capítulo 13 discute brevemente híbridos dos algoritmos genéticos com outras técnicas inteligentes conhecidas, redes neurais, lógica *fuzzy* e algoritmos meméticos. O que este capítulo busca ressaltar é que os GAs têm muitas características interessantes que podem ser combinadas com os pontos fortes de muitas outras técnicas, de forma a obter os melhores resultados para o problema que deve ser resolvido. Lembre-se sempre de que o problema deve ser o foco de sua atenção, e não os algoritmos usados para resolvê-lo. Nunca tente adequar o problema à ferramenta que você mais gosta, mas sim escolher a ferramenta mais adequada às características do problema que você tem que solucionar. Além disto, nesta edição acrescentei também uma seção sobre algoritmos genéticos quânticos, que apesar de não serem um híbrido equivalente aos outros, ainda assim representam a incorporação de outras técnicas dentro dos algoritmos evolucionários.

O capítulo 14 fala sobre conceitos que serão muito importantes ao aplicar GAs a problemas da "vida real". Afinal, a maioria destes problemas são multiobjetivos e têm restrições devido ao fato de que recursos são finitos e possuem condições de uso específicas. Não deixe de ler este capítulo com atenção antes de atacar algum problema real com um GA.

O capítulo 15 discorre sobre os GAs paralelos, que podem ser uma ferramenta interessante para melhorar o desempenho. Como veremos em detalhes neste capítulo, não é necessário possuir supercomputadores para fazer computação paralela, bastando apenas alguns microcomputadores comuns.

O capítulo 16 traz algumas aplicações dos GAs. Este capítulo não se propõe a ser exaustivo nem a dizer que os artigos selecionados são necessariamente os melhores de suas áreas. As áreas foram escolhidas de acordo com meus interesses e experiência profissionais, e constituem apenas um exemplo interessante da aplicabilidade dos GAs. Se sua área de atuação não foi descrita, isto está longe de dizer que GAs não são aplicáveis a ela. Ademais, os artigos selecionados para este capítulo apresentam características que os tornam interessantes, e não por, necessariamente, serem trabalhos seminais.

O capítulo 17 é a conclusão de tudo que foi falado neste livro e o capítulo 18 contém alguns exercícios interessantes que buscam verificar se os conceitos apresentados no livro inteiro foram gravados em sua mente. Às vezes, tirando o exercício do contexto do capítulo que contém o texto necessário para resolvê-lo, nós fazemos com que ele fique muito mais difícil e exija mais raciocínio. Assim, ao acabar o livro, ataque este capítulo como forma de verificação do seu aprendizado pessoal.

Os apêndices trazem informações que, apesar de não serem essenciais, são muito interessantes. O apêndice A descreve vários recursos adicionais de aprendizado sobre algoritmos genéticos. Acredito que o livro é totalmente suficiente para que vocês aprendam o básico, mas se vocês quiserem mais informação, este apêndice pode ajudá-los a procurá-la.

O apêndice B descreve de forma sucinta outras técnicas de resolução de problemas. Seria interessante que vocês dominassem o maior número possível de técnicas antes de tentar atacar um problema: assim, vocês poderiam escolher a mais adequada. Lembrem-se sempre de que o objetivo é o problema, e não o algoritmo.

Nesta edição, replicando o que foi feito na segunda, foi feita uma leitura completa do texto, com revisão de frases e parágrafos para melhorar o entendimento, além de serem acrescentadas múltiplas dicas pelo corpo do trabalho, para que o leitor dê a devida atenção a certos aspectos importantes que podem passar desapercebidos em um livro que tem mais de 400 páginas. Foram também adicionados alguns exercícios resolvidos e mais alguns exercícios em diversos capítulos, para melhorar o processo de aprendizado dos leitores-estudantes.

Na segunda edição foi adicionada uma seção sobre algoritmos meméticos, que deve ser lida com especial cuidado por todos que querem aplicar GAs na prática. Tenho visto uma grande quantidade de artigos e recebi uma grande quantidade de e-mails que querem usar GAs diretamente, sem incorporar as qualidades específicas do domínio de conhecimento de seu problema. Isto não poderia ser mais errado e, de acordo com o teorema da inexistência do almoço grátis, provavelmente não conduzirá a resultados ótimos. Por isto, esta seção deve ser lida com a devida atenção. Esta seção foi reforçada nesta edição, para que todos dêem a verdadeira importância à sua leitura e utilização.

Nesta edição procurei revisar e atualizar o capítulo sobre aplicações, de forma que tenhamos sempre algo atual para ler em relação ao uso corrente de algoritmos genéticos. É claro que a dinâmica da ciência mundial é muito mais veloz que o processo de edição de um livro. Assim, este capítulo, mesmo atualizado, não substitui a leitura dos periódicos científicos avançados, alguns dos quais estão devidamente indicados no apêndice A deste livro.

Se você encontrar um erro, quiser fazer um comentário sobre o livro, propor alguma alteração ou apenas bater um papo, ficarei feliz de receber seus e-mails pelo endereço *rlinden@pobox.com*.

Ricardo Linden

Sumário

Parte I - O Básico

Capítulo 1

Introdução

1.1. Inteligência Computacional

Muitos debatem hoje em dia a diferença entre inteligência artificial e inteligência computacional e não pretendo entrar nesta discussão aqui. Vários livros não distinguem entre os termos, enquanto que outros dizem que a inteligência artificial é a ciência que tenta compreender e emular a inteligência humana como um todo (tanto no comportamento quanto no processo cognitivo), enquanto que a inteligência computacional procura desenvolver sistemas que tenham comportamento similares a certos aspectos do comportamento inteligente. Qualquer uma das duas definições é válida e suficiente para os propósitos deste livro.

A verdade é que atualmente não existe ainda uma definição consensual do que é inteligência e os cientistas ainda não têm certeza de como a adquirimos ou como a aperfeiçoamos (Silveira & Barone, 2003). Definir o que é inteligência é, então, uma tarefa complexa, podendo esta ser a capacidade de pensar em termos abstratos, de resolver problemas importantes em um determinado ambiente ou então simplesmente de entender conceitos que são considerados difíceis por um observador que queira determinar a nossa inteligência[1].

Neste livro não vamos nos preocupar com o conceito mais amplo de inteligência, mas vamos nos concentrar em uma única técnica computacional que procura usar alguns aspectos do mundo natural para resolver uma classe de problemas interessantes. Isto não chega a ser um grande limitador

[1] Esta definição foi dada pelo prof. Marvin Minsky em uma entrevista televisiva e representa perfeitamente como definimos se uma pessoa que conhecemos é inteligente: ao vermos que ela faz coisas que não conseguimos fazer/entender, como contas de cabeça, exercícios de física quântica ou a composição de uma sinfonia, nós nos impressionamos e declaramos que esta pessoa tem uma inteligência superior. Esta definição subjetiva não seria compartilhada por um matemático, um físico quântico mais experiente ou Mozart, respectivamente.

do escopo, mas quem quiser discussões mais complexas sobre todo o tema da inteligência deve buscar uma das referências citadas ao fim deste livro, como por exemplo o provocador e controverso livro (Kurzweil, 2006).

O fato de usarmos a natureza como fonte das ideias para nossas técnicas de resolução de problemas quer dizer que estamos navegando nas águas da "computação bioinspirada". Além dos algoritmos genéticos, existem várias outras técnicas de inteligência computacional que também se inspiram na natureza, como as redes neurais e a lógica nebulosa (*fuzzy*), por exemplo, as quais são discutidas com algum nível de detalhe, no contexto de sua hibridização com algoritmos genéticos no capítulo 13 deste livro.

Voltando à questão de definir o que é inteligência computacional, podemos dizer que as melhores definições utilizadas no contexto do que é descrito neste livro são as seguintes:

- Boose disse que "inteligência artificial é um campo de estudo multidisciplinar e interdisciplinar, que se apóia no conhecimento e evolução de outras áreas de conhecimento".
- Winston afirmou que "inteligência artificial é o estudo das ideias que permitem aos computadores simular inteligência".

Apesar de ambas as definições terem sido cunhadas para a inteligência artificial, elas valem perfeitamente para o que vamos descrever neste livro. Vamos nos basear fortemente na biologia e na genética para criar um algoritmo[2]. Esperamos que o resultado de nossos esforços sejam programas de computadores mais "espertos" do que os programas tradicionais, sendo capazes de encontrar soluções que estes últimos não encontrariam.

A palavra "encontrar" usada aqui é extremamente apropriada, porque, no fundo, o objetivo final de todas as técnicas da inteligência computacional é a busca, podendo ser de uma solução numérica, do significado de uma expressão linguística, de uma previsão de carga ou de qualquer outro elemento que tenha significado em uma determinada circunstância. Não importando a área de aplicação, uma busca sempre tem como objetivo

[2] Isto não quer dizer que sem conhecer biologia você não poderá ou terá alguma dificuldade para entender o que será explicado aqui. O grau de dificuldade (ou de facilidade, para os otimistas) é igual para todos.

encontrar a melhor solução dentre todas as soluções possíveis (o **espaço de soluções**).

Algoritmos genéticos (GA) são uma técnica de busca extremamente eficiente no seu objetivo de varrer o espaço de soluções e encontrar soluções próximas da solução ótima, quase sem necessitar interferência humana, sendo uma das várias técnicas da inteligência computacional dignas de estudo. O problema dos GA é que eles não são tão bons assim em termos de tempo de processamento. Logo, eles são mais adequados em problemas especialmente difíceis, entre os quais incluímos aqueles denominados NP difíceis. Para maiores detalhes sobre o significado deste termo, veja as seções a seguir.

Ainda neste capítulo explicaremos com um pouco mais de detalhe o que é uma busca e como os algoritmos genéticos podem ser encarados como uma técnica voltada para este tipo de tarefa. Por enquanto, assuma apenas que a busca é um problema de fundamental importância e que precisamos de técnicas capazes de realizá-la mesmo quando ela for extraordinariamente complexa. Antes de descrever os conceitos de busca, precisamos entender outros conceitos, que serão importantes para fundamentar nossas discussões sobre algoritmos genéticos.

1.2. Tempo de execução de algoritmos

Introduziremos agora o conceito de avaliação de desempenho de algoritmos. Não tentaremos avaliar o tempo de forma exata, mas sim verificar como o tempo de execução cresce conforme aumentamos o volume de dados oferecido como entrada para um algoritmo. Isto permite-nos fazer uma medida que é válida (mesmo que não seja precisa) não importando a CPU, o sistema operacional, o compilador e outros fatores inerentes à máquina específica na qual o programa será executado.

A criação desta métrica nos ajuda a realizar comparações entre dois algoritmos que porventura resolvam o mesmo problema. Calculando o tempo de cada um, mesmo que aproximadamente, podemos escolher aquele que seja mais eficiente em termos de tempo de execução. Desta forma, não precisamos do cálculo de tempo exato de cada algoritmo, mas sim de uma métrica que seja capaz de dizer qual algoritmo é mais eficiente em termos de tempo de execução e, eventualmente, de recursos computacionais consumidos. Ou seja, nosso objetivo fundamental é encontrar uma maneira de comparar diferentes algoritmos de forma a conseguir uma métrica independente das circunstâncias (sistema operacional, máquina, etc) que nos permita dizer: "para o problema X, o melhor algoritmo é Y".

Existem algumas medidas que podem ser feitas sobre um algoritmo:

1. **Tempo de execução do pior caso** → é o limite superior de tempo que o algoritmo leva para qualquer entrada. Em muitos algoritmos, acontece frequentemente[3].
2. **Tempo médio de execução** → pode ser tão ruim quanto o pior caso, pois as entradas são aleatórias. Entretanto, é uma métrica mais fiel do que acontece na realidade.
3. **Tempo de melhor caso** → só serve para fazermos apresentação em feiras ou vender nosso *software* para clientes desavisados! Um bom profissional de computação nunca vai basear suas estimativas nesta métrica, pois ela é enganadoramente otimista.

Normalmente, ao avaliarmos o desempenho de um algoritmo estamos mais interessados no tempo de pior caso. Isto não decorre de uma abordagem negativista em relação à vida, mas sim do fato de que se soubermos o pior tempo possível, saberemos qual é o limite superior de tempo que nosso algoritmo necessitará em todos os casos. Se o algoritmo ainda for aceitável neste caso, ele o será para todos os casos que podem ser enfrentados.

Assim sendo, vamos partir para o cálculo do tempo de execução de nossos programas. Primeiro, vamos partir de um conceito que obviamente não é preciso: determinamos que todas instruções demoram o mesmo tempo para executar. Chamaremos este tempo de unidade de execução, e para efeito de cálculos atribuímos a ele valor 1.

---

[3] Em outros, é uma medida digna da hiena Hardy Ha-Ha (Oh céus, oh vida, oh azar!). Entretanto, temos que ter uma idéia do que podemos enfrentar em termos de tempo de execução antes de oferecer os recursos de nossa máquina para um programa.

Exemplo 1.1: instruções às quais atribuímos tempo de execução igual a 1:

```
(a) x=2*Math.log(y+1)+ Math.sin(z);
(b) x++;
(c) g2.draw3DRect(0, 0, d.width - 1, d.height - 1, true);
```

É fácil perceber que, provavelmente, a instrução (a) demora mais que a instrução (b), que por sua vez provavelmente demora menos que a instrução (c). Entretanto, não estamos calculando o tempo exato de execução de nossos algoritmos, mas sim uma aproximação em termos de ordem de grandeza. Assim, a diferença entre (c) e (a) pode ser medida através de um fator constante, que será ignorado na conta final.

É claro que fatores constantes são importantes na vida real (afinal um programa que demora duas vezes mais que outro para obter os mesmos resultados deve ser considerado pior), mas como eles são fortemente dependentes de compilador e máquina, escolhemos omiti-los para evitar que nossas conclusões percam seu aspecto generalista. Esta dependência é reflexo do fato de que, para termos o valor exato do tempo de execução, teríamos que pegar o código compilado e checar os manuais de *assembler* da máquina em questão para determinar o custo computacional de cada instrução. Isto mudaria de máquina para máquina e seria extremamente trabalhoso e aborrecido. Ademais, fazendo a análise desta forma, podemos avaliar a velocidade do algoritmo de forma independente do ambiente de *hardware* e *software*.

Agora temos que determinar quantas vezes cada uma de nossas instruções de tempo 1 são repetidas, pois os *loops* são a parte mais importante de um programa (geralmente, 10% do código toma cerca de 90% do tempo de execução). Consequentemente, quando analisar o seu tempo de execução, preste muita atenção nestas partes, pois elas dominam a execução total. Para tanto, procure os *loops* que operam sobre as estruturas de dados do programa. Se você sabe o tamanho da estrutura de dados, você sabe quantas vezes o *loop* é executado e consequentemente o tempo de execução do mesmo.

Assim, podemos estabelecer uma receita de como determinar quantas vezes cada uma de nossas instruções de tempo 1 são repetidas. Para tanto, siga os seguintes passos:

1. Divida o algoritmo em pedaços menores e analise a complexidade de cada um deles. Por exemplo, analise o corpo de um *loop* primeiro e depois veja quantas vezes este *loop* é executado.

2. Procure os *loops* que operam sobre toda uma estrutura de dados. Se você sabe o tamanho da estrutura de dados, você sabe quantas vezes o *loop* é executado e consequentemente o tempo de execução do *loop*.

Para entender melhor, vamos apresentar um exemplo. Seja função dada pelo seguinte código em Java:

```
1 public int arrayMax(Vector V) {
2     int currentMax = (Integer)V.get(0)).intValue;
3     for(int i=1; i<V.size();i++) {
4     if (((Integer)V.get(i)).intValue > currentMax)
5        currentMax=((Integer)V.get(i)).intValue;
6     }
7     return (currentMax);
8 }
```

As linhas 2, 4, 5 e 7 têm custo unitário, conforme determinamos no texto anterior. A linha 5 só ocorre se a condição expressa na linha 4 for verdadeira. Como estamos tentando determinar o tempo de pior caso, vamos considerar que ela sempre ocorre. Assim, o tempo do algoritmo fica um pouco pior.

Fora do *loop* definido pela linha 3, temos a linha 2 e 7, cujos tempos, conforme determinamos no parágrafo anterior, somam 2. Agora falta determinar o tempo de execução do *loop*. Este começa com a atribução de i=1 da linha 3, atribuição esta que tem custo igual a 1. O resto do *loop* consiste no teste do for (custo 1), na repetição das linhas 4 e 5 (soma dos custos igual a 2) e no incremento da variável i (custo igual a 1), o que faz com que o custo total de cada repetição seja de 4 unidades de tempo.

Quantas vezes o *loop* se repete? A variável i começa com valor igual a 1 e é incrementada de 1 em 1 até chegar no tamanho do vetor v (número de elementos que v contém). Logo, o número de repetições é o tamanho do vetor v menos 1. Se chamarmos o tamanho de v de *n*, o número de repetições será de *n-1* e o custo do *loop* é de *4*(n-1)*.

Consequentemente, o custo total do algoritmo, dado pela função *T(n)*, onde *n* é o número de dados contidos no vetor V, é dado pelo tempo de execução gasto fora do loop mais o tempo gasto dentro do *loop*, no total de $T(n)=4*(n-1)+3= 4n-1$. Veja um resumo disto na figura 1.1.

Este cálculo nos fornece um intervalo dentro do qual podemos ter certeza de que o tempo de execução de nosso algoritmo está contido. Sejam:

- *a*: Tempo levado pela operação primitiva mais rápida
- *b*: Tempo levado pela operação primitiva mais lenta

Seja *T*(*n*) o verdadeiro tempo de execução de pior caso da função *arrayMax* calculado anteriormente. Nós temos então que $a(4n - 1) <= T(n) <= b(4n - 1)$, o que nos permite concluir que o tempo de execução *T*(*n*) é limitado por duas funções lineares.

Se mudarmos o ambiente de *hardware/software*, nós alteraremos os valores das constantes a e b, o que afeta *T*(*n*) apenas por um fator constante, não alterando a taxa de crescimento da função. Isto nos permite concluir que a taxa de crescimento linear de *T*(*n*) é uma propriedade intrínseca do algoritmo *arrayMax*.

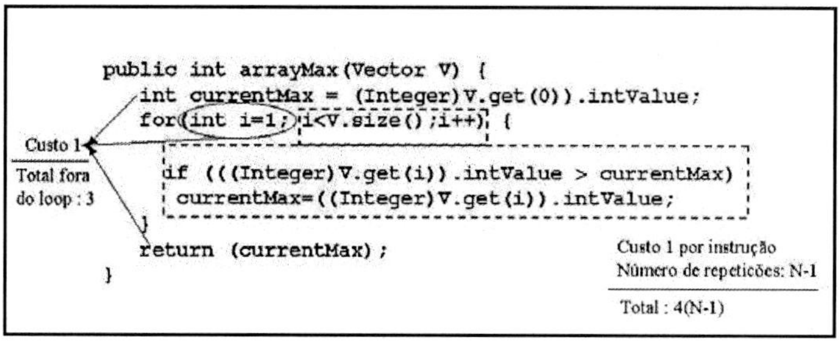

```
public int arrayMax(Vector V) {
   int currentMax = (Integer)V.get(0)).intValue;
   for(int i=1; i<V.size();i++) {
      if (((Integer)V.get(i)).intValue > currentMax)
       currentMax=((Integer)V.get(i)).intValue;
   }
   return (currentMax);
}
```

Custo 1
Total fora do loop : 3

Custo 1 por instrução
Número de repeticões: N-1
Total : 4(N-1)

Fig. 1.1: Cálculo do tempo de execução do algoritmo arrayMax.

Todo algoritmo tem uma taxa de crescimento que lhe é intrínseca – o que varia de ambiente para ambiente é apenas o tempo absoluto de cada execução, que é totalmente dependente de fatores como poder de processamento, código compilado e outros que estão normalmente fora do escopo de atenção do programador comum.

Esta discussão nos permite concluir que a taxa de crescimento não é afetada por fatores constantes. Além disto, tendo em vista que funções de grau maior (também denominadas funções de mais alta ordem) crescem bem mais rápido que funções de grau menor (de mais baixa ordem), podemos desprezar estes fatores menores quando o número de entradas cresce muito, e concluímos que a taxa de crescimento não é afetada por funções de mais baixa ordem.

Exemplo 1.2:

- $10^2n + 10^5$ é uma função linear.
- $10^5n^2 + 10^8n$ é uma função quadrática.

Para simplificar estes conceitos, foi introduzida uma notação que define de forma prática o conceito de tempo de execução. Esta notação define os tempos de execução em termos de funções fundamentais, eliminando constantes e outras funções e é denominada **notação-O**, ou ***big-Oh***. Esta se baseia em uma definição simples, que diz que dadas as funções $f(n)$ e $g(n)$, dizemos que $f(n)$ é $O(g(n))$ se existem duas constantes não-negativas c e n_0 tais que $f(n) <= cg(n)$, para qualquer $n>n_0$.

A notação-O fornece um limite superior para a taxa de crescimento da função. A afirmação "$f(n)$ é $O(g(n))$" significa que a taxa de crescimento de $f(n)$ não é maior que a taxa de crescimento de $g(n)$. Isto quer dizer que toda função $O(n)$ também é $O(n^2)$, toda função $O(n^2)$ também é $O(n^3)$, e assim por diante, mas para efeitos práticos usamos a função de mais baixo grau que se aplica ao nosso algoritmo. Afinal, se quisermos ter uma boa noção sobre como o tempo de processamento crescerá, devemos utilizar a função que descreve esta taxa de crescimento de forma mais precisa.

As regras básicas para aplicação da notação-O são as seguintes:

- Se $f(n)$ é uma função polinomial de grau d, então $f(n)$ é $O(n^d)$, isto é, descarte termos de menor ordem e constantes.
- Use o menor conjunto possível. Por exemplo, diga "$2n$ é $O(n)$" em vez de "$2n$ é $O(n^2)$"
- Use a expressão mais simples da classe. Por exemplo, "$3n + 5$ é $O(n)$" e não "$3n + 5$ é $O(3n)$"

Em vez de procurar por constante c e n que satisfaçam uma inequalidade, podemos determinar diretamente se uma função é da ordem de outra verificando se a seguinte igualdade é satisfeita:

$$\lim_{n \to \infty} \frac{f(n)}{g(n)} = k \text{, onde } k \in \Re.$$

Se isto for verdade, podemos dizer que f(n) é O(g(n)). Note que alguns livros forçam que k seja igual a zero. Entretanto, ao usar o valor zero eles deixam de capturar casos básicos, como por exemplo quando f(n)=g(n). Neste caso o limite no infinito é igual a 1. Assim, podemos concluir que f(n) é O(f(n)). Logo, a mudança da definição se justifica. Nos casos em que o grau de g(n) é maior do que o grau de f(n), k assumirá o valor de zero, como definido anteriormente.

Aplicando todos estes conceitos ao nosso algoritmo *arrayMax*, podemos dizer que seu tempo de execução é O(n), o que significa que seu tempo de execução varia linearmente com o número de elementos contidos no vetor *v*. Isto não indica nada sobre o tempo real de execução deste algoritmo, mas sim que ele executa bem mais rápido que um algoritmo que seja $O(n^2)$ ou mesmo $O(n^3)$, e deve ser preferido se o tempo de execução for algo crítico para o programa.

1.3. PROBLEMAS INTRATÁVEIS

Um problema é **intratável** se o tempo necessário para resolvê-lo é considerado inaceitável para os requerimentos do usuário da solução. Em termos práticos, um problema é tratável se o seu limite superior de complexidade é polinomial, e é intratável se o limite superior de sua complexidade é exponencial (Toscani, 2009), isto é, se seu tempo de execução é da ordem de uma função exponencial (como 2^n, por exemplo) ou fatorial (n!).

Para perceber o desastre que é termos um tempo de execução associado a qualquer uma destas funções basta ver os tempos de execução associados a algumas da principais funções, descritos na tabela a seguir:

n	n^2	n^3	2^n	$n!$
10	10^2	10^3	$\approx 10^3$	$\approx 10^6$
100	10^4	10^6	$\approx 10^{30}$	$\approx 10^{158}$
1000	10^6	10^9	$\approx 10^{300}$	$>> 10^{1500}$
10000	10^8	10^{12}	$> 10^{3000}$	$>> 10^{10000}$

Agora levemos em consideração que uma máquina moderna pode realizar cerca de 10^{10} operações em um segundo e podemos determinar que, se tivermos que realizar 10^{30} operações (o suficiente para tentarmos resolver um problema de cujo tempo seja proprocional a 2^n com n=100 elementos), levaremos um tempo da ordem de 10^{20} segundos para terminá-las. Pensando que um dia tem pouco menos de 10^5 segundos, isto significa um total de 10^{15} dias ou aproximadamente 10^{13} anos – algumas ordens de grandeza a mais do que o que é correntemente aceito como a idade do universo. Mesmo que consigamos elevar ao quadrado ou ao cubo a velocidade das máquinas modernas, um problema com este tempo de execução continuará inaceitavelmente lento. Afinal, considerando que a idade do universo foi calculada em cerca de 10^{10} anos, nota-se que uma busca exaustiva não é uma solução razoável para este problema específico.

Um otimista dirá que os problema intratáveis são raríssimos e de pouco interesse prático. Seria bom se isto fosse verdade, mas infelizmente não o é - os problemas de complexidade não polinomial permeiam nossa vida e precisam ser resolvidos.

Um exemplo de um problema intratável muito comum é o do caixeiro viajante que tem que visitar *n* estradas e tem que estabelecer um trajeto que demore o menor tempo possível, para que ele ganhe o máximo de dinheiro no mínimo de tempo. Todas as cidades são ligadas por estradas e pode-se começar por qualquer uma delas (qualquer outra restrição pode ser imposta sem alterar o problema – veremos no capítulo 10 este problema e sua resolução através de GAs com muitos detalhes). Como descobrir o caminho mínimo?

A resposta óbvia: calcule todos os caminhos e escolha o de menor custo. Esta resposta usa o famoso **método da força bruta** ou da busca exaustiva – isto é, use muito poder computacional e pronto.

Vamos tentar calcular quantos caminhos temos:

- O caixeiro pode começar em qualquer uma das n cidades.
- Dali ele pode partir para qualquer uma das outras $n-1$ cidades.
- Da segunda, ele pode partir para qualquer uma das $n-2$ cidades restantes.
- E assim por diante, até chegar na última cidade.

Isto nos dá um número de opções igual a $n(n-1)(n-2)...(2)(1)=n!$. A fatorial de um número cresce muito rapidamente. Por exemplo, se tivermos 100 cidades teremos 10^{158} opções. Se pudermos testar um bilhão de soluções por segundo, demoraríamos um tempo igual a 10^{140} anos para encontrar a melhor solução. Novamente, levaremos mais tempo do que a idade do universo para encontrar uma solução.

Este problema pode parecer anacrônico e irreal, afinal praticamente não existem mais caixeiros viajantes, mas ele é análogo aos problemas de distribuição enfrentados por qualquer indústria. Trocando "caixeiro viajante" por "caminhão de mercadoria" e "cidades" por "bares", temos o dificílimo problema de realizar a distribuição de mercadorias por todos os clientes da forma mais eficiente possível, minimizando o tempo e o custo associados. Outra aplicação prática consiste em trocar "caixeiro viajante" por "pacote de rede" e "cidades" por "roteadores" ou "nós de distribuição". Assim, a questão do anacronismo é, para todos os efeitos, desprezível.

Pode-se perceber que este problema é intratável e, tendo em vista sua importância, precisamos de uma técnica capaz de resolvê-lo. Como discutimos antes, problemas intratáveis são aqueles problemas cujo espaço de solução é tão amplo que, para percorrê-lo, nós precisaríamos de um tempo tão longo que pode-se considerar que o problema não tem solução através de métodos de enumeração exaustiva.

Uma nota interessante é a questão de que este problema é mais do que intratável – ele pertence ao conjunto dos problemas **NP-Completos**, que consistem nos casos em que a complexidade é não polinomial, mas que são verificáveis em tempo polinomial. Isto é, dada uma solução, podemos verificá-la em um tempo razoável (Cormen, 2002). Esta classe de problemas contém vários outros problemas importantes da área da informática, incluindo a satisfação de expressões na 3-CNF (forma conjuntiva normal), determinação de um ciclo hamiltoniano em um grafo e vários outros, que não pretendemos discutir em detalhes.

Existem várias propriedades interessantes do conjunto dos problemas NP-Completos e técnicas para verificar se um problema pertence a eles ou não, que estão fora do escopo deste trabalho. As duas referências já citadas nesta seção são ótimos lugares para satisfazer sua curiosidade quanto a este assunto.

São conhecidas muitas técnicas capazes de resolver problemas de busca de forma exata, conforme discutiremos mais adiante. Existem técnicas exaustivas, como a busca em profundidade ou em largura e técnicas informadas, como o algoritmo A*. Se alguma delas for capaz de resolver o seu problema de forma satisfatória (em termos de tempo e qualidade), você deve utilizá-las. Entretanto, ao encontrar um problema intratável que não possui uma solução exata (pertença ou não ao conjunto de problemas NP-Completos) você deve procurar uma técnica de aproximação, tal como um algoritmo genético.

1.4. PROGRAMAÇÃO ORIENTADA A OBJETOS

Grande parte da pesquisa em engenharia de software e linguagens de programação tem sido direcionada para a busca de metodologias de programação que sejam simples o suficiente para permitir que um programador atinja os objetivos desejados e poderosas o bastante para que ele expresse, de forma eficiente, todas as soluções de alto nível desejadas. Este equilíbrio pode ser atingido com uma abordagem orientada a objeto, cujos princípios essenciais incluem (Goodrich, 2010):

- **Abstração**: dividir um conceito complexo em partes que interagem, abstraindo seus processos internos.
- **Encapsulamento**: cada parte pode esconder a complexidade de seu funcionamento interno das outras partes, fornecendo apenas uma interface bem definida, o que permite que mudanças no seu modelo interno não afetem de nenhuma maneira as outras partes do sistema.
- **Modularidade**: criar mecanismos para que as partes de um sistema sejam bem organizadas e interajam corretamente, para atingir o funcionamento do sistema como um todo.

Estes conceitos são quase mandatórios nas linguagens orientadas a objetos, mas não são exclusivos das mesmas. Ao contrário, qualquer programador que deseje fazer um programa de qualidade deve considerar utilizá-los em todos os sistemas que desenvolve, não importando se ele é desenvolvido em uma linguagem orientada a objeto ou não.

As **linguagens orientadas a objeto** (LOO) atingem estes objetivos principais, permitindo grande reusabilidade de software, e facilitando o desenvolvimento de sistemas corretos que atinjam as especificações desejadas. Seus principais benefícios são:

- A orientação a objeto muda o foco da programação dos algoritmos para as estruturas de dados;
- A organização lógica dos dados determina a organização do *software*, permitindo que o produto final seja extremamente próximo da realidade conceitual do processo que está sendo modelado;
- O processo de projeto do *software* se concentra na organização dos dados e na definição das operação que a eles são aplicadas, e não mais na busca de algoritmos mais eficientes e na transformação artificial do domínio da aplicação de forma a enquadrar o processo ao *software*;

- "Tipo de dados" agora está embutido no conceito de "classe", o que permite uma grande abstração no processo de desenvolvimento. Para o usuário da classe, o algoritmo é irrelevante. O importante é a funcionalidade que ela fornece.

O conceito básico das LOO é um **objeto**. Um objeto é um pacote de *software* que contém uma coleção de procedimentos e dados relacionados, representando um item, unidade ou entidade (real ou abstrata) individualmente separável e com um papel bem definido no domínio do problema. Um objeto, como um substantivo, pode ser uma pessoa, local ou objeto, isto é, basicamente qualquer conceito que seja aplicável ao projeto do sistema.

Objetos são instâncias, isto é, uma realização concreta de conceitos abstratos que se chamam **classes**. Uma classe é um padrão que define os métodos e características que serão incluídos em um tipo particular de objeto, consistindo em uma definição geral dos atributos e métodos de um conjunto de objetos. Podemos criar vários exemplos de classe, representando tipos de entidades existentes no mundo real, como, por exemplo, *Cliente, Veículo, Conta Corrente, Documento, Reserva*. Cada uma destas classes possui uma série de características comuns:

- dados, como placa do veículo
- ações, como ligar o veículo

É importante entender o relacionamento de classes e objetos. Um objeto, como instância de uma classe, possui todos os atributos nela definidos e realiza todos os métodos que esta classe define. Exemplos de relacionamentos entre objetos e as classes às quais eles pertencem são os seguintes:

- *Ticket No. 00-123961* representa um objeto da classe *"Reserva"*.
- *"Meu Fusquinha"* representa uma instância da classe *"Veículo"*.

Os dados relativos a um objeto são denominados **atributos**. Dois objetos podem ter seus conjuntos distintos de valores armazenados nos atributos, mesmo que pertençam a uma mesma classe. Por exemplo, eu e você somos objetos da classe *SeresHumanos*, mas os valores de nossos atributos idade, nome, sexo e time são distintos.

Um objeto de uma classe pode realizar várias ações, que são denominadas **métodos**. Cada método é um procedimento/função dentro de um objeto que inclui toda a lógica da aplicação. Um método é similar a uma função/procedimento ou sub-rotina em termos de programação estruturada. Exemplos:

- "Criar uma nova conta" é um método da classe "Conta"
- "Matricular-se em uma Matéria" é um método para a classe "Estudante"

Atributos e métodos pertencem a classes, mas representam conceitos muito distintos entre si. As principais diferenças consistem no fato de que atributos definem os dados, sendo definidos por seus nomes e tipos (por exemplo: *integer, string, boolean,* ou mesmo um objeto de uma outra classe que será contido pela classe que estamos definindo), enquanto que métodos definem a funcionalidade, sendo definidos escrevendo o código para isto (exceto no caso de métodos virtuais, que são parte das classes abstratas).

Entretanto, na boa prática de programação orientada a objetos, tanto os atributos quanto os métodos são **encapsulados** dentro dos seus objetos correspondentes, de forma a garantir que o mundo exterior não interfira de forma indevida no funcionamento de outros objetos. Quando utilizado de forma apropriada, o **encapsulamento** garante que um objeto só se comunica com o mundo exterior através de uma interface bem definida, isto é, um conjunto de mensagens que definem seu comportamento visível para todos os objetos da sua e de outras classes. Uma **mensagem** é um sinal que um objeto manda para outro pedindo para o receptor do sinal que execute um de seus métodos. Em Java, seu formato geral de mensagem é *Objeto.método(parâmetros)*. Por exemplo, ao invocar o método através da chamada *notaFiscal1.calcularTotal( )*, estamos mandando uma mensagem para o objeto *notaFiscal1*, da classe **NotaFiscal**, pedindo que ele calcule o valor total da nota.

Usando a programação orientada a objetos (POO), podemos definir nossas classes em uma **hierarquia**, da menos complexa para a mais complexa, garantindo que implementaremos todas as funcionalidades uma única vez, e permitindo que classes mais complexas herdem das mais simples as funcionalidades que elas têm em comum. As classes filhas, ou

subclasses, se tornam especializações da classe mãe, também conhecida como **superclasse**. Um exemplo disto é o seguinte: a classe *SeresHumanos* é uma subclasse de *Mamíferos*. Poderíamos colocar toda a funcionalidade de *Mamíferos* dentro da classe *SeresHumanos*, mas a classe *Cachorros* também as necessita. Assim é mais fácil criar uma hierarquia em que a classe *Mamíferos* implemente tudo aquilo que nós e os cachorros temos em comum uma única vez, e as classes filhas possam todas usar estes atributos e métodos em comum. Este mecanismo em que as classes filhas usam os atributos de suas superclasses é denominado **herança**. Poderíamos então fazer um gráfico explicitando esta hierarquia de classes de forma clara e não ambígua. Este gráfico é denominado **diagrama de classes** , e um exemplo dele pode ser visto na figura 1.2.

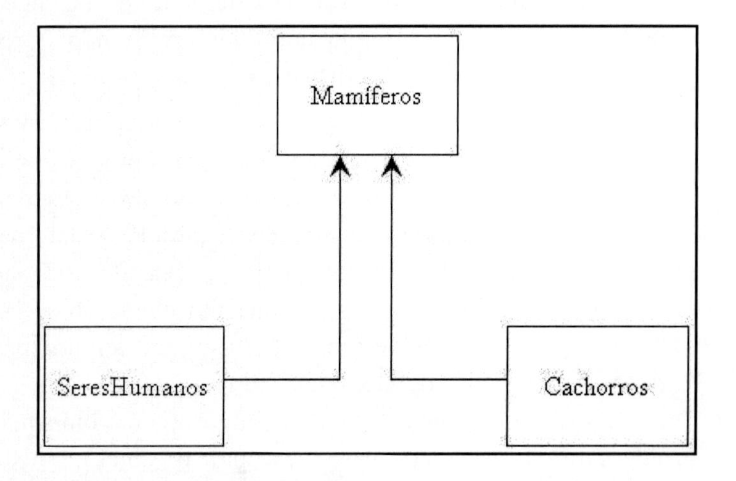

***Fig. 1.2: Exemplo de um diagrama de classes que mostra que as classes* SeresHumanos *e* Cachorros *são descendentes da classe* Mamíferos.**

Através da abstração, nós capturamos o comportamento essencial e características para colocá-las em uma forma conveniente para organizar a hierarquia de classes. Por exemplo, podemos entender que barcos e carros têm vários conceitos em comum, como o método *ligar* e o atributo *potência do motor*, sendo portanto subclasses de uma classe *veículos*. Ademais, carros e motos têm ainda algo mais em comum, sendo então subclasses de uma classe *Veículos Terrestres*, esta sim sendo uma subclasse direta de *veículos*. Esta hierarquia pode ser vista na figura 1.3. A classe *veículos,* apesar de não ser diretamente ligada a carros e motos, é dita sua **ancestral**, e estas duas últimas podem herdar métodos e atributos delas.

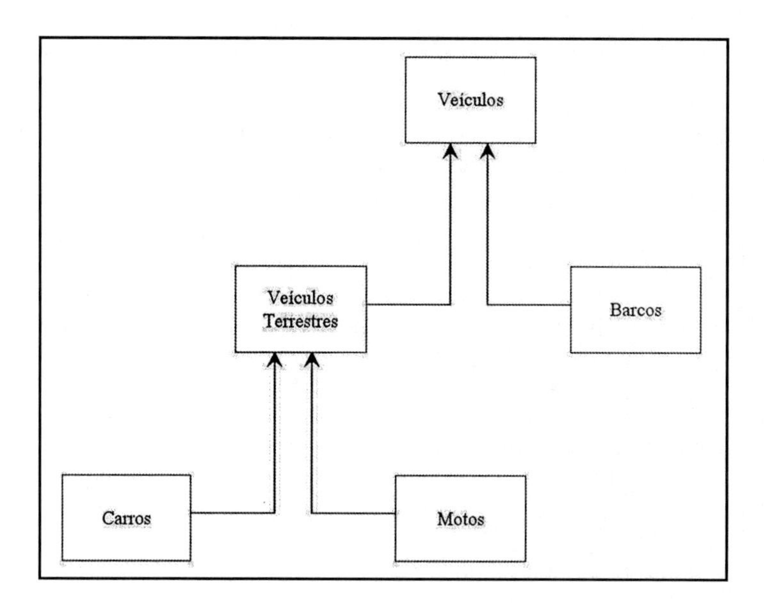

***Fig. 1.3: Exemplo de uma hierarquia de classes com mais níveis. A classe* Veículos Terrestres *é subclasse de* Veículos *e superclasse de* Carros *e* Motos. *Isto faz com que a classe* Veículos *seja uma classe ancestral destas duas últimas, que podem herdar atributos e métodos tanto de* Veículos Terrestres *como de* Veículos.**

A classe *Veículos* é o que chamamos de **classe abstrata**. Ela nunca tem uma instância direta, só existindo como parte da organização da nossa hierarquia de classes. Isto é decorrente de sua natureza genérica: nada é um *veículo* diretamente, mas sim um *carro*, que, por conseguinte, é um *veículo*. Durante este livro, criaremos várias classes abstratas, que poderão ser usadas para resolver os problemas que você passará a enfrentar usando algoritmos genéticos.

Em outras linguagens orientadas a objetos, como o C++, existe o conceito de herança múltipla, isto é, uma classe é descendente de duas ou mais classes ao mesmo tempo. Imagine uma situação em que temos a a classe *sofá-cama* que herda de duas classes simultaneamente, *sofá* e *cama*. O problema desta abordagem é que ela gera dificuldades no processamento do modelo. Por exemplo, suponha que as duas classes, *sofá* e *cama*, tenham um método *arrumar()*. Qual deles deve ser chamado por um objeto da classe filha? Se os dois forem chamados, em que ordem devem sê-lo? Para evitar este tipo de problema, e outros mais que advêm desta característica, os desenvolvedores de Java decidiram abolir o conceito de herança múltipla de Java e criaram o conceito de *interface* para substituí-lo, ainda que parcialmente. Esta breve seção não pretende ser uma introdução completa ao Java, e para isto você pode consultar o excelente livro (Horstmann, 2007).

Dois conceitos que usaremos com frequência são os seguintes:

◆ **Polimorfismo**: este conceito significa esconder procedimentos alternativos por trás de uma interface comum, permitindo que se tenha uma interface comum que esconde detalhes de implementação. O nome Polimorfismo vem do grego e significa "muitas formas". Exemplo: método frear.

- Tem uma implementação na classe base (Carros).
- Tem outra implementação na classe filha (Carros Corrida).

A função da classe filha se **sobrepõe** (***overrides***) à da classe mãe. Por exemplo, o carro de corrida precisa de um resfriamento especial, sistemas ABS e controle de tração para realizar a frenagem, enquanto que um carro normal só trava as rodas.

◆ **Sobrecarga**: ocorre quando duas funções têm o mesmo nome, mas número ou tipo de parâmetros diferentes. O número e o tipo de parâmetros é denominado a **assinatura** de um método. Para sobrecarregar uma função, basta declarar os vários tipos que ela pode ter. Exemplo: classe Carros, método frear.

- Se receber um parâmetro, indica a força que temos que aplicar no pedal.
- Se não receber nenhum parâmetro, indica que temos que parar o carro.

Polimorfismo e sobrecarga são conceitos que as pessoas confundem, mas são em realidade bem distintos. Com polimorfismo, nós decidimos qual dos métodos será usado em tempo de execução, quando podemos determinar a classe exata de um objeto (exemplo claro de *binding* dinâmico). Já no caso da sobrecarga, podemos decidir qual dos métodos será usado em tempo de compilação (*binding* estático), distinguindo pelos parâmetros passados. O processo de escolha da função correta pelo compilador é chamado de resolução de sobrecarga (***overload resolution***).

Estes são os conceitos básicos para a compreensão dos programas orientados a objetos que desenvolveremos. Quem quiser saber um pouco mais sobre a teoria e a prática de POO, tanto em Java quanto em outras linguagens pode consultar (Boratti, 2007).

Antes de encerrarmos esta seção, vamos falar um pouco sobre a história da orientação a objetos. As LOO têm uma história relativamente longa dentro da computação. Uma das primeiras foi a Simula 67, que ofereceu o conceito de encapsulamento em uma definição de "class". Depois, Alan Kay, da Xerox PARC, criou a Smalltalk-80, que era a primeira linguagem verdadeiramente criada para ser uma LOO. Entretanto, a primeira LOO amplamente aceita pela comunidade foi o C++, apesar de que suas versões iniciais nada mais eram do que um um pré-processador que transformava seu código em código C válido.

O problema era que linguagens como C++, Ada95, Modula-3 e CLOS simplesmente acrescentaram o conceito de orientação a objetos a estruturas preexistentes, sem embutir o conceito de LOO amplamente em toda a sua estrutura e permitindo que um desenvolvedor menos desejoso de explorar estas funcionalidades pudesse criar *software* que não fosse totalmente orientado a objetos. A linguagem Java, entretanto, não sofre desses problemas, visto que ela é originalmente uma LOO, cujo modelo de objetos é derivado do C++, só que simplificado e melhorado.

A linguagem Java é a sucessora de um projeto de Patrick Naughton e James Gosling para uma pequena linguagem de computação que pudesse ser usada em equipamentos de consumo, chamada de Oak. Esta linguagem tinha algumas das características que fariam Java extremamente poderosa, entre as quais podemos destacar as seguintes (Horstmann, 2007):

- Ser de arquitetura neutra, isto é, não gera código para nenhuma máquina específica, mas sim para uma máquina virtual, a Java Virtual Machine (JVM) que roda sobre as máquinas reais;
- Ser segura. Uma *applet* desenvolvida em Java não tem o direito de realizar várias operações que poderiam ser usadas para invadir/desfigurar o computador que a hospede;
- Ser confiável. As JVM são extremamente estáveis e, associadas a um modelo forte de tratamento de exceções, fazem com que os programas desenvolvidos em Java possam ser extremamente seguros e raramente causem problemas para as máquinas onde eles são executados.

Ao não conseguirem vender sua tecnologia no mercado, seus desenvolvedores decidiram, em 1994, voltar sua linguagem para os navegadores de Internet e fizeram, junto com Jonathan Payne, a primeira versão do que seria o navegador HotJava. Em 1995 a Netscape decidiu fazer a versão 2.0 de seu navegador com capacidade Java, o que fez com que a linguagem decolasse e fosse licenciada por várias empresas.

Entretanto, a versão da época, a 1.02, era muito pouco poderosa e não tinha como realizar todas as tarefas necessárias de uma linguagem que seria usada no dia-a-dia. Assim, em 1998, a Sun lançou a versão 1.2 da linguagem Java, que acabou renomeada para Java 2 e tornou-se uma linguagem poderosa que tinha a condição de assumir um papel de importância no mundo da computação.

Em 2004 é lançada a versão 5 do JDK, que é muito mais estável e completa, incluindo conceitos importantes como genéricos. Em 2007 a Sun libera o código fonte da biblioteca de classes sob a licença GPL, tornando o Java finalmente Open Source. Em 2010 a Oracle compra a Sun, mas isto efetivamente teve pouco impacto na utilização de Java e no seu sucesso em geral.

Ao desenvolver os algoritmos expostos em Java, usaremos extensivamente os conceitos de orientação a objetos. Definiremos várias classes que são abstratas, para que você possa depois implementar os métodos que faltam e usá-las para resolver seus problemas específicos. Elaboraremos alguns exemplos disto no decorrer deste livro, de forma que o processo seja claro para você. Este tipo de uso, como falamos anteriormente, não só é permitido, como também encorajado!

1.5. EXERCÍCIOS RESOLVIDOS

1) Determine se n^2 é $O(n^3)$

Para tanto basta calcular o seguinte valor:

$$\lim_{n\to\infty} \frac{n^2}{n^3} = \lim_{n\to\infty} \frac{1}{n} = 0$$

Como o limite tende a zero quando n tende ao infinito, então n^2 é $O(n^3)$. É importante lembrar sempre que um polinômio de grau j é sempre da ordem de um polinômio de ordem j+k, $\forall k \geq 0$.

2) Determine o tempo de execução do seguinte algoritmo

```
a) Public class Exemplo_Aninhados {
     public static void main (String[] args)
       {
         int n1=-1,n2,lim=Integer.parseInt(args[0]);
         while(++n1<lim) {
           n2=0;
           while(n2<lim) {
             System.out.println(n1+ " "+n2++);
           }
         }
         System.exit(0);
       }
   }
```

Este exemplo é muito interessante, pois contém dois loops aninhados, isto é, um loop dentro de outro.

Para determinar o tempo de execução, primeiro vemos o que acontece fora do loop mais externo (o de n1). Temos duas atribuições (n1 e lim) e uma instrução de saída (exit), totalizando três instruções. Logo $T_{alg}=3+T_{loop}$.

Dentro do loop mais externo temos uma comparação (do while), uma atribuição (para n2), o loop mais interno e outra atribuição (para n1). Além disto, é fácil verificar que este loop externo ocorre exatamente lim vezes. Logo, temos que T_{loop} = lim * (3 + $T_{loop\text{-}interno}$).

O loop interno também tem uma comparação e uma instrução de saída (printout). Pode-se verificar que ele repete exatamente lim vezes. Logo, $T_{loop\text{-}interno}$ = lim * 2.

Substituindo todas as fórmulas temos que:

T_{alg}=3+lim*(3+2*lim)=2*lim^2+3*lim+3= O(lim^2).

3) Sejam as seguintes definições de classes em Java

```
public abstract class A {
    void metodo1() {...}
    void metodo1(int x) {...}
    String metodo2(int x, int y) {...}
    int metodo3(String s) {...}
}
```

```
public abstract class B extends A{
    void metodo1() {...}
    void metodo1(String x) {...}
    String metodo2(int x, int y, int z) {...}
    void metodo4() {...}
}
```

Quais métodos definidos são sobrecarregados e quais são polimórficos?

Para responder esta questão, vamos recordar o que são métodos polimórficos: são métodos redefinidos na classe filha (sub-classe), mas que têm a mesma assinatura que na classe mãe (super-classe). O único método da classe B (filha de A), que tem a mesma assinatura de sua contrapartida em A é o metodo1 (retorna void e não recebe parâmetros).

Os métodos sobrecarregados são aqueles que têm vários formatos diferentes, recebendo tipos ou número de parâmetros diferentes. Logo, o único método sobrecarregado em A é o metodo1. Já em B, temos o próprio metodo1, mas também temos o metodo2, que têm duas versões: aquela definida na classe A e aquela definida na classe B. Ambas são utilizáveis dentro da classe B, portanto esta têm duas versões de um mesmo método, com duas assinaturas distintas, o que caracteriza que este método é sobrecarregado.

1.6. Exercícios

1) Determine o tempo de execução dos seguintes algoritmos

a)
```
import javax.swing.JOptionPane;
public class Senha1 {
   public static void main (String[] args)
      {
         String senha="Senha1";
         String suaTentativa;
         int i=1;
         while ((i<=3)&&(!suaTentativa.equals(senha))) {
            suaTentativa=
            JOptionPane.showInputDialog("Senha:");
            i++;
         }
         if (i>3) {
         System.out.println( "Senha não descoberta.");
      }
      System.exit(0);
   }
}
```

b)
```
int busca_binaria(int elem, int v[]) {
   int inicio=0,fim=v.length,meio=(inicio+fim)/2;
   while((inicio<=fim)&&(v[meio]!=elem) {
      if (v[meio]<elem) {fim=meio-1;}
      else {inicio=meio+1;}
      meio=(inicio+fim)/2;
   }
   if (v[meio]==elem) {return(meio);}
   else {return(-1);}
}
```

```
c) void quicksort(int low, int high) {
     int top = low, bottom = high - 1, part_index,  part_value, temp;
     if (low < high)   {
        if (high == (low + 1))       {
           if (array[low] > array[high]) {swap(high,low);}
        } else   {
           part_index = (int)((low + high) / 2);
           part_value = array[part_index];
           swap(high,part_index);
           do {
              while ((array[top] <= part_value) && (top <=
              bottom)) { top++;}
              while ((array[bottom] > part_value) && (top <=
              bottom)) {bottom–;}
                 if (top < bottom) {swap(top,bottom);}
              } while (top < bottom);
           swap(high,top);
           quicksort(low, top - 1); // Recursive calls
           quicksort(top + 1, high);
        }
     }
  }
```

2) Determine se as seguintes afirmações são verdadeiras:

a) 3^{n+1} é $O(2^n)$.

b) 2^{2n} é $O(4^n)$.

c) N^N é $O(2^N)$

d) NlogN é O (log N)

e) n^n é $O(n!)$.

3) Diga quais dos seguintes problemas são intratáveis:

a) Ordenação de vetores

b) Seleção de subconjuntos de qualquer tamanho que satisfaçam um determinado critério.

c) Seleção de melhor caminho para distribuição de produtos para *n* clientes.

d) Seleção de melhor caminho para distribuição de produtos para n clientes quando temos *m* centros de distribuição, onde cada centro de distribuição *k* tem a capacidade de entregar l_k produtos.

4) Crie uma hierarquia de herança entre as seguintes classes: animal, mamífero, planta, homem, pato, ave, baleia, peixe, tubarão, masculino.

5) Dê um exemplo de uma situação em que a herança múltipla pode complicar a implementação de uma linguagem orientada a objetos.

6) Exercício de pesquisa: O que são interfaces em Java? Se uma classe pode implementar múltiplas interfaces, por que elas não causam os problemas de herança múltipla? O que é a interface `Cloneable` em Java? Para que ela é usada?

7) Qual dos três tempos de um algoritmo é mais importante: o de melhor caso, o de caso médio ou o de pior caso? Se você só pudesse descobrir um, qual você preferiria?

8) Compare uma linguagem orientada a objetos pura como o Java com uma linguagem híbrida como o C++. Aponte as vantagens e desvantagens de cada uma.

9) Exercício de pesquisa: Quais são as diferenças entre a declaração *import* do Java e a declaração *include* do C++?

10) Existe algo que podemos implementar em linguagens orientadas a objetos que não podemos implementar em linguagens imperativas comuns?

Capítulo 2
Um Pouco de Biologia

Neste capítulo veremos um pouco da biologia e da história das pesquisas que inspiraram o desenvolvimento dos algoritmos genéticos. Ninguém precisa de um diploma de biologia para entender este capítulo, nem ele é fundamental para compreender o que vem depois. Entretanto, espero que ele seja interessante o suficiente para motivá-lo. Afinal, entender fundamentos de outras áreas pode servir de inspiração para que você resolva problemas difíceis na sua área de trabalho.

2.1. Teoria da Evolução

Se quisermos contar a verdadeira e completa história dos algoritmos genéticos, temos que começar desde o Big-Bang. Entretanto, este livro é um pouco curto para descrevermos os último 15 bilhões de anos ou os últimos 6 mil se você acreditar no criacionismo – não tenho interesse em levantar esta questão neste livro. É importante entender que esta seção existe pois os algoritmos genéticos são baseados na teoria da evolução. Se você não acredita nela, ainda assim pode usar os algoritmos genéticos sem problemas.

Até o século XIX os cientistas mais proeminentes acreditavam em uma dentre as teorias do criacionismo ("Deus criou o universo da forma que ele é hoje") ou da geração espontânea ("a vida surge de essências presentes no ar").

Em torno de 1850 Charles Darwin fez uma longa viagem no navio HMS Beagle. Ele visitou vários lugares e sua grande habilidade para observação permitiu que ele percebesse que animais da uma espécie eram ligeiramente diferentes que seus parentes em outros ecossistemas, sendo mais adaptados às necessidades e oportunidades oferecidas pelo seu ecossistema específico. Estas e outras observações culminaram na teoria da evolução das Espécies, que foram descritas meticulosamente em seu livro de 1859, "A Origem das espécies". O livro foi amplamente combatido mas hoje é aceito por praticamente toda a comunidade acadêmica mundial.

A teoria da evolução diz que na natureza todos os indivíduos dentro de um ecossistema competem entre si por recursos limitados, tais como comida e água. Aqueles dentre os indivíduos (animais, vegetais, insetos etc.) de uma mesma espécie que não obtêm êxito tendem a ter uma prole menor e esta descendência reduzida faz com que a probabilidade de ter seus genes propagados ao longo de sucessivas gerações seja menor, processo este que é denominado de **seleção natural**.

A combinação entre as características dos indivíduos que sobrevivem pode produzir um novo indivíduo mais adaptado às características de seu meio ambiente ao mesclar características positivas de cada um dos reprodutores. Este processo implica nos descendentes de indivíduos serem variações dos seus pais. Assim, um descendente é ligeiramente diferente de seu pai, podendo esta diferença ser positiva ou negativa. Por exemplo, um elefante só pode nascer do ventre de outro elefante. A pergunta razoável que se pode levantar é: de onde surgiu o primeiro elefante? De uma outra coisa parecida com, mas não muito diferente de, um elefante, ou seja, um outro animal parecido com o elefante como nós conhecemos atualmente. Assim como antes deste tipo de animal havia um outro, e outro antes deste, o que mostra uma mudança gradual e progressiva.

Entretanto, esta **evolução natural** não é um processo dirigido, com o intuito de maximizar alguma característica das espécies. Na verdade, não existe nenhuma garantia de que os descendentes de pais muito bem adaptados também o sejam. Existem muitos casos de filhos de pais fortes e saudáveis que possuem doenças terríveis ou fraquezas inerentes. Isto é uma consequência natural do mecanismo de transmissão da informação, como veremos na próxima seção.

Podemos afirmar, então, que a evolução é um processo no qual os seres vivos são alterados por um conjunto de modificações que eles sofrem através dos tempos, podendo ser explicada por alguns fatores como mutação gênica, recombinação gênica, seleção natural e isolamentos. O problema é que, na época de Darwin, ainda faltava um pedaço desta informação, como discutiremos a seguir.

2.2. Genética Básica

Quando Darwin afirmou que a evolução e a seleção natural faziam com que as espécies fossem se adaptando naturalmente ao meio ambiente, ele não sabia quais eram os mecanismos básicos através dos quais esta adaptação acontecia, pois o processo de transmissão de informação genética ainda era desconhecido. Um pouco mais adiante, no início do século XX, um padre chamado Gregor Mendel compreendeu que este processo de transmissão de características positivas estava associado a uma unidade básica de informação, o **gene**.

O processo que levou à descoberta de como estas características eram fisicamente armazenadas dentro da célula levou quase um século para ser concluído. Em 1869, o bioquímico suíço Friedtich Mieschner chegou à conclusão de que os núcleos celulares possuíam várias substâncias específicas, que podiam ser separadas em duas categorias principais: as proteínas e as moléculas ácidas. Estas eram desconhecidas até aquele momento, e na falta de um nome melhor, ele as denominou de ácidos que ficam no núcleo ou "**ácidos nucléicos**".

Em 1909, um químico natural da Rússia, Phoebus A. T. Levene, identificou corretamente a ribose como açúcar de um dos dois tipos de acido nucléico, o acido ribonucléico, e certos componentes do outro acido nucléico, o acido desoxirribonucléico (o qual descobriu em 1929), além de identificar corretamente a estrutura básica no **DNA** dada por fosfato-açúcar-base. Entretanto, nesta época era praticamente um consenso o fato de que as proteínas eram a base do processo de armazenamento de informação genética.

A correção desta suposição foi feita pelo trabalho de dois bacteriologistas: Fredrick Griffith e Oswald T. Avery, que, após longas pesquisas, mostraram que a molécula que armazenava as informações relativas à hereditariedade era o DNA, e não as proteínas ou o RNA. Entretanto, naquela época ainda não se entendia exatamente como o processo funcionava, o que só ficou totalmente claro após o trabalho de Francis Crick e James Watson, que desvendaram a dupla hélice do DNA e a forma como os ácidos nucléicos se ligam dentro desta molécula. Hoje, após as descobertas da estrutura do DNA por Crick e Watson do papel deste como unidade básica de armazenamento e transmissão de informação genética e as pesquisas que se basearam nesta descoberta, sabemos como este processo funciona em nível molecular (Cesar, 2005).

Basicamente, todo indivíduo, seja ele animal, vegetal ou mesmo organismos inferiores como vírus e bactérias, é formado por uma ou mais células, e dentro de cada uma delas o organismo possui uma cópia completa do conjunto de um ou mais **cromossomos** que descrevem o organismo, conjunto este denominado **genoma**.

O cromossomos vêm em pares, sendo que o número de pares (n) varia de espécie para espécie. Os seres humanos, por exemplo, têm 23 pares de cromossomos por célula, o que não é o maior número da natureza, pois os burros, por exemplo, têm 31 pares de cromossomo e as carpas, 52.

Um cromossomo consiste de **genes**, que são blocos de sequências de DNA, sendo que cada gene é uma região do DNA que tem uma posição específica no cromossomo, chamada **locus**, e controla (sozinho ou em conjunto com outros genes) uma ou mais características hereditárias específica, como cor do cabelo, altura, cor dos olhos e várias outras características que nos tornam os indivíduos que somos. A sequência das bases que compõem o gene geralmente corresponde a uma ou mais proteínas ou RNA complementar.

As **proteínas** são a base do funcionamento das células, sendo compostas por cadeias de aminoácidos e responsáveis por praticamente todo o trabalho realizado dentro das células. Existem muitos tipos de proteínas, entre os quais podemos destacar, por exemplo, as enzimas, a hemoglobina, certos hormônios e o colágeno dos ossos, tendões e pele, que têm funções fundamentais para a nossa sobrevivência. Suas funções são as mais diversas possíveis, incluindo, entre outras coisas, a regulação da contração muscular, produção de anticorpos, expansão e contração dos vasos sanguíneos para manter a pressão normal etc.

Existem dois tipos de organismos: os procariotos e os eucariotos. Os **eucariotos** possuem um núcleo no qual ficam os cromossomos e constituem todos os organismos superiores existentes na natureza. Os cromossomos dos eucariotos não contêm apenas genes. Eles contêm regiões inteiras sem função codificante. Os próprios genes têm pedaços que "não servem para nada", chamados ***introns***, que têm que ser removidos antes da tradução do gene para proteína, num processo chamado *splicing* que deixa o gene apenas com as regiões codificantes, chamadas ***exons***. O processo de *splicing* pode ser visto na figura 2.1.

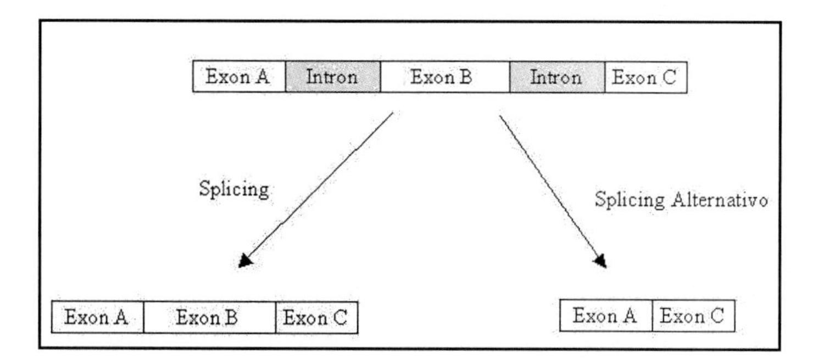

Fig. 2.1: Modelo do funcionamento do* splicing*. Neste, os* introns *(região não codificante de um gene) são removidos, deixando apenas os* exons*. Algo que contribui para a imensa complexidade do ser humano é que existem várias maneiras de fazer* splicing*. No lado inferior direito vemos o mesmo gene sendo "cortado" de outra maneira, em um processo que chamamos de* splicing *alternativo. Cada forma diferente de* splicing *gera uma proteína diferente, posto que cada sequência final do gene pós-*splicing *é diferente

Até agora definimos o seguinte: o DNA é o grande armazenador de informação genética de um organismo, enquanto que as proteínas são as verdadeiras trabalhadoras celulares. A relação entre o DNA e as proteínas é descrita pelo **dogma central** da biologia. Este afirma que uma sequência de DNA, que contém toda a informação necessária para se auto-replicar, é transcrita em RNA e esta, posteriormente traduzida para uma proteína, como vemos na figura 2.2.

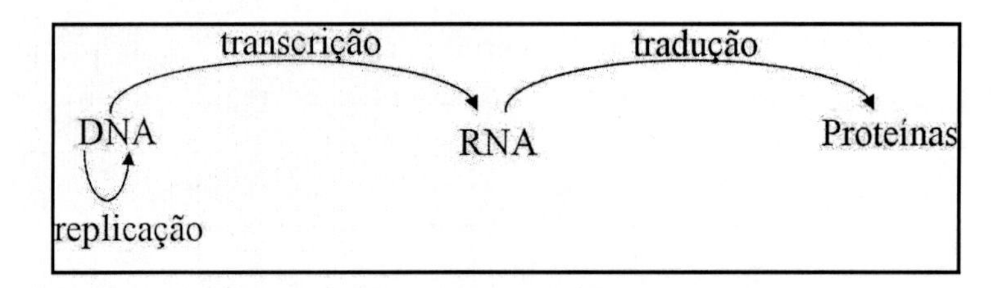

Fig. 2.2: O dogma central da biologia. O dogma central não é totalmente verdadeiro. Em alguns experimentos pôde-se verificar que a quantidade de proteína não é perfeitamente correlacionada com a quantidade de RNA que a codifica (na verdade, a correlação se aproxima mais de 0,5) (ALBERTS* et al.*, 2007). Isto se deve a outros fatores não embutidos no dogma central, como o controle da degradação das moléculas de mRNA e entrada de substâncias vindas do ambiente extracelular, entre outros, mas nós não discutiremos o conhecimento biológico com este nível de profundidade aqui. Para nós, o dogma central serve como uma excelente aproximação da realidade[1].

À primeira vista pode parecer contra-intuitivo que outro composto, como o RNA, seja utilizado como um intermediário entre o DNA e a codificação de proteínas. Afinal, a adição de mais um passo acrescenta mais um ponto de erro e cria a necessidade de um maquinário biológico complexo dentro da célula para realizar o processo de transcrição. Entretanto, a evolução "optou"[2] pelas células que usassem este passo intermediário por alguns motivos principais:

- Nas células eucarióticas, o DNA pode permanecer protegido do ambiente cáustico do citoplasma celular.
- A informação celular pode ser amplificada através da criação de múltiplas cópias de RNA a partir de uma única cópia de DNA.
- A regulação da expressão gênica, isto é, de quando e quantas vezes um determinado gene será expresso, pode ser afetada através da criação de controles específicos do caminho entre o DNA e as proteínas. Quanto mais elementos houver neste caminho, mais

[1] Mais ou menos como as leis de Newton são uma excelente aproximação da realidade física.

[2] A palavra "optou" está entre aspas pois, como afirmamos antes, o processo não é direcionado. Este processo prevaleceu pois os organismos que o adotam têm vantagens competitivas sobre aqueles que não o adotam.

oportunidades de controle existem para aplicação nas mais diversas circunstâncias.

A pergunta que você pode estar se fazendo neste momento é: e como tudo isto se relaciona com o fato de eu ser alto, baixo, gordo, magro, loiro, moreno, etc.? Para entender este conceito, voltemos à definição dada antes de que o conjunto completo de todo o material genético (todas as bases de DNA formando os genes de todos os cromossomos), é chamado de genoma. Apesar do projeto Genoma Humano, que sequenciou todos os cromossomos do ser humano, já ter terminado, ainda não se sabe exatamente quantos genes nós temos. A melhor aposta atualmente está na faixa de 25000 a 30000 genes, o que também não é o maior número na natureza. Este número é um pouco menor do que o estimado para o conjunto de genes do pequeno sapo de nome *Xenopus Tropicalis*[3].

Um conjunto específico de genes no genoma é chamado de **genótipo**. O genótipo é a base do **fenótipo**, que é a expressão das características físicas e mentais codificadas pelos genes e modificadas pelo ambiente, tais como cor dos olhos, inteligência etc. Daí, podemos concluir: nosso DNA codifica toda a informação necessária para nos descrever, mas esta informação está sob o controle de uma grande rede de regulação gênica que, associada às condições ambientais, gera as proteínas na quantidade certa, que farão de nós tudo aquilo que efetivamente somos.

Entretanto, toda esta complexidade estaria perdida se não fosse possível transmiti-la de geração para geração. Esta transmissão é realizada através da reprodução, que existe na natureza em dois tipos distintos:

- **Assexuada**: típica de organismos inferiores, como bactérias, que se reproduzem sem a presença de um parceiro.
- **Sexuada**: exige a presença de dois organismos, na maioria das vezes de sexos opostos, que trocam material genético.

A reprodução sexuada é a base dos GAs, logo vamos estudá-la um pouco mais.

Nos organismos que utilizam a reprodução sexuada, como os humanos e as moscas, cada progenitor fornece um pedaço de material genético

[3] Isto nos permite ter uma sensação de humildade quanto a nosso papel como "ápice da evolução", não é mesmo?

chamado gametas. Estas gametas são resultado de um processo denominado *crossing-over* ou ***crossover***, ilustrado na figura 2.3, que permite que os filhos herdem características de ambos os pais mas não sejam exatamente iguais a estes.

O processo se inicia com a duplicação dos cromossomos. Após serem duplicados, os cromossomos realizam o ***crossover***, processo no qual um pedaço de cada cromossomo é trocado com seu par. Após este processo, nós temos 4 cromossomos potencialmente diferentes que são separados para as gametas.

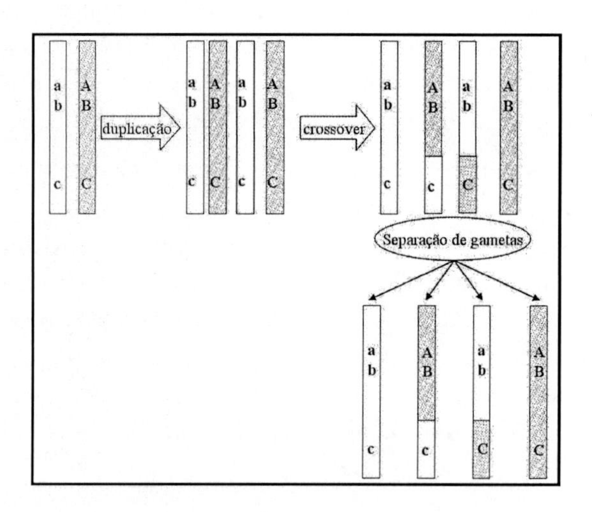

Fig. 2.3: Processo completo de crossover.

O processo de *crossover* recebe este nome porque fisicamente um cromosso se cruza sobre o outro para realizar a operação, conforme pode ser visto na figura 2.4. O cruzamento mostrado troca os cromossomos em apenas um ponto, mas ele foi assim desenhado apenas para facilitar a compreensão. Na realidade, os cromossomos podem se cruzar em vários pontos e trocar vários genes ao mesmo tempo.

É importante considerar também que o processo de replicação do DNA é extremamente complexo. Pequenos erros podem ocorrer ao longo do tempo, gerando **mutações** dentro do código genético. Além dos erros, estas mutações podem ser causadas por fatores aleatórios tais como presença de radiação ambiente, causando pequenas mudanças nos genes dos indivíduos. Estas mutações podem ser boas, ruins ou neutras.

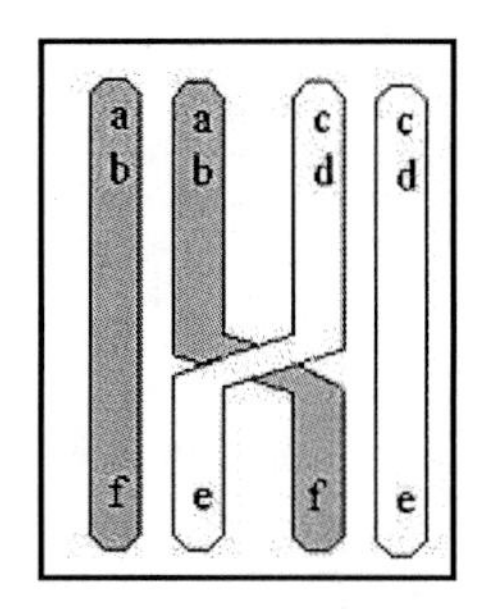

***Fig. 2.4: Dois crossomos realizando o* crossover.**

Felizmente existem mecanismos de correção que garantem que a taxa de mutação seja muito baixa. Afinal, as células estão sob a ação de fatores exógenos que as induzem a mutações e erros o tempo inteiro, e sem estes mecanismos estaríamos sujeitos à ação de vários mecanismos perniciosos que hoje em dia passam quase despercebidos.

Para entender como o maquinário celular é eficiente nesta questão de manter o DNA intacto, basta comparar a taxa de erros entre os vários serviços existentes no mundo:

- Correio nos EUA: 13 entregas atrasadas a cada 100
- Bagagem de avião: 1 perda a cada 200
- Datilógrafa (120 palavras/minuto): 1 erro a cada 250 caracteres
- Direção nos EUA: 1 morto a cada 10^4 motoristas por ano
- Replicação do DNA (sem correção): 1 erro a cada 10^7 nucleotídeos
- Replicação do DNA (com correção): 1 erro a cada 10^9 nucleotídeos

Como estas informações se relacionam com a teoria da evolução? Pode-se dizer que indivíduos com uma melhor adequação do seu fenótipo ao meio ambiente (*fitness* melhor) reproduzem mais. Ao reproduzirem mais, têm mais chances de passar seus genes para a próxima geração. Entretanto, graças aos operadores genéticos (recombinação e mutação) os cromossomos dos filhos não são exatamente iguais aos dos pais, mas sim uma combinação dos seus genes. Assim, as gerações seguintes podem evoluir e se adaptar cada vez mais aos meio ambiente que os cerca.

Desta forma conseguimos ligar a genética à teoria da evolução. Esta variação causada pela atuação dos operadores de *crossover* e mutação é aleatória, logo a evolução natural não é direcionada. Entretanto, os indivíduos mais bem sucedidos tendem a procurar parceiros mais atraentes e também bem sucedidos. Logo, estamos sempre combinando boas qualidades genéticas. Os genes dos bons indivíduos, combinados através do *crossover* e da mutação, tendem a gerar indivíduos ainda mais aptos e, assim, a evolução natural caminha, com uma tendência a gerar complexidade maior e maior adaptabilidade ao meio ambiente no qual os organismos estão inseridos.

2.3. HISTÓRIA DOS ALGORITMOS GENÉTICOS

A história dos algoritmos genéticos se inicia na década de 40, quando os cientistas começam a tentar se inspirar na natureza para criar o ramo da inteligência artificial. A pesquisa se desenvolveu mais nos ramos da pesquisa cognitiva e na compreensão dos processos de raciocínios e aprendizado até o final da década de 50, quando começou-se a buscar modelos de sistemas genéricos que pudessem gerar soluções candidatas para problemas que eram difíceis demais para resolver computacionalmente.

Uma das primeiras tentativas de se associar a evolução natural a problemas de otimização foi feita em 1957, quando Box apresentou seu esquema de operações evolucionárias. Estas eram um método de perturbar de forma sistemática duas ou três variáveis de controle de uma instalação, de forma análoga ao que entendemos hoje como operadores de mutação e seleção (Goldberg, 1990). Logo depois, no começo da década de 1960, Bledsoe e Bremmerman começaram a trabalhar com genes, usando tanto a representação binária quanto a inteira e a real, e desenvolvendo os precursores dos operadores de recombinação (*crossover*).

Uma tentativa de usar processos evolutivos para resolver problemas foi feita por I. Rechenberg, na primeira metade da década de 60, quando ele desenvolveu as estratégias evolucionárias (*evolution strategies*)

(Rechenberg, 1965). Esta mantinha uma população de dois indivíduos com cromossomos compostos de números reais em cada instante, sendo que um dos dois cromossomos era filho do outro e era gerado através da aplicação exclusiva do operador de mutação. O processo descrito por Rechenberg tinha ampla fundamentação teórica, sendo que a mutação era aplicada a partir de uma distribuição gaussiana dos parâmetros e foi usado com sucesso em vários problemas práticos. Mesmo não incluindo conceitos amplamente aceitos atualmente, tais como populações maiores e operador de *crossover*, o trabalho de Rechenberg pode ser considerado pioneiro, por ter introduzido a computação evolucionária às aplicações práticas.

Em trabalhos posteriores as estratégias evolucionárias supriram estas falhas, sendo modificadas para incluir conceitos de população e operador de *crossover*. A maneira como elas aplicam este operador é interessante pois inclui a ideia de utilizar a média como operador além de poder envolver muitos pais, ideias estas que podem ser aplicadas aos algoritmos genéticos quando usamos cromossomos com uma representação contínua, como será discutido na seção 10.4 deste livro. Entretanto, apesar de não ser o primeiro investigador da área, aquele que seria designado o pai dos algoritmos genéticos mostrou-se finalmente no final da década de 60, quando John Holland "inventa" os Algoritmos Genéticos, embora concentrado eminentemente na codificação discreta, como descrito no capítulo 4.

Holland estudou formalmente a evolução das espécies e propôs um modelo heurístico computacional que quando implementado poderia oferecer boas soluções para problemas extremamente difíceis que eram insolúveis computacionalmente até aquela época. Em 1975 Holland publicou seu livro, "*Adaptation in Natural and Artificial Systems*", no qual faz um estudo dos processos evolutivos, em vez de projetar novos algoritmos, como a maioria pensa. O trabalho de Holland apresenta os algoritmos genéticos como uma metáfora para os processos evolutivos, de forma que ele pudesse estudar a adaptação e a evolução no mundo real, simulando-a dentro de computadores. Entretanto, os algoritmos genéticos transcenderam o papel originalmente imaginado por Holland e transformaram-se em uma ferramenta de uso disseminado pelos cientistas da computação.

Um fato interessante quanto ao trabalho de Holland e sua influência na área de GA é que ele usou originalmente cromossomos binários, cujos genes eram apenas zeros e uns. Esta limitação foi abolida por pesquisadores posteriores, mas ainda hoje muitos cientistas insistem em usar apenas a representação binária, mesmo quando há outras que podem se mostrar mais adequadas para a resolução do problema em questão.

Desde então os algoritmos genéticos começaram a se expandir por toda a comunidade científica, gerando uma série de aplicações que puderam ajudar a resolver problemas extremamente importantes que talvez não fossem abordados de outra maneira[4]. Além deste progresso científico, também houve o desenvolvimento comercial: nos anos 80 surgiram pacotes comerciais usando algoritmos genéticos. Muitos artigos afirmam que o primeiro pacote comercial desenvolvido foi o Evolver®, que já estava disponível desde 1988 e que inclui um programa adicional para o Excel® e uma API (Interface de Programação de Aplicativos) para desenvolver programas que acessem dados provenientes de diferentes aplicativos. Hoje existem dezenas de outros aplicativos que têm as mesmas características, alguns dos quais são descritos brevemente no apêndice A deste livro.

Nesta década de 80, o progresso dos algoritmos evolucionários e sua popularização no meio científico fizeram com que surgissem as primeiras conferências dedicadas exclusivamente a estes tópicos. Várias delas estão relacionadas no apêndice A deste livro e são uma ótima oportunidade para conhecer as pesquisas mais avançadas nesta área.

Hoje em dia, os algoritmos genéticos têm se beneficiado muito da interdisciplinaridade. Cada vez mais cientistas da computação buscam inspiração em outra áreas de pesquisa de forma a absorver suas ideias e fazer com que os GAs sejam mais eficientes e inteligentes na resolução de problemas.

---

[4] É bem provável que alguém inventasse outra maneira de resolvê-los, mas talvez esta não fosse tão eficiente e/ou interessante quanto os algoritmos genéticos.

2.4. EXERCÍCIOS RESOLVIDOS

1) Se todas as células têm praticamente o mesmo DNA, como é possível que elas sejam tão diferentes?

Atenção: a resposta para esta pergunta contém vários conceitos avançados de biologia que podem ser considerados extremamente complicados. Se quiser, salte-a sem prejuízo nenhum para a compreensão do resto do livro!

A maioria das células de um mesmo organismo tem o mesmo DNA (algumas diferindo por fatores como rearranjos e amplificações), entretanto as células são diferentes entre si. É impossível confundir uma célula do fígado com um neurônio, ou mesmo uma célula muscular com uma célula de tecido adiposo, não só pela diferença óbvia de função e aparência mas também pelos diferentes genes expressos em cada um destes tipos de células.

Esta expressão diferenciada dos genes é fundamental para a formação de padrões durante o desenvolvimento de um organismo multicelular e ocorre por muitos fatores, incluindo presença de elementos sinalizadores no ambiente celular (como hormônios), sinalização de célula para célula e regulação transcripcional.

Esta regulação ocorre pela ação combinatorial de fatores de transcrição (produtos de outros genes) nos elementos situados "próximos" ao ponto de início da transcrição dos genes. Isto quer dizer que os produtos da expressão de um gene afetam outros genes que são seus vizinhos promovendo ou inibindo sua expressão.

O conceito de proximidade aqui não necessariamente corresponde ao físico, mas sim em termos de adjacências em um grafo que represente o esquema de regulação de cada gene. Isto é, genes expressos em pontos que sejam mutuamente distantes dentro do genoma podem pertencer a uma cadeia de regulação e se afetar mutuamente.

Este grafo é formado tendo como nós cada um dos genes e as arestas determinadas pelo fato de um dos genes ser afetado/controlado pelo nível de expressão do outro. Com este esquema cria-se um grafo fortemente interconectado que representa a rede de regulação genética, rede esta que pode ser definida como sendo o somatório de todas as interconexões existentes no processo regulatório. Este conceito pode ser compreendido mais facilmente observando-se a figura 2.5.

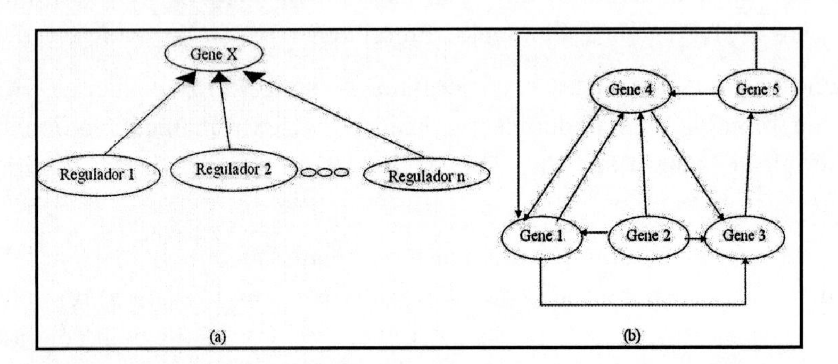

Fig. 2.5: Modelo do grafo formado pelas redes de regulação celular. Em (a) nós vemos um gene sendo regulado por vários outros genes reguladores. Entretanto, esta diferença entre regulados e reguladores não existe. A realidade é como mostrada na figura (b), em que vemos um modelo de rede formado por cinco genes que assumem o papel de regulados e reguladores dependendo de qual processo se está considerando.

Este controle transcripcional é essencial para o estabelecimento da expressão diferenciada, formação de padrões e desenvolvimento do organismo como um todo. Cada tipo de célula é diferente devido aos diferentes genes que nela estão expressos. Isto significa que em muitos casos duas células são muito diferentes apesar do fato de compartilharem a mesma informação genética.

Pode-se concluir então que a causa da diferença entre tipos celulares não reside no genoma, mas no conjunto de genes que está sendo expresso em cada célula. Por exemplo, genes que codificam para certas enzimas especiais que são necessárias apenas em células hepáticas não estarão ativos em neurônios, da mesma maneira que os genes que codificam neurotransmissores não estarão expressos em células hepáticas (Alberts et al., 2007).

Já foi estabelecido que as redes de regulação são altamente conectadas. Em animais superiores, estima-se que cada gene ou proteína interage com um número de genes que varia de quatro a oito (Arnone, 1997), além de estar envolvido em cerca de dez funções biológicas.

Estas redes de regulação, além do esquema de ter pontos de cortes (splicing) alternativos, explicam a incrível complexidade do ser humano e por que, mesmo tendo um número relativamente pequeno de genes, o ser humano consegue ser uma máquina biológica tão avançada.

2.5. Exercícios

1) Explique a diferença entre gene e cromossomo.

2) Qual é a diferença entre um *intron* e um *exon*?

3) O que é uma mutação?

4) Exercício de pesquisa: como a célula consegue diferenciar um *exon* de um intron?

5) O que você acha que acontece quando uma mutação altera um pedaço de um *intron*?

6) Exercício de pesquisa: como é que o código genético é traduzido em proteínas?

7) Suponha que num par de cromossomos, tenhamos os pares de genes zZ, XX e yy. Enumere todas as possíveis gametas formadas pelo processo de *crossover*, supondo que os cromossomos são sobrepostos em apenas um ponto.

8) Exercício de pesquisa: descubra como o DNA faz para se auto-replicar e qual é o mecanismo que garante a incrível precisão deste processo de replicação.

9) Se o mecanismo de regulação genético é tão preciso, como é possível que a maioria das mutações não sejam prejudiciais aos organismos?

10) Verdadeiro ou falso? Justifique.

a. Na natureza, a geração seguinte sempre é superior à geração precedente.
b. A evolução natural é um processo orientado para a busca do melhor indivíduo de cada raça.
c. Tudo que um indivíduo aprende pode ser passado para seus descendentes geneticamente.

11) Se as estratégias evolucionárias conseguiram ser tão eficientes sem usar a reprodução, por que não existem organismos superiores que usam reprodução assexuada?

12) Explique os conceitos de regulação transcripcional.

13) Os organismos naturais só usam 4 bases diferentes para codificar informação, isto é, 2 bits por base. Se isto funciona tão bem para a natureza, qual seria o problema associado a se usar apenas a representação binária sugerida por Holland? Para que precisamos de outras representações?

14) A evolução, no "mundo real", opera em termos populacionais, isto é, desenvolve populações inteiras. Entretanto, nos algoritmos genéticos nós estamos preocupados em encontrar uma única solução para o problema (de preferência, a solução ótima). Como isto altera o modo de atuação dos algoritmos genéticos e a maneira que nós entendemos seus resultados?

Capítulo 3

GAs: Conceitos Básicos

Neste capítulo vamos ver os conceitos fundamentais associados aos algoritmos genéticos: sua inspiração e um esqueleto de como são desenvolvidos. Não se preocupem se tudo ainda parecer muito abstrato. Teremos todos os capítulos seguintes para desenvolver melhor nossa compreensão e prática. Entretanto, apesar dela ser bastante básica, não pulem esta seção. Vários conceitos interessantes que facilitarão sua compreensão dos capítulos posteriores serão explicados. Um pouco de filosofia e teoria com certeza não lhes fará mal!

3.1. O que são algoritmos evolucionários?

Algoritmos evolucionários usam modelos computacionais dos processos naturais de evolução como uma ferramenta para resolver problemas. Apesar de haver uma grande variedade de modelos computacionais propostos, todos eles têm em comum o conceito de simulação da evolução das espécies através de seleção, mutação e reprodução, processos estes que dependem do "desempenho" dos indivíduos desta espécie dentro do "ambiente".

Os algoritmos evolucionários funcionam mantendo uma população de estruturas, denominadas indivíduos ou cromossomos, operando sobre estas de forma semelhante à evolução das espécies. A estas estruturas são aplicados os chamados operadores genéticos, como recombinação e mutação, entre outros. Cada indivíduo recebe uma **avaliação** que é uma quantificação da sua qualidade como solução do problema em questão. Com base nesta avaliação serão aplicados os operadores genéticos de forma a simular a sobrevivência do mais apto.

Os **operadores genéticos** consistem em aproximações computacionais de fenômenos vistos na natureza, como a reprodução sexuada, a mutação genética e quaisquer outros que a imaginação dos programadores consiga reproduzir.

O comportamento padrão dos algoritmos evolucionários pode ser resumido, sem maiores detalhes, pelo seguinte pseudo-código:

```
T:=0                                          // Inicializamos o contador de tempo
Inicializa_População P(0)                     // Inicializamos a população aleatoriamente
Enquanto não terminar faça                    //condição de término:por tempo, por avaliação, etc.
      Avalie_População P(t)                   //Avalie a população neste instante
      P':=Selecione_Pais P(t)                 //Selecionamos sub-população que gerará nova geração
      P'=Recombinação_e_mutação P'            //Aplicamos os operadores genéticos
      Avalie_População P'                     //Avalie esta nova população
      P(t+1)=Selecione_sobreviventes P(t),P'  //Selecione sobreviventes desta geração
      t:=t+1                                  //Incrementamos o contador de tempo
Fim enquanto
```

Neste algoritmo podemos perceber o funcionamento básico dos algoritmos evolucionários que consiste em buscar dentro da atual população aquelas soluções que possuem as melhores características (função `Selecione_Pais`) e tentar combiná-las de forma a gerar soluções ainda melhores (função `Recombinação_e_mutação`), repetindo este processo até que tenha se passado tempo suficiente ou que tenhamos obtido uma solução satisfatória para nosso problema.

Cada uma das repetições do *loop* principal (o "Enquanto") é denominada de uma **geração** do algoritmo. O conceito é similar ao conceito de geração existente na vida real, com a exceção de que muitas vezes nos algoritmos evolucionários duas gerações não convivem, como veremos no capítulo 4, quando discutiremos o primeiro tipo de algoritmo genético.

Um algoritmo evolucionário é inspirado na natureza – não é uma cópia fiel da mesma. Assim, você verá coisas que são absurdas no mundo real, como todos os pais morrerem imediatamente depois dos filhos nascerem ou interpretações estranhas do conceito de gene. Se você tem uma boa base em biologia, entenda que não estamos simulando um processo biológico, mas sim usando-o como base para desenvolver um bom algoritmo computacional.

Como se pode perceber no pseudo-código, os algoritmos evolucionários são extremamente dependentes de fatores estocásticos (probabilísticos), tanto na fase de inicialização da população quanto na fase de evolução (durante a seleção dos pais, principalmente). Isto faz com que os seus resultados raramente sejam perfeitamente reprodutíveis. Ademais, os algoritmos evolucionários, apesar de seu nome indicar o contrário, são **heurísticas**[1] que não asseguram a obtenção do melhor resultado possível em todas as suas execuções.

A conclusão razoável obtida a partir das características relacionadas no parágrafo anterior é que se você tem um algoritmo com tempo de execução curto o suficiente para solução de um problema, então não há nenhuma necessidade de se usar um algoritmo evolucionário. Sempre dê prioridade aos algoritmos exatos. Os algoritmos evolucionários entram em cena para resolver aqueles problemas cujos algoritmos são extraordinariamente lentos (problemas NP-completos) ou incapazes de obter solução (como por exemplo, problemas de maximização de funções multi-modais, como veremos no capítulo 4).

Outra conclusão razoável é que algoritmos genéticos devem ser usados quando queremos encontrar uma boa solução para um problema real. Se você quer provar uma teoria, encontrar resultados que possam ser reproduzidos ou um grupo de resultados que possuam determinadas características, então provavelmente os algoritmos evolucionários não são a ferramenta ideal para você.

Agora que usamos todos estes termos complexos, os algoritmos evolucionários parecem ser terrivelmente complicados, mas, como veremos a partir do capítulo 4, eles são de simples implementação.

Na figura 3.1 vemos como os algoritmos evolucionários se posicionam como técnicas de busca. Eles são parte de um ramo da busca chamado de "Técnicas Aleatórias-Guiadas", isto é, eles têm componentes aleatórios, mas usam as informações do estado corrente para guiar esta pesquisa, diferenciando-se assim de métodos puramente aleatórios como a técnica de *Random Walk*. Como podemos ver nesta figura, os algoritmos

[1] Heurísticas são algoritmos polinomiais que não têm garantia nenhuma sobre a qualidade da solução encontrada, mas que usualmente tendem a encontrar a solução ótima ou ficar bem próximos dela.

evolucionários se dividem em vários tipos distintos (marcados em cinza), os quais serão vistos com detalhes no decorrer deste livro.

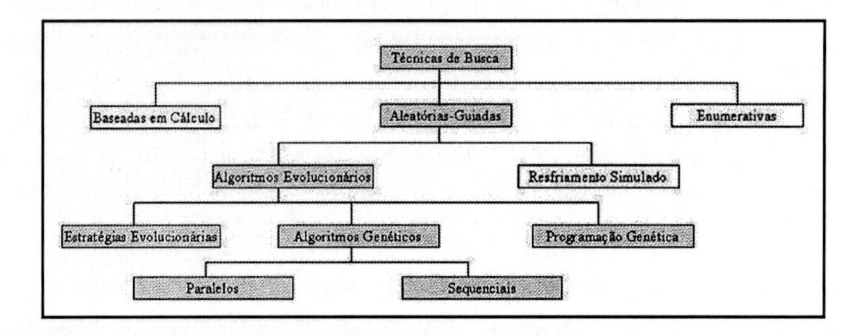

Fig. 3.1: Diagrama que posiciona os algoritmos evolucionários como técnica de busca. Eles são técnicas aleatórias-guiadas que, assim como as técnicas de resfriamento simulado (*simulated annealing*), têm componentes aleatórios, mas dependem do estado corrente para determinar seu próximo estado. Isto é, a informação conhecida direciona a busca, o que diferencia os algoritmos evolucionários de métodos puramente aleatórios como as* random walks*. Em cinza vemos os principais tópicos deste livro, que serão cobertos em detalhes. As outras técnicas de busca são descritas de forma breve no apêndice B.

3.2. O QUE SÃO ALGORITMOS GENÉTICOS?

Algoritmos genéticos (GA) são um ramo dos algoritmos evolucionários e como tal podem ser definidos como uma técnica de busca baseada numa metáfora do processo biológico de evolução natural.

Os algoritmos genéticos são técnicas heurísticas[2] de otimização global. A questão da otimização global opõe os GAs aos métodos como gradiente (*hill climbing*), que seguem a derivada de uma função de forma a encontrar o máximo de uma função, ficando facilmente retidos em máximos locais, como vemos na figura 3.2.

Nos algoritmos genéticos populações de indivíduos são criados e submetidos aos operadores genéticos: seleção, recombinação (*crossover*)

[2] Muitos de vocês vão reclamar do uso excessivo da palavra "heurística" neste livro. Entretanto, isto não foi feito só para aborrecê-los, mas sim para deixar claro que os algoritmos genéticos, apesar do seu nome sugerir o contrário, não encontram necessariamente a solução ótima para um problema e, quando o fazem, nem sempre conseguem repetir o feito!

e mutação. Estes operadores utilizam uma caracterização da qualidade de cada indivíduo como solução do problema em questão chamada de **avaliação** e vão gerar um processo de evolução natural destes indivíduos, que eventualmente deverá gerar um indivíduo que caracterizará uma boa solução (talvez até a melhor possível) para o nosso problema.

Definindo de outra maneira, podemos dizer que algoritmos genéticos são algoritmos de busca baseados nos mecanismos de seleção natural e genética. Eles combinam a sobrevivência entre os melhores com uma forma estruturada de troca de informação genética entre dois indivíduos para formar uma estrutura heurística de busca.

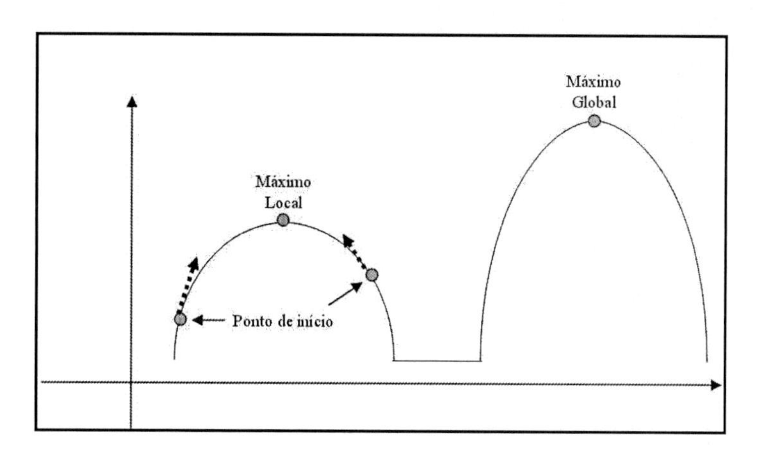

Fig. 3.2: Função hipotética com um máximo local e outro global. Uma técnica de gradiente (*hill climbing*) se inicia em qualquer um dos pontos de início marcados seguirá o gradiente (direção de maior crescimento) e acabará presa no ponto de máximo local (onde a derivada é zero). Algoritmos genéticos não têm esta dependência tão forte dos valores iniciais.

Como dissemos anteriormente, os GAs não são métodos de *hill climbing*, logo eles não ficarão estagnados simplesmente pelo fato de terem encontrado um máximo local. Neste ponto, eles se parecem com a evolução natural. Esta, ao encontrar um indivíduo que é instantaneamente o melhor de um certo grupo não pára de "procurar"[3] outros indivíduos ainda melhores.

Na evolução natural isto também decorre de circunstâncias que mudam de um momento para outro. Uma bactéria pode ser a melhor em um ambiente livre de antibióticos, mas quando estes são usados, outras que antes eram menos fortes tornam-se as únicas sobreviventes por serem as únicas adaptadas. Os algoritmos genéticos não costumam ser usados em ambientes variáveis, mas podem ser adaptados para tanto[4].

Como dissemos, no caso dos algoritmos genéticos, o ambiente normalmente é um só. Entretanto, conforme as gerações vão se passando e os operadores genéticos vão atuando, faz-se uma grande busca pelo espaço de soluções, de forma semelhante ao que ocorreria na evolução natural (das bactérias ou de qualquer outro organismo) se elas ficassem permanentemente em um ambiente imutável.

Mas, ao contrário do que as pessoas costumam pensar, é importante ser ressaltado que a evolução natural não é um processo dirigido à obtenção da solução ótima. Na verdade, o processo simplesmente consiste em fazer competir uma série de indivíduos e pelo processo de sobrevivência do mais apto, os melhores indivíduos <u>tendem</u> a sobreviver. Um GA tem o mesmo comportamento que a evolução natural: a competição entre os indivíduos é que determina as soluções obtidas. Eventualmente, devido à sobrevivência do mais apto, os melhores indivíduos prevalecerão. É claro que pode acontecer de uma geração ser muito pior que a geração que a antecedeu, apesar de isto não ser muito comum (nem provável).

Como veremos no decorrer deste livro (especialmente no capítulo sobre módulos de população alternativos), existem várias maneiras de "ajudar" a preservar as melhores soluções, guiando um pouco o processo de busca. Voltamos à afirmação anterior de que os GAs são inspirados na evolução natural, não uma cópia fiel de seu processo.

---

[3] A evolução natural, como já discutimos antes e falaremos novamente a seguir, não "busca" as melhores soluções. Entretanto, durante o processo didático deste capítulo, tomei certas liberdades para que as analogias ficassem mais simples e compreensíveis para você, leitor.

[4] Aí está uma excitante área de pesquisa que você pode perseguir!

Sendo assim, devemos salientar que GAs, apesar do seu nome implicar no contrário, não constituem um algoritmo de busca da solução ótima de um problema, mas sim uma heurística que encontra boas soluções a cada execução, mas não necessariamente a mesma todas as vezes[5] (podemos encontrar máximos – ou mínimos – locais, próximos ou não do máximo global).

A **codificação** da informação em cromossomos é um ponto crucial dentro do GA, e é, junto com a função de avaliação, o que liga o GA ao problema a ser resolvido. Se a codificação for feita de forma inteligente, esta já incluirá as idiossincrasias do problema (como por exemplo restrições sobre quando podemos ligar ou desligar uma máquina etc.) e permitirá que se evitem testes de viabilidade de cada uma das soluções geradas. Ao fim da execução do nosso algoritmo a solução deve ser decodificada para ser utilizada na prática. Veremos nos capítulos 4 e 10 como codificar as informações em cromossomos de acordo com as características de nossos problemas.

Assim como na natureza, a informação deve ser codificada nos cromossomos (ou genomas) e a reprodução (que no caso dos GAs é equivalente à reprodução sexuada[6]) se encarregará de fazer com que a população evolua. A mutação cria diversidade, mudando aleatoriamente genes dentro de indivíduos e, assim como na natureza, é aplicada de forma menos frequente que a recombinação, que é o fruto da reprodução (e que, dentro do nosso texto, será chamada de *crossover*). Nas próximas seções veremos exatamente como funciona cada um destes operadores e sua importância para o processo como um todo.

---

[5] Esta situação corresponde àquela de duas ilhas pertencentes a um mesmo arquipélago, descrita por Darwin em seu livro "A origem das espécies". As ilhas eram separadas por menos de cem metros de água, tinham o mesmo clima e aproximadamente os mesmos nutrientes, mas algumas espécies de animais, especialmente os terrestres, eram diferentes em cada uma das ilhas. Darwin ficou pasmo com esta descoberta, mas hoje nós sabemos que isto se deve à diversidade das populações iniciais de indivíduos e à imprevisibilidade do processo de evolução natural.

---

[6] A escolha da reprodução sexuada como modelo para os algoritmos genéticos não é ocasional. A reprodução sexuada é utilizada por todos os animais superiores e garante a diversidade biológica, visto que combinando pedaços de genomas dos dois genitores podem-se gerar filhos mais aptos e consequentemente com o passar das gerações a população tende a evoluir. Já a reprodução assexuada não cria diversidade, visto que cada filho é idêntico a seu genitor (salvo pela ocorrência de mutações) e consequentemente tem exatamente as mesmas habilidades e aptidões.

A reprodução e a mutação são aplicadas em indivíduos selecionados dentro da nossa população. A seleção deve ser feita de tal forma que os indivíduos mais aptos sejam selecionados mais frequentemente do que aqueles menos aptos, de forma que as boas características daqueles passem a predominar dentro da nova população de soluções. De forma alguma os indivíduos menos aptos têm que ser descartados da população reprodutora. Isto causaria uma rápida convergência genética de todas as soluções para um mesmo conjunto de características e evitaria uma busca mais ampla pelo espaço de soluções[7]. A **convergência genética** se traduz em uma população com baixa diversidade genética que, por possuir genes similares, não consegue evoluir, a não ser pela ocorrência de mutações aleatórias que sejam positivas. Isto pode ser traduzido em outro conceito interessante que é a **perda da diversidade**, que pode ser definida como sendo o número de indivíduos que nunca são escolhidos pelo método de seleção de pais. Quanto maior for a perda de diversidade, mais rápida será a convergência genética de nosso GA (Blickle, 1997). Maiores detalhes sobre métodos de seleção que buscam manter a diversidade genética da população podem ser encontrados no capítulo 9.

Nos capítulos a seguir veremos em detalhes cada uma das fases do nosso GA, explorando-as e aprendendo a modificá-las de acordo com nossas necessidades.

3.3. TERMINOLOGIA

Antes de iniciarmos nossa viagem pela área dos algoritmos genéticos, é importante que nos familiarizemos com a terminologia adotada. Como GAs são altamente inspirados na genética e na teoria da evolução das espécies, há uma analogia muito forte entre os termos da biologia e os termos usados no campo dos GAs.

Nos sistemas naturais um ou mais cromossomos se combinam para formar as características genéticas básicas de cada indivíduo. Na área dos GAs, os termos cromossomo e indivíduo são intercambiáveis, sendo

[7] Na natureza os indivíduos menos aptos conseguem se reproduzir, só que menos frequentemente do que os mais fortes. Certas espécies possuem mecanismos extremamente violentos e impressionantes para que os machos mais fracos tentem passar seus genes adiante, incluindo estupro, enganação, traição e outras atitudes que seriam crimes em qualquer sociedade humana organizada.

usados de forma razoavelmente aleatória neste texto. Como a representação binária é dominante em vários dos textos básicos da área, muitas vezes pode-se escrever *string* (de *bits*) significando o mesmo que cromossomo.

No campo da genética os cromossomos são formados por genes, que podem ter um determinado valor entre vários possíveis, chamados de alelos. A posição do gene é chamada de seu *locus* (plural: *loci*). Os termos biológicos são aplicáveis também à área de GA, mas podemos usar os termos características para significar gene, valores significando alelos e posição significando *locus*. Lembre-se que esta é uma área ligada à informática e muitas vezes os cientistas da computação esquecem o campo onde suas técnicas se inspiraram.

Outros termos importantes são genoma, genótipo e fenótipo. Genótipo é a estrutura do cromossomo, e pode ser identificada na área de GA com o termo estrutura. Fenótipo corresponde à interação do conteúdo genético com o ambiente, interação esta que se dá no nosso campo através do conjunto de parâmetros do algoritmo. Genoma é o significado do pacote genético e não possui análogo na área de GA.

Podemos então resumir tudo que dissemos nesta parte na seguinte tabela, na qual só incluimos a nomenclatura que distingue a área de GA da área da genética. Está implícito que os termos da ciência natural podem ser utilizados também no campo dos GAs, apesar dos termos relacionados a seguir serem mais comuns na literatura.

Linguagem da ciência natural	GA
Cromossomo	Indivíduo, *String*, Cromossomo, Árvore[8]
Gene	Característica
Alelo	Valor
Locus	Posição
Genótipo	Estrutura
Fenótipo	Conjunto de parâmetros

[8] Neste livro usaremos os termos indivíduo e cromossomo de forma intercambiável. Como os termos *string* e árvore são descrições de representações específicas, serão evitados.

Neste texto serão mais usados os termos descritos na segunda coluna, posto que este é um livro voltado para estudantes de informática. Mas de vez em quando, de forma sorrateira, um ou outro termo biológico pode penetrar em nosso meio. Façamos com que seja bem-vindo!

3.4. CARACTERÍSTICAS DE GAS

GAs são técnicas probabilísticas, e não técnicas determinísticas. Assim sendo, um GA com a mesma população inicial e o mesmo conjunto de parâmetros pode encontrar soluções diferentes cada vez que é executado.

GAs são em geral programas simples que necessitam somente de informações locais ao ponto avaliado (relativas à adequabilidade deste ponto como solução do problema em questão), não necessitando de derivadas ou qualquer outra informação adicional. Isto faz com que GAs sejam extremamente aplicáveis a problemas do mundo real que em geral incluem descontinuidades duras. **Descontinuidades duras** são situações onde os dados são discretos ou não possuem derivadas. Isto é muito comum em situações do mundo real em que temos que alocar recursos. Não temos como alocar uma fração de um caminhão ou de uma sala de aula, logo estes problemas não admitem soluções reais, somente inteiras. Assim, não temos como calcular derivadas ou gradientes, o que impede que usemos técnicas numéricas tradicionais, que normalmente fazem fortes exigências sobre as características das funções que não podem ser atendidas em problemas reais.

GAs trabalham com uma grande população de pontos, sendo uma heurística de busca no espaço de soluções. Um GA diferencia-se dos esquemas enumerativos pelo fato de não procurar em todos os pontos possíveis, mas sim em um (quiçá pequeno) subconjunto destes pontos. Um exemplo muito claro é o uso de GAs para a solução do problema do caixeiro viajante (ou outros similares) em que o número de soluções possíveis é proporcional à fatorial do número de cidades. Um GA vai procurar o número de soluções que os seus parâmetros definirem, e nunca uma fração significativa das soluções possíveis (caso contrário, ficaríamos muitas vidas esperando por uma solução).

Além disto, GAs diferenciam-se de esquemas aleatórios por serem uma busca que utiliza informação pertinente ao problema e não trabalham com caminhadas aleatórias (*random walks*) pelo espaço de soluções, mas sim direcionando sua busca através do mecanismo da seleção, equivalente ao processo natural. Isto quer dizer que apesar de determinar o conjunto de pontos a ser percorrido de forma aleatória, os algoritmos genéticos não podem ser chamados de buscas aleatórias não-direcionadas, pois exploram informações históricas para encontrar novos pontos de busca onde são esperados bons desempenhos (Carvalho, 2003).

Esta exploração é feita através do uso do valor da função de avaliação como guia na escolha dos elementos reprodutores (pais). Existem fatores estocásticos associados ao nosso processo, entretanto, buscamos usar as características existentes no instante atual para tentar caminhar na direção correta[9]. Isto quer dizer que os GAs não são processos puramente estocásticos, mas sim uma busca direcionada no espaço de soluções.

É importante salientar também que GAs trabalham com uma forma codificada dos parâmetros a serem otimizados e não com os parâmetros propriamente ditos. Assim, deve ser definido um esquema de codificação e decodificação destes parâmetros. Isto equivale à representação cromossomial discutida anteriormente e que será aprofundada nos próximos capítulos.

Mas, por outro lado, não importa ao GA como é codificada ou decodificada a informação dos parâmetros. Ele só se importa com a representação em si. Toda a informação relativa ao problema está contida na função de avaliação do problema, que embute os módulos de codificação e decodificação dos parâmetros. Assim, um mesmo GA pode ser utilizado para uma infinidade de problemas, necessitando-se apenas mudar a função de avaliação, o que pode gerar uma grande economia de tempo e dinheiro para as organizações.

Em nossas implementações usamos a linguagem Java, que é uma linguagem orientada a objetos, o que lhe fornece uma característica de reusabilidade quando bem aplicada. Logo, vamos codificar nossas classes

[9] Como diz o ditado, às vezes é necessário dar um passinho para trás antes de dar dois para frente!

com cuidado de forma que qualquer um possa fazer uma subclasse de nossas classes básicas e fazer o seu próprio GA rápida e eficazmente.

Ao fazer esta afirmação e ao definir nossas classes para o reuso, não estamos corroborando a atitude comum de muitas pessoas de pegar um GA pronto (off the shelf), alterar a função de avaliação e rodar para "ver o que acontece". A escolha da representação deve ser deliberada – sendo escolhida sempre a mais conveniente para o problema que precisa ser resolvida. Só estamos apontando para o fato de que vários problemas são bem resolvidos com a mesma representação.

3.5. O Teorema da Inexistência de Almoço Grátis

Em (Wolpert, 1995), existe uma afirmação fundamental, chamada de teorema da inexistência do almoço grátis (*No free lunch theorem*, ou NFL), que afirma que todos os algoritmos de busca têm exatamente o mesmo desempenho, quando faz-se a média através de todos os infinitos problemas existentes. Grosseiramente, isto equivale a afirmar que se o algoritmo A é melhor que o algoritmo B em uma série de k problemas, então deve haver uma outra série de k problemas em que o algoritmo B tem um desempenho superior ao algoritmo A.

Uma consequência do NFL é que nenhum algoritmo genérico pode ser melhor do que um algoritmo desenhado especificamente para a resolução de um problema, em que as características especiais deste problema, incluindo suas restrições, mapeamentos especiais e quaisquer outras que possamos imaginar, sejam cuidadosamente projetadas e utilizadas para benefício da solução. A intuição por trás desta afirmação é evidente na figura 3.3.

A Wikipedia, em seu verbete sobre o NFL (http://en.wikipedia.org/wiki/No_free_lunch_theorem) conclui dizendo que este pode ser usado como um argumento contra o uso de algoritmos genéricos de busca, como algoritmos genéticos e resfriamento simulado, sem embutir o maior conhecimento do domínio possível.

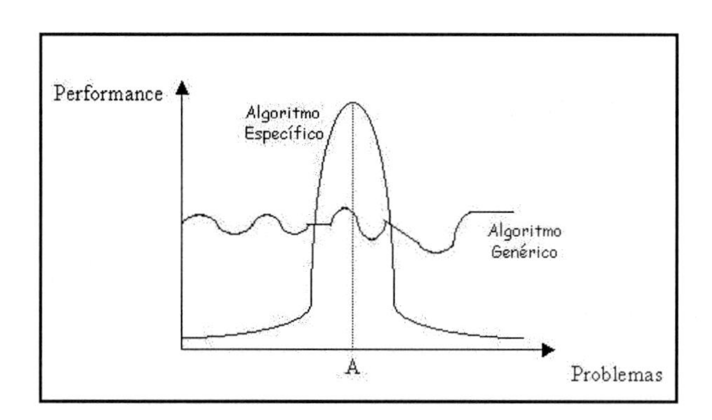

***Fig. 3.3:** Intuição por trás do teorema NFL. Um algoritmo elaborado especificamente para o problema A terá performance ótima para este algoritmo e seu desempenho se deteriorá rapidamente conforme nos afastamos para problemas bem diferentes de A. Um algoritmo genérico sempre terá um desempenho razoável, mas será incapaz de bater o algoritmo específico na classe de problemas para as quais este é desenhado.*

Alguns dos leitores poderiam, razoavelmente, perguntar: então eu devo parar de ler este livro? A resposta à pergunta é um **NÃO** peremptório. Vejamos os vários motivos desta resposta tão forte.

Primeiramente, porque existirão domínios em que o conhecimento específico não pode ser embutido e/ou calculado computacionalmente, então conhecer uma técnica de busca genérica pode ser algo extremamente útil.

Segundo, a afirmação de que algoritmos genéticos não podem embutir conhecimento específico com certeza vem de pessoas que não conhecem os GAs. Na verdade, um bom GA, como veremos no decorrer deste livro, deve embutir o máximo de conhecimento sobre o problema, na representação, nos operadores genéticos e na função de avaliação.

É claro que é possível pegar um algoritmo genético pronto (*off-the-shelf*), mudar a função de avaliação e simplesmente tentar resolver o problema. É até possível que seus resultados sejam interessantes, mas a lógica e o teorema NFL sugerem que esta não é a melhor abordagem. Vamos insistir nesta questão várias vezes neste livro: usar algoritmos genéticos não pode ser uma desculpa para ignorar os aspectos fundamentais do seu problema e para não tentar modelá-los computacionalmente.

Assim, sugiro que você leia este livro até o final. Espero que, no fim deste, você tenha aprendido a usar os GAs como uma ferramenta poderosa, aprendendo a adaptá-los às necessidades específicas dos problemas que serão enfrentados em situações práticas.

Entretanto, mantenha em mente que problemas que já foram resolvidos ou problemas que tenham algoritmos específicos já desenvolvidos não merecem ser atacados usando-se GAs, só porque seria divertido ou porque você gosta de técnicas evolucionárias. Use os GAs como uma ferramenta adicional, não como a única do seu cabedal de técnicas e com certeza seus resultados serão ainda melhores.

Escolher um algoritmo genético para resolver um problema não significa que você pode ignorar as peculiaridades do problema, todas as suas condições importantes e formulações matemáticas. Ao contrário: um algoritmo genético só funciona bem se embutirmos nele o máximo de conhecimento possível sobre o problema, tanto na função de avaliação quanto na escolha da representação e dos operadores genéticos[10].

3.6. Busca

Até agora, nós dissemos que o GA é uma técnica de busca, mas não deixamos claro qual é a importância da busca. A verdade é que, sem exageros, *a busca é o problema básico da computação*. Todo problema pode ser descrito como a tentativa de alcançar um determinado **objetivo**, isto é, de chegar a um determinado estado onde uma certa condição é satisfeita.

Um **estado** nada mais é do que uma especificação de certos aspectos da realidade relevantes para o problema. Por exemplo, se meu objetivo é ganhar um milhão de reais, então o estado consiste em quanto dinheiro eu ganhei até hoje. O meu peso neste momento não é relevante para o estado do sistema. Desta maneira, pode-se dizer que um estado, na realidade, corresponde a um conjunto de estados do universo. Por exemplo, um possível estado para este problema consiste em se obter um ganho de

[10] Eu disse que ia insistir muito nesta questão.

R$10.000,00. Neste sentido, este estado corresponde ao conjunto de estados que incluem todos os pesos que posso ter, todos os estados civis em que posso estar, e os valores de quaisquer outras variáveis que possam ser imaginadas.

As diferentes **ações** causam modificações no estado do sistema. Por exemplo, se este livro vender 100.000 cópias, eu chegarei mais próximo do objetivo de ganhar um milhão de reais. As várias ações que posso realizar em cada instante devem então ser avaliadas como um **caminho** da busca a ser efetuada, com o intuito de encontrar o estado final desejado. Assim, podemos dizer que resolver um problema consiste em buscar um estado em que uma determinada condição seja satisfeita, ou seja, todo problema, no fundo, é um problema de busca. Um algoritmo de busca é tal que recebe um problema como entrada e retorna uma solução sob a forma de uma sequência de ações que ele recomenda que sejam tomadas para que se atinja o objetivo desejado (Russel & Norvig, 2004).

Formalmente, a busca em espaços de estados pode ser definida como sendo representada por uma quádrupla *{E, A, I, O}*, onde:

- *E* representa os estados que o problema pode assumir. No problema anterior, os valores que posso ter ganho;
- *A* representa as ações que fazem com que mudemos de estado. No problema discutido, pode ser qualquer ação que resulte em uma mudança no valor acumulado por mim;
- *I* representa o estado inicial do problema. No nosso exemplo, quanto dinheiro eu tinha ao começar minha perseguição ao milhão de reais;
- *O* representa o(s) estado(s) objetivo(s) do problema (Luger, 2002). No caso exemplo, ganhar um milhão de reais.

Podemos aplicar estes formalismos ao problema do caixeiro viajante que já vimos na seção 1.3. Como descrito anteriormente, neste problema um caixeiro viajante deve visitar *n* cidades, percorrendo o caminho mínimo entre elas, sem passar por nenhuma cidade duas vezes. O estado do problema consiste na cidade em que o caixeiro está, somado a todas aquelas que ele já visitou. As ações que compõem o conjunto *A* são as viagens entre cidades a serem visitadas. O estado inicial do problema (*I*) é a cidade de onde o caixeiro partir. O conjunto de estados objetivos é formado por todos aqueles em que todas as cidades já foram visitadas apenas uma vez. O mais desejado dentre os estados que compõem este conjunto *O* é aquele estado que implica em um menor custo para o caixeiro viajante.

Assim, temos um conjunto de estados objetivos, representando as mais variadas formas de percorrer o caminho tendo visitado todas as cidades uma única vez. Isto é muito comum também – termos um número grande de soluções e querermos buscar aquela que otimiza um determinado critério (no nosso caso, o custo da viagem).

No apêndice B, são discutidas várias técnicas tradicionais de busca, cujo conhecimento é interessante para quem pretende resolver problemas seriamente. Lembre-se que, apesar deste livro ser sobre algoritmos genéticos, não se está sugerindo que estes sejam uma panacéia computacional. Cada técnica de resolução de problemas tem suas qualidades e problemas para os quais ela é mais adequada. Sugiro mais uma vez que você conheça o máximo de técnicas possíveis, de forma a ter um arsenal poderoso para resolver os problemas reais que enfrentar.

3.7. POR QUE GAS?

Com base no que vimos até agora e sem precisar elaborar muito neste momento, podemos dizer que os GAs são uma técnica de busca com as seguintes características positivas, que fazem com que devam ser considerados:

- Paralela: pois mantém uma população de soluções que são avaliadas simultaneamente (não implicando que tenhamos usar máquinas com múltiplos processadores ou em rede);
- Global: GAs não usam apenas informação local, logo, não necessariamente ficam presos em máximos locais como certos métodos de busca. Esta característica é uma das mais interessantes dos algoritmos genéticos e faz com eles sejam uma técnica extremamente adequada para funções multimodais e de perfis complexos, como a maioria das funções de custo associadas a problemas reais;

- Não totalmente aleatória: existem métodos que usam apenas variáveis aleatórias para realizar sua pesquisa. GAs têm componentes aleatórios, mas como usam a informação da população corrente para determinar o próximo estado da busca, não podem ser considerados totalmente aleatórios;
- Não afetada por descontinuidades na função ou em suas derivadas: os GAs não usam informações de derivadas na sua evolução nem necessitam de informação sobre o seu entorno para poder efetuar sua busca. Isto faz com que sejam muito adequados para funções com descontinuidades ou para as quais não temos como calcular uma derivada[11];
- Capaz de lidar com funções discretas e contínuas: como veremos no capítulo 10, os GAs são capazes de lidar com funções reais, discretas, *booleanas* e até mesmo categóricas (não-numéricas), sendo possível inclusive misturar as representações sem prejuízo para a habilidade dos GAs de resolver problemas.

Além disto, tendo em vista que são buscas direcionadas e inteligentes, GAs são boas técnicas para atacar problemas de busca com espaços de busca intratavelmente grandes, que não podem ser resolvidos por técnicas tradicionais.

Todos estes conceitos ficarão mais claros conforme formos avançando nos GAs, e serão descritos com mais cuidado durante o texto dos próximos capítulos. Entretanto, espero que neste momento esteja claro para você o que é uma busca, os conceitos básicos de GA e por que nós os utilizamos. Se precisar de mais informação, simplesmente continue lendo este livro.

Use GAs apenas quando o problema for de alta complexidade de tempo e de grande dimensão, for difícil ou impossível encontrar sub-problemas que juntos resolvam o problema completo e quando não houver um algoritmo exato disponível para resolver o problema.

---

[11] Descontinuidades são onipresentes em todos os problemas do cotidiano. Exemplo: se você mandar uma carta pelo correio e ela tiver até 1kg então ela custa um valor. Se passar de 1kg, ela passa a ter outro valor. Existe um salto neste ponto que é uma descontinuidade.

3.8. Exercícios Resolvidos

1) Explique, no contexto de GAs, a diferença entre cromossomo e gene.

A diferença básica é que um cromossomo contém vários genes. Um gene é uma unidade básica de informação, que não pode ser quebrada, como por exemplo uma cidade a ser visitada pelo caixeiro viajante, enquanto que um cromossomo é o conjunto de genes que perfazem a informação total de um indivíduo.

2) O que é genótipo e fenótipo no contexto de GAs?

Os GAs normalmente não trabalham diretamente com os parâmetros, mas sim com uma versão codificada dos mesmos. Assim, genótipo é a representação interna usada pelo GA para armazenar os parâmetros a serem otimizados, enquanto que fenótipo consiste nos valores reais dos parâmetros e sua inserção no problema sendo resolvido.

3) Se a evolução não é um processo dirigido para a otimização, como é possível que cada geração sempre seja melhor que a anterior?

A pergunta é: quem disse que a população da geração g+1 é necessariamente melhor que a população da geração g? A resposta é: ninguém!!! Tendo em vista o processo de seleção usado, a <u>tendência</u> é que a avaliação da população melhore de forma contínua. Podemos inclusive usar módulos de população que ajudem neste objetivo (o que será melhor explicado no capítulo 7). Entretanto, isto é um processo sem garantias. Em casos patológicos, a sua população pode nunca melhorar.

4) Se eu apresentar um bom resultado para um problema e quiser replicá-lo, basta rodar o GA novamente. Verdadeiro ou Falso?

FALSO!!! Como discutido neste capítulo, um GA é uma heurística fortemente dependente de fatores probabilísticos, como por exemplo, o sorteio da população inicia, a escolha dos operadores genéticos e até mesmo a aplicação dos mesmos.

Resultados obtidos através da aplicação de GAs são de baixa reprodutibilidade. Lembre-se de que o foco de quem usa GAs na prática é obter um resultado que resolve um problema de forma satisfatória. Aceite este conceito, lembre-se que os GAs são apenas uma ferramenta computacional e concentre-se apenas em configurar o seu GA de forma a obter a solução mais adequada para o seu problema.

3.9. EXERCÍCIOS

1) O que é uma função multimodal?

2) Qual é a diferença entre um máximo local e um máximo global?

3) Qual é a diferença entre uma heurística e um algoritmo?

4) Por que dizemos que um GA é uma heurística e não um algoritmo?

5) Qual é a importância da função de avaliação?

6) Podemos usar um algoritmo genético *off-the-shelf* alterando apenas a função de avaliação. Quais as vantagens disto? E as desvantagens (dica: tem a ver com o teorema da inexistência do almoço grátis)?

7) Qual é a principal vantagem biológica da reprodução sexuada?

8) Verdadeiro ou Falso? Explique.

a. A evolução natural sempre busca a solução ótima em termos de adaptabilidade do organismo.

b. Um GA é dito uma técnica de busca paralela pois só pode ser executado em múltiplos processadores.

c. Tendo em vista o fato de que usa sorteios para guiar sua busca, podemos dizer que um GA é uma técnica de busca aleatória.

d. GAs nunca ficam presos em máximos locais.

e. De acordo com o teorema da inexistência do almoço grátis, é irrelevante qual algoritmo eu escolho para resolver um problema qualquer.

f. Algoritmos genéticos, por serem dependentes de fatores probabilísticos, sempre têm desempenho equivalente a *random walks*

g. Se eu já tenho uma boa solução para um problema e insiro este resultado na população inicial de um algoritmo genético, ao fim da execução deste terei necessariamente uma solução ótima para meu problema.

9) Por que podemos dizer que GAs são uma técnica de busca paralela? Isto quer dizer que não podemos executar um GA em uma máquina comum, com apenas um processador?

10) O teorema da inexistência do almoço grátis pode ser usado para desqualificar os GAs? E para desqualificar alguma outra técnica computacional qualquer?

11) Qual é a diferença entre genótipo e fenótipo?

12) Neste capítulo afirmamos que é possível rodar um GA com o mesmo estado inicial e os mesmos parâmetros várias vezes e obter resultados diferentes. Como isto é possível?

13) Qual é a diferença entre um GA e um algoritmo aleatório (*random walk*)?

Capítulo 4
O GA Mais Básico

4.1. Esquema de um GA

Como vimos no capítulo 3, os algoritmos genéticos são um ramo da computação evolucionária, e, por conseguinte, seu funcionamento é extremamente similar àquele descrito no pseudo-código apresentado no capítulo 2.

Este funcionamento é mostrado de forma gráfica na figura 4.1, podendo ser resumido algoritmicamente através dos seguintes passos:

a) Inicialize a população de cromossomos.

b) Avalie cada cromossomo na população.

c) Selecione os pais para gerar novos cromossomos.

d) Aplique os operadores de recombinação e mutação a estes pais de forma a gerar os indivíduos da nova geração.

e) Apague os velhos membros da população.

f) Avalie todos os novos cromossomos e insira-os na população.

g) Se o tempo acabou, ou o melhor cromossomo satisfaz os requerimentos e desempenho, retorne-o, caso contrário, volte para o passo c).

Esta é somente uma visão de alto nível de nosso algoritmo (que ainda é uma forma bem simplificada de um GA, usada apenas para efeitos didáticos). O que ela esconde é a complexidade do processo de obtenção dos seguintes elementos, os quais aprenderemos aos poucos, no decorrer deste livro:

- uma representação cromossomial que seja adequada ao problema;
- uma função de avaliação que penalize soluções implausíveis para nosso problema e que avalie satisfatoriamente o grau de adequação de cada indivíduo como solução do problema em questão, de forma que uma solução que confira maior benefício receba uma avaliação mais alta do que aquela que confere um benefício menor.

Entretanto, como veremos no decorrer deste capítulo, o GA é altamente genérico. Vários de seus componentes são invariáveis de um problema para outro. Isto favorece sua implementação em uma linguagem orientada a objeto, permitindo o reaproveitamento do código para solução de vários problemas diferentes.

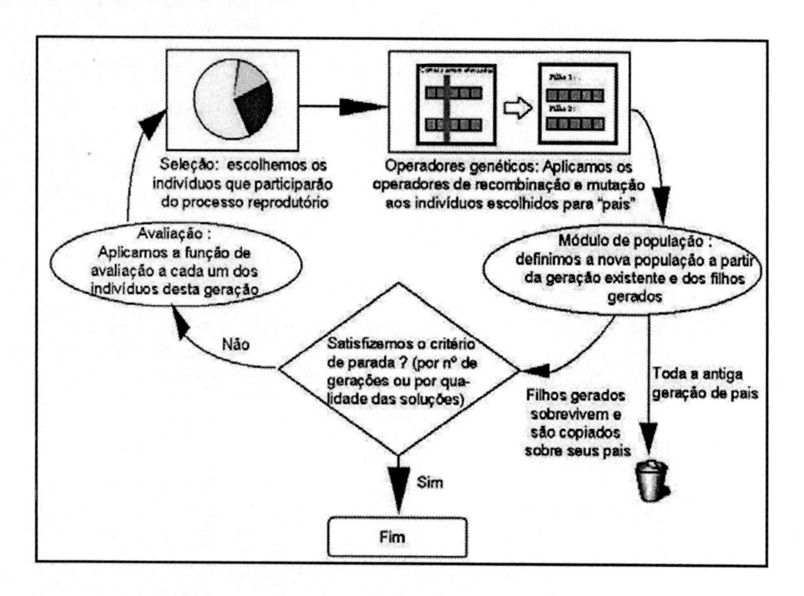

Fig 4.1: Esquema de um algoritmo genético

Traduzindo: todos os trechos de código que são mostrados neste livro podem ser utilizados sem grandes adaptações para a solução de seus próprios problemas[1]. Tudo que você precisará é codificar sua própria função de avaliação. Logo, ao fim deste capítulo você deverá ser capaz de implementar suas primeiras soluções usando algoritmos genéticos. É claro que esta aplicação genérica dos algoritmos genéticos não propiciará resultados tão bons quanto uma que contenha um estudo detalhado do problema, uma representação muito bem adequada e parâmetros

[1] Note que temos códigos distintos para cada tipo de codificação usada (no capítulo 10 veremos outras formas de codificação). Assim, você precisa escolher a codificação antes de usar o algoritmo genético.

perfeitamente ajustados. Uma solução especificamente projetada, como vimos pelo teorema da inexistência do almoço grátis (seção 3.5), sempre é superior a uma solução genérica em um domínio específico. Entretanto, não se preocupe. Ao fim do livro, você deverá ser capaz de fazer soluções de qualidade totalmente adequadas a um problema.

Agora que você está totalmente motivado, vamos partir para entender todos estes termos.

4.2. Representação cromossomial

A representação cromossomial é fundamental para o nosso algoritmo genético. Basicamente, ela consiste em uma maneira de traduzir a informação do nosso problema em uma maneira viável de ser tratada pelo computador. Quanto mais ela for adequada ao problema, maior a qualidade dos resultados obtidos. Resista à tentação de adequar o problema à sua representação!

Cada pedaço indivisível desta representação é chamado de um **gene**, por analogia com as partes fundamentais que compõem um cromossomo biológico.

É importante notar que a representação cromossomial é completamente arbitrária, ficando sua definição de acordo com o gosto do programador e com a adequação ao problema. É interessante apenas que algumas regras gerais sejam seguidas:

a) A representação deve ser a mais simples possível;

b) Se houver soluções proibidas ao problema, então é preferível que elas não tenham uma representação;

c) Se o problema impuser condições de algum tipo, estas devem estar implícitas dentro da nossa representação.

No capítulo 10 veremos outros exemplos de como estas regras podem ser seguidas. Neste momento, vamos adotar a representação mais simples e mais usada pelos praticantes da área dos algoritmos genéticos que é a binária, isto é, um cromossomo nada mais é do que uma sequência de *bits* e cada gene é somente um *bit*. O conceito representado por cada *bit* e/ou conjunto de *bits* é inerente ao problema, como veremos no exemplo a seguir.

Essa representação foi a adotada inicialmente por Holland, em seu livro seminal (Holland, 1975) e, hoje em dia, por estes motivos históricos e pelo fato de ser muito simples, ela é amplamente adotada por pesquisadores da área de GA. Ademais, os operadores genéticos, como discutiremos a seguir, são facilmente compreensíveis e implementáveis. Por todos estes motivos, muitos adeptos da área de GA gostam de parar neste capítulo e começar a implementar suas soluções. Entretanto, isto não é aconselhável. O capítulo 10, por exemplo, aponta representações alternativas para fazer os GAs serem boas soluções para o seu problema.

Nada impede, entretanto, que usemos da simplicidade desta representação para começar a entender as principais características associadas aos algoritmos genéticos. Este capítulo, então, usa exclusivamente a representação binária, que será substituída por outras versões mais complexas conforme avançarmos na área.

Exemplo 4.1: Seja o problema de encontrar o mínimo da seguinte função, sendo que ambas as variáveis pertencem ao intervalo dado por [-100,100]:

$$f(x,y) = \left| x * y * sen\left(\frac{y\pi}{4}\right) \right|$$

Esta função é uma função multimodal, contendo vários máximos. Logo, uma abordagem do tipo *hill climbing* não seria adequada, pois a inicialização aleatória poderia nos colocar na encosta de qualquer um dos máximos subótimos e fazer com que adotemos algum deles como solução.

No capítulo 10 veremos como trabalhar com números reais diretamente. Vamos começar, entretanto, com a técnica mais tradicional de representação, que são os números binários. Para representar números reais como números binários, temos primeiro que saber duas coisas:

- A faixa de operação de cada uma das variáveis;
- A precisão desejada.

Estes dois parâmetros definem, em conjunto, quantos *bits* por variável vamos usar. Se usamos *k bits* para uma variável x_i, que trabalha numa faixa

[inf_i, sup_i] então estamos definindo que a precisão máxima desta variável é de $\frac{\sup_i - \inf_i}{2^k - 1}$.

Por exemplo, se usarmos 10 *bits* em uma variável cuja faixa de operação vai de 2 a 10 então nossa precisão é $\frac{10-2}{2^{10}-1} \approx 0{,}0078$. Se necessitarmos uma solução com precisão maior do que 0,0078, então precisaremos de mais *bits* por cromossomo.

Para converter o número binário dentro do cromossomo corrente para o número real correspondente dentro da faixa, tudo que temos que fazer é obter o número inteiro r_i correspondente ao número binário e depois fazer a seguinte operação:

$$real = \inf_i + \frac{\sup_i - \inf_i}{2^k - 1} * r_i$$

Se queremos representar mais de um número real dentro do nosso cromossomo binário, tudo o que temos a fazer é colocá-los lado a lado, como em uma concatenação de *strings*. Assim, os primeiros k_1 *bits* representam x_1, os k_2 *bits* seguintes representam x_2 e assim por diante. É normal que $k_1 = k_2 = \ldots = k_n$, mas é possível que as necessidades de precisão para cada número sejam diferentes, o que faz com que esta igualdade não seja obrigatória.

Por exemplo, vamos dizer que temos duas variáveis, x_1 e x_2, e que cada uma delas usa 6 *bits* de representação, a faixa da primeira sendo [-2,2] e a da segunda sendo [0,1]. Se temos o cromossomo 000011110011, podemos compreender os valores codificados no cromossomo de acordo com a operação mostrada na figura 4.2:

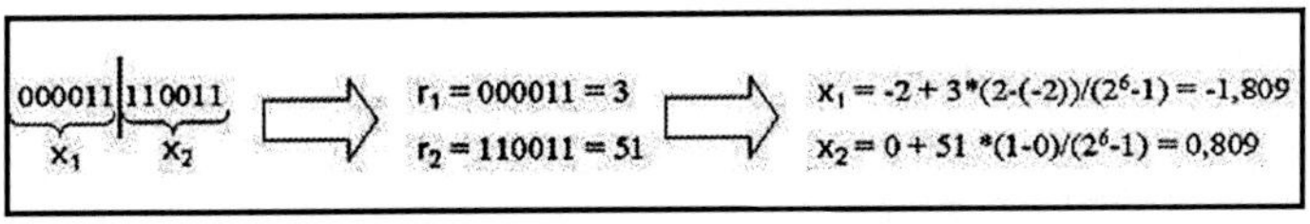

000011|110011 (x_1 | x_2) ⇨ r_1 = 000011 = 3, r_2 = 110011 = 51 ⇨ $x_1 = -2 + 3*(2-(-2))/(2^6-1) = -1{,}809$, $x_2 = 0 + 51*(1-0)/(2^6-1) = 0{,}809$

Fig. 4.2: Exemplo de interpretação de números reais codificados de forma binária

Voltando ao problema de encontrar o máximo da função do exemplo 4.1, vamos representá-la como números binários. Já que ela é uma função de duas variáveis, representaremos as duas variáveis de interesse como uma única *string* em que os primeiros k_x *bits* representam a variável x e os k_y *bits* seguintes representam a variável y. A questão que sobra é: quantos *bits* para cada variável?

Assim, para resolver este problema vamos usar uma representação binária de 44 bits[2], tamanho este definido pelo grau de precisão que queremos para a solução. Como podemos perceber, a solução que procuramos consiste em dois números x e y que queremos que estejam entre 100 e -100 (por conveniência do espaço de busca ou por requisitos do problema).

Convencionamos, então, que os primeiros 22 *bits* representam x e os 22 *bits* seguintes representam y. Convertemos as duas sequências de *bits* em números decimais e encontraremos números entre 0 e 2^{22}-1. Para colocá-los na faixa desejada, de -100 a 100, multiplicamo-los por 0.0000476837271889898 (levando este número para a faixa de 0 a 200) e depois diminuímos 100 do resultado obtido. Teremos dois números que podem, então, ser aplicados à função de avaliação do nosso problema (que é a função f(x,y)!) e obteremos a medida de qualidade desta nova solução.

Neste caso vimos que podemos usar uma representação binária para representar dois números (poderíamos estender esta representação para *n* números, usando mais *bits* ou atribuindo menos *bits* para cada número). A representação binária é boa pois para ela os operadores genéticos são extremamente simples e o computador lida com ela de forma extremamente natural. Mas outras representações também são possíveis e podem até obter resultados melhores, como veremos no capítulo 10 deste livro.

---

[2] Você poderia ter escolhido ter 50 bits, ou mesmo 60 ou até mesmo 8. A escolha foi completamente arbitrária de forma a ser semelhante ao primeiro exemplo do livro de Lawrence Davis (Davis, 1991), o primeiro livro sobre algoritmos genéticos que li em minha vida. Como estamos apenas descrevendo um exemplo para um livro, isto não é um problema. Entretanto, quando você for resolver seus problemas usando GAs, a sua escolha deve ser baseada nas suas necessidades, na precisão desejada, na capacidade de representação e outros fatores que vamos discutir mais à frente e não na vontade de homenagear um autor. Usar um valor simplesmente porque algum trabalho anterior também o fez não é uma escolha das mais inteligentes.

Uma função para inicializar estes cromossomos seria a seguinte:

```
1  private void inicializaElemento(int tamanho) {
2      int i;
3      this.valor="";
4      for(i=0;i<tamanho;++i) {
5         if (java.lang.Math.random()<0.5) {
6            this.valor=this.valor+"0";
7         } else {
8            this.valor=this.valor+"1";
9         }
10     }
11 }
```

Na linha 1[3] do código anterior vemos o cabeçalho da função inicializaElemento, que recebe um parâmetro inteiro. Este parâmetro consiste no tamanho da string de números binários a ser usada em nosso GA. Note que a implementação discutida neste capítulo é totalmente voltada para GAs com cromossomos binários. Como dissemos anteriormente, existem outros tipos de GAs que serão discutidos no capítulo 10, e para eles haverá outras implementações disponíveis. Este método é definido dentro da classe elementoGA, que implementa cada indivíduo (cromossomo) pertencente a uma população.

Nas linhas de 5 a 8 escolhemos aleatoriamente o elemento que ficará em uma posição do cromossomo (determinada pelo comando for da linha 4). Repare que na linha 5 usamos um gerador de números aleatórios e dividimos o intervalo de números gerados em dois pedaços exatamente iguais, de forma que seja equiprovável que cada posição tenha um número 0 ou um número 1.

A rotina anterior inicializa um único elemento da população. Precisamos agora do código para inicializar todos os indivíduos da população usando a rotina que explicamos, que tem o seguinte código fonte:

[3] Como será padrão neste texto, nós numeramos as linhas de código apenas para facilitar a discussão dos programas no texto. Estes números não pertencem à listagem e devem ser descartados quando os programas forem digitados. Conforme dissemos no prefácio, todos os códigos-fontes dos programas colocados aqui podem ser encontrados no site *http://www.algoritmosgeneticos.com.br*.

```
1  public void inicializaPopulacao(int tamPopulacao) {
2   int i;
3   this.populacao=new Vector();
4   for(i=0;i< tamPopulacao;++i) {
5      this.populacao.add(new ElementoGA1());
6   }
7  }
```

Este método é definido dentro da classe que define o comportamento do GA como um todo (GA)[4]. Como dissemos antes, a rotina anterior é definida dentro da classe que define os indivíduos (`elementoGA`) e é usada pelo método `inicializaPopulacao`. Este uso é decorrente do fato de que inicializar uma população significa inicializar, um por um, todos os cromossomos que a compõem.

Quanto ao código explicitado, alguns comentários:

- É imprescindível saber, de antemão, qual é o tamanho da população. Este deve ser grande o suficiente para gerar diversidade ao mesmo tempo em que não seja grande demais a ponto de tornar o programa demasiadamente lento. Na seção 6.7.c há uma discussão um pouco mais aprofundada sobre os valores adequados para este e outros parâmetros do sistema. Diferentes valores podem gerar diferentes resultados, logo o estudo correto sobre os valores usados em todos os parâmetros é de suma importância quando implementando seu GA;
- A linha 5 consiste em adicionar elementos da classe dos indivíduos definidos para este GA. Caso queiramos implementar outro GA reaproveitando a nossa classe GA, basta fazer uma nova subclasse que herde de GA e sobrescrever a função `inicializaPopulacao` com outra que inicialize os elementos de acordo com a classe de indivíduos usada. Necessariamente a classe usada deve ser uma subclasse da classe `ElementoGA`;

[4] Os fragmentos mostrados neste capítulo são de várias classes distintas e foram selecionados apenas pelo seu efeito didático. As listagens completas de todas as classes criadas para este capítulo podem ser encontradas no site mencionado anteriormente. Um diagrama explicando o relacionamento entre as classes pode ser visto na figura 4.6.

4.3. Escolha da população inicial

A inicialização da população, na maioria dos trabalhos feitos na área, é feita da forma mais simples possível, fazendo-se uma escolha aleatória independente para cada indivíduo da população inicial. A lei das probabilidades sugere que teremos uma distribuição que cobre praticamente todo o espaço de soluções, mas isto não pode ser garantido, pois a população tem tamanho finito (lembre-se do seu curso básico de estatística: as probabilidade só são valores exatos para um número infinito de sorteios).

A primeira tentação consiste em verificar se cada novo indivíduo gerado é uma repetição de outro indivíduo já presente na população. Em situações normais esta ocorrência será relativamente rara, especialmente se o espaço de busca for grande (se não for, a pergunta é: por que você está usando um GA?). Além disto o custo desta operação é da ordem de n^2, onde n é o tamanho da população. Assim, deve-se pensar bem se o custo computacional compensa o benefício auferido.

A segunda ideia é dividir o espaço de busca em k espaços iguais e gerar n/k indivíduos em cada um destes espaços. Assim, teremos uma divisão bastante igual de todo o espaço de busca e indivíduos que possuem as principais características de todo o espaço. Se esta ideia for combinada com uma estratégia de otimização local (veja a seção 13.4, sobre algoritmos meméticos), então teremos provavelmente as melhores características de todo o espaço de busca em nossa população inicial.

A prática da área, como dito acima, é usar a estratégia mais simples de inicialização, que consiste em simplesmente escolher n indivíduos de forma aleatória. Isto não é devido a preguiça, mas sim ao fato de que a inicialização aleatória de forma geral gera uma boa distribuição das soluções no espaço de busca e o uso do operador de mutação de forma eficaz garante uma boa exploração (componente *exploration*) de todo o espaço de busca (veja o capítulo 6 para ter uma discussão mais aprofundada sobre os operadores genéticos).

4.4. Função de avaliação

A função de avaliação é a maneira utilizada pelos GAs para determinar a qualidade de um indivíduo como solução do problema em questão. Podemos entendê-la mais facilmente se olharmos para a função de avaliação como sendo a nota dada ao indivíduo na resolução do problema. Esta nota será usada para a escolha dos indivíduos pelo módulo de seleção de pais (seção 4.4), sendo a forma de diferenciar entre as boas e as más soluções para um problema.

Dada a generalidade dos GAs, a função de avaliação, em muitos casos, é a única ligação verdadeira do programa com o problema real. Isto decorre do fato que a função de avaliação só julga a qualidade da solução que está sendo apresentada por aquele indivíduo, sem armazenar qualquer tipo de informação sobre as técnicas de resolução do problema. Isto leva à conclusão de que o mesmo GA pode ser usado para descobrir o máximo de toda e qualquer função de *n* variáveis sem nenhuma alteração das estruturas de dados e procedimentos adotados, alterando-se, apenas, a função de avaliação (que neste caso específico, seria exatamente a função a ser maximizada). É por este motivo que as classes básicas definidas para este livro são abstratas, deixando a função de avaliação como um método abstrato a ser implementado pela classe descendente. Assim, você já tem a estrutura completa para resolução de seu problema, só precisando implementar a função de avaliação.

Volto a insistir: apesar disto ser teoricamente possível e muito comum na prática, pegar um GA "pronto" (*off the shelf*) e usá-lo diretamente modificando apenas sua função de avaliação não é uma boa ideia. Lembre-se do NFL: algoritmos genéricos tendem a ter desempenhos inferiores àqueles especificamente desenhados para um problema. Assim, a melhor solução consiste em adaptar seu GA para o seu problema. Consulte o capítulo 10, sobre representações alternativas e a seção 13.4, sobre algoritmos meméticos, para ter maiores informações sobre o assunto.

A função de avaliação, também chamada de função de custo, calcula então um valor numérico que reflete quão bem os parâmetros representados no cromossomo resolvem o problema. Isto é, ela usa todos os valores armazenados no cromossomo (os parâmetros) e retorna um valor numérico, cujo significado é uma métrica da qualidade da solução obtida usando-se aqueles parâmetros. Como GAs são técnicas de maximização, a função de avaliação deve ser tal que se o cromossomo c1 representa uma solução melhor do que o cromossomo c2, então a avaliação de c1 deve ser maior do que a avaliação de c2.

A função de avaliação deve portanto ser escolhida com grande cuidado. Ela deve embutir todo o conhecimento que se possui sobre o problema a ser resolvido, tanto suas restrições quanto seus objetivos de qualidade. Quanto mais conhecimento embutirmos em um GA, menos serão válidas as críticas sobre eles serem algoritmos genéricos (que, como vimos na seção 3.5, costumam ter desempenhos inferiores). Além disto, ela deve diferenciar entre duas soluções subótimas, deixando claro qual delas está mais próxima da solução procurada.

O mais importante conceito a ter em mente é que a função de avaliação deve refletir os objetivos a serem alcançados na resolução de um problema e é derivada diretamente das condições impostas por este problema. Por exemplo, se um engenheiro tem um problema que consiste em criar um circuito que tenha um desempenho 1000 vezes melhor que um circuito padrão, a função de avaliação deve avaliar quão perto deste fator o circuito criado chegou. Assim, um circuito que maximize a performance em uma taxa de 990-1 é melhor que um circuito que atinja uma taxa de 980-1 (Koza, 2003).

A função de avaliação sempre reflete os objetivos do problema de forma numérica. A classe básica que define os cromossomos (`elementoGA`) deixa este método como abstrato de forma que você possa usá-la simplesmente criando uma classe filha dela e implementando o método que calcula a avaliação, cuja assinatura é dada por:

```
public abstract double calculaAvaliacao();
```

Para entender como usar, podemos fazer um exemplo diretamente. No caso do exemplo 4.1, queremos descobrir o máximo de uma função cujos valores da função são todos positivos. Logo, podemos usar o valor calculado para a função diretamente como sendo o valor da função de avaliação do GA. O método que calcula este valor deve sobrescrever o método calculaAvaliacao definido na classe mãe. Consequentemente, o código desta função de avaliação pode ser dado por:

```
1  private float converteBooleano(int inicio,int fim) {
2     int i;
3     float aux=0;
4     String s=this.getValor();
5     for(i=inicio;i<=fim;++i) {
6       aux*=2;
7       if (s.substring(i,i+1).equals("1")) {
8          aux+=1;
9       }
10    }
11    return(aux);
12 }

13 public double calculaAvaliacao() {
14   double x=this.converteBooleano(0,21);
15   double y=this.converteBooleano(22,43);
16   x=x*0.00004768372718899898-100;
17   y=y*0.00004768372718899898-100;
18   this.avaliacao=Math.abs(x*y*Math.sin(y*Math.PI/4);
19   return(this.avaliacao);
20 }
```

Estas rotinas são a implementação computacional da função do exemplo 4.1. Como os cromossomos contêm *strings* de números binários, primeiro precisamos convertê-los para números, de forma a usá-los para os cálculos, o que fazemos na rotina converteBooleano, que vai da linha 1 à linha 12. A rotina retorna um *float* apenas para que ampliemos o valor máximo permitido pela representação. Como vamos usá-lo em uma operação de multiplicação por reais, isto não afeta de forma nenhuma o resultado.

A rotina calculaAvaliacao separa a *string* nos seus componentes x e y (linhas 14 e 15) e multiplica-os pela constante obtida conforme descrito antes para levá-los para o seu domínio efetivo (linhas 16 e 17). Nas linhas 18 o valor de f(x,y) é calculado e posteriormente retornado.

4.5. SELEÇÃO DE PAIS

O método de seleção de pais deve simular o mecanismo de seleção natural que atua sobre as espécies biológicas, em que os pais mais capazes geram mais filhos, ao mesmo tempo em que permite que os pais menos aptos também gerem descendentes.

O conceito fundamental é que temos que privilegiar os indivíduos com função de avaliação alta, sem desprezar completamente aqueles indivíduos com função de avaliação extremamente baixa. Esta decisão é razoável pois até indivíduos com péssima avaliação podem ter características genéticas que sejam favoráveis à criação de um indivíduo que seja a melhor solução para o problema que está sendo atacado, características estas que podem não estar presentes em nenhum outro cromossomo de nossa população, como podemos ver no exemplo 4.2.

É importante entender que se deixarmos apenas os melhores indivíduos se reproduzirem, a população tenderá a ser composta de indivíduos cada vez mais semelhantes e faltará diversidade a esta população para que a evolução possa prosseguir de forma satisfatória. A este efeito denominamos **convergência genética**, e selecionando de forma justa os indivíduos menos aptos da população podemos evitá-lo, ou pelo menos minimizá-lo. Lembre-se de que, na natureza, os indivíduos mais fracos também geram uma prole, apesar de fazê-lo com menos frequência do que os mais aptos. Logo, seria interessante reproduzir esta possibilidade dentro dos GAs. Vamos agora discutir um método simples capaz de implementar estas características, denominado o **método da roleta viciada** , mas vamos antes entender por que os mais fracos devem poder reproduzir.

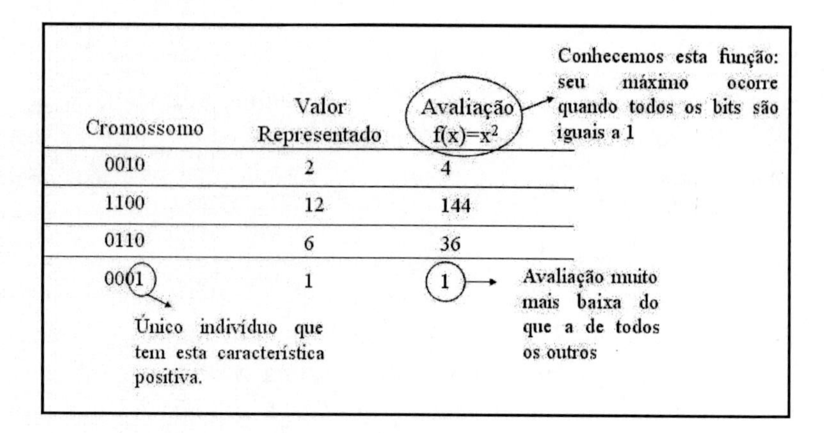

Fig 4.3: Representação gráfica do exemplo 4.2, que mostra uma situação em que um indivíduo que tem uma avaliação ruim tem uma característica desejável para toda a população. Note como o 4º indivíduo tem uma avaliação baixíssima. Entretanto, ele é o único que possui um bit igual a 1 na última posição (o que, sabemos de antemão, é bom para esta situação). Se ele não reproduzir nunca, esta característica só poderá ser obtida através da mutação, o que é mais difícil de ocorrer.

Exemplo 4.2: Vamos abandonar momentaneamente a função do exemplo 4.1 e analisar um algoritmo genético para maximizar a função quadrática no intervalo [0,15]. Para este pequeno caso[5], sabemos o valor onde a função objetivo é maximizada (15, ou '1111'). Na tabela a seguir, temos um exemplo de população e a sua respectiva avaliação (2ª coluna). Como pode-se ver, o cromossomo '0001' tem uma péssima avaliação. Entretanto, ele tem uma boa característica, que é o 1 na última posição, característica esta que não está presente nos dois melhores indivíduos[6]. Se utilizássemos somente os dois melhores indivíduos para reprodução, nossa população nunca avançaria para um indivíduo melhor que 0110.

[5] Este caso é tão pequeno que possui utilidade exclusivamente didática, já que o espaço de busca é pequeno o suficiente para um método de busca exaustivo. Além disto, a função quadrática é adequada a métodos numéricos descritos no apêndice B.

[6] Este "1" é uma boa característica porque sabemos, de antemão, qual é a solução que retorna a melhor avaliação (o indivíduo "1111"). Obviamente, na vida real, nós não temos esta informação de antemão.

Indivíduo	*Avaliação*
0001	1
0010	4
1100	144
0110	36
Total	*185*

Agora que ficou estabelecido que precisamos dar chance a todos, precisamos decidir como fazê-lo. A maneira que a grande maioria dos pesquisadores de GA utiliza é o método da roleta viciada. Neste método criamos uma roleta (virtual) na qual cada cromossomo recebe um pedaço proporcional à sua avaliação (a soma dos pedaços não pode superar 100%). Depois rodamos a roleta e o selecionado será o indivíduo sobre o qual ela parar.

Montando a roleta para os indivíduos do exemplo 4.2, obtemos a seguinte tabela:

Indivíduo	*Avaliação*	*Pedaço da roleta (%)*	*Pedaço da roleta (º)*
0001	1	0,5	1,8
0010	4	2,2	7,9
1100	144	77,8	280,1
0110	36	19,5	70,2
Total	*185*	*100.00*	*360.0*

O ato de rodar a roleta deve ser completamente aleatório, escolhendo um número entre 0 e 100 (representando a percentagem que corresponde a cada indivíduo) ou entre 0 e 360 (representando uma posição do círculo) ou ainda entre 0 e a soma total das avaliações (representando um pedaço do somatório). Quando se faz este sorteio um número suficiente de vezes, cada indivíduo é selecionado um número de vezes igual à sua fração na roleta[7].

[7] Esta igualdade só é válida, como em todos os processos probabilísticos, quando o número de sorteios é igual a infinito. Entretanto, para um número grande de sorteios, os valores obtidos são muito próximos ao valor percentual da avaliação.

A roleta viciada para o grupo de indivíduos da tabela anterior é mostrada na figura 4.3. Note que o indivíduo '1100' recebe um pedaço igual a 280/360 ≈ 78% da roleta. Ao rodá-la, ele tende a ser selecionado 4 em cada 5 sorteios. O indivíduo '0001' recebe uma fração bem menor (1/185, ou 0,5% da roleta), e suas chances de ser selecionado para reprodução é bem menor. Assim, podemos concluir que os mais fortes têm preferência para a reprodução, mas os mais fracos ainda possuem alguma chance – exatamente como na natureza.

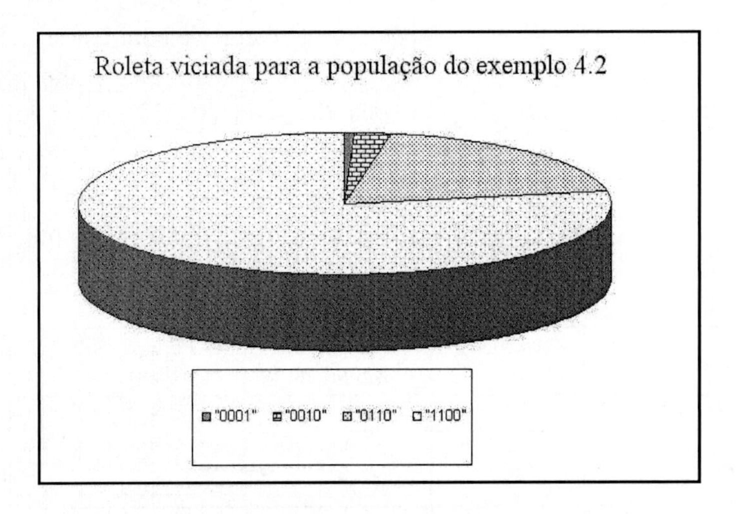

Fig 4.4: Roleta viciada para indivíduos do exemplo 4.2

Obviamente não podemos girar uma roleta dentro do computador, sendo obrigados a trabalhar com conceitos abstratos, e não roletas físicas. Logo, precisamos de uma versão computacional da roleta, que é dada por um algoritmo que pressupõe que nenhum indivíduo tenha uma avaliação nula ou negativa. Os casos em que ocorrem avaliações menores ou iguais a zero são discutidos na seção 4.10a. A lógica do algoritmo de implementação desta ideia é a seguinte:

```
(a) Some todas as avaliações para uma variável soma
(b) Selecione um número s entre 0 e soma (Não incluídos)
(c) i=1
(d) aux=avaliação do indivíduo 1
(e) enquanto aux<s
(f)       i = i + 1
(g)      aux=aux+avaliação do indivíduo i
(h) fim enquanto
```

Vários livros, inclusive as versões anteriores deste, sugerem a ordenação dos indivíduos em ordem crescente de avaliação. Entretanto, isto é apenas uma perda de tempo, que não colabora em nada para o desempenho da roleta.

O índice do indivíduo escolhido é dado pela variável *i*, e o algoritmo tem parada garantida, visto que *aux* tende, no limite em que *i* é igual ao número de elementos da população, ao somatório das avaliações dos indivíduos e *s* é menor que esta soma.

O código Java que implementa este pseudo-código é dado a seguir e fica dentro da classe que implementa a lógica de execução do algoritmo genético (GA)[8]. As funções descritas em seguida assumem que a classe possui dois atributos: um `Vector` chamado populacao, que armazena todos os indivíduos da geração corrente e um atributo de objeto do tipo double chamado `somaAvaliacoes`[9], que armazena a soma total das avaliações da geração corrente.

Primeiro avaliamos todos os indivíduos da população usando o seguinte método:

[8] Para ver um diagrama mostrando o relacionamento entre as classes, consulte a figura 4.6.

[9] É importante ressaltar que todos os atributos foram definidos nas classes como sendo do tipo protected. Isto foi feito por ser boa prática de programação orientada a objetos encapsular todos os atributos, diminuindo sua visibilidade. Existem em todas as classes métodos assessores para cada um dos atributos. Veja as listagens completas no site do livro, cujo endereço é dado no prefácio.

```
1  private void avaliaTodos() {
2     int i;
3     ElementoGA aux;
4     for(i=0;i<this.populacao.size();++i) {
5     .  aux=(ElementoGA)this.populacao.get(i);
6        aux.calculaAvaliacao();
7     }
8     this.somaAvaliacoes=calculaSomaAvaliacoes();
9  }
```

Note que este código simplesmente realiza uma iteração por todos os elementos pertencentes à população (linha 4) e os avalia (linhas 5 e 6), executando o método `calculaAvaliacao` da classe que implementa o cromossomo.

Depois podemos começar a executar o pseudo-código, calculando a soma das avaliações de todos os indivíduos, usando o seguinte método:

```
1 private double calculaSomaAvaliacoes() {
2   int i;
3   this.somaAvaliacoes=0;
4   for(i=0;i<populacao.size();++i) {
5      this.somaAvaliacoes+=((ElementoGA)
6                 populacao.get(i)).getAvaliacao();
7   }
8   return(this.somaAvaliacoes);
9 }
```

Sabendo o valor total da soma das avaliações, podemos então implementar a roleta viciada, usando o seguinte código:

```
1 public int roleta() {
2     int i;
3     double aux=0;
4     calculaSomaAvaliacoes()10;
5     double limite=Math.random()*this.somaAvaliacoes;
6     for(i=0;( (i<this.populacao.size())&&(aux<limite) );++i) {
7        aux+=((ElementoGA) populacao.get(i)).getAvaliacao();
8     }
   /*Como somamos antes de testar, então tiramos 1 de i
   pois o anterior ao valor final consiste no elemento
   escolhido*/
9     i–;
10    return(i);
11 }
```

A linha 5 faz o que a linha (c) do pseudo-código previu: escolher um valor entre 0 e a soma das avaliações. Nós usamos o método `random` para escolher aleatoriamente um número entre 0 e 1 que multiplicamos, nesta linha, por `somaAvaliacoes` para obter uma percentagem do valor armazenado nesta variável.

O *loop* das linhas 6 a 8 vai somando os valores das avaliações de cada um dos indivíduos. Quando exceder o valor determinado na linha 5, o *loop* termina. Note que colocamos um teste para sair do *loop* se ultrapassarmos o tamanho máximo deste. Isto não é necessário, mas é sempre boa prática de programação fazer o máximo para evitar que erros[11] aconteçam em um programa. Na linha 9 temos um decréscimo do valor de i pois começamos nosso somatório em zero, em vez de começar com a avaliação do elemento na primeira posição como a linha (e) do pseudo-código sugeriu. Isto foi feito para garantir que nenhum erro ocorreria se alguém chamasse esta

[10] Na linha 4 nós calculamos a soma das avaliações. Note que no interesse da eficiência esta função pode ser removida da rotina de roleta e colocada dentro do loop principal da classe GA, pois o método roleta é chamado um grande número de vezes e a soma da população não se altera entre estas chamadas. Deixamos este método aqui apenas por questões didáticas, para que você veja todo o processo de seleção em uma única listagem.

[11] Na verdade, em Java os erros são chamados de exceções e embutem um processamento maior do que simplesmente causar erros. Não vamos tratar todos os erros possíveis em nossos programas com blocos try..catch. Caso você queira usar os GAs descritos neste livro em uma implementação real, sugiro que faça estes testes.

função com zero indivíduos definidos nela. Neste caso a rotina retornaria –1 (isto é, nenhum indivíduo válido). Isto é só uma precaução para uma situação que poderia ser considerada até absurda e pode ser retirada do código sem efeitos colaterais maiores.

Exemplo 4.3: Podemos entender melhor como este processo funciona se fizermos uma execução manual da roleta, usando novamente o exemplo 4.1. Imagine que temos uma população de 4 indivíduos, que são dados pelos seguintes elementos (vamos omitir a representação binária, apenas por simplicidade):

Nº Ordem no Vector	*x*	*y*	*Avaliação*
0	3	1	3,1
1	5	9	32,8
2	2	16	1,0
3	4	5	15,1

O método roleta primeiro chama a rotina `calculaSomaAvaliacoes` (linha 4) que soma todas as avaliações e retorna o valor 52,0. A variável limite recebe um valor decorrente de um sorteio de um número no intervalo [0;52,0]. Digamos que o número sorteado foi 36,3, valor este que é assumido pela variável limite.

Executando o *loop* interno, temos o seguinte chinês[12], sabendo de antemão que `this.populacao.size()`=4 (tamanho da população corrente):

[12] O chinês é um método de acompanhamento de algoritmos no qual colocamos o valor de cada variável em cada iteração, de forma a verificarmos se a execução funciona corretamente. Como ela é uma ferramenta de acompanhamento linha a linha, podemos usá-la para nosso objetivo atual, que é verificar como funciona o *loop*.

linha	i	aux	(i<this.populacao.size()) && (aux<limite)	comentário
6	0	0	Verdadeiro	Começamos o *loop*
7	0	3,1	Verdadeiro	Somamos o valor da avaliação do elemento corrente à variável aux
6	1	3,1	Verdadeiro	Verificamos se o somatório armazenado em aux passou do valor armazenado pela variável limite (não ocorreu)
7	1	35,9	Verdadeiro	Somamos o valor da avaliação do elemento corrente à variável aux
6	2	35,9	Verdadeiro	Verificamos se o somatório armazenado em aux passou do valor armazenado pela variável limite (não ocorreu)
7	2	36,9	Vai virar falso quando testarmos novamente	Somamos o valor da avaliação do elemento corrente à variável aux
6	3	36,9	Falso	O somatório armazenado em aux passou do valor armazenado pela variável limite, logo o loop se encerra.

Ao sairmos do *loop*, a variável i contém o número de ordem seguinte ao do elemento que precisamos selecionar. No caso, nós queremos o elemento 2 (para o qual x=2 e y=16) e a variável i armazena o valor igual a 3. Assim, na linha 9, logo depois do *loop*, nós diminuímos em 1 o valor da variável i, antes de retorná-la (linha 10).

4.6. OPERADOR DE *CROSSOVER* E MUTAÇÃO

Agora que estamos iniciando nossa jornada através dos GAs, iremos trabalhar com a versão mais simples dos operadores genéticos, na qual eles atuam em conjunto, como se fossem um só. No capítulo 6 veremos outros modos de selecionar qual operador será aplicado em um determinado momento, mas agora o objetivo é entender completamente os conceitos dos operadores. Concentrem-se neles e depois melhoraremos o GA como um todo.

4.6.a. Operador de *crossover*

Vamos começar com o operador de *crossover* mais simples, chamado de operador de *crossover* de um ponto. Outros operadores mais complexos (e, por consequência, mais eficientes) serão apresentados em capítulos posteriores. Este operador é extremamente simples. Depois de selecionados dois pais pelo módulo de seleção, um ponto de corte é selecionado. Um **ponto de corte** constitui uma posição entre dois genes de um cromossomo. Cada indivíduo de *n* genes contem *n-1* pontos de corte, e este ponto de corte é o ponto de separação entre cada um dos genes que compõem o material genético de cada pai. Na figura 4.5 podemos ver um exemplo de pontos de corte. No caso, nosso cromossomo é composto de 5 genes e por conseguinte temos 4 pontos de corte possíveis.

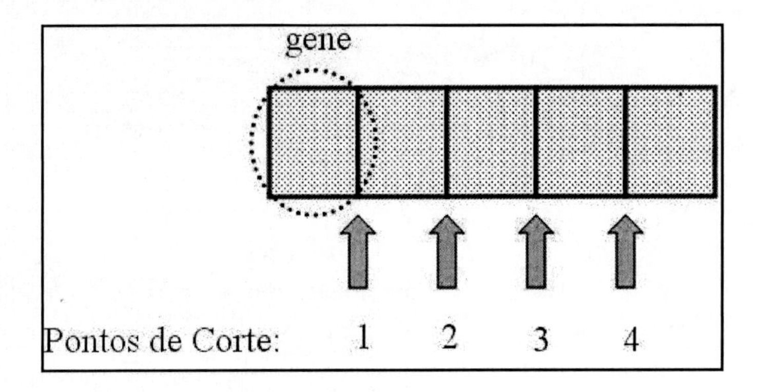

Fig 4.5: Exemplo de pontos de corte

Depois de sorteado o ponto de corte, nós separamos os pais em duas partes: uma à esquerda do ponto de corte e outra à direita. É importante notar que não necessariamente estas duas partes têm o mesmo tamanho. Por exemplo, se selecionarmos o ponto de corte número 4 da figura, a parte esquerda de cada pai tem 4 genes enquanto que a parte direita tem 1[13].

O primeiro filho é composto através da concatenação da parte do primeiro pai à esquerda do ponto de corte com a parte do segundo pai à direita do ponto de corte. O segundo filho é composto através da concatenação das partes que sobraram (a metade do segundo pai à esquerda do ponto de corte com a metade do primeiro pai à direita do ponto

[13] Se pensarmos um pouco vamos perceber que se o número de genes for ímpar, é impossível que as duas partes de cada pai tenham exatamente o mesmo tamanho. Afinal, números ímpares não são divisíveis por dois.

de corte). Um exemplo deste processo pode ser visto no processo descrito pela transição da figura 4.6b para a 4.6c.

Este processo é parecido com o que acontece na natureza durante a formação cromossomial de um indivíduo pertencente a uma espécie que adota a reprodução sexuada. A diferença é que a natureza não se restringe a apenas um ponto de corte[14].

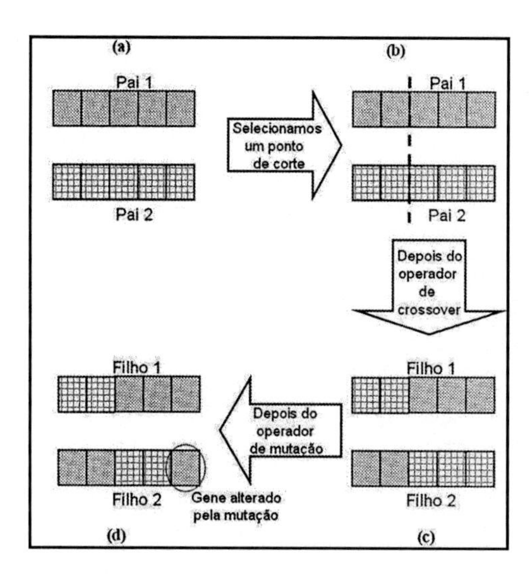

Fig 4.6: Descrição da operação do operador de* crossover *de um ponto e mutação

O código fonte que implementa o *crossover* de um ponto é dado a seguir:

```
1  public ElementoGA crossoverUmPonto(ElementoGA outroPai)  {
2     String aux1;
3     ElementoGA retorno=null;
4     int pontoCorte=(new Double(java.lang.Math.random()
              *this.valor.length())).intValue();
5     if (java.lang.Math.random()<0.5) {
6       aux1=this.valor.substring(0,pontoCorte)+
```

[14] Nem os operadores mais avançados que vamos ver mais à frente. Mas não vamos colocar o carro na frente dos bois...

```
        outroPai.getValor().substring(pontoCorte,
        outroPai.getValor().length());     }
7         else {
8           aux1=outroPai.getValor().substring(0
            ,pontoCorte)+
            this.valor.substring(pontoCorte,
            this.valor.length());
9         }
10        try {
11          retorno=(ElementoGA)
                outroPai.getClass().newInstance();
12          retorno.setValor(aux1);
13        } catch (Exception e) {
14        }
15        return(retorno);
16    }
```

É fácil entender por que este operador é denominado *crossover* de um ponto. Afinal, sorteamos apenas um ponto de corte, o que é feito na linha 4.

Note que em todos métodos deste livro que implementam operadores nós geraremos só um filho, mesmo que o operador preconize a geração de dois (como neste caso). Isto foi feito apenas para que houvesse um valor de retorno compreensível e a função fosse mais simples, sem necessitar de efeitos colaterais como preencher um Vector.

No caso desta função específica, o único filho que é gerado pode vir com a parte esquerda do primeiro pai e direita do segundo ou vice-versa, de acordo com o teste feito na linha 5, isto é, é feita uma escolha aleatória entre os dois filhos que a teoria ordena que nosso operador gere.

Um pouco de raciocínio analógico nos faz concluir que se selecionássemos dois pontos de corte teríamos um *crossover* de dois pontos. Isto é verdade, mas a operação do *crossover* de dois pontos é um pouco mais complexa e vamos estudá-la no capítulo 6. Já que existe o *crossover* de um ponto e o de dois pontos, então existe também o de três, o de quatro e assim por diante, não é mesmo? Na verdade, não (ou pelo menos, não que seja usado de forma frequente na literatura de algoritmos genéticos). Entretanto existe um outro operador mais avançado denominado *crossover* uniforme que veremos no capítulo 6.

4.6.b. Operador de mutação

Depois de compostos os filhos, entra em ação o operador de mutação. Este opera da seguinte forma: ele tem associada uma probabilidade extremamente baixa (da ordem de 0,5%) e nós sorteamos um número entre 0 e 1. Se ele for menor que a probabilidade predeterminada então o operador atua sobre o gene em questão, alterando-lhe o valor aleatoriamente. Repete-se então o processo para todos os genes componentes dos dois filhos.

O valor da probabilidade que decide se o operador de mutação será ou não aplicado é um dos parâmetros do GA que apenas a experiência pode determinar. Na seção 6.7 há uma discussão interessante sobre a determinação de valores de alguns dos parâmetros mais importantes de um GA.

O conceito fundamental quanto ao valor da probabilidade é que ele deve ser baixo. Se ele for muito alto, o algoritmo genético se parecerá muito com uma técnica chamada *random walk*, na qual a solução é determinada de forma aleatória (simplesmente sorteando-se elementos sem usar informações correntes ou passadas).

O algoritmo genético se comportará de forma estranha se a taxa de mutação for colocada em 100%. Neste caso, então todos os bits do cromossomo serão invertidos (pois o número selecionado será sempre menor do que um, a probabilidade predeterminada) e a qualidade da população degenerará rapidamente e dificilmente o GA convergirá para uma solução.

Alguns textos preferem que o operador de mutação não aja de forma aleatória, mas sim, quando selecionado, altere o valor do gene para outro valor válido do nosso alfabeto genético. É fácil perceber que este procedimento corresponde em multiplicar a probabilidade do operador de mutação por n/(n-1), onde n é a cardinalidade (número de símbolos distintos) do nosso alfabeto genético. No caso binário, a cardinalidade é dois (existem somente zero e um no nosso alfabeto), logo estamos dobrando a probabilidade do operador de mutação, caso usemos esta segunda técnica.

A operação completa da conjunção do operador de *crossover* com o de mutação é mostrada na figura 4.6, enquanto que o código que implementa a mutação é dado a seguir:

```
1  public void mutacao(double chance) {
2      int i;
3      int tamanho=this.valor.length();
4      String aux,inicio,fim;
5      for(i=0;i<tamanho;i++) {
6        if (java.lang.Math.random()<chance) {
7           aux=this.valor.substring(i,i+1);
8            if (aux.equals("1")) {aux="0";}
9           else {aux="1";}
10          inicio=this.valor.substring(0,i);
11          fim=this.valor.substring(i+1,tamanho);
12          this.valor=inicio+aux+fim;
13       }
14     }
15 }
```

Verifique que a probabilidade de mutação é um parâmetro do algoritmo. Na linha 6 fazemos o sorteio e, se obtemos um número menor que o parâmetro passado fazemos a mutação (linhas 7-12). Note que nosso operador testa o valor atual da posição (linhas 7-9) e o substitui pelo seu complemento (linhas 10-12). A alteração é feita diretamente no valor armazenado (linha 12), não sendo necessário retornar nenhum parâmetro.

Como a figura 4.6 indica, primeiro aplicamos o operador de *crossover* a dois pais escolhidos através do método da roleta viciada e depois aplicamos o operador de mutação. O método que implementa estas atividades fica dentro da classe GA (que controla todo o funcionamento do algoritmo genético) e é dado pelo seguinte código:

```
1  public void geracao() {
2     nova_populacao=new Vector();
3     ElementoGA pai1,pai2, filho;
4     int i;15
5     for(i=0;i<this.populacao.size();++i) {
6        pai1 = (ElementoGA)populacao.get(this.roleta());
7        pai2 = (ElementoGA)populacao.get(this.roleta());
8        filho= pai1.crossoverUmPonto(pai2);
9        filho.mutacao(chance_mutacao);
10       nova_populacao.add(filho);
11    }
12 }
```

O funcionamento deste código é simples. Na linha 2 criamos um novo Vector que armazenará todos os filhos gerados até o módulo de população (seção 4.6) decidir o que fazer com eles. O *loop* da linha 5 repete até que tenhamos gerado um número de filhos igual ao tamanho da população atual. Nas linhas 6 e 7 escolhemos os pais usando a roleta viciada. Na linha 8 aplicamos o operador de *crossover* para gerar o filho e na linha 9 realizamos a mutação neste filho.

4.7. MÓDULO DE POPULAÇÃO

O módulo de população é responsável pelo controle da nossa população. Por uma questão de simplicidade, assumiremos que esta população não pode crescer, o que permite que armazenemos a população em um vetor de tamanho constante (veja a seção 7.5 para entender como agir se esta premissa não for satisfeita). Logo, os pais têm que ser substituídos conforme os filhos vão nascendo, pois estamos agindo como se o mundo fosse um lugar pequeno demais para ambos conviverem. Isto pode parecer estranho, visto que estamos acostumados a ver a população humana sempre crescendo. Afinal, da nossa experiência de vida, sabemos que

[15] Se fôssemos implementar pensando em eficiência e não em clareza, é abaixo desta linha e antes do início do *loop* que colocaríamos a linha que faz a chamada do método de cálculo da soma de avaliações. Assim, ele seria chamado apenas uma vez e não um grande número de vezes, como é agora.

quando nasce um bebê, não é obrigatório que alguém de alguma geração anterior caia fulminado! Entretanto, em ambientes de recursos limitados (água, ar, comida etc.) este crescimento sem controle não é permitido e os próprios organismos tendem a limitar o tamanho da população, seja tendo menos filhos, seja devorando-os ou de qualquer outra maneira que a natureza considerar adequada.

Podemos então considerar que o nosso GA opera em um ambiente de recursos limitados. Diga-se de passagem, isto é verdade, pois nosso computador tem uma quantidade limitada de memória e ciclos de processador. É claro que estamos limitando a população a um tamanho bem inferior ao da memória como um todo, mas poderíamos aumentá-la, caso necessário fosse.

O módulo de população que utilizaremos por enquanto é extremamente simples. Sabemos que a cada atuação do nosso operador genético estamos criando dois filhos. Estes vão sendo armazenados em um espaço auxiliar até que o número de filhos criado seja igual ao tamanho da nossa população. Neste ponto o módulo de população entra em ação. Todos os pais são então descartados e os filhos copiados para cima de suas posições de memória, indo tornar-se os pais da nova geração.

O código-fonte que implementa este módulo de população é dado por:

```
1  public void modulo Populacao() {
2     populacao.removeAllElements();
3     populacao.addAll(nova_populacao);
4  }
```

Note a simplicidade da implementação. Simplesmente copiamos, na linha 3, uma estrutura auxiliar (`nova_populacao`, que no caso é um Vector) para dentro de outra (`populacao`, outro Vector), que havia sido previamente limpa na linha 2.

Este módulo de população é parte de uma família de técnicas de substituição da população anterior chamadas de (μ, λ), onde μ é o tamanho da população existente e λ representa o número de filhos gerados, que substituirão um número igual de indivíduos da geração anterior. No caso deste nosso GA mais simples $\mu = \lambda$, o que significa que os elementos da nova geração substituem todos os seus antecessores.

Existem outras maneiras mais inteligentes e mais produtivas de realizar esta mudança de geração. Podemos gerar um número de filhos $\lambda < \mu$, podemos escolher os sucessores de outra forma ou podemos evitar duplicatas, entre várias outras alternativas interessante. Como de hábito, vamos deixar o estudo desta questão para capítulos posteriores. No momento, queremos aprender os funcionamento básico de um GA – vamos complicando aos poucos, de forma que vocês aprenderão tudo rápida e facilmente.

4.8. VERSÃO FINAL DO GA

Neste capítulo discutimos duas classes distintas:

- **ElementoGA**: esta classe consiste na implementação do cromossomo propriamente dito. Dentro dela existe o método de inicialização de um cromossomo (`inicializaElemento`), os operadores (`mutacao` e `crossoverUmPonto`) e uma versão abstrata (sem implementação) da função de avaliação. A função é abstrata para que você possa reutilizar o código à vontade, criando uma classe filha desta e implementando apenas a função de avaliação.
- **GA**: Esta classe contém a implementação do mecanismo de controle do algoritmo genético. Contém o método que inicializa a população, chamando a inicialização de cada cromossomo (`inicializaPopulacao`), o método de seleção de pais usando a roleta viciada (`roleta`), o módulo de população (`moduloPopulacao`) e o método necessário para executar o GA (criativamente chamado de executa) com base nas ações definidas na figura 4.7, que discutiremos agora.

Estas duas classes são interdependentes. A classe GA contém um Vector que armazena todos os cromossomos da população, cada um dos quais pertence à classe `ElementoGA`. O diagrama que mostra este relacionamento pode ser visto na figura 4.6.

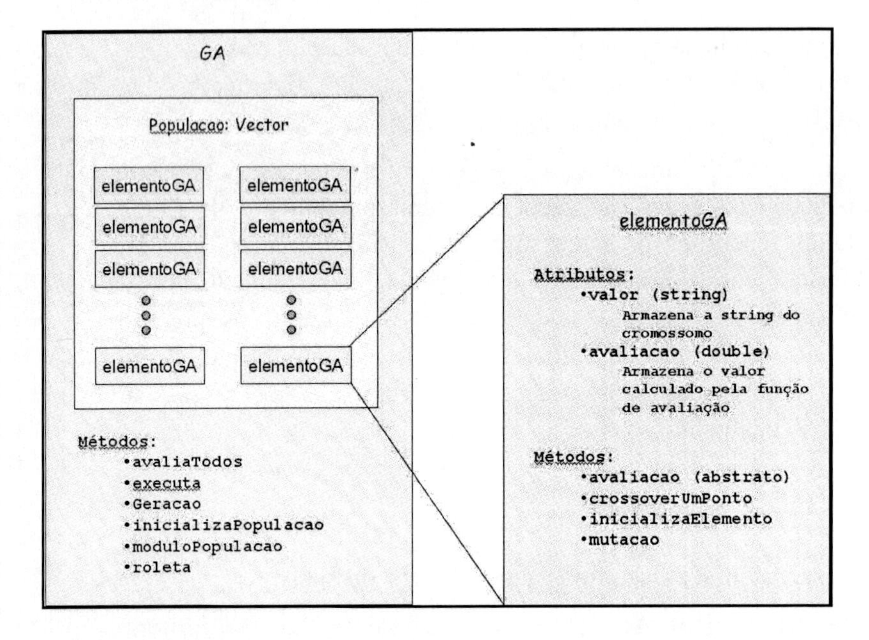

***Fig 4.7:* Diagrama mostrando a estrutura das classes definidas neste livro e seu relacionamento. A classe GA implementa todo o funcionamento do algoritmo genético e contém um Vector que armazena todos os indivíduos da população, cada um dos quais é um objeto da classe elementoGA.**

Terminamos nossa discusão sobre a versão mais simples do GA, que está, então, concluído e pronto para ser utilizado[16]. Um diagrama que junta todos os pedaços de sua forma de operar está mostrado na figura 4.7. O código de execução que faz o que é mostrado na figura é dado pela função executa da classe GA, cujo código é o seguinte:

```
1  public void executa() {
2     int i;
3     this.inicializaPopulacao();
4     for (i=0;i< this.numero_geracoes;++i) {
```

[16] Como de hábito, o código completo de todas as classes descritas neste capítulo pode ser encontrado na Internet, no site de endereço http://www.algoritmosgeneticos.com.br.

```
5         this.avaliaTodos();
6         this.geracao();
7         this.moduloPopulacao();
8       }
9       i=this.determinaMelhor();
10      System.out.println((ElementoGA) this.populacao.get(i));
11  }
```

Na linha 3 inicializamos a população. Esta função é sobrescrita em cada uma das classes filhas da GA para inicializar os indivíduos com a classe apropriada (aquela que possui a função de avaliação ligada ao problema que queremos resolver).

Na linha 4 vemos que o único critério de parada que usamos atualmente é o número de gerações decorridas. Em outras versões mais avançadas do GA, podemos usar outros critérios como qualidade da melhor solução encontrada (se resolvemos o problema de uma forma suficientemente boa) ou número de gerações sem melhora da melhor solução da população corrente (indicativo, mas não determinante, de convergência genética).

Nas linhas 5, 6 e 7, realizamos os passos do GA: avaliar a população (função `avaliaTodos`), aplicar os operadores genéticos naqueles escolhidos pela roleta (função geracao) e substituir a população corrente pela nova população gerada (função `moduloPopulacao`).

Nas linhas 9 e 10 escolhemos o melhor elemento para mostrá-lo na tela como resultado final do programa.

O interessante de nosso GA é que ele é uma metáfora extremamente incompleta do processo de evolução natural. Não existem em nosso problema versões para questões como envelhecimento, atração sexual, liderança e outras coisas especificamente humanas como por exemplo o conflito de gerações, o stress etc.

É claro que alguém poderia inventar similares computacionais destas características naturais. Se isto for feito, provavelmente os GAs tornar-se-ão não só ferramentas de busca mais eficientes como também serão uma notável analogia das sociedades naturais, podendo até ser objeto de estudos sociológicos[17].

Memo sem estas características, este GA funciona de forma notável em sua busca (não dirigida, assim como a evolução natural) de boas soluções. Existem vários melhoramentos para este GA, que o tornam mais eficiente em sua busca de soluções melhores para o problema que estamos tratando. Veremos algumas nos capítulos 6 a 9.

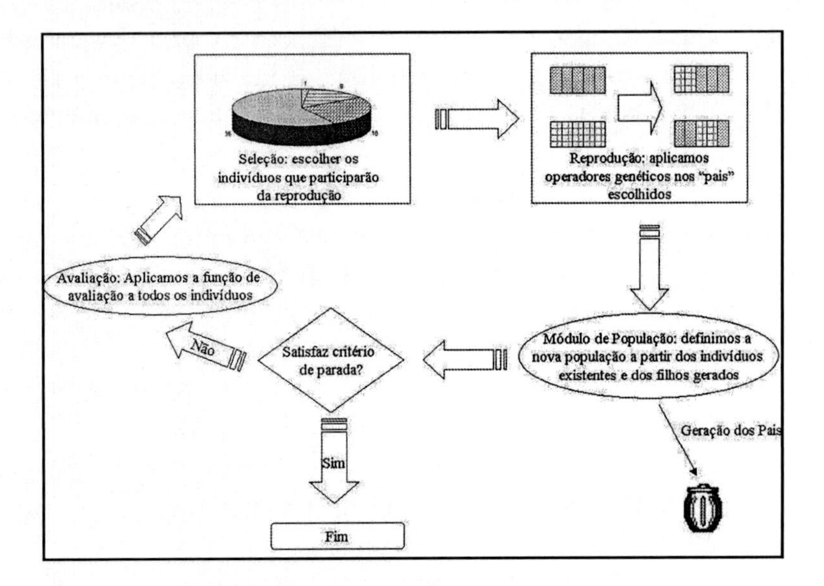

Fig 4.8: Versão final do nosso GA mais simples

O processo também não é de todo empírico, como pode parecer até agora. Existe uma teoria razoavelmente sólida por trás dos GAs, teoria esta que omitimos até agora por questões de conveniência, mas que veremos no capítulo 5 a seguir.

[17] É claro que isto é apenas uma digressão, mas a idéia é bastante interessante para merecer uma menção aqui!

4.9. UMA EXECUÇÃO MANUAL

Para que possamos entender melhor o funcionamento dos algoritmos genéticos, vamos tentar resolver, usando um GA, o problema de maximizar a função do exemplo 4.1, dada por $f(x,y)=\left|x*y*sen(\frac{y\pi}{4})\right|$, com x e y pertencentes ao intervalo [0,15][18]. Como é possível que esta função retorne um valor igual a zero, usaremos uma função de avaliação $g(x,y)=1+f(x,y)$. Como discutiremos com detalhes na seção 4.10.a, funções que retornem valores negativos ou zero geram espaços da roleta que nunca serão sorteados e, por conseguinte, devem ser evitadas.

Dado o intervalo dos valores, são necessários 4 *bits* para cada variável, o que implica em um cromossomo de 8 *bits*, e vamos utilizar uma taxa de mutação de 1%. Para que o tamanho do exemplo seja adequado para um livro, vamos manter uma população de apenas 6 indivíduos (tamanho este que é pequeno demais para a maioria dos problemas).

A população inicial, sorteada aleatoriamente, consiste dos seguintes indivíduos:

Cromossomo	x	y	g(x,y)
01000011	4	3	9,5
00101001	2	9	13,7
10011011	9	11	71,0
00001111	0	15	1,0
01010101	5	5	18,7
11100011	14	3	30,7
Somatório das avaliações:			144,6

A roleta para esta população é dada na figura 4.9.

[18] Antes tínhamos considerado valores reais no intervalo [-100,100]. Entretanto, representar cromossomos de 44 *bits* iria tomar muito espaço. Para simplificar o exemplo e facilitar sua compreensão, vamos trabalhar com cromossomos menores e valores inteiros. Entretanto, o raciocínio aplicado aqui vale para qualquer tipo de cromossomo.

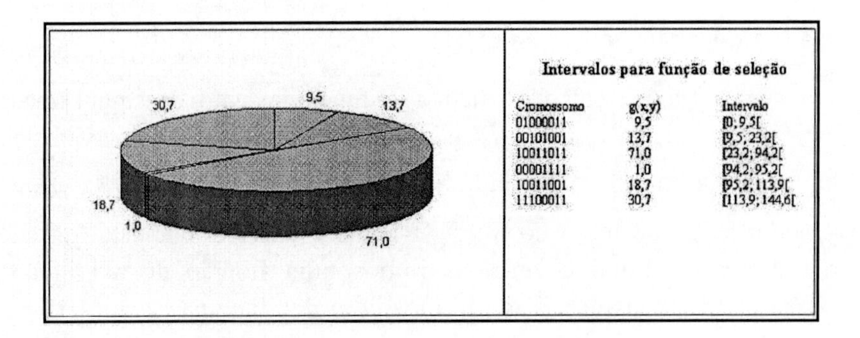

Intervalos para função de seleção

Cromossomo	g(x,y)	Intervalo
01000011	9,5	[0;9,5[
00101001	13,7	[9,5;23,2[
10011011	71,0	[23,2;94,2[
00001111	1,0	[94,2;95,2[
10011001	18,7	[95,2;113,9[
11100011	30,7	[113,9;144,6[

Fig. 4.9: Roleta completa para a população da primeira geração do exemplo corrente

Sorteamos então os indivíduos que gerarão a próxima geração. Para tanto sorteamos 6 números entre 0 e a soma das avaliações (144,6). Os números sorteados e os indivíduos que são escolhidos a partir dele são os seguintes:

Número Sorteado	Cromossomo Escolhido
12,8	00101001
65,3	10011011
108,3	10011001
85,3	10011011
1,8	01000011
119,5	11100011

Os cromossomos escolhidos podem ser derivados facilmente da tabela anterior. Por exemplo, o primeiro sorteio resultou em 12,8. Podemos ver que este número é maior que a primeira avaliação (9,5), mas menor que a soma da primeira com a segunda avaliações (9,5+13,7=23,2), resultando na escolha do segundo cromossomo. Você pode repetir este raciocínio e verificar os croossomos escolhidos a partir dos números sorteados.

Como podemos ver pelo sorteio, não existe nenhuma obrigação de que todos os pais sejam selecionados pelo menos uma vez. O terceiro cromossomo (10011011) foi sorteado duas vezes, participando de dois *crossovers*. Poderíamos até ter uma situação em que houvesse um *crossover* no qual os dois pais são iguais. Isto é indesejável, pois, a não ser que o operador de mutação atuasse, necessariamente os dois filhos seriam iguais aos pais e estaríamos diminuindo a diversidade da população, mas é uma situação possível dentro do sorteio.

Fazendo o *crossover* em todos os pares de pais sorteando aleatoriamente os pontos de corte, temos os resultados demonstrados na figura 4.10.

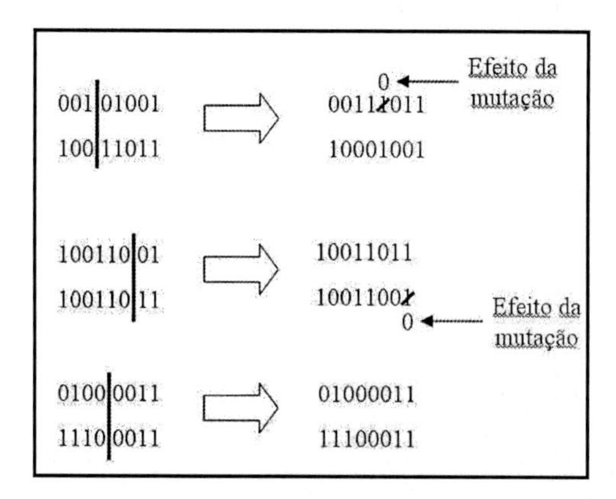

Fig. 4.10: Operadores genéticos aplicados aos pais selecionados na primeira geração do exemplo corrente.

Os pontos de corte foram selecionados de forma aleatória e algo extremamente interessante nos filhos gerados é o fato de que a terceira reprodução gera, por coincidência, filhos iguais aos pais. Não existe nenhuma objeção de cunho teórico a esta situação que pode ocorrer no *crossover* de um ponto quando os pais têm um prefixo ou um sufixo em comum. No caso do exemplo, os dois pais têm um sufixo em comum, que é a string formada pelas suas 4 últimas posições (0011). Se o sorteio escolher por azar (ou sorte) o 4º ponto de corte, então pais e filhos serão idênticos.

Para cada um dos *bits* foi sorteado um número entre 0 e 99 para a realização da mutação. Se o número sorteado fosse zero, o *bit* seria invertido. Caso contrário, o *bit* seria mantido. Este sorteio dá exatamente uma chance em cem do *bit* ser invertido, o que corresponde a uma taxa de mutação de 1%.

Um ponto interessante a ressaltar em relação a este operador de mutação é que muitos trabalhos, em vez de inverterem o *bit* ao decidir aplicar o operador de mutação, sorteiam um número zero ou um para colocar na posição em questão. Isto faz com que a taxa efetiva de mutação seja metade da taxa adotada, pois, em média, em metade dos sorteios o *bit* sorteado será igual àquele previamente existente na posição.

A nova geração e suas avaliações são então as seguintes:

Cromossomo	x	y	g(x,y)
00110011	3	3	7,4
10001001	8	9	51,9
10011011	9	11	71,0
10011000	9	8	1,0
01000011	4	3	9,5
11100011	14	3	30,7
		Somatório das avaliações:	171,5

Um ponto interessante em relação a esta segunda geração é que, apesar do melhor cromossomo não ter uma avaliação melhor do que o melhor cromossomo da geração anterior, a avaliação média dos cromossomos subiu. Antes, a avaliação média era de $\frac{144,6}{6} = 24,1$, e agora, na segunda geração, a avaliação média subiu para $\frac{171,5}{6} = 28,6$.

A roleta desta nova população é dada na figura 4.11.

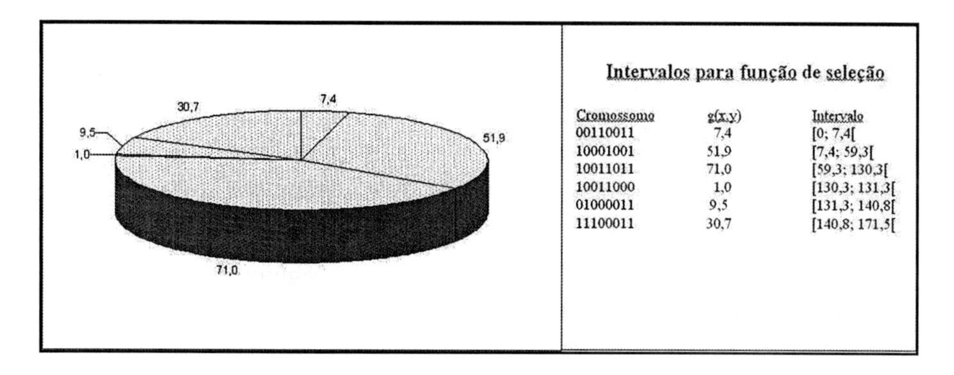

Intervalos para função de seleção

Cromossomo	g(x,y)	Intervalo
00110011	7,4	[0; 7,4[
10001001	51,9	[7,4; 59,3[
10011011	71,0	[59,3; 130,3[
10011000	1,0	[130,3; 131,3[
01000011	9,5	[131,3; 140,8[
11100011	30,7	[140,8; 171,5[

Fig. 4.11: Roleta completa para a população da segunda geração do exemplo corrente. Note-se que o total da soma das avaliações de todos os indivíduos aumentou, indicando que, em média, esta população é mais adaptada ao problema do que a geração anterior.

Sorteamos então os indivíduos que produzirão a próxima geração. Para tanto sorteamos 6 números entre 0 e a soma das avaliações (171,5). Os números sorteados e os indivíduos que são escolhidos a partir dele são os seguintes:

Número Sorteado	Cromossomo Escolhido
10,4	10001001
132,5	01000011
61,2	10011011
148,6	11100011
129,7	10011011
75,2	10011011

Aconteceu de um dos elementos desta geração ser selecionado três vezes, sendo que duas destas foram dentro do mesmo processo reprodutivo. Isto pode acontecer porque o processo é aleatório. Se for desejado, pode-se estabelecer um controle para evitar esta repetição (pelo menos dentro do mesmo sorteio, o que pode ser feito com um simples teste), pois estaremos perdendo diversidade na população e nos encaminhando para a ocorrência de convergência genética.

Note que este nosso caso não é absurdo. Dado o sorteio através da roleta viciada, esperamos que o pai 10011011 seja sorteado um número de vezes proporcional à sua avaliação, isto é, ele deve ser sorteado 71,0/171,5= 41,6% das vezes. Em um apopulação de 6 indivíduos, isto equivale a 2,5 indivíduos. Como não é possível escolher um número não inteiro de ocorrências, o número de vezes que este indivíduo provavelmente será escolhidos deve ser dois ou três.

Fazendo o *crossover* em todos os pares de pais, temos os seguintes resultados:

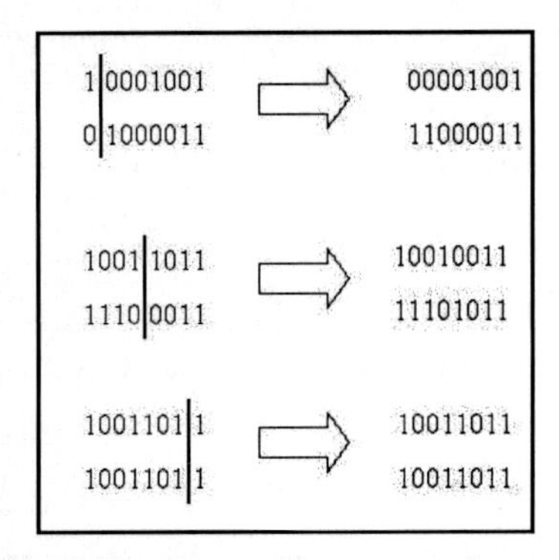

Fig. 4.12: Operadores genéticos aplicados aos pais selecionados na segunda geração do exemplo corrente.

Mais uma vez os pontos de corte foram selecionados de forma aleatória. Algo que deve ser notado em relação aos resultados é que os pais da terceira reprodução são iguais um ao outro. Logo, qualquer ponto de corte que seja selecionado para ambos gerará filhos iguais. Isto faz com que a população perca diversidade, pois agora temos apenas cinco indivíduos diferentes, contra seis da geração anterior. Este efeito, de convergência genética, é muito comum em populações que realizam **cruzamentos endógenos,** isto é, que só reproduzem entre si, sem admitir a entrada de outros indivíduos na sua população. Existem algumas maneiras de minimizar este efeito, modificando os operadores genéticos ou as técnicas de seleção de pais. Ao longo deste livro sempre procuraremos discutir, para todas as técnicas descritas, o efeito que elas causam sobre o fenômeno da convergência genética.

A mutação foi feita da mesma maneira que na geração anterior, só que para nenhum dos filhos gerados obtivemos o resultado igual a zero no sorteio, o que fez com que nenhum dos *bits* sofresse uma mutação. Criamos então a terceira geração de cromossomos, que tem as seguintes características:

Cromossomo	x	y	g(x,y)
00001001	0	9	1,0
11000011	3	3	7,4
10010011	9	3	20,1
11101011	14	11	109,9
10011011	9	11	71,0
10011011	9	11	71,0
		Somatório das avaliações:	280,4

Mais uma vez a avaliação global da população aumentou e desta vez também tivemos uma melhora do indivíduo melhor avaliado. Poderíamos continuar o processo, mas já é possível ter um quadro bastante claro de como o processo acontece.

Neste momento você poderia achar que o algoritmo só funcionou porque o sorteio foi direcionado, isto é, que ao calcular o exemplo eu fui "malandro", para fazer com que o GA desse certo. Esta é uma dúvida extremamente razoável neste ponto (e se eu jurar que isto não foi feito, é bastante possível que você não acredite) e você só a apagará se executar os códigos deste capítulo e ver que tudo o que fizemos aqui realmente acontece.

4.10. Discussões Adicionais

4.10.a. Método da roleta viciada

Quando montamos uma roleta viciada para uma determinada população, somamos todas as avaliações e para cada indivíduo alocamos um espaço igual à avaliação deste indivíduo dividida pela soma das avaliações de todos os indivíduos. O que aconteceria então se tivéssemos um ou mais indivíduos com avaliação negativa? A resposta é: a soma total ainda seria 360º, mas a soma dos espaços alocados apenas para os de avaliação positiva excederia 360º (isto é, a soma dos pedaços seria maior que o círculo) e ainda teríamos que lidar com o problema de alocar um espaço negativo para o indivíduo em questão.

Exemplo 4.4: Imaginemos uma situação hipotética, com uma função de avaliação f(x)=x e o domínio da função *f* é o intervalo [-20,20].

Indivíduo	*Avaliação f(x)=x*	*Pedaço da roleta (%)*	*Pedaço da roleta (º)*
1	1	**6,25**	**22,5**
-5	-5	-31,25	-112,5
20	20	**125**	**450**
Total	*16*	*100.00*	*360.0*

Se olhássemos apenas para os valores totais (última linha da tabela) tudo pareceria estar OK. Afinal, a soma dos elementos em termos percentuais atinge 100% e em termos de graus atinge 360º (circunferência completa). Qual é o problema então? Repare que a soma dos valores positivos (marcados em negrito) excede 360º (na verdade eles chegam a 472,5º, que consiste na soma de 360º com o módulo do espaço ocupado pelo valor negativo). Como podemos alocar este espaço para eles? Estaríamos dando mais de uma volta para depois retroceder quando encontrássemos o valor negativo? Isto é impraticável em termos lógicos e de implementação.

Dado que escolhemos sempre um valor entre 0 e 16 para rodar a nossa roleta, o elemento com valores negativos nunca seria escolhido, uma vez que a soma dos valores de avaliação até ele são sempre menores que o valor da soma até seu antecessor. Logo, se o antecessor não foi escolhido, então não há jeito do indivíduo com avaliação negativa ser escolhido. Este conceito fica mais compreensível com um exemplo prático. Rodei a roleta e escolhi um valor igual a 3. A avaliação do primeiro é 1, logo ele não foi escolhido. A soma da avaliação do primeiro com o segundo é –4, que também é menor que 3, logo ele também não pode ser escolhido. Você pode testar com todos os números positivos no intervalor [2,16] e verá que não há jeito do indivíduo de avaliação negativa ser selecionado.

Vamos resolver isto então usando a técnica de somar uma constante maior que zero ao valor da função de avaliação. Logo vamos usar a função de avaliação f'(x)=x+6. O valor 6 foi escolhido porque seu módulo é maior do que o módulo do maior valor negativo da função de avaliação. Agora o quadro para roleta fica assim:

Indivíduo	*Avaliação f'(x)=x+6*	*Pedaço da roleta (%)*	*Pedaço da roleta (°)*
1	7	20,6	74,1
-5	1	2,9	10,6
20	26	76,5	275,3
Total	*34*	*100.00*	*360.0*

Uma vez que nenhum valor é negativo, todos os pedaços são menores que a roleta como um todo e podemos aplicar sem problemas o nosso método.

Nós resolvemos o problema da roleta, mas a escolha da constante não é tão simples assim. Se escolhêssemos 7 em vez de 6, as chances do -5 quase dobrariam (ele teria chance de 2/55 em vez de 1/52). Isto é bom ou ruim? Não é possível dizer a priori. A melhor maneira é criar uma função de avaliação que sempre gere resulados estritamente positivos (maiores que zero).

Existem outros casos particulares que devem ser considerados quando analisamos o método da roleta viciada, como por exemplo o fato de que ele tem um problema sério quando existe dentro da população um **superindivíduo**, que é definido como aquele que tem uma avaliação muito superior à média do resto da população.

Exemplo 4.5: Imagine que temos os seguintes indivíduos em nossa população:

Indivíduo	Avaliação
x_1	20
x_2	30
x_3	40
x_4	10
x_5	*9900*

O indivíduo x_5 é um superindivíduo. Sua avaliação é extremamente superior a todas as outras e a área que ele ocupará na roleta equivalerá a 356,4º, o que significa que, pela lei das probabilidades, o indivíduo x_5 será selecionado 99% das vezes, se usarmos o método da roleta, e pode ser que uma geração inteira de pais se resuma a este indivíduo após uma seleção, o que vai acabar com a diversidade da população, causando uma convergência genética prematura. Isto pode ser minimizado com algum dos métodos expostos no capítulo 8, que descreve modificações na função de avaliação.

Outro problema é o fato de que, como baseamos este método totalmente em sorteios aleatórios, é possível que os melhores indivíduos de uma população nunca sejam selecionados. Este tipo de situação não é contornável, mas, usando elitismo (veja capítulo 7) podemos fazer com que os melhores cromossomos não morram de uma geração para outra, o que dará a eles uma nova chance de se reproduzir.

O elitismo é, talvez, o mais usado na literatura, mas não necessariamente aquele que fornece os melhores resultados possíveis. No capítulo 9 discutiremos outros métodos de seleção de pais e como o uso destes métodos alternativos pode melhorar o desempenho global do GA.

4.10.b. Função de avaliação

Como discutimos na seção 4.10a, é muito importante que a função de avaliação tenha um contradomínio estritamente positivo, isto é, que nenhum indivíduo da população tenha avaliação negativa ou zero. Isto faria com que a soma das avaliações diminuísse, impedindo que o módulo de seleção de pais tenha um desempenho adequado. A maneira de fazer isto é extremamente simples. Se a menor das funções $f(x)$ é $-c$, basta tentarmos maximizar a função $f'(x)=f(x)+c'$, onde $c'>c$. Se a menor avaliação for igual a zero, basta fazer com que a constante c' seja igual a 1. Isto garante que nenhuma avaliação pode ser igual ou menor a zero.

Como falamos antes, esta ação resolve o problema, mas a constante deve ser pensada com cuidado, pois seu uso altera as proporções de cada elemento. Para entender isto, basta ver a seguinte tabela:

f(x)	%	f(x)+2	%	f(x)+10	%
-1	-10	1	6,2	9	22,5
5	50	7	43,8	15	37,5
6	60	8	50	16	40

Qual percentagem queremos que o elemento de avaliação -1 assuma? Uma bem baixa, como na quarta coluna ou uma razoável, como na sexta coluna? Não existe uma resposta correta a priori – você tem que conhecer o problema e escolher a opção que representa melhor o seu conjunto de soluções avaliadas.

Outro ponto razoável é que, se você tem uma função de avaliação cujo contradomínio inclui valores negativos, o menor valor negativo pode variar de uma geração para outra. Assim, não é possível escolher um valor fixo a priori.

A única exceção ao afirmado no parágrafo anterior será escolher como constante o limite inferior (negativo) de seu contradomínio. Assim, você efetivamente desloca sua função de avaliação e a torna estritamente positiva, o que é uma solução muito boa. Por exemplo, se sua f(x), sua função de avaliação tem contradomínio [-100; 40], podemos usar como função de avaliação g(x)=f(x)+100,1, função esta que terá contradomínio igual a [0,1; 140,1], sendo portanto, estritamente positiva.

Os preceitos fundamentais para sua função de avaliação nunca devem ser esquecidos. Primeiro, ela deve ter contradomíno estritamente positivo. Segundo, ela deve embutir todas as restrições e características do problema. Por último, e não menos importante, ele deve diferenciar entre soluções subótimas, representando a diferença de qualidade que cada uma oferece, isto é, se uma solução x é melhor para resolver o problema do que uma solução y, então f(x)>f(y).

Exemplo 4.6: Imagine agora que nosso problema seja encontrar uma palavra de 5 letras procurando por todas as combinações possíveis de letras do alfabeto (o que nos rende um espaço de busca de tamanho 23^5). Seja a solução para nosso problema a palavra *FELIZ*. Uma função de avaliação que poderíamos usar seria tal que a palavra *FELIZ* tivesse avaliação igual a 1 e todas as outras palavras teriam avaliação igual a zero. O problema desta função é que ela não diferencia entre soluções subótimas – por exemplo, *FELIX* teria avaliação igual a *PEQRT*, apesar da primeira ser muito mais próxima da solução ótima do que a segunda. Uma outra função de avaliação que poderíamos usar seria considerar o número de letras acertadas. Neste caso, *FELIX* teria avaliação igual a 4 e *PEQRT*, 1 (a segunda letra), demonstrando que a primeira palavra candidata é mais próxima da solução ideal que a segunda. Neste caso, palavras que não tenham nenhuma letra na posição correta teriam avaliação igual a zero, não sendo nunca selecionadas. Para permitir que sejam selecionadas, basta que somemos um à avaliação de todas as palavras, fazendo com que a avaliação de todas vá de 1 a 6.

Se ocorrerem avaliações negativas, existem outras técnicas além do deslocamento das avaliações. Estas outras técnicas serão descritas mais adiante, no capítulo 8.

É interessante observar que a função de avaliação não é necessariamente uma função real a coeficientes reais. Como vimos no exemplo 4.6, ela pode ser uma função discreta ou até mesmo uma função de inteiros. Veremos exemplos práticos disto mais adiante. Por exemplo, no capítulo 16, um GA aplicado a escalonamento de horários de salas de aula em faculdades, e a função de avaliação deste GA corresponde a uma função de quantos alunos foram deixados sem sala (um número inteiro com certeza, pois 0,5 aluno nada significa, já que não podemos deixar apenas a perna de um aluno de fora de uma sala).

Outro ponto a ser levado em consideração é o fato de que os algoritmos genéticos são técnicas de maximização. É difícil alterar os métodos de seleção de pais usados para selecionar com mais frequência aqueles indivíduos que possuam uma avaliação menor. A melhor maneira de fazer isto, caso desejemos encontrar um elemento que minimize uma função, é invertendo a função de avaliação de interesse (f(x)) e maximizando a função g(x)=1/f(x). Neste caso, temos que nos preocupar com o caso em que f(x)=0. Caso este ponto esteja presente no contradomínio da nossa função, usaremos a mesma técnica descrita antes: maximizar a função h(x)=1/(f(x)+c), onde c é uma constante real positiva qualquer.

Exemplo 4.7: Imagine que temos o problema de resolver um sistema de equações não lineares de 4 variáveis, dado por:

$$\begin{cases} x^2 + y^3 + z^4 - w^5 = 0 \\ x^2 + 3z^2 - w = 0 \\ z^5 - y = 0 \\ x^4 - z + yw = 0 \end{cases}$$

Qual função de avaliação podemos usar para avaliar a qualidade dos cromossomos?

É preciso entender primeiro que existem várias possíveis funções que se adequam ao problema, cada uma delas com suas características positivas e negativas. Uma ideia é calcular o erro absoluto cometido pela solução codificada no cromossomo sendo avaliado. Por exemplo, imagine que o cromossomo contém a representação binária para x=1; y=-1; z=1; w=1. Substituindo os valores nas equações obtemos:

$$\begin{cases} 1^2 + (-1)^3 + 1^4 - 1^5 = 0 \\ 1^2 + 3 * 1^2 - 1 = 3 \\ 1^5 - (-1) = 2 \\ 1^4 - 1 + -1 * 1 = -1 \end{cases}$$, e o erro absoluto é dado por

$\varepsilon = |0-0|+|3-0|+|2-0|+|-1-0|=6.$

O primeiro problema desta função é o fato de que quanto maior o erro pior o indivíduo – logo, este é um problema de minimização. A sugestão que fizemos no texto anterior pode ser usada, isto é, podemos usar a inversa da função determinada, o que faria com que nossa função de avaliação fosse dada por $1/\varepsilon$.

Temos então um novo problema: no caso da solução perfeita, o erro é igual a zero, o que nos obrigaria a calcular o valor 1/0, causando um erro de execução em qualquer programa. Podemos resolver este problema modificando nossa função de avaliação para o seu valor final, dado por $f(x,y,z,w)=\frac{1}{\varepsilon+1}$, onde ε é o erro absoluto cometido ao substituir as variáveis na equação. Esta não é a única solução possível, mas para efeitos didáticos, será a única explorada neste texto.

A função de avaliação ideal, além de todas as características citadas até aqui, deve ser computada rapidamente. Isto é importante devido ao fato de que um GA costuma avaliar milhares de cromossomos durante sua execução. Logo, se a computação da função de avaliação for muito lenta, o GA pode demorar excessivamente para obter o resultado final.

Neste caso, todos os números representados são parâmetros de uma única função que queremos maximizar. Entretanto, é possível também que uma função de avaliação tenha múltiplos objetivos a alcançar. No exemplo do circuito citado na seção 4.3, o engenheiro pode esta preocupado não só com a melhoria do desempenho, mas com o calor dissipado pelo circuito, sua taxa de distorção e vários outros fatores que devem ser considerados. Assim, a função de avaliação deve aprender a priorizar entre os vários objetivos de forma a refletir os níveis de otimização/piora em cada critério que o engenheiro está disposto a aceitar. Uma abordagem comum é criar pesos de forma a gerar um único número real que reflita a qualidade geral da solução (Koza, 2003). Nós veremos mais detalhes sobre este assunto na seção 14.1.

Ao final desta seção, você pode ficar um pouco decepcionado pelo fato de não serem oferecidas "receitas de bolo" para a obtenção de uma função de avaliação adequada para cada problema a ser enfrentado. Esta falta de receitas decorre do fato de que a determinação da função de avaliação é uma ação complexa que depende totalmente do problema que precisa ser resolvido. O importante é manter em mente os princípios citados aqui e buscar uma função que demonstre quão boas são as soluções representadas pelos cromossomos. É possível que você precise de algumas tentativas antes de encontrar a função ideal para o seu problema.

4.11. Exercícios Resolvidos

1) Quantos pontos de corte tem um cromossomo de 9 *bits*?

Todo cromossomo de k bits tem exatamente k-1 pontos de corte. Logo, um cromossomo de 9 bits tem 8 pontos de corte. Pense nos pontos de corte como sendo o espaço entre dois genes. Se temos dois genes, temos um espaço entre os dois. Se temos três genes "enfileirados", temos o espaço entre o primeiro e o segundo e o espaço entre o segundo e o terceiro, resultado em dois pontos de corte e assim por diante.

Alguns autores gostam de permitir k pontos de corte, o que faz com que seja possível que os filhos sejam idênticos aos pais, se o k-ésimo ponto de corte for sorteado. Isto é uma alternativa possível, mas a população perde variedade ainda mais rápido, especialmente se os cromossomos forem curtos, pois a probabilidade de serem copiados exatamente para a próxima geração é de 1/k (probabilidade do k-ésimo ponto de corte ser selecionado).

2) É possível, usando o *crossover* de um ponto e tendo os pais 111111 e 000000, gerar o filho 001100?

Não. No crossover de um ponto, selecionamos um ponto de corte k, e cada filho é composto pelo prefixo de tamanho k de um pai e do sufixo de tamanho n-k do outro pai, onde n é o tamanho dos pais.

O filho 001100 contém um prefixo e um sufixo de um pai entremeados por uma subpalavra do outro pai, logo, não segue a regra descrita no parágrafo anterior. Para gerar este filho precisamos de um operador de **crossover** mais poderoso, chamado de crossover de dois pontos, que será descrito mais à frente, no capítulo 6.

3) Quero fazer um GA para otimizar um parâmetro real dentro do intervalo [-1,1] com precisão de 0,001. Se escolher usar uma representação binária, quantos *bits* deve ter meu cromossomo?

Lembrando da fórmula de conversão de binário para real:

$$real = \inf_i + \frac{\sup_i - \inf_i}{2^k - 1} * r_i$$

Nesta fórmula, r_i representa o número inteiro que é representado pelo cromossomo binário. Temos que $\sup_i$ - $\inf_i$ = 1 - (-1) = 2 e queremos que a diferença entre dois valores consecutivos seja igual a 0,001. Logo, temos:

$$\inf_i + \frac{\sup_i - \inf_i}{2^k - 1} * (r_i + 1) - \left[\inf_i + \frac{\sup_i - \inf_i}{2^k - 1} * (r_i)\right] = 0{,}001$$

Logo:

$$\frac{2}{2^k - 1} * (1) = 0{,}001 \rightarrow \frac{2}{0{,}001} + 1 = 2^k \rightarrow k = \lceil \log_2 2001 \rceil = 11$$

Por que foi feito o arredondamento para cima? A resposta é simples: o logaritmo vai retornar um número quebrado ($\approx$ 10,96) e é impossível ter um número não inteiro de *bits*. Se optássemos por arredondar para baixo, não atingiríamos a precisão desejada (faça as contas!). Logo, optou-se por arredondar o resultado para cima, e chegamos ao número necessário de 11 bits.

Este exemplo demonstra que o número de *bits* escolhidos para um cromossomo não é aleatório, mas sim função da precisão desejada. Entretanto, se você precisa otimizar parâmetros reais, seria interessante que você optasse por uma representação mais natural, que embutisse os conceitos associados a parâmetros reais de forma direta, em vez de impor uma representação só porque você está acostumado com ela. Assim, seria mais interessante usar um cromossomo real, como descrito no capítulo 10.

4) Estou usando o método da roleta viciada e um indivíduo da minha população na geração t que tinha uma avaliação igual a 50% do somatório das avaliações não foi selecionado nenhuma vez para reproduzir. Meu algoritmo está com bug?

É importante lembrar que o método da roleta viciada é probabilístico e as probabilidades só representam valores exatos quando fazemos infinitas escolhas.

Muitos esperam que se um indivíduo tenha 50% do somatório das avaliações ele seja escolhido 50% das vezes, mas isto não necessariamente é verdade, pois nós não fazemos infinitas escolhas.

No caso específico,assumindo que selecionamos dois pais para cada par de filhos gerados e a população tem tamanho n a chance do indivíduo não ser selecionado é $0{,}5^n$. No caso de uma população de tamanho 100, este número é igual a $7{,}9*10^{-31}$.

A moral da história é: é provável que seu algoritmo não tenha erros, mas você deve ser considerar extremamente azarado ou então jogar na loteria.

5) Tenho uma imagem de fundo preto e no centro uma circunferência irregular de cor branca, porém dentro desta circunferência existem alguns pontos pretos. O meu objetivo é usando os AGs traçar uma reta dentro da circunferência de maneira que esta reta corte a maior área possível, com menos pontos de cor preta. Como usar um GA para resolver este problema?

Este problema foi proposto pelo prof. Roberto Tadeu Raitz no curso de Tecnologia em Análise e Desenvolvimento de Sistemas da UFPR. Apesar de artificial, ele é muito interessante.

No seu caso, a codificação pode ser dada por dois pontos no espaço bi-dimensional. Por exemplo, um cromossomo poderia ser a representação binária de {(5,1), (10,10)}, o que define perfeitamente a reta que passa por estes dois pontos. O número de bits usado para cada número é determinado pela precisão com que você desejar definir a reta e é calculado através das fórmulas que discutimos até agora.

Podemos reduzir ainda mais o cromossomo se fizermos o seguinte truque: fixarmos os dois pontos do eixo x e só buscarmos as efetivas imagens neste ponto. Assim, nosso cromossomo passar a representar em binário apenas dois números reais.

A função de avaliação nada mais é do que um cálculo geométrico (a área da figura sob a reta) seguida de uma contagem de pontos, algo que pode ser diretamente inferido do enunciado. Ela pode ser escolhida de forma ótima usando as técnicas multi-objetivo do capítulo 14, mas por enquanto, podemos dizer que ela consiste em algo como $w_1A+w_2n_p$, onde A é a área da figura sob a reta, n_p é o número de pontos e w_1 e w_2 são pesos que escolhemos de acordo com nosso entendimento do problema.

Como a nossa descrição sugere, este problema seria repsentado de forma mais natural se usássemos cromossomos reais (isto é, usando números reais ao invés de strings de bits). Ao fim do capítulo 10, você pode tentar uma solução nova. Que tal?

4.12. EXERCÍCIOS

1) Realize os seguintes *crossovers* de um ponto

a) 000111 e 101010 com ponto de corte=4

b) 11011110 e 00001010 com ponto de corte=1

c) 1010 e 0101 com ponto de corte=2

2) Simule a execução de uma geração de um GA com população de 6 elementos dados por 001100, 010101, 111000, 000111, 101011, 101000 cuja função sendo maximizada é $f(x)=x^2$.

3) Implemente as subclasses necessárias (de ElementoGA e GA) para resolver o problema de maximização da função $f(x)=x^2*\sin(x)*e^{-|x|}$, no intervalo de -1000 a 1000. Use 30 *bits* para representar x.

4) Explique por que todos os organismos superiores utilizam reprodução sexuada.

5) Explique por que o módulo de população que usamos atualmente não reflete o que efetivamente acontece na natureza.

6) Seja uma população formada pelos indivíduos a, com avaliação 30, b, com avaliação 22, c, com avaliação 45, d, com avaliação 53, e, com avaliação 21 e f, com avaliação 109.

   a) Monte a roleta para esta população.

   b) Diga qual indivíduo será escolhido se o sorteio retornar os seguintes valores:

      · 1
      · 61
      · 82
      · 285
      · 21
      · 279
      · 6
      · 0

7) Suponha que desejemos otimizar um parâmetro inteiro no intervalo –10 a 10. Quantos *bits* devemos usar no nosso cromossomo?

8) Suponha que o parâmetro do exercício anterior agora é real e deve ser otimizado com precisão de 10^{-5}. Quantos bits devemos usar agora?

9) Seja o problema descrito na seção 4.8. Inicialize a população de forma diferente e execute o processo manual, usando valores que você sorteou. Os resultados foram parecidos com aqueles mostrados no texto?

10) Modifique o código da função `moduloPopulacao()` para agir no caso em que $\lambda < \mu$ (o número de filhos gerado é menor que o de pais existentes). Quais são os dilemas que você enfrenta?

11) Qual é o problema associado a se usar uma taxa de mutação muito alta?

12) Por que precisamos do operador de *crossover*? Por que não fazer um algoritmo genético que use apenas a mutação?

13) Crie um algoritmo genético que resolva o problema do exemplo 4.7.

14) Vamos agora inverter a pergunta 12. Por que precisamos do operador de mutação? Por que não fazer um algoritmo genético que use apenas o *crossover*?

15) Explique por que o operador de mutação que inverte o *bit* corrente tem o dobro da taxa efetiva de mutação do que aquele que seleciona um novo *bit* aleatoriamente.

16) Imagine que em vez de usar a representação binária, vamos usar a representação de bases nucleicas (A, T, G, C). Isto muda alguma coisa a forma de operar do operador de crossover? E o operador de mutação, muda algo? Se forçássemos o operador de mutação a escolher uma base diferente da existente, qual seria a mudança na taxa de mutação? Dica: estamos antecipando um pouco do capítulo 10...

17) O que é convergência genética? Como podemos evitá-la?

18) Explique por que ter um superindivíduo pode levar à convergência genética.

19) Explique os problemas da função de avaliação usada no exemplo 4.3 e dê uma função de avaliação alternativa para o problema.

20) Problema dos cartões: sejam 10 cartões numerados de 1 a 10. O objetivo é separá-los em duas pilhas de forma que a primeira tenha uma soma o mais próxima possível de 36 e a segunda, um produto o mais próximo possível de 360. Imagine que queremos resolver este problema usando algoritmos genéticos. Como codificar os cromossomos? Implemente este problema usando as classes dadas neste livro.

Parte II - Avançando nos Algoritmos Genéticos

Capítulo 5

Teoria dos GAs

Para algoritmos determinísticos como o método de *hill-climbing*, o método de Newton-Raphson e outros, é extremamente comum termos algum tipo de prova formal para a convergência até os resultados ótimos após um certo número de iterações. Entretanto, para algoritmos probabilísticos isto é muito mais difícil, pois seu comportamento durante as iterações não é previsível. A maioria das provas e teoremas se baseia no seu comportamento médio/esperado ao longo do tempo.

Algoritmos genéticos são um pesadelo em termos de análise, dado que sua própria estrutura (qual operador vai operar e como) é probabilística por natureza. Logo, não pretendemos explicar aqui matematicamente todas as suas propriedades mas sim explicar basicamente seus fundamentos e dar uma boa ideia de porque os GAs funcionam.

Muitos leitores devem estar se perguntando agora: para que um capítulo sobre a teoria dos GAs? A resposta é simples: conhecendo um pouco mais sobre seu funcionamento, poderemos entender a classe de problemas na qual espera-se que o GA tenha um bom desempenho, além de podermos tentar responder à pergunta fundamental de como os GAs realmente funcionam, e eliminar o componente de "fé" associado a este fenômeno.

Notem que existe uma certa controvérsia na comunidade que trabalha com algoritmos genéticos sobre a teoria dos esquemas, que descrevemos aqui. Alguns dizem que ela tem pouca utilidade e que fornece apenas um conceito pessimista da evolução dos GAs. Quem quiser mais informação, pode checar os anais das conferências que listamos no apêndice A deste trabalho.

Listo esta controvérsia para seu conhecimento, pois não é meu interesse esconder nenhum tipo de informação. Entretanto, acredito que a teoria dos esquemas nos fornece uma compreensão interessante do funcionamento básico dos algoritmos genéticos (especialmente do seu conceito de paralelismo implícito e das vantagens de cada operador de crossover) e nos ajuda a entender os capítulos subsequentes. Um pouco de atenção neste capítulo pode facilitar bastante o que vem depois.

5.1. CONCEITOS BÁSICOS DOS ESQUEMAS

Um **esquema** consiste em um gabarito (*template*) descrevendo um subconjunto dentre o conjunto de todos os indivíduos possíveis. O esquema descreve similaridades entre os indivíduos que pertencem a este subconjunto, ou seja, descreve quais posições dos seus genomas são idênticas. Se encararmos a definição de todos os *bits* de um cromossomo como a exposição mais precisa e com mais detalhes possíveis, um esquema consiste em uma descrição mais grosseira, com menos detalhes da representação, o que significa que múltiplos indivíduos podem se adequar a ela em um mesmo instante (Stephens, 1999).

O **alfabeto de esquemas** consiste no conjunto de símbolos utilizados na nossa representação mais o símbolo *, que significa "não-importa" (*don't care*, *wildcard* ou coringa), isto é, que os indivíduos que correspondem àquele esquema diferem exatamente nas posições onde encontramos este símbolo. Isto implica que, quando usamos a representação binária, um esquema que tenha comprimento *n* com *m* posições contendo o símbolo * terá *m* graus de liberdade e representará até 2^m indivíduos diferentes da atual população, pois cada * poderá ser substituído por duas possibilidades: 0 ou 1.

Formalmente, podemos definir um esquema como sendo uma *string* $s=\{s_1\ s_2 \ldots s_n\}$, de comprimento *n*, cujas posições pertencem ao conjunto Γ (alfabeto usado) + {*} (símbolo de *wildcard*). Cada posição da *string* dada por $s_k \neq$ '*' é chamada de **especificação**, enquanto que o um *wildcard* representa o fato de que aquela posição pode assumir qualquer valor dentro do conjunto Γ[1].

---

[1] Note-se que, ao contrário do que é usado em sistemas operacionais, o símbolo * representa exatamente uma posição. Em nomes de arquivos, este comportamento normalmente é obtido usando-se o símbolo ?, enquanto que * representa qualquer *string* de qualquer tamanho. Infelizmente, as várias áreas da informática não costumam unificar sua nomenclatura, o que pode criar alguma dificuldade para os iniciantes. Não há nada que possamos fazer para evitar este tipo de confusão.

Exemplo 5.1: Se considerarmos as populações de *strings* de *bits*, temos o nosso alfabeto de esquemas descritos pelos símbolos {0, 1 e *}[2], onde * significa que aquela posição pode ser qualquer elemento do alfabeto, não pertencendo ao esquema. Assim, temos o seguinte:

Esquema	Graus de Liberdade	Indivíduos representados	Nº de Indivíduos Representados
1*	1	10 , 11	$2^1=2$
1*0*1	2	10001, 10011, 11001, 11011	$2^2=4$
***0	3	0000, 0010, 0100, 0110, 1000, 1010, 1100, 1110	$2^3=8$

Exemplo 5.2: Se considerarmos o alfabeto ocidental Γ ={a,b, ..., z} mais o símbolo * (não importa) como nosso alfabeto de esquemas, teremos o seguinte:

Esquema	Graus de Liberdade	Indivíduos representados	Nº de Indivíduos Representados
a*	1	aa, ab, ..., az	$26^1=26$
a*b	1	aab, abb, ..., azb	$26^1=26$
**xy	2	aaxy, abxy, ..., azxy, baxy, bbxy, ..., bzxy, ..., zaxy, zbxy, ..., zzxy	$26^2=676$

Podemos ver nos exemplos citados que se nosso alfabeto de esquemas contém n símbolos, e nosso esquema contém *m* posições com *, então nosso esquema representa exatamente $(n-1)^m$ indivíduos, onde o menos um provém do fato de que o * não entrará na composição dos cromossomos (no caso binário, o alfabeto de esquemas é dado por {0, 1, *} e tem cardinalidade igual a 3).

O número de esquemas presentes em um determinado indivíduo é dependente do comprimento da *string* e do número de opções presentes no alfabeto de codificação. Podemos inferir que se nossa *string* tem tamanho *t* e nosso alfabeto de esquemas contém *n* símbolos, então o número de esquemas existente na nossa população é exatamente n^t. Por exemplo, se nosso alfabeto de esquemas é aquele do exemplo 1, {0, 1, *} e nossa *string*

---

[2] Neste caso o alfabeto usado, definido por Γ , é igual a {0,1}

tem comprimento 2, temos exatamente $3^2 = 9$ esquemas possíveis, que são os seguintes: 00, 01, 10, 11, 1*, 0*, *1, *0, **.

Dizemos então que uma *string x* satisfaz um esquema, se todo símbolo s_k pertence à *string s* definidora do esquema diferente do símbolo de *wildcard*, temos que $s_k = x_k$. Isto é, em toda a posição k (k=1,2,...,n) que não é igual ao asterisco, a *string x* contém o mesmo caractere que s. Por exemplo, imagine que temos o esquema dado na última linha da tabela do exemplo 5.2, definido por *s=**xy*. A string *w=abxy* satisfaz este esquema pois $s_1=s_2=*$ e também $s_3=w_3$ e $s_4=w_4$. Já a string *y=abxz* não satisfaz este esquema, posto que $s_4 \neq y_4$.

A questão agora é: por que os esquemas são importantes? Eles o são pois o teorema dos esquemas proposto por Holland afirma que um GA, na verdade, é um manipulador de esquemas. Os esquemas contêm as características positivas e negativas que podem levar a uma boa ou má avaliação e o GA nada mais faz do que tentar propagar estes bons esquemas por toda a população durante sua execução.

Podemos aqui fazer uma breve analogia: muitos biólogos acreditam na teoria do gene egoísta, no qual toda a natureza, tanto dos humanos quanto dos animais, é apenas uma forma que os genes encontraram de se multiplicarem com mais eficiência. Um GA nada mais seria que uma maneira dos esquemas fazerem o mesmo!

Agora é possível entender a característica do paralelismo implícito dos GAs: na verdade, o seu paralelismo fundamental não está apenas no fato de que uma população contendo vários indivíduos é manipulada simultaneamente. Existe paralelismo também embutido no fato de que, para cada elemento da população, um GA manipula dezenas, quiçá centenas, de esquemas simultaneamente (todos aqueles presentes em cada indivíduo) e vai encontrando os melhores dentre todos eles.

Exemplo 5.3: Um exemplo do grande número de esquemas presentes em cada indivíduo. Um GA manipula todos estes esquemas paralelamente ao utilizar um mecanismo em seus processos reprodutivos.

Indivíduo	Esquemas Representados
1	1, *
01	01, *1, 0*, 00
101	101, 1*1, 10*, *01, 1**, *0*, **1, ***

Os mecanismos de seleção natural vão fazer com que os melhores esquemas acabem reproduzindo mais e permanecendo mais tempo na população. Isto quer dizer que o importante não é o indivíduo e sim o esquema. Pode ser que o indivíduo morra, mas o esquema que o torna bom tende a proliferar e continuar na população (mais detalhes na próxima seção).

Um esquema tem duas características importantes: sua ordem e seu tamanho. A **ordem** de um esquema, denotado por O(H), corresponde ao número de posições neste esquema diferentes de *, e o **tamanho** do esquema, representado por δ (H), se refere ao número de pontos de corte entre a primeira e a última posições diferentes de * dentro do esquema.

Exemplo 5.4:

Esquema	Ordem	Tamanho
*****1***	1	0
1******0	2	7
11*0	3	5
101010	6	5

No caso do segundo elemento da tabela, dado por 1******0, a sua ordem é 2, pois existem dois elementos diferentes de "*" na *string*. O seu tamanho é 7 pois entre o 1 e o 0 existem 6 asteriscos, oferecendo sete pontos de corte que poderiam romper o esquema. No caso do elemento da terceira linha, **1**1*0, existem três elementos diferentes de "*" (daí a sua ordem ser 3) e 5 pontos de corte que o rompem (note que os dois primeiros pontos de corte não rompem o esquema), o que faz seu tamanho ser igual a 5.

Podemos verificar que, quanto maior o tamanho de um esquema, maior o número de pontos de corte dentro dele. Logo, é maior a probabilidade de que a aplicação do operador do *crossover* venha a quebrar este esquema em pedaços, possivelmente rompendo suas boas características. Este conceito é fundamental para entendermos bem o teorema dos esquemas e pode ser exemplificado da seguinte forma: sejam os dois primeiros esquemas da tabela do exemplo 5.3, *****1*** e 1*******0. No primeiro caso, temos apenas uma posição determinada no esquema, logo não há pontos de corte possíveis. No segundo caso, as posições determinadas do esquema são a primeira e a última, o que faz com que um corte entre elas (há 7 pontos de corte entre as duas posições definidas, número que, não por coincidência, é igual a δ(H)) rompa o esquema dividindo-o em duas partes que, separadamente, podem não gerar avaliações tão altas quanto o esquema completo original.

5.2. Teorema dos esquemas

O teorema dos esquemas, enunciado por John Holland, diz que um GA calcula explicitamente a avaliação de n indivíduos (a população corrente), mas implicitamente ele calcula a avaliação de um número muito maior de esquemas que são instanciados por cada indivíduo da população (Mitchell, 1996) – o paralelismo implícito, novamente.

A análise de Holland também mostrou que esquemas com avaliação superior à média tendem a ocorrer mais frequentemente (com a frequência crescendo de forma exponencial) nas próximas gerações e aqueles esquemas ocorrendo em cromossomos com avaliações abaixo da média tendem a desaparecer.

Formalmente, podemos dizer que, sendo n o número de indivíduos pertencentes a um certo esquema s, com média de avaliação igual a r e sendo μ a média das avaliações de toda a população, então o número esperado de ocorrências de s na próxima geração é aproximadamente igual a $n*r/\mu$. Este número não é exato por dois motivos. Primeiro porque normalmente ele não é inteiro e só podemos ter um número inteiro de indivíduos. Segundo porque o GA não é determinístico, e sim probabilístico, logo, o número tende a ser aquele calculado, mas muita sorte (ou muito azar) nos sorteios pode mudar este número.

Exemplo 5.5: Seja o problema de achar o máximo de x^2 entre 0 e 31. Usamos representação binária (5 bits) e em um dado instante poderíamos ter uma população (de 4 indivíduos) da seguinte forma:

Indivíduo	**Avaliação**
01101	169
11000	576
01000	64
10011	361
Média	292.5

Seja o esquema 1****. Há dois indivíduos que o implementam (o segundo e o quarto) e sua média de avaliação é (576+361)/2=468.5. Logo, esperamos que ele esteja presente em 468.5*2/292.5 ≈ 3.2 indivíduos. Já o esquema 0**0* está presente em dois indivíduos (o primeiro e o terceiro) com média de avaliação (169+64)/2=116.5. Logo, ele deve estar presente em 116.5*2/292.5 ≈ 0.8 indivíduos.

Como dissemos, estes números são apenas probabilísticos. No caso anterior temos exatamente 3^3 = 243 esquemas, cada um gerando um certo número de indivíduos. Consequentemente, o número previsto de indivíduos será superior ao tamanho da população (também porque vários esquemas estão contidos uns nos outros, como por exemplo 11*** está contido em 1****).

Existe uma complcação adicional a esta questão, que é o efeito dos operadores de *crossover* e de mutação nos esquemas sendo manipulados. Quando aplicamos o *crossover*, um corte no meio de um esquema irá destruí-lo para sempre (a não ser que o indivíduo que estiver reproduzindo com o pai que contém o esquema seja idêntico a este depois da posição de corte, mas por questões de simplificação de hipótese vamos ignorar esta suposição).

Exemplo 5.6: Suponha que os seguintes esquemas estão reproduzindo e que por uma incrível concidência todos os pontos de corte (denotado por |) para estes indivíduos são iguais e entre a 4ª e a 5ª posição do indivíduo.

Esquema	Situação depois do corte
1**1 | ****	Íntegro
1*** | ****	Íntegro
1*** | ***0	Destruído
1**1| **1*	Destruído

Podemos ver nos exemplos anteriores que quanto maior for o tamanho do esquema (δ (H)), maior a sua probabilidade de ser destruído. Um esquema de ordem 1 e tamanho zero nunca pode ser destruído, não importe onde o operador de *crossover* faça o corte. Logo, podemos reformular o teorema dos esquemas para afirmar que quanto maior a avaliação do esquema e menor o seu tamanho, mais cópias ele terá na próxima geração.

A mutação também é destrutiva, se ocorrer em uma posição em que o esquema possua um valor diferente de *. Quanto maior a ordem do esquema, mais chances deste ser corrompido pelo operador de mutação, afinal há mais posições onde o sorteio de aplicação do operador de mutação ocorre. Note-se que não falamos, neste caso, no tamanho do esquema, mas sim na sua ordem, pois mutações em posições em que o valor é igual a * não afetam a satisfação do esquema por parte do indivíduo corrente.

A ação dos operadores se encaixa no que Holland costumava chamar de tensão entre **exploração** (*exploration*, a busca de novas adaptações) e **aproveitamento** (*explotation*, a manutenção das adaptações úteis feitas até a atual geração). Qualquer ação de operador genético é potencialmente destrutiva, mas encaixa-se na categoria de exploração, a busca por indivíduos de avaliação melhor que seus pais. O capítulo 7 explica como usar módulos de população que permitam que sejamos bastante agressivos na parte de exploração sem perder de vista o conceito de aproveitamento.

Tendo todos estes conceitos em mente, chegamos à forma final do teorema dos esquemas, que é o seguinte: "**o GA tende a preservar com**

o decorrer do tempo aqueles esquemas com maior avaliação média e com menores ordem e tamanho, combinando-os como blocos de armar de forma a buscar a melhor solução ".

Basicamente, podemos traduzir isto como o conceito de que o GA, intrinsecamente, procura, então, criar soluções incrementalmente melhores através da aplicação dos operadores genéticos em esquemas de baixa ordem e alta função de avaliação. Podemos considerar os esquemas como as pecinhas de Lego® que nos levarão a construir grandes brinquedos[3].

A afirmação anterior (e a teoria dos esquemas em geral) se baseia no princípio de que pais de boa avaliação tendem a gerar filhos com avaliações tão boas quanto ou melhores que as suas[4]. Tudo isto sem efetivamente fazer uma busca direcionada para encontrar uma solução mais adaptada. Afinal, a seleção natural não é um processo orientado à otimização.

Na natureza a ocorrência das melhorias de geração a geração tendem a ser verdade e nos GAs também. Podemos sempre citar uma série de contra-exemplos (quase todos baseados em casos patológicos ou codificações mal feitas) a este princípio, mas de uma forma geral ele tende a funcionar. De forma geral, podemos dizer que se a codificação e a função de avaliação forem bem escolhidas, o seu GA deverá operar sem problemas.

Como mencionamos anteriormente, o teorema dos esquemas encontra alguma oposição como pedra fundamental do arcabouço teórico dos algoritmos genéticos. Altenberg (1995), por exemplo, aponta que o teorema dos esquemas é verdadeiro mesmo quando a representação cromossomial é totalmente aleatória, logo, ele não pode servir como fundamentação para o fato de que GAs têm um desempenho superior ao de um algoritmo de busca aleatória (*random search*). Esta objeção, entre outras importantes, sugere apenas que a área de embasamento teórico dos algoritmos genéticos ainda precisa de muito estudo e comprovação antes de se considerar consolidada. Existem congressos devotados apenas a este

---

[3] Ou soluções de alta avaliação, se você não gostar da metáfora.

[4] O "tendem" está sublinhado pois você nunca deve ser esquecer de que sempre de que existe a possibilidade de que a combinação de pais de alta avaliação gere filhos de péssiam avaliação

tipo de estudo, como mencionado no apêndice A, e ainda há muito por fazer nesta direção.

5.3. OUTROS TERMOS IMPORTANTES

Um problema associado normalmente à piora do desempenho de uma GA é a questão da ***carona*** (*hitchhiking*). Se um determinado esquema tiver um alto desempenho, todos os *bits* presentes em indivíduos tendem a se proliferar, não só aqueles que pertencem ao esquema desejado. Os *bits* em posições fora do esquema "pegam carona" com o esquema para se propagar para as próximas gerações, mesmo que eles não colaborem para a melhoria geral da avaliação do cromossomo.

Podemos dar um exemplo de *hitchhiking* usando os indivíduos da população definida no exemplo 5.1. O esquema 1**** é muito bom, gerando uma média de 3,2 indivíduos na próxima geração. Se pegarmos os dois indivíduos que o representam na população atual, 11000 e 10011, veremos que ambos contêm o *bit* 0 na terceira posição. Pode-se perceber que, neste caso, quanto maior o número de uns, maior o número representado e por conseguinte maior a função de avaliação. Logo, o zero na terceira posição não colabora para a boa avaliação dos indivíduos. Entretanto, se estes indivíduos forem selecionados para reprodução, este zero proliferará, aparecendo em um dos filhos, pegando carona na boa avaliação gerada pelo esquema 1****.

A questão da carona é outra objeção apontada pelos adversários do teorema dos esquemas, pois eles afirmam que este deveria funcionar mesmo quando a representação não captura as propriedades da função de avaliação. Entretanto, deve-se entender que o teorema dos esquemas se aplica apesar da carona e que uma escolha infeliz de representação tende a fazer o desempenho do algoritmo piorar. Portanto, esta razão para dissidência pode ser descartada com bom grau de certeza.

A verdadeira moral que pode ser inferida a partir desta objeção é: a esolha de representação não é algo aleatório. Existe uma diferença de desempenho ao se escolher uma forma de representação subótima. Assim, leia o capítulo 10 com atenção e não escolha a forma binária "porque todo mundo a usa".

Outro termo importante é a definição de problemas **enganadores** (*deceptives*). Um problema é dito enganador se um esquema que não contém o máximo global tem uma avaliação média superior a esquemas que o contêm. Se o seu problema for enganador, os esquemas que não contêm o máximo global tenderão a se proliferar, o que fará com que o resultado ótimo seja mais difícil de ser encontrado. Uma característica de um problema enganador é que ele é difícil para todo e qualquer método, posto que as soluções vizinhas ao máximo global, neste tipo de problema, tendem a ter avaliações baixas. Assim, os máximos globais tendem a ser picos cercados por "depressões" da função de avaliação, que seriam evitadas por métodos de gradiente, entre outros.

<u>Exemplo 5.7</u>: Um exemplo de problema enganador é dado para cromossomos de tamanho 3 e pela função de avaliação dada pelo seguinte cálculo: f(x)=0,9*número de 1's é impar + 0,1* número de 1's é igual a 3+0,5*número de 0's é igual a 3. Para este pequeno caso, podemos calcular a avaliação de todos os indivíduos no espaço de busca:

f(111)=1,0

f(110)=f(101)=f(011)=0,0

f(100)=f(010)=f(001)=0,9

f(000)=0,5

O máximo global deste problema é o indivíduo 111. Calculemos então a avaliação média de dois esquemas 1** e 0**.

$$média_{1**} = \frac{1{,}0 + 0{,}0 + 0{,}0 + 0{,}9}{4} = 0{,}475$$

$$média_{0**} = \frac{0{,}0 + 0{,}9 + 0{,}9 + 0{,}5}{4} = 0{,}575$$

Este é um problema inventado, mas existem vários casos reais de problemas enganadores, especialmente no caso de funções sujeitas a restrições em que as soluções fiquem na borda do espaço admissível. Neste caso, as soluções um pouco além da borda têm péssimas avaliações (se é que são permitidas) e a sua existência causa uma diminuição da média de avaliações do esquema da melhor solução e inibe a propagação do esquema que a contém. Veremos isto com detalhes no capítulo 14.

5.4. EXERCÍCIOS RESOLVIDOS

1) Seja o alfabeto Γ ={a,b,c}. Relacione todos os indivíduos gerados pelo esquema a*bc*.

Podemos obter todos os indivíduos substituindo sistematicamente cada um dos "wildcards" por símbolos no alfabeto original. Como temos dois "wildcards" e podemos substituir cada um deles por um dentre três símbolos, podemos fazer um total de 3*3 = 9 substituições, que são as seguintes:

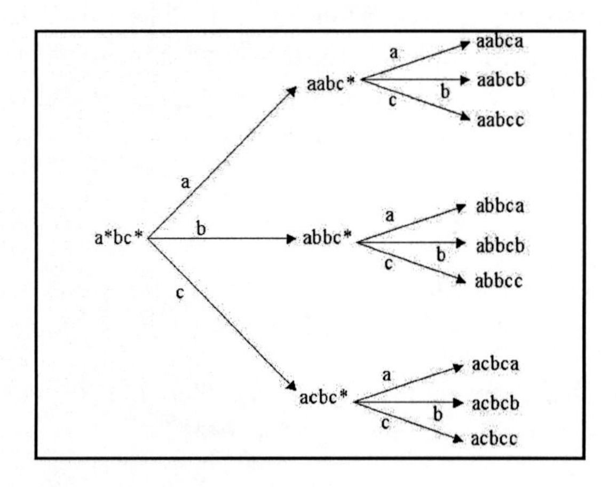

2) Seja a população dada por 1100, 1001, 0011 e 0000, com as avaliações dadas pela tabela a seguir.

Indivíduo	Avaliação
1100	10
1001	60
0011	50
0000	80

Calcule quantos indivíduos contendo o esquema 00** devem estar presentes na próxima geração.

Primeiramente calculamos a avaliação média da população. O valor é:

$$média = \frac{10+60+50+80}{4} = 50$$

Depois verificamos quais indivíduos possuem o esquema em questão. No caso os indivíduos são <u>00</u>11 e <u>00</u>00. A média da avaliação destes indivíduos é:

$$média_{esquema\_00**} = \frac{50+80}{2} = 65$$

Logo, o esquema deve estar presente em:

$$número\_esperado\_descendentes = 2 * \frac{65}{50} = 2,6$$

Isto quer dizer que o número esperado de indivíduos da próxima geração que conterão este esquema de alto desempenho (2,6) é mais alto do que o número corrente de indivíduos que possuem este esquema na atual geração (2). Isto é decorrência do fato da avaliação destes possíveis pais ser melhor do que a média da população, o que nos permite inferir que este esquema ajuda na obtenção deste desempenho superior[5].

3) Quais esquemas estão contidos na string de bits 000?

Como esta string tem 3 posições, podemos ter esquemas que tenham respectivamente 0, 1, 2 e 3 don´t cares. A solução metódica para este problema então é:

[5] O que nem sempre é verdade. Neste caso específico, pode ser que o bom esquema seja *0**, pois afinal o indivíduo 1001, que não contém o esquema 0***, mas contém este segundo esquema, também tem uma avaliação boa. Ao mesmo tempo, o único indivíduo que não possui o esquema *0**, representado pelo cromossomo 1100, possui uma avaliação bem ruim.

- Esquemas para 0 don´t cares: 000
- Esquemas para 1 don´t cares: *00, 0*0, 00*
- Esquemas para 2 don´t cares: 0**, *0*, **0
- Esquemas para 3 don´t cares: *** (normalmente ignorado pela sua pouca utilidade)

5.5. EXERCÍCIOS

1) Explique o conceito de *hitchhiking*. É possível que todos os melhores indivíduos da mesma população contenham um esquema em que algumas posições sejam de símbolos "caroneiros"?

2) Seja a população, com as respectivas avaliações, dada pela tabela a seguir.

Indivíduo	Avaliação
111100	210
010101	250
111111	300
000000	280
001001	200
001111	150

Calcule quantos indivíduos contendo os esquemas *1*1*** e 10**** devem estar presentes na próxima geração.

3) É possível que o valor calculado anteriormente esteja errado e que nenhum indivíduo da geração seguinte contenha o esquema *1*1***?

4) Diga qual é o esquema dominante na seguinte tabela, e quais são os *bits* caroneiros (*hitchhikers*).

Indivíduo	Avaliação
111100	1200
010101	100
111111	1300
000000	20
101111	1500

5) Suponha que o máximo global do problema sendo resolvido pelos cromossomos do exercício 2 esteja contido no ponto 001100, cujo valor seja 400. Este problema pode ser considerado enganador?

6) Dê um exemplo prático de função em que ocorre o efeito de *deception*.

7) Qual é a diferença entre *exploration* (exploração) e *explotation* (aproveitamento) no contexto dos algoritmos genéticos? Qual delas é mais útil para obtenção da melhor solução?

8) Explique por que associamos o operador de mutação à componente de exploração do espaço de busca.

9) Aumentar a probabilidade do operador de mutação corresponde a aumentar a componente de *exploration* em nosso GA, melhorando a varredura de noso espaço de busca. Por que então aumentar de forma indefinida sua probabilidade não faz o GA ter um desempenho sempre melhor?

Capítulo 6

Outros Operadores Genéticos

6.1. Separando os operadores

Até agora usamos somente um operador genético, o operador de *crossover* mais mutação de *bit*. A partir de agora o dividiremos em dois operadores (um para *crossover* e outro para mutação) que agem separadamente e veremos alternativas para ambos.

Nós os separamos com o intuito de obter maior controle sobre a operação de cada um deles. Podemos aumentar ou diminuir a incidência de cada um dos operadores sobre nossa população e assim comandar mais de perto o desenvolvimento da nossa população de cromossomos.

A partir de agora cada operador receberá uma avaliação e para decidir qual será aplicado a cada instante rodaremos uma roleta viciada, da mesma maneira que fazemos para selecionar indivíduos.

A seleção de indivíduos é feita depois da seleção do operador genético a ser aplicado, visto que o operador de mutação requer somente um indivíduo enquanto que o de *crossover* requer dois.

Normalmente o operador de *crossover* recebe uma probabilidade bem maior que o operador de mutação, já que a reprodução é a responsável pela combinação de esquemas e, por conseguinte, é a grande característica de um GA (a mutação tem como função apenas preservar a diversidade genética de nossa população de soluções). É comum associar-se uma probabilidade maior ou igual a 80% para o uso do operador de *crossover*. Normalmente, como usamos apenas dois operadores, a probabilidade associada ao operador de mutação é igual a 100%-p_c, onde p_c é a probabilidade do operador de *crossover*.

Através da introdução deste sorteio, criamos mais uma incerteza dentro do nosso GA[1], e em rodadas com sorteios relativamente "azarados" podemos ter a supremacia do operador de mutação sobre o de *crossover*, o que, estatisticamente, é altamente improvável em grandes populações[2].

Para implementar esta nova característica, modificamos o código da função `geracao()` da seguinte maneira[3]:

```
1  public void geracao() {
2     nova_populacao=new Vector();
3     ElementoGA pai1,pai2, filho;
4     int i;
5     for(i=0;i<this.populacao.size();++i) {
6        pai1 = (ElementoGA)populacao.get(this.roleta());
7        if (java.lang.Math.random()<this.prob_cross) {
8           pai2 = (ElementoGA)populacao.get(this.roleta());
9           filho= pai1.crossoverUmPonto(pai2);
10       } else {
11          filho=(ElementoGA) pai1.clone();
12          filho.mutacao(chance_mutacao);
13       }
14       nova_populacao.add(filho);
15    }
16 }
```

As modificações no código foram marcada em negrito. Note que na linha 7 nós fazemos um sorteio para determinar qual dos operadores será usado. Para tanto, foi criado um atributo adicional na classe GA

---

[1] Cada vez mais podemos chegar à conclusão de que o nome da área deveria ser *genetic heuristic*!

[2] A ciência do caos (ramo da matemática que estuda sistemas altamente não lineares) parece não concordar muito com esta afirmação da estatística. Em uma das teorias sobre jogos, chamada de *Gambler's ruin*, ela prevê, ao contrário do que a estatística e o senso comum dizem, que se apostarmos sobre uma moeda não viciada (escolhemos sempre cara e ganhamos $1 se acertamos e perdemos $1 se erramos) nós inevitavelmente iremos perder muito dinheiro. Pode parecer absurdo, mas o fato é que os cassinos continuam sendo um dos negócios mais lucrativos do mundo.

[3] Neste capítulo e em todos os subsequentes, nós só mostraremos os códigos que foram alterados, por uma questão de concisão.

denominado `prob_cross`[4], que armazena a probabilidade de se utilizar o operador de crossover em cada iteração.

Repare que só precisamos sortear o segundo pai no caso de fazermos um crossover (linha 8) e que o filho é inicialmente gerado agora pela clonagem do pai (linha 11). O método `clone()` exige que a classe ElementoGA implemente a interface `Cloneable` e pode ser compreendido através do acesso ao *javadoc* fornecido pela Sun no site http://download.oracle.com/javase/1.4.2/docs/api/java/lang/Cloneable.html.

6.2. *CROSSOVER* DE DOIS PONTOS

Existem dezenas de esquemas que o *crossover* de 1 só ponto não consegue preservar, como por exemplo 1******1. Consequentemente, se não mudarmos o operador de *crossover*, nosso GA ficará limitado na sua capacidade de processar esquemas.

Para melhorar nossa capacidade de processar esquemas, podemos introduzir o *crossover* de 2 pontos. Seu funcionamento (figura 6.1) é similar ao do *crossover* de 1 ponto, com um pequeno acréscimo: em vez de sortearmos um só ponto de corte, sorteamos dois. O primeiro filho será então formado pela parte do primeiro pai fora dos pontos de corte e pela parte do segundo pai entre os pontos de corte e o segundo filho será formado pelas partes restantes.

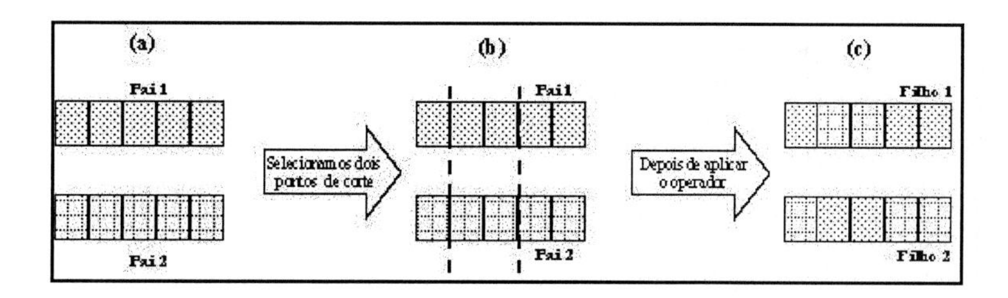

Fig. 6.1: Funcionamento do* crossover *de dois pontos. O primeiro filho é formado através da escolha do material genético do primeiro pai que está fora dos pontos de corte mais o material genético do segundo pai entre os pontos de corte. O segundo filho é formado com o "resto".

[4] Note que neste capítulo vamos criar alguns atributos adicionais. Em todos os casos precisamos criar os métodos de acesso apropriados (*set* e *get*), que serão omitidos aqui por uma questão de concisão. Os códigos completos de classe estão disponíveis no site do livro.

Exemplo 6.1: Para entendermos melhor o funcionamento deste operador: digamos que temos dois filhos de tamanho 10, dados respectivamente pelas strings *0101010101* e *1111000011*. Executamos o *crossover* de dois pontos nestes dois cromossomos e sorteamos os pontos de corte 4 e 8. O primeiro filho será dado, então, pela parte do primeiro pai até o ponto de corte 4 (*0101*), a parte do segundo pai entre o ponto de corte 4 e o ponto de corte 8 (*0000*) e a parte do primeiro pai localizada após o ponto de corte 8 (*01*). No final, o valor deste filho será *0101000001*. Por analogia, temos que o segundo filho será *1111010111*.

O código que usamos para implementar o *crossover* de dois pontos é o seguinte:

```
1   public ElementoGA crossoverDoisPontos(ElementoGA outroPai)  {
2      String aux1;
3      ElementoGA retorno=null;
4      int pontoCorte1=(new Double(java.lang.Math.random()*
             (this.valor.length()-1))).intValue();
5      int pontoCorte2=(new Double(java.lang.Math.random()*
       (this.valor.length()-(pontoCorte1+1)))).intValue();
6      pontoCorte2+=pontoCorte1;
7      if (java.lang.Math.random()<0.5) {
8         aux1=this.valor.substring(0,pontoCorte1);
9         aux1=aux1+outroPai.getValor().substring(
             pontoCorte1, pontoCorte2);
10        aux1=aux1+this.valor.substring(pontoCorte2,
             this.valor.length());
11     } else {
12        aux1=outroPai.getValor().substring(0,
             pontoCorte1);
13        aux1=aux1+this.valor.substring(pontoCorte1,
             pontoCorte2);
14        aux1=aux1+outroPai.getValor().substring(
             pontoCorte2,outroPai.getValor().length());
15  }
16     try {
17        retorno=(ElementoGA)
             outroPai.getClass().newInstance();
18        retorno.setValor(aux1);
19     } catch (Exception e) {
20     }
21     return(retorno);
22  }
```

Nas linhas 3 e 4 sorteamos dois pontos de corte. O segundo ponto de corte (`pontoCorte2`) é selecionado como sendo um valor entre `pontoCorte1` e o tamanho da *string*. Assim, na linha 6 adicionamos o valor de `pontoCorte1` ao valor sorteado de forma a obter o valor efetivo do segundo ponto de corte. Note-se que o segundo valor que sorteamos vai de zero a `this.valor.length()-(pontoCorte1+1)`. Isto quer dizer que, se sortearmos o valor zero, o segundo ponto de corte pode ser igual ao primeiro e, por conseguinte, esta rotina também permite que processemos os mesmos esquemas que o *crossover* de um ponto.

No exemplo 6.1, em que o tamanho da *string* é 10, suponha que o valor sorteado para `pontoCorte1` seja 4. Então `pontoCorte2` receberá um valor entre 0 e 6 (ou seja, um número que representa uma quantidade de posições de `pontoCorte1` até 10). Este valor tem que ser somado ao 4 para representar o segundo ponto de corte efetivo.

Note que o sorteio do segundo ponto de corte pode selecionar o valor zero, o que faz com que o segundo ponto de corte seja igual ao primeiro. Assim, existe uma possibilidade de termos apenas um ponto de corte, conseguindo incluir o crossover de um ponto dentro do crosover de dois pontos.

Assim como no caso do `crossoverUmPonto`, nossa implementação desta função retorna apenas um filho. Este filho é formado com o prefixo do primeiro pai (posição 1 até o primeiro ponto de corte), o meio do segundo pai (do primeiro ao segundo ponto de corte) e o sufixo do primeiro pai (do segundo ponto de corte até o fim do cromossomo) ou vice-versa, de acordo com o teste feito no if da linha 6. Isto foi feito apenas para que houvesse um valor de retorno compreensível e a função fosse mais simples, mas implementações que retornem os dois filhos são possíveis.

As linhas de 8 a 10 usam respectivamente a parte de um dos pais à esquerda do primeiro ponto de corte, a parte do outro pai entre os pontos de corte e a parte do primeiro pai à direita do segundo ponto de corte, concatenando-os para realizar o *crossover* como esperado. As linhas de 12 a 14 fazem o mesmo, mas invertendo os dois pais.

Podemos perceber que a operação do *crossover* de dois pontos é ligeiramente mais complexa do que a operação do seu equivalente de um só ponto, mas a diferença de desempenho conseguida, em geral, faz com que o custo extra seja válido. Isto é especialmente verdadeiro se considerarmos que este custo é praticamente desprezível, dado que o custo de calcularmos a função da avaliação tende a ser muito mais alto.

O número de esquemas que podem ser efetivamente transferidos aos descendentes usando-se este operador aumenta de forma considerável, mas é ainda maior se usarmos o operador de *crossover* uniforme descrito a seguir.

6.3. *CROSSOVER* UNIFORME

O *crossover* de dois pontos é capaz de combinar vários esquemas fora da alçada do *crossover* de um só ponto, como por exemplo 1***1 com *000*. Ainda assim, existem vários esquemas que não podem ser combinados como 1*0*1*1 com *0*0*0*. Poderíamos aumentar o número de pontos de corte, mas uma solução para resolver este problema foi o desenvolvimento do *crossover* uniforme, que é capaz de combinar todo e qualquer esquema existente.

O funcionamento do *crossover* uniforme pode ser assim descrito: para cada gene é sorteado um número zero ou um. Se o valor sorteado for igual a um, o filho número um recebe o gene da posição corrente do primeiro pai e o segundo filho o gene corrente do segundo pai. Por outro lado, se o valor sorteado for zero, as atribuições serão invertidas: o primeiro filho recebe o gene da posição corrente do segundo pai e o segundo filho recebe o gene corrente do primeiro pai. Podemos ver um exemplo claro desta operação na figura 6.2

Uma característica interessante do *crossover* uniforme é que, ao contrário dos seus predecessores, que tinham maior chance de quebrar esquemas de maior comprimento, este operador tende a conservar esquemas longos com a mesma probabilidade que preserva esquemas de menor comprimento, desde que ambos tenham a mesma ordem. Por outro lado, devido ao fato de fazer um sorteio para cada posição, este *crossover* tem uma grande possibilidade de estragar todo e qualquer esquema, mas em média o seu desempenho é superior ao dos seus antecessores.

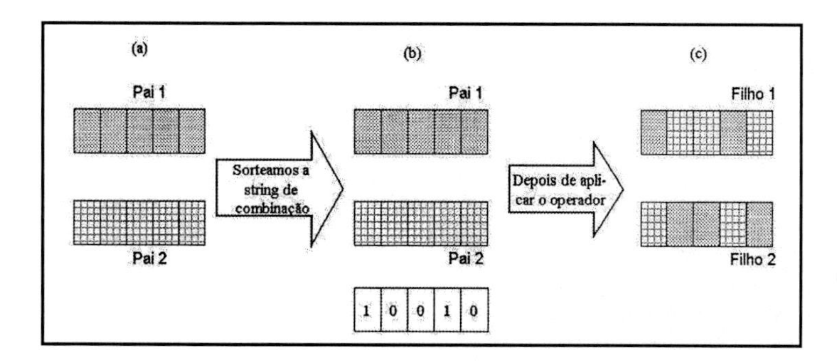

Fig 6.2: Funcionamento do crossover uniforme. Em (a) vemos os pais originais. Em (b) vemos o sorteio da string de combinação. Em (c) vemos o resultado. Note que o primeiro filho recebeu o gene do primeiro pai em todas as posições em que foi sorteado um "1" e o gene do segundo pai em todas as posições em que foi sorteado um "0". O segundo filho é montado com o que "sobrou" da montagem do primeiro filho.

Alguns pesquisadores acham que o desempenho do *crossover* de dois pontos é superior ao do *crossover* uniforme, mas o que é certo é que o *crossover* de dois pontos é mais rápido, visto que existem menos sorteios por reprodução. Entretanto, graças à sua maior capacidade de combinar esquemas, o *crossover* uniforme tende a obter resultados superiores.

O funcionamento do *crossover* uniforme é exemplificado na figura 6.2 e o seu código-fonte é o seguinte:

```
1   public ElementoGA_Avancado crossoverUniforme(ElementoGA
    outroPai) {
2     String aux1="";
3     ElementoGA_Avancado retorno=null;
4     int i;
5     for(i=0;i<this.valor.length();i++) {
6       if (java.lang.Math.random()<0.5) {
7         aux1=aux1+this.valor.substring(i,i+1);
8       } else {
9         aux1=aux1+outroPai.getValor().substring(i,i+1);
10      }
11    }
12    try {
```

```
13        retorno=(ElementoGA_Avancado)
14                  outroPai.getClass().newInstance();
15        retorno.setValor(aux1);
16      } catch (Exception e) {
17      }
18      return(retorno);
19 }
```

Este código é aparentemente mais simples do que aquele de seus antecessores. Na linha 5 temos um *loop* que vai da primeira posição da *string*[5] até a última e, para cada uma delas, fazemos um sorteio (linha 6) para decidir se vamos pegar aquela posição de um pai (linha 7) ou de outro (linha 9).

6.4. *CROSSOVER* BASEADO EM MAIORIA

Este é um tipo de operador não muito usado pois tem a tendência de fazer com que a convergência genética ocorra rapidamente. A operação básica deste *crossover* consiste em sortear *n* pais e fazer com que cada *bit* do filho seja igual ao valor da maioria dos pais selecionados. Um exemplo da atuação deste operador é dado na figura 6.3.

Outra versão deste operador consiste em associar uma probabilidade para cada valor, em vez de decidir diretamente pelo voto. Por exemplo, se temos 10 pais e 3 indivíduos têm valor 1 em um gene e 7 têm valor 0 neste mesmo gene, faríamos um sorteio para determinar o valor deste gene no filho sendo gerado, associando ao valor zero uma probabilidade de 70%.

[5] Em Java as *strings* começam na posição 0, como no C, e não na posição 1, como no Pascal.

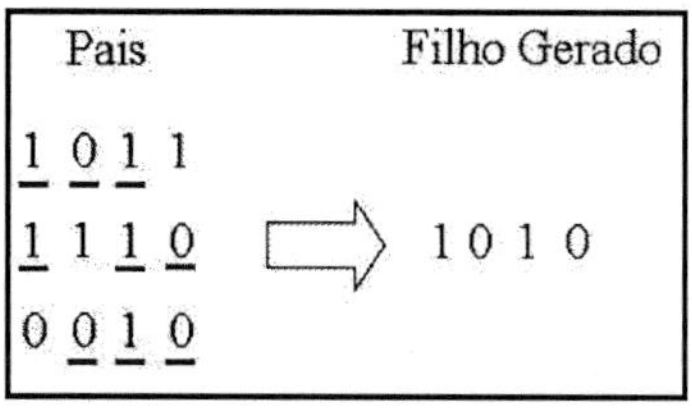

Pais		Filho Gerado
1 0 1 1		
1 1 1 0	⇨	1 0 1 0
0 0 1 0		

***Fig. 6.3:* Exemplo de operação do crossover de maioria. No caso, foram selecionados três pais e cada vez que um gene é igual em pelo menos dois indivíduos, ele é passado para o filho. No caso dos genes das posições 1, 2 e 4 (contando a partir da esquerda), dois pais decidem por maioria. No caso do gene 3, existe uma unanimidade entre os pais. Uma outra versão associa probabilidades a cada um dos genes de acordo com os pais. Assim, para determinar o primeiro** bit **do filho a se gerar, faríamos um sorteio associando 2/3 de probabilidade ao valor 1 e 1/3 ao valor 0. Para o terceiro** bit**, o filho teria 100% de chance de ter um** bit **igual a 1.**

No caso de todos os pais terem um valor igual em um determinado gene, o filho seria nesta posição necessariamente idêntico a todos os pais, como é o caso do terceiro bit gerado na figura 6.3. É possível evitar este tipo de comportamento associando uma percentagem máxima a cada um dos valores, ou então simplesmente deixar a cargo do operador de mutação a tarefa de gerar diversidade na população (o que a maioria dos praticantes da área costuma fazer).

Em ambas as versões, este *crossover* faz com que precisemos definir no mínimo mais um parâmetro, que é o número de pais selecionados por *crossover*. É possível perceber que o número mínimo é três, pois se tivermos um só, copiaremos este pai e se tivermos dois pais, não poderemos desempatar quando eles divergirem (o que pode ocorrer com qualquer número par de pais).

O valor máximo deste parâmetro é igual ao tamanho da população, mas se usarmos este valor, mesmo que todos os pais sejam diferentes, então todos os filhos serão iguais (na primeira versão) ou extremamente parecidos (na versão com sorteio). Assim, pode-se concluir que existe um valor intermediário que pode ser considerado ótimo. A pergunta que se impõe é: qual é? Pode ser frustrante para um iniciante, mas a resposta justa é: não se sabe!!! Como todos os parâmetros de um GA, o número de pais deste *crossover* é um valor difícil de ser definido e a sua alteração pode causar variações no desempenho de seu GA. Nós discutiremos questões como esta de forma um pouco mais aprofundada na seção 6.7.

6.5. OPERADORES COM PROBABILIDADES VARIÁVEIS

Até agora, quando falávamos em dois operadores selecionados de forma separada, atribuíamos a cada um deles uma probabilidade fixa (tal que a soma das duas era 100%) e rodávamos uma roleta viciada de forma a escolher qual dos operadores seria aplicado sobre o indivíduo selecionado.

Mas o que acontece quando executamos um GA é que não há uma probabilidade que seja adequada para os dois operadores durante toda a execução do algoritmo. Na realidade, no início do GA, queremos executar muita reprodução e pouca mutação, visto que há muita diversidade genética e desejamos explorar o máximo possível nosso espaço de soluções. Depois de um grande número de gerações, ocorre a convergência genética, o que implica na pouca diversidade na população, tornando extremamente interessante que o operador de mutação fosse escolhido mais frequentemente do que o operador de *crossover*, para que possamos reinserir diversidade genética dentro da nossa população.

Pensando assim, precisaríamos que a probabilidade do operador de *crossover* fosse caindo com o decorrer do algoritmo e que a probabilidade do operador de mutação fosse concomitantemente aumentando. Para tanto, podemos interpolar as probabilidades dos dois operadores, fazendo com que o que desejemos aconteça. Um exemplo disto é fazer com que a probabilidade do operador de *crossover* começe com 80% e caia no final do algoritmo para 20%, enquanto a probabilidade do operador de mutação faça o caminho inverso. Há várias técnicas de interpolação candidatas, mas entre elas podemos ressaltar as técnicas linear, quadrática e descontínua, técnicas estas demonstradas na figura 6.4.

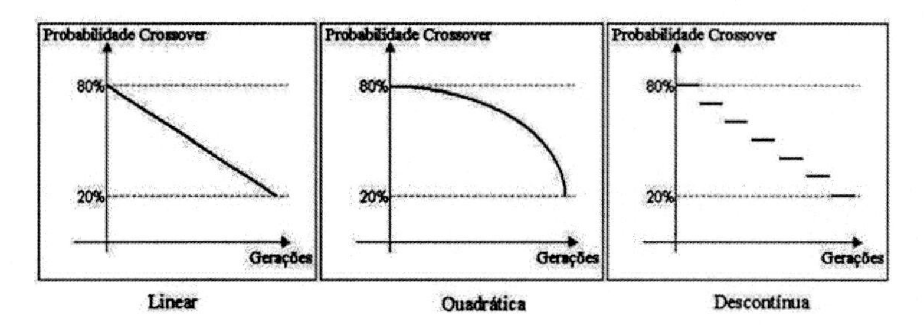

Fig. 6.4: Exemplo das técnicas de interpolação parâmetros, cada uma das quais está interpolando a probabilidade de aplicação do operador de crossover desde 80% até o valor final de 20%.

A técnica linear simplesmente traça uma reta entre as duas probabilidades (inicial e final) e a cada geração caminha um pouquinho ao longo desta reta. Esta interpolação pode ser realizada através do seguinte código fonte:

```
1  public void interpolacao_linear() {
2     double a,b;
3     b=prob_inicial_cross;
4     a=(prob_final_cross- prob_inicial_cross)/ numero_geracoes;
5     prob_cross=a*geracao+b;
6  }
```

Para implementar este método precisamos agora ter dois atributos adicionais (`prob_inicial_cross` e `prob_final_cross`) além do `prob_cross` implementado no código da seção 6.1. Estes dois representam, respectivamente, a probabilidade inicial atribuída ao crossover e a probabilidade final do mesmo, enquanto que `prob_cross` continua representando a probabilidade corrente de selecionarmos o operador de *crossover*, variando no decorrer da execução do algoritmo.

Como fazemos uma interpolação linear, calculamos os coeficientes da reta nas linhas 3 e 4 usando os princípios fundamentais da álgebra linear. O cálculo dos coeficientes é dado pelo seguinte sistema:

$$\begin{cases} prob\_inicial\_cross = a * 0 + b \\ prob\_final\_cross = a * numero\_geracoes + b \end{cases}$$

A fórmula da linha 3 é derivada diretamente da primeira equação, enquanto que podemos obter a fórmula da linha 4 diminuindo a primeira equação da segunda. Obviamente perdemos algum tempo fazendo este cálculo a cada uso, o que pode ser remediado transformando a e b em atributos do objeto (com modificador `private`) e realizando o mesmo cálculo no começo da execução do GA. Como sempre, estamos optando neste livro pela clareza, em detrimento da melhoria de desempenho, pois o objetivo aqui é o aprendizado. Você pode fazer várias otimizações no código que é oferecido (e se quiser compartilhar com a comunidade, mande um e-mail e eu o colocarei no site).

A técnica descontínua simplesmente vai mudando aos saltos o valor da probabilidade do operador, fazendo com que a cada k gerações a probabilidade mude um pouco. Esta técnica tem seu código fonte descrito a seguir:

```
1  public void interpolacao_descontinua() {
2     double aux;
3     if (geracao%geracoes_entre_saltos==0) {
4        aux=numero_geracoes/geracoes_entre_saltos;
5        aux=(prob_final_cross-prob_inicial_cross)/aux;
6        prob_cross+=aux;
7     }
8  }
```

Este código pressupõe também a existência de um atributo adicional, denominado `geracoes_entre_saltos`, que armazena o número de gerações que deve decorrer entre cada salto da probabilidade do operador de crossover. Na linha 4 calculamos quantos saltos teremos, dado o valor deste atributo. Na linha 5, calculamos o tamanho do salto e na linha 6 realizamos a alteração do valor da probabilidade. Assim como no caso da interpolação linear, os cálculos das linhas 4 e 5 podem ser realizados uma única vez, no começo da execução, para ganho de tempo. As alterações a serem realizadas são similares àquelas discutidas anteriormente.

A técnica quadrática faz o mesmo que a técnica linear, só que o caminho percorrido pela probabilidade é uma parábola. A vantagem desta técnica sobre a técnica linear é que a interpolação vai mais devagar no começo quando não precisamos que as probabilidades dos operadores mudem, mas vão crescer mais rapidamente no final, quando é extremamente importante que o operador de mutação prevaleça. Depois de implementarmos os outros dois códigos, este se torna extremamente simples e é deixado como exercício para o leitor (veja a seção de exercícios propostos, ao fim deste capítulo).

Normalmente as três técnicas de interpolação nos dão resultados finais parecidos, no que tange ao desempenho do GA, logo, costuma-se escolher a técnica linear por ser a mais simples de todas.

É importante entender que os operadores não precisam ser mutuamente excludentes nem suas percentagens precisam somar 100%. Podemos fazer dois sorteios de aplicação dos operadores independentes e com percentagens não relacionadas. Por exemplo, podemos fazer com que o operador de crossover tenha uma percentagem de 80% e o de mutação uma percentagem de 60%. Primeiramente fazemos um sorteio para decidir se o operador de *crossover* será aplicado ou não. Se decidirmos por aplicá-lo, selecionamos dois pais e os cruzamos e depois sorteamos para decidir se vamos fazer com que os filhos sofram mutação ou não. Se inicialmente chegamos à conclusão de que não vamos aplicar o operador de *crossover*, então fazemos o sorteio para o operador de mutação e, caso decidamos usá-lo, sorteamos um pai no qual aplicaremos o operador de mutação.

Esta independência entre os operadores gera uma maior liberdade para o algoritmo genético, permitindo que ele explore de forma mais eficiente o espaço de estados. Para ganhar tal liberdade, nós pagamos o preço de criar mais um parâmetro livre dentro do sistema, a percentagem do operador de mutação (que antes era fixa, uma vez determinada a percentagem do operador de *crossover*). O código fonte que implementa esta alteração é dado a seguir:

```
1  public void geracao() {
2     nova_populacao=new Vector();
3     ElementoGA pai1,pai2, filho=null;
4     while(nova_populacao.size()<<this.populacao.size()) {
5        filho=null;
6        pai1 = (ElementoGA)populacao.get(this.roleta());
7        if (java.lang.Math.random()<this.prob_cross) {
```

```
8           pai2 = (ElementoGA)populacao.get(this.roleta());
9           filho= pai1.crossoverUmPonto(pai2);
10        }
11        if (java.lang.Math.random()<this.prob_mut) {
12          if (filho==null) {
13            filho=(ElementoGA) pai1.clone();
14          }
15          filho.mutacao(chance_mutacao);
16        }
17        if (filho!=null) {
18          nova_populacao.add(filho);
19        }
20      }
21  }
```

As alterações mais uma vez foram marcadas em negrito. Agora os dois sorteios são independentes e como é possível que o filho ainda não tenha sido gerado quando executamos o operador de mutação, nós fazemos o teste da linha 12. Se o filho ainda não tiver sido gerado pelo bloco das linhas 7 a 10, então geramos uma cópia do pai para realizar a mutação.

O controle também é ligeiramente diferente, pois nesta implementação temos a probablidade de não gerar um filho em cada iteração do *loop*. Isto pode ocorrer se os dois sorteios geram valores superiores às probabilidades dos operadores. Assim, a parada é feita quando a população gerada tem o tamanho desejado (fazendo com que os casos descritos aqui sejam apenas uma perda de tempo[6]).

6.6. OPERADOR DE MUTAÇÃO DIRIGIDA

A grande maioria dos pesquisadores procura resolver o problema da convergência genética tornando a mutação mais provável que o *crossover*. Assim, há a tendência de que novamente venha a surgir uma variedade genética dentro da população de soluções.

O problema desta abordagem é que, usando o operador de mutação tradicional, todas as partes de cada uma das soluções têm igual probabilidade

[6] Como de hábito, privilegiamos a simplicidade em detrimento da eficiência. Lembre-se de que este é um livro com objetivos didáticos.

de serem modificadas, sem distinção. Entretanto, em vários casos o problema pode estar concentrado no esquema dominante entre as melhores soluções (que tendem a ser escolhidas com mais frequência). Se este esquema não for modificado de forma agressiva, pode ser que não cheguemos a lugar algum, por mais que usemos o operador de mutação.

Uma maneira de implementar esta modificação do esquema dominante é criar um novo operador de mutação, que se concentra neste esquema, de forma a criar variedade genética nos genes que nos interessam. O operador funciona de maneira simples. Ele só começa a agir depois de um grande número de gerações. Quando ativado, ele busca as *n* melhores soluções dentro da população padrão e verifica qual é a bagagem cromossomial que elas têm em comum.

Para descobrir o esquema dominante dentro de uma codificação binária, podemos aplicar um operador lógico *XOR* (ou exclusivo) entre todos os *n* elementos dois a dois. O resultado desta operação é 0 nas posições onde todos os *n* indivíduos são iguais e 1 onde há algum elemento diferente. Invertendo este resultado (o que na prática equivale ao uso do operador XNOR), obtemos uma máscara que pode ser aplicada a qualquer elemento dentre os selecionados para descobrir o esquema que eles têm em comum. Um exemplo desta técnica pode ser vista na figura 6.5.

Um problema desta técnica é que é possível que haja casos em que poucos elementos dentro dos selecionados divirjam de um esquema comum a todos os outros elementos. Este caso também é ilustrado na figura 6.5, onde vemos a caixa pontilhada envolvendo o terceiro *bit* dos três últimos indivíduos. Só o primeiro elemento diverge nesta posição, e a operação, como definida anteriormente, irá considerar que este *bit* não pertence ao esquema dominante. Para resolver este problema, podemos criar uma versão menos restritiva da seleção do esquema em que, ao invés de necessitar que todos os elementos sejam iguais em uma posição, façamos com que baste uma igualdade em um quórum qualificado (tipicamente 2/3 ou 3/4 dos indivíduos selecionados) para que o *bit* seja considerado como parte do esquema dominante.

Depois de descoberto qual é o esquema que as melhores soluções têm em comum, o operador realiza as mutações (dentro deste esquema somente). Isso vai fazer com que surjam novas soluções com bagagem genética radicalmente diferente daquela que domina a população naquele instante, que implica na existência de uma diversidade genética na população, permitindo que o GA continue progredindo na busca de soluções ainda melhores.

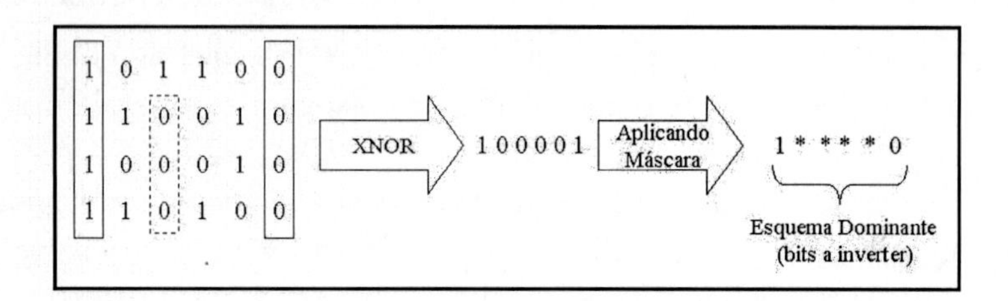

Fig. 6.5: Exemplo de escolha do esquema dominante. Quatro indivíduos foram selecionados e foi verificado com o operador XNOR (XOR invertido) quais posições eram iguais em todos os bits. Isto permitiu criar uma máscara contendo um para os bits que são parte do esquema e zero para os bits que não são comuns a todos os indivíduos selecionados. A caixa pontilhada envolvendo três zeros mostra um problema desta abordagem: e se "quase todos" forem iguais? Isto sugere que talvez seja razoável usar uma abordagem de maioria em vez de consenso absoluto.

Sem dúvida alguma, há alguns problemas na utilização deste novo operador que devem ser considerados quando da sua aplicação.

O primeiro é a questão do ajuste dos parâmetros. Se o n (número de soluções pesquisadas) for pequeno ou grande demais, podemos não encontrar o esquema que realmente domina as melhores soluções. Se o número de gerações decorridas antes de começarmos a aplicar este operador não for grande o suficiente, então este estará sendo usado sem necessidade, visto que ainda há variedade genética na população. Já se o número de gerações for grande demais, um grande número delas terá ocorrido sem maior utilidade, já que as soluções produzidas não avançam muito em relação à geração anterior.

O segundo problema é a questão da sobrevida destas novas soluções. Aplicando a mutação exatamente sobre o esquema dominante, temos a tendência de gerar soluções ruins para o problema (visto que, em média, é exatamente este esquema que faz com que as soluções sejam boas).

Assim, temos que conseguir alguma forma de manter estas novas soluções "vivas" e sendo escolhidas pelo nosso módulo de seleção. Lembre-se do que colocamos no capítulo 4: uma solução de avaliação inferior pode ter uma característica positiva que não é incorporada por nenhuma solução de avaliação elevada. Assim, dar a ela uma boa chance de reproduzir pode ser interessante para a melhoria do desempenho do GA.

O terceiro problema é descobrir quando vale a pena continuar a aplicar este operador. Em algum momento já teremos introduzido variedade genética suficiente e poderemos deixar o algoritmo voltar a rodar normalmente. A solução mais simples para este problema é limitar o número de indivíduos criados pelo novo operador. Quando este limite tiver sido alcançado, o operador será novamente inibido.

6.7. DISCUSSÃO

6.7.a. Operador de mutação

O operador de mutação é fundamental para um GA, pois é ele que garante a continuidade da existência de diversidade genética na população, enquanto que o operador de *crossover* contribui fortemente para a igualdade entre os indivíduos. Usando uma linguagem mais técnica, podemos dizer que o operador de mutação é uma heurística exploratória, injetando novos cromossomos na população e permitindo que o GA busque soluções fora dos limites definidos pela população inicial (Vose, 2004). Logo, se o valor da probabilidade atribuída ao operador de mutação for baixo demais, ele agirá de forma extremamente parcimoniosa e a população não terá diversidade depois de um certo número de gerações, estagnando bem rápido devido à convergência genética. Por outro lado, se o operador de mutação receber uma probabilidade alta demais, então o nosso GA passará a ter um comportamento mais parecido com um algoritmo aleatório (*random walk*) e perderá suas características interessantes.

Mais uma vez chegamos a um dilema que não tem solução aparente. É óbvio que existe um valor ótimo escondido em algum lugar, mas novamente lamento informar que este valor não é único para todos os casos, dependendo fortemente das características do problema que está sendo resolvido em cada instante.

Uma solução mais razoável é utilizar uma taxa de mutação que varie com o desenrolar da evolução do algoritmo. Existem trabalhos que buscam aumentar ou diminuir a taxa de mutação de acordo com a proximidade do melhor indivíduo para com a solução ótima.

Podemos efetuar esta variação de duas maneiras: determinística ou adaptativa. Para discussões sobre a variação adaptativa, consulte a seção 6.7.c. Já a técnica determinística utiliza um parâmetro (como o número de gerações decorridas) para calcular o valor da taxa de mutação, usando uma fórmula linear, quadrática ou exponencial.

É claro que temos que lembrar que a mutação, posto que age aleatoriamente, tem a predisposição para destruir bons esquemas que tenham sido alcançados em uma população. Assim, chegamos a um dilema: na parte final de nossa execução queremos muita mutação para superar os efeitos da convergência genética, mas queremos pouca mutação para não destruir os bons esquemas que o GA encontrou ao longo da execução.

Este dilema pode ser resolvido, ao menos parcialmente, usando-se, na parte final da execução, um módulo de população que trabalhe com *steady state* e elitismo, descritos em detalhes no capítulo 7. Assim, as melhores soluções não serão perdidas e seus esquemas serão preservados. Além disto, como o *steady state* é um método muito menos agressivo em termos de substituição de indivíduos, a perda de esquemas será gradual.

Junto com isto, pode ser acrescentado um mecanismo de mutação que embute um método de otimização local de soluções que seja apropriado ao problema em questão. Assim, não só os esquemas não serão perdidos como seu potencial será maximizado e, como vários elementos acabarão convergindo para um mesmo máximo local, podemos nos aproveitar da eliminação da repetição de indivíduos para abrir espaço na população para indivíduos gerados com o operador de mutação aleatório. Este tipo de operador é típico dos algoritmos meméticos, que discutimos em detalhes na seção 13.4.

A maioria dos trabalhos na área dos algoritmos genéticos usa um valor predeterminado de 0,5% ou 1%, devido a razões históricas (os primeiros artigos da área usaram estes valores e conseguiram bons resultados). Bremermann, em trabalhos antigos citados por Michalewicz (2010), afirmou que a taxa de mutação ótima para problemas de otimização de cromossomos binários é igual a 1/L, onde *L* é igual ao número de variáveis binárias.

Estes valores costumam oferecer resultados interessantes, mas seria irresponsável afirmar que eles devam ser adotados para o seu problema sem hesitação. Por exemplo, se você decidir adotar uma representação numérica, não binária, a probabilidade da mutação deve ser um pouco mais alta, devido ao efeito da ocorrência de duas ou mais mutações no mesmo cromossomo binário. O fundamental é entender que a taxa de mutação ótima é dependente da representação sendo utilizada (Deb, 1998).

Outro ponto a ser considerado é o modo de operação do seu operador de mutação no caso de uma codificação binária. Se ele inverte o *bit* corrente, sua taxa de mutação efetiva é o dobro da taxa obtida se ele sortear aleatoriamente um valor para substituir o *bit* corrente (pois neste caso, em 50% das vezes o *bit* sorteado será igual ao *bit* corrente).

Outro ponto interessante é que, para evitar estagnação, podemos usar o operador de mutação dirigida. Este trabalha somente depois da população começar a estagnar e sua função é exatamente criar diversidade genética. Seu valor ótimo ainda é um mistério, mas bons resultados com representação binária já foram conseguidos (Linden, 1996).

O principal problema deste operador é o tempo de processamento necessário para aplicá-lo, o que pode fazer com que não compense utilizá-lo, em face da sua limitação em melhorar os resultados. Sua utilização realmente só é recomendada quando excelentes resultados são necessários, e apenas boas soluções não servem.

Quando usamos o operador de mutação dirigida, a taxa efetiva de mutação ocorrendo dentro da população aumenta, visto que ele força os indivíduos a reproduzirem com um cromossomo que é o exato inverso do melhor que existe nos melhores indivíduos da população (veja a seção 6.6 para mais detalhes).

6.7.b. Operador de *crossover*

O operador de *crossover* é o operador que confere as características "guiadas" dos GAs, diferenciando-os das busca totalmente aleatórias. Isto foi constatado até pelos praticantes das estratégias evolucionárias (capítulo 11), que começaram usando-as sem o operador de *crossover*, mas que acabaram evoluindo para uma população de vários indivíduos em cuja evolução este operador tem um papel importante.

O operador de *crossover*, somado ao módulo de seleção proporcional à avaliação de um indivíduo, é o responsável pelo fato de um algoritmo genético não poder ser comparado a uma busca aleatória (*random walk*). Afinal, um algoritmo genético usa a seleção para determinar as áreas mais promissoras de pesquisa e o *crossover* para combiná-las de forma a tentar gerar soluções de maior qualidade para o problema em questão.

Historicamente, o operador de *crossover* tem recebido uma percentagem de escolha muito alta, variando de 60% a 95%. Isto tem sido associado a taxas de mutação bastante baixas, reforçando a importância do operador de *crossover* na geração de soluções. Entretanto, existem dois fatores a serem considerados em relação a estes valores:

- Os trabalhos que determinaram estes valores foram todos baseados em codificação binária. Do nosso conhecimento, não existe nenhum estudo sobre o efeito de taxas menores de *crossover* quando utilizando outras representações, como a numérica ou baseada em ordem (discutidas no capítulo 10);
- É comum que se faça com que o operador de mutação tenha uma percentagem igual a 100%-percentagem do operador de crossover, mas não existe nenhuma exigência matemática para que isto aconteça. Pode-se usar uma estratégia em que os dois operadores sejam independentes e que haja dois sorteios para decidir se um dos dois, os dois ou nenhum serão eventualmente aplicados aos pais selecionados (como fizemos no código que implementa esta separação).

Michalewicz (2010) ainda cita trabalhos que usam mecanismos de aprendizado para determinar as percentagens dos operadores durante a execução. Estes mecanismos determinam recompensas para cada um dos operadores a cada bom filho gerado e punições para cada filho de má avaliação, aumentando ou diminuindo a probabilidade de cada operador de acordo com cada uma destas ocorrências.

Quanto à escolha do tipo de operador utilizado, existem várias estratégias possíveis. Quando falamos de representação binária, é óbvio que o *crossover* uniforme é o mais poderoso, podendo criar o mesmo tipo de soluções que os *crossovers* de um e de vários pontos, além de novas combinações que estes tipos não são capazes de criar. Entretanto, ao mesmo tempo em que ele é o mais capaz de gerar combinações, ele é o mais destrutivo, sendo o *crossover* que mais separa elementos de um esquema interessante, especialmente no caso em que estes elementos fundamentais são adjacentes.

Uma ideia interessante para minimizar este poder destrutivo do *crossover* uniforme é modificar a probabilidade de selecionar um gene de cada um dos pais, aumentando a probabilidade de selecionar o gene i do pai k se o gene i-1 foi selecionado deste pai. Por exemplo, se o gene 3 foi copiado do pai 1, fazemos o sorteio de forma que a probabilidade do gene 4 vir do pai seja maior do que 50%. Esta solução diminui a probabilidade de romper esquemas que contenham elementos adjacentes, sem evitar que o *crossover* uniforme gere soluções livremente.

O operador de *crossover* de um ponto, por outro lado, possui uma característica (ou defeito, se você preferir) denominada de **preconceito posicional** (*positional bias*), que assume que esquemas curtos e de baixa ordem são os blocos funcionais básicos dos cromossomos. Isto se reflete no fato de que, ao usar este operador, sempre mantemos intactos dois grandes pedaços de cada um dos pais que contêm vários destes esquemas. Por outro lado, sabemos que o uso deste operador permite a sobrevivência de genes "caroneiros" (*hitchhikers*), que são genes que não têm uma influência positiva na função de avaliação, mas que sobrevivem junto dos esquemas vencedores. No caso do *crossover* de um ponto, estar localizado ao lado de genes importantes para uma boa avaliação dá a um gene uma alta chance de propagação para a próxima geração, devido exatamente ao *positional bias*.

Esta característica pode ser especialmente problemática quando, na nossa representação, os genes não são totalmente independentes, existindo o conceito de relacionamento epistático. Dois genes têm um relacionamento dito **epistático** quando o primeiro gene codifica para uma característica que o segundo não codifica, mas este segundo influencia o primeiro, aumentando ou diminuindo sua força. Quando existe este tipo de interdependência, os esquemas de mais baixa ordem não fornecerão informação significativa para uma avaliação de qualidade (Zebulum, 2002), o que faz com que os operadores que se baseiam na premissa de que os bons blocos básicos são esquemas curtos e de baixa ordem tenham resultados inferiores.

Existem vários trabalhos que evitam ter que escolher entre os operadores de *crossover* acrescentando uma roleta adicional ao processo de reprodução, roleta esta que serve para determinar qual operador de *crossover* será usado para aquele par de pais. Esta estratégia tenta combinar as características exploratórias mais agressivas do operador de *crossover* uniforme com o conservadorismo do *crossover* de um ponto.

Deve ser relativamente claro para você, neste ponto, que se introduz mais um parâmetro que deve ser controlado pelo desenvolvedor de GA, que é o conjunto de probabilidades de cada um dos tipos de *crossover*. A mudança destes valores pode afetar o resultado final obtido, e não existe nenhum estudo formal quanto a isto.

Eiben (2004) sugere uma estratégia em que a qualidade dos filhos gerados por cada tipo de operador de *crossover* seja avaliada e modifique a percentagem associada a este operador. Assim, cada tipo de *crossover* seria incializado com uma percentagem idêntica e cada filho seria avaliado se ele tem uma avaliação superior à média da população (o que faz aumentar a percentagem do operador) ou não (diminuindo a percentagem do operador que o gerou).

Neste momento, frente a toda esta complexidade adicional, o único alerta que dou é para o fato de você não perder de vista o problema que deseja resolver. Os algoritmos genéticos são uma ferramenta importante mas não são o objetivo final. Na verdade, seu objetivo deve ser resolver o problema que está em suas mãos – se os algoritmos genéticos puderem lhe ajudar a obter um resultado superior, então eles são parte da solução.

É importante entender também que não existe nenhum tipo de restrição formal que obrigue que o número de pais participando de uma operação de *crossover* seja igual a dois. Podemos usar quantos pais quisermos, bastando adaptar o operador utilizado. Por exemplo, se quisermos usar o *crossover* uniforme, ao invés de selecionar 0 ou 1 para determinar o pai, precisamos selecionar 0,1 ou 2, para fazer a seleção, além de precisar de um segundo sorteio para determinar o pai que mandará o indivíduo para o segundo filho. Pode-se extrapolar para o caso em que temos n pais, quando teremos exatamente n-1 sorteios (o último filho é gerado com os "restos" não utilizados na composição de todos os seus irmãos). Este processo é exemplificado na figura 6.6.

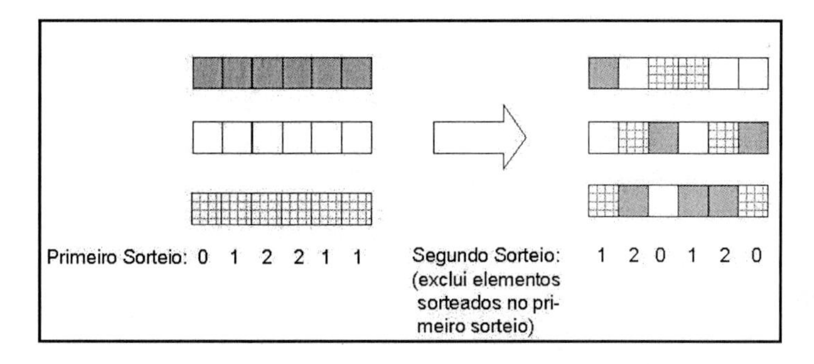

Fig. 6.6: Exemplo de operação do* crossover *uniforme com 3 pais. O primeiro sorteio escolhe os elementos que vão compor o primeiro filho. São necessários 2 sorteios, pois temos três pais e o segundo sorteio escolhe, em cada posição, um número de 0 a 2 diferente do primeiro valor sorteado para aquela posição. O terceiro filho é composto com o que sobra após compormos os seus dois irmãos.

Outra alteração importante em relação ao *crossover*, quando utilizamos múltiplos pais, é que ao decidir usar *n* pais, vetamos o uso de *crossovers* de *k* pontos, onde $k<n-1$. Isto ocorre pois o *crossover* de *k* pontos só possui $k+1$ blocos a serem combinados e se temos mais pais do que $k+1$, alguns não participarão da composição dos filhos, fazendo com que sua seleção seja despropositada. Um exemplo de uma operação possível para o *crossover* de 2 pontos usando três pais pode ser visto na figura 6.7.

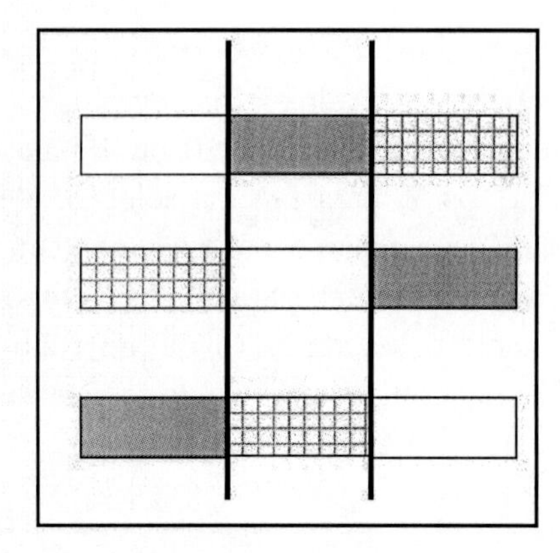

Fig. 6.7: Exemplo de operação do crossover de dois pontos com três pais. O primeiro filho é composto pelas partes brancas de cada pai, o segundo filho é composto pelas partes cheias de cada pai e o terceiro filho pelas partes quadriculadas.

6.7.c. Adaptação de parâmetr os

Muitos pesquisadores procuram descobrir qual o conjunto de parâmetros seria mais eficiente para resolver um problema que eles têm que enfrentar. Normalmente, eles fazem um ajuste (*tuning*) dos parâmetros e emitem um artigo com um determinado conjunto de valores sem grande justificativa teórica. Nestes casos, podemos até dizer que os parâmetros deles são ótimos, mas só para os problemas resolvidos.

O problema de usar este tipo de ajuste manual, feito antes do início da execução, é que os algoritmos genéticos constituem um processo dinâmico, que evolui no tempo e no espaço de soluções. É difícil imaginar que um conjunto de parâmetros possa ser adequado para resolver um problema em todos os seus estágios, posto que em cada um deles a população tem diferentes características de dispersão no espaço de soluções.

Uma ideia razoável então é usar técnicas de adaptação dos parâmetros, cujos valores mudarão de acordo com o progresso do algoritmo. Os parâmetros são ditos dinâmicos se existe um mecanismo de determinação da alteração que muda seu valor sem a existência de uma estratégia externa ou intervenção humana. Existem três principais técnicas de adaptação dos valores dos parâmetros (Hinterding, 1997):

- Determinística: Ocorre quando a mudança nos valores dos parâmetros ocorre seguindo alguma regra determinística, que modifica os parâmetros sem nenhum tipo de *feedback* do algoritmo evolucionário. Exemplo: aumentar a probabilidade de mutação em 0,01% a cada geração decorrida;
- Adaptativa: Ocorre quando existe algum tipo de *feedback* por parte do algoritmo genético que é usado para determinar o valor do parâmetro na próxima geração. Um exemplo simples desta estratégia é a regra de 1/5 de Rechenberg. Esta regra diz que se mais de 1/5 das mutações forem bem sucedidas (filhos com melhores avaliações do que os pais), devemos aumentar a taxa de mutação (estamos sendo conservadores demais). Entretanto, se menos de 1/5 das mutações forem bem sucedidas, devemos diminuir a taxa de mutação, pois estamos sendo agressivos demais. Davis (1991), por exemplo, sugere que a taxa de sucesso de um operador pode ser usada como parâmetro para determinar a sua probabilidade na próxima geração;
- Auto-Adaptativa: A ideia por trás desta técnica consiste em usar a evolução para melhor determinar a evolução, criando um meta-GA para evoluir seu GA. Isto é, os parâmetros do GA são codificados dentro do cromossomo e são evoluídos assim como as soluções do problema de maneira a otimizar o comportamento do GA de forma dinâmica. O grande problema desta estratégia é que usamos uma técnica lenta como os GAs para avaliar cada indivíduo escolhido, o que faz com que o tempo de execução do meta-GA seja altíssimo.

É importante entender que a efetividade de um GA para a resolução de um problema é diretamente ligada aos parâmetros que são utilizados durante a sua execução. Por conseguinte, é extremamente importante para o sucesso de seu algoritmo que você busque otimizá-los.

Um fato que deve ser observado permanentemente é que os parâmetros de um algoritmo genético interagem de forma complexa, e sua interação não é fixa, mas sim dependente da função que está sendo otimizada (Deb, 1998).

Mais uma vez não demos qualquer receita de bolo para determinar o seu problema. Por mais que isto seja frustrante, entenda que nada substitui seu julgamento como conhecedor do problema que está sendo resolvido. Use os princípios discutidos aqui para guiar seu raciocínio, não para restringi-lo.

6.8. Exercícios resolvidos

1) É possível usar o crossover de três pontos nos indivíduos 0000000 e 1111111 e obter o indivíduo 0001111?

A nossa primeira reação seria dizer não, pois, afinal, o resultado parece ser oriundo de um *crossover* de um único ponto. Entretanto, a pergunta cabível é: quem disse que os três pontos sorteados têm que ser necessariamente diferentes? A resposta é: ninguém. Na verdade, o fato deles poderem ser iguais é fundamental para dar ao *crossover* de três pontos a possibilidade de gerar indivíduos iguais aos gerados pelos *crossovers* de um e dois pontos. Logo, a resposta é sim, é possível gerar o filho em questão.

2) É possível associar ao operador de mutação uma percentagem maior do que a do operador de *crossover*?

Não existe nenhum tipo de restrição em termos de associação das percentagens dos operadores. Qualquer um dos dois pode ter uma percentagem maior do que o outro. Entretanto, se a mutação for dominante, o seu algoritmo genético se parecerá muito com uma *random walk*, e seus resultados provavelmente serão equivalentes.

3) No final da execução de um GA, queremos usar muita mutação, devido à convergência genética, mas não queremos mudar muito as soluções obtidas, pois elas têm, em geral, altos valores de avaliação. Estes objetivos não são mutuamente excludentes?

A resposta é "não". O primeiro objetivo fala da quantidade de vezes que aplicaremos o operador de mutação, enquanto que a segunda fala da amplitude de cada operação realizada.

Para controlar o número de vezes em que usamos a mutação, podemos usar operadores com probabilidades variáveis, como discutido na seção 6.5, fazendo com que a probabilidade da mutação cresça com o decorrer do GA.

Quanto ao segundo objetivo, basta usarmos um operador que controle a amplitude da mutação, como por exemplo o operador estocástico que é tipicamente usado na estratégias evolucionárias, descrito na seção 11.1, que garante que a maioria das mutações gere alterações que se situam perto do valor zero.

No caso da representação binária que estamos usando até aqui, basta limitaros bits que serão modificados, possivelmente com o uso de elitismo e/ou alguma estratégia de avaliação da qualidade da mutação.

6.9. EXERCÍCIOS

1) Calcule o resultado das seguintes operações:

a) *crossover* de dois pontos entre 00110101 e 11110000 com pontos de corte=3 e 5

b) *crossover* de dois pontos entre 11111101 e 00100110 com pontos de corte=4 e 7

c) *crossover* de três pontos entre 11111111 e 11111111 com pontos de corte=1, 4 e 6

d) *crossover* de dois pontos entre 00011000 e 11101000 com ponto de corte=2 e 6

e) *crossover* de três pontos entre 00011000 e 11101000 com ponto de corte=2, 2 e 3

2) Diga o resultado dos seguintes *crossovers* uniformes:

a) Pais 00010001 e 10101010 com *string* de seleção 00000011

b) Pais 000000 e 101011 com *string* de seleção 000000

c) Pais 00010001 e 10101010 com *string* de seleção 1110011

d) Pais 00010001 e 10101010 com *string* de seleção 10100011

3) É possível aplicar o *crossover* de maioria com um número par de pais?

4) Diga o resultado do *crossover* de maioria quando aplicado aos pais 110000, 101011, 111111, 010101 e 000000.

5) Calcule os *bits* que serão agressivamente atacados pelo operador de mutação dirigida se nossa população contém os indivíduos 100100, 101111, 101111, 000101 e 000101.

6) É possível associar a um operador de mutação uma percentagem de 60% enquanto a probabilidade do operador de *crossover* é igual a 70%?

7) Explique as vantagens e desvantagens do uso de probabilidades variáveis para operadores genéticos.

8) Seria razoável usar uma probabilidade para a mutação independente da probabilidade do crossover e que crescesse de forma exponencial com o decorrer das gerações?

9) Quando é razoável utilizar o operador de mutação dirigida? Seu uso implica na eliminação do operador de mutação tradicional?

10) Implemente o código da atualização da probabilidade dos operadores usando a variação quadrática.

11) Se usarmos o operador baseado em maioria que usa probabilidades, podemos usar um número de pais igual ao tamanho da população? Isto implicará em filhos sempre iguais?

12) Construa o algoritmo para um *crossover* de k pontos, assumindo que cada cromossomo tem n genes, $n \geq k$.

13) Qual é a diferença entre as técnicas de modificação de parâmetros adaptativa e auto-adaptativa?

14) Dado que o esquema dominante é o que provavelmente gera a qualidade de nossas soluções, não seria melhor evitar que a mutação atue sobre ele?

15) Usar mais de dois pais em um crossover aumenta a taxa de convergência genética?

Capítulo 7

Outros Módulos de População

Até agora, nosso módulo de população teve um comportamento extremamente simples, eliminando todos os indivíduos da atual geração e substituindo-os por um igual número de filhos (seção 4.6). Entretanto, este não é o único comportamento possível: existem várias alternativas para o comportamento do módulo de população que permitem que exploremos melhor as qualidades da geração atual de forma que estas sejam aproveitadas para a melhoria da próxima geração. Veremos agora algumas alternativas, mas antes, vamos discutir um pouco a questão do tamanho adequado para a população de um GA.

7.1. Tamanho da População

O desempenho do algoritmo genético é extremamente sensível ao tamanho da população, logo este parâmetro deve ser definido com muito cuidado. Caso este número seja pequeno demais, não haverá espaço para termos uma variedade genética suficientemente grande dentro da nossa população, o que fará com que nosso algoritmo seja incapaz de achar boas soluções e caso este número seja grande demais, o algoritmo demorará demais e poderemos estar nos aproximando perigosamente de uma busca exaustiva. Lembre-se de que o número de indivíduos efetivamente avaliados é igual ao número de indivíduos na população vezes o número de gerações executadas.

A maioria dos trabalhos publicados tem uma fixação quase fetichista no número 100, talvez porque ele seja redondo, talvez por motivos históricos. Entretanto, dificilmente você encontrará um número mágico para o tamanho de sua população sem aplicar um pouco de raciocínio sobre o problema que se está tentando resolver. Vamos discutir um pouco esta questão e entender a dificuldade associada à definição deste parâmetro.

É difícil dizer com precisão qual é o limite mínimo para o qual o GA ainda terá um bom desempenho, pois este limite varia com o número de genes presentes em cada indivíduo. Por exemplo, se usarmos codificação binária e cada cromossomo tiver 5 *bits*, uma população de tamanho 50 será maior do que o número de estados possíveis que é igual a trinta e dois[1]. Entretanto, se cada cromossomo tiver 20 bits, o tamanho do espaço de busca é igual a 2^{20} soluções, o que faz com que uma população de tamanho 50 seja bastante pequena.

Outro ponto que afeta o tamanho mínimo da população de um GA é a distância esperada entre a população e a solução ótima, distância esta que só pode ser estimada. Afinal, se você conhece a solução ótima, para que está executando um algoritmo para resolver o problema?

Deb (1998) realiza testes precisos com o número de indivíduos que devem estar presentes em cada população, mas infelizmente os cálculos só são válidos se estamos usando apenas o operador de mutação. Se estamos utilizando também o crossover, voltamos à estaca zero quanto à definição deste parâmetro.

A capacidade de armazenamento de estados de um GA é exponencialmente proporcional ao número de indivíduos presentes. Consequentemente, há um limite superior para o tamanho da população onde ainda verifica-se melhora na performance conforme aumenta-se o tamanho da população. É claro que, quanto maior a população, mais tempo o GA demorará para processar cada geração e mais demoraremos para conseguir uma resposta. Consequentemente, não devemos aumentar o tamanho da população indiscriminadamente e há um limite superior para a nossa escolha, limite este que, assim como o limite inferior, é dependente do problema e da codificação adotada.

Como já dissemos, o número de indivíduos avaliados em uma execução do GA é igual ao número de indivíduos na população vezes o número de rodadas que o algoritmo irá executar. Logo, é interessante considerar este número total e ver qual o percentual do espaço de busca está sendo coberto pela execução total do GA. É óbvio que este número não é preciso, pois existirão repetições nos indivíduos em diferentes gerações, mas este número serve como um guia para o que estamos fazendo. Se a percentagem de soluções avaliadas for muito alta, pode-se considerar alguma

---

[1] É claro que, neste caso, usar um algoritmo genético ao invés de uma busca exaustiva nos 32 estados é uma opção esdrúxula, aceitável apenas para efeitos didáticos em um livro texto. Lembre-se sempre do que foi discutido nos primeiros capítulos: se existe um algoritmo exato capaz de oferecer uma solução em um tempo aceitável, por que usar uma heurística?

heurística informada como técnica alternativa de resolução do problema. Por outro lado, a dificuldade da função de avaliação deve ser um fator que afete a escolha destes dois parâmetros. Por exemplo, se a função de avaliação for multimodal e enganadora (veja definição na seção 5.3), o número de avaliações deve crescer, fazendo com que aumentemos o tamanho da população ou o número de gerações – ou até mesmo os dois! (Deb, 1998)

Entretanto, definir o que é uma percentagem muito alta da população é uma tarefa complicada. Se os operadores genéticos forem muito destrutivos, isto é, se eles gerarem filhos extremamente diferentes dos pais, é necessário fazer com que o tamanho da população seja bastante grande, assim como o número de gerações adotadas. Um caso típico desta situação é quando usamos programação genética (veja maiores detalhes no capítulo 12 deste livro) em que as árvores usadas como cromossomos são rompidas com extrema facilidade pelos operadores, o que diminui a força da componente de *explotation*. Assim, precisamos buscar mais soluções, ampliando a componente de *exploration*.

Neste momento, você deve estar com uma dor de cabeça ou pelo menos bastante frustrado pelo fato de que me recuso a fornecer um número mágico, como, por exemplo, adote sempre uma população de x indivíduos e você obterá bons resultados. Eu vou continuar fazendo isto, pois acredito que não existe substituto mágico para sua capacidade de avaliação.

Entretanto, sempre é necessário um lugar para começar. Dentro deste raciocínio, podemos estipular que uma tentativa inicial razoável para o número de indivíduos dentro da sua população é dado por 40*número de características em seu cromossomo. Isto é, se o seu cromossomo representa, por exemplo, dois números, você pode usar uma população de cerca de 80 indivíduos. Mantenha na cabeça toda a discussão anterior e saiba que não necessariamente você estará com uma definição ótima (que talvez nem exista) e que outras configurações poderiam eventualmente gerar bons resultados. Entretanto, este "chute" é um bom lugar para se começar – mas não para terminar. Faça todas as análises discutidas, de forma a determinar o tamanho que lhe oferece os melhores resultados.

Uma ideia melhor do que usar um chute impreciso como este talvez seja usar uma estratégia adaptativa para o tamanho da população. Arabas

(1994) sugere uma estratégia de definição de uma expectativa de vida para cada indivíduo. Esta expectativa é proporcional à qualidade do indivíduo, o que faz com que o tamanho da população possa crescer caso a avaliação de todos os indivíduos seja muito boa, pois estes sobreviverão por muitas gerações, além de gerar filhos que também irão compor a população. Esta regra também é utilizada em (Iorio, 2002), que acrescenta uma característica importante: a população é dividida em subpopulações, cada uma delas com um tamanho diferente, que pode variar como definido anteriormente. Cada indivíduo é avaliado não só individualmente como também em conjunto com os melhores indivíduos das outras subpopulações, simulando a cooperação que existe entre algumas espécies na natureza.

Outra ideia razoável em termos de tamanhos adaptativos é aumentar o tamanho da população se está havendo convergência genética e ainda não chegamos perto do desempenho desejado. O problema desta abordagem é a questão de determinar quando a convergência genética aconteceu, o que, como discutido na seção 7.6, não é uma tarefa simples. A discussão contida nesta seção deve ser revista caso seja interessante usar uma população de tamanho variável.

7.2. ELITISMO

Elitismo é uma pequena modificação no módulo de população que quase não altera o tempo de processamento, mas que garante que o desempenho do GA sempre cresce com o decorrer das gerações. A ideia básica por trás do elitismo é a seguinte: os k melhores indivíduos de cada geração não devem "morrer" junto com a sua geração, mas sim passar para a próxima visando garantir que seus genomas sejam preservados.

Sabendo-se que a maioria dos esquemas de avaliação de desempenho de um GA medem apenas a adequação da melhor solução dentre todos os indivíduos, a manutenção do melhor indivíduo da geração t na população da geração $t+1$ garante que o melhor indivíduo da geração $t+1$ é pelo menos igual ao melhor indivíduo da geração t (no pior caso, em que nenhum indivíduo melhor é criado). Isto permite garantir que o gráfico da avaliação do melhor indivíduo como função do número de gerações decorridas é uma função monotonamente crescente.

O *overhead* de processamento é realmente muito pequeno, visto que já temos que determinar a avaliação de cada indivíduo para aplicação da roleta. Logo, basta que armazenemos o índice dos k melhores indivíduos e o módulo de população encarregar-se-á de copiá-lo para a próxima geração. Se há n indivíduos e o algoritmo executa durante m gerações, então o *overhead* de operações é da ordem de $k*m*n$, sendo, portanto, pequeno, e não chegando a colaborar com uma fração significativa para o tempo final de execução do nosso GA. Ademais, como podemos gerar $n-k$ novos filhos apenas, temos um ganho de tempo deste lado que compensa o tempo perdido durante a avaliação.

Este *overhead* pode ser desconsiderado especialmente pelo fato de que normalmente o número de indivíduos mantidos de uma geração para a outra é muito pequeno, da ordem de um ou dois cromossomos.

Este pequeno ato, apesar de sua simplicidade, normalmente colabora de forma dramática para a melhoria do desempenho de uma execução de um GA. Isto ocorre pois mantemos dentro da população os esquemas responsáveis pelas boas avaliações das melhores soluções, o que aumenta o componente de memória de nosso algoritmo genético. Consequentemente, é aumentada a sua componente de aproveitamento (*explotation*), sem prejudicar o desempenho de sua componente de exploração (*exploration*), que continua a atuar livremente em $n-k$ indivíduos, onde $n>>k$.

7.3. STEADY STATE

Nos GAs que vimos até agora, toda uma geração nasce ao mesmo tempo, enquanto que a população anterior morre também toda de uma vez e é substituída por novos indivíduos. No "mundo real", os indivíduos nascem aos poucos, os mais velhos morrem de forma lenta e há interação entre as gerações. Isto quer dizer que indivíduos da geração $t+1$ podem procriar com indivíduos da geração t (sexismo e preconceitos de idade à parte).

A ideia por trás da técnica de *steady state* é exatamente reproduzir este tipo de característica natural das populações biológicas. Em vez de criarmos uma população completa de uma só vez, vamos criando os "filhos" um a um (ou dois a dois, por ser mais conveniente para o operador de *crossover*) e substituindo os piores "pais" por estes novos indivíduos.

Algumas implementações de GA substituem os pais aleatoriamente em vez de substituir necessariamente os piores pais. Apesar de parecer loucura, pois estamos preservando indivíduos "piores" em detrimento de outros com melhores avaliações, é importante considerar que manter somente os melhores faz com que tenhamos uma tendência maior à convergência genética. Podemos escolher aleatoriamente combinando com uma estratégica elitista, o que garante que a melhor solução nunca perece ao mesmo tempo em que buscamos evitar a convergência genética.

Uma alternativa à aleatoriedade total é usar uma roleta viciada invertida para selecionar os pais moribundos, isto é, uma roleta em que sua chance de ser selecionado é inversamente proporcional à sua avaliação. Assim, os melhores pais têm maior chance de sobreviver.

Usando o *steady state*, o conceito de geração dentro do nosso GA fica muito difuso, quase inexistente, e pode haver reprodução entre indivíduos recém-criados e outros da geração anterior (até mesmo "incesto", se não mantivermos o registro de quem são os pais de um indivíduo). Isto permite uma maior dominação dos melhores esquemas, e normalmente faz com que a população convirja mais rapidamente, especialmente se eliminarmos sempre os piores elementos a cada operação realizada.

Utilizar *steady state* embute algumas questões interessantes. Por exemplo, imagine que a nossa população tenha tamanho p, e admita que recém criamos um indivíduo e o inserimos na população. Ele pode ser descartado já na próxima reprodução (supondo que ele seja o pior) ou vamos preservá-lo até que sejam criados mais p indivíduos? Se descartarmos o indivíduo rapidamente estaremos possivelmente diminuindo cada vez mais a diversidade genética da nossa população, mas se não os descartarmos, podemos demorar mais para chegar a uma solução com a qualidade desejada (qualquer que seja ela).

Outro ponto interessante do *steady state* é que, caso o indivíduo reproduza com um dos seus pais, há uma chance muito grande de que os filhos desta "relação" sejam exatamente iguais a ambos, ou que pelo menos não acrescentem nada de novo à diversidade genética da população. Isto é impossível de evitar, a não ser que marquemos quem são os pais de cada indivíduo, o que pode ser uma tarefa computacionalmente complexa, pois implicaria em manter ponteiros em cada indivíduo para seus filhos, que devem ser alterados quando o pai é selecionado para morrer. Isto é, a solução significa adicionar um vetor de ponteiros para filhos em cada pai e a cada reprodução checar se um dos pais selecionados é filho do outro. Uma maneira de implementar isto em Java consiste em adicionar a um indivíduo um Vector v com os índices de seus filhos e executar o seguinte código para cada operação de reprodução:

```
i=pai1.v.indexOf(pai2);
j=pai2.v.indexOf(pai1);
if (i==-1)&&(j==-1) {
 //gera filhos
 //escolhe indivíduos que serão substituídos
 //varre a população, eliminando referências aos moribundos
 //coloca os filhos gerados na posição dos dois substituídos
 pai1.v.add(filho1); pai1.v.add(filho2);
 pai2.v.add(filho1); pai2.v.add(filho2);
} else {
 //um pai é filho do outro, logo selecionamos outros pais
}
```

A operação de varrer todos os vetores da população é extremamente custosa em termos de tempo computacional, o que faz com que este tipo de iniciativa seja desprezado pela maioria dos praticantes da área dos algoritmos genéticos. Ela pode parecer desnecessária à primeira vista, mas não o é.

Se o índice do filho estiver sendo armazenado no Vector do pai, a obrigatoriedade é óbvia, pois se a referência for removida, o pai vai achar que seu filho é o novo indivíduo introduzido naquela posição.

Se estiver sendo usada a referência do objeto do filho (que essencialmente é um ponteiro para o filho), deve-se fazê-lo para poder remover a referência ao filho que não é mais usado, de forma que o coletor de lixo (*garbage collector*) do Java possa efetivamente eliminar o indivíduo que não será mais usado na população. Enquanto houver uma referência ativa a um objeto, ele não é efetivamente apagado da memória. A manutenção de indivíduos não usados pode fazer com que a memória usada pelo seu algoritmo, no pior dos casos, cresça explosivamente. Assim, não podemos permitir que referências a indivíduos não mais "vivos" permaneçam na atual população.

Uma ideia para evitar a varredura é manter um duplo encadeamento: os filhos apontam para os seus dois pais e os pais apontam para os seus *k* filhos ($0 < k < n$). Neste caso, não precisaríamos varrer toda a população quando da exclusão de um indivíduo: basta acessar os filhos que estão armazenados no vector do pai moribundo e apagar a referência a este. O único problema desta alternativa consiste em usar mais espaço de memória, o que normalmente é aceitável. Neste caso, substituímos o passo de varredura de toda a população do algoritmo descrito antes pelo seguinte pseudo-código:

```
Para todos os filhos de cada moribundo faça
 Elimine do filho corrente a referência ao moribundo
 Elimine a referência ao filho corrente
 Vá para o Próximo Filho
Fim Para
```

Além disto, ao final da execução, ainda precisamos acrescentar os ponteiros para os pais nos campos apropriados dos filhos, da mesma maneira que fazemos para os pais, da seguinte maneira:

```
filho1.pai[0]=pai1;
filho1.pai[1]=pai2;
filho2.pai[0]=pai1;
filho2.pai[1]=pai2;
```

Note-se que, no caso dos filhos, não necessitamos de um Vector, pois sabemos, a priori, o número exato de pais que cada filho pode ter (dois). Logo, podemos ter uma variável para cada um deles. No caso, sugerimos a utilização de um *array* pois isto facilita o processo de varredura, podendo substituir a verificação de variáveis distintas por um *loop* em um *array*.

Podemos também generalizar o processo facilmente, permitindo a adoção de um *crossover* com mais pais, como o *crossover* baseado em maioria, sem alteração significativa das estruturas de dados utilizadas.

Uma alternativa consiste em verificar se os dois pais têm mais do que *k* genes iguais e, em caso afirmativo, proibir a sua reprodução. Isto pode ser relativamente pouco custoso e causa uma diminuição da velocidade da convergência genética. No caso binário, a verificação de igualdade entre dois indivíduos pode ser feita usando-se um simples XOR bit a bit: onde o resultado for zero, os indivíduos são iguais. Depois, contamos o número de zeros e verificamos se o limite arbitrado foi atingido.

Um dos grandes problemas do *steady state* é que, de forma geral, há uma convergência muito rápida da população, com a consequente diminuição da variedade genética, que ocorre principalmente quando não controlamos a idade e a permanência dos indivíduos, deixando os filhos desaparecem logo após serem gerados.

O motivo principal para isto é que os filhos tendem a ter avaliações razoavelmente semelhantes às dos seus pais pois herdam os principais esquemas destes. Consequentemente a população tende a se reunir em grupos de indivíduos, sendo que os grupos com maiores avaliações médias tendem a predominar (o que é desejável, mas não quando ocorre rápido demais, pois senão, sem a variedade genética, pode-se perder o paralelismo intrínseco dos GAs e acabar ficando preso em um máximo local).

Para evitar que a convergência seja rápida demais, pode-se usar a técnica de *steady state* sem duplicatas. Esta é praticamente idêntica à técnica discutida até aqui, com a pequena diferença de que, se o indivíduo gerado for idêntico a algum já presente na população, ele é descartado. Isto quer dizer que para cada operação de *crossover* ou de mutação realizada precisamos verificar se os filhos resultantes já estão presentes na população.

A técnica de *steady state* sem duplicatas tende a conseguir melhores resultados que a técnica de *steady state* simples, pois há em média mais variedade genética com a qual o algoritmo pode trabalhar e a população converge mais lentamente. Mas, em contrapartida, ganhamos um *overhead* grande de teste para verificar se o indivíduo já está presente na população: se há p indivíduos com g genes e o algoritmo executa durante n gerações, então estaremos realizando mais $p*n*g$ operações do que estaríamos realizando se utilizássemos a técnica de *steady state* simples.

7.4. ESTRATÉGIA ($\mu + \lambda$)

Não existe nenhum motivo para impedir que a população da próxima geração seja selecionada a partir dos melhores indivíduos existentes, tanto na população corrente quanto naqueles filhos gerados pela aplicação dos operadores genéticos.

Este tipo de módulo de população é conhecido como sendo do tipo ($\mu + \lambda$), isto é, existem μ membros na população original que geram um conjunto de λ filhos (onde, geralmente, $\mu < \lambda$). O conjunto de todos os indivíduos (os $\mu + \lambda$ pais e filhos) competem de forma a que apenas os μ indivíduos de maior avaliação sobrevivem até a próxima geração. Esta competição usualmente é feita através da escolha dos indivíduos melhores avaliados, mas isto não é obrigatório. Pode-se tentar usar alguma métrica adicional em que a diversidade da população seja mantida. Por exemplo, calcular a distância de Hamming[2] do indivíduo corrente para o melhor indivíduo da população de forma a escolher o indivíduo atual apenas no caso em que ele é suficientemente diferente do melhor indivíduo. Esta estratégia faz com que, além de manter os melhores, garanta-se também que mantêm-se sempre na população indivíduos que podem ajudar a explorar o espaço de busca de forma mais eficiente.

A estratégia $\mu + \lambda$ é uma versão "avançada" em relação ao elitismo, pois como este, existe a garantia de que o melhor indivíduo nunca falecerá. O elitismo, na verdade, é uma ténica que pode ser denominada de μ +k, pois geramos um número de filhos $\lambda = \mu$ e eles competem com um conjunto de pais igual a k (os melhores da geração anterior) pela sobrevivência para a próxima geração baseado somente na qualidade da avaliação.

O principal problema desta estratégia é o fato de que se corre o risco de haver uma convergência genética mais rápida, pois é possível que todos os μ melhores indivíduos sejam variações pequenas do mesmo cromossomo, gerando uma população sem diversidade genética na próxima geração. Por isto, ao se adotar este tipo de estratégia é interessante utilizar uma técnica de manutenção de diversidade.

---

[2] A distância de Hamming é definida como o número de *bits* diferentes entre dois elementos.

7.5. POPULAÇÕES DE TAMANHO VARIÁVEL

Muitos trabalhos procuraram pesquisar qual seria o melhor tamanho para uma população. Entretanto, tudo que estes trabalhos podem dizer é qual é o melhor tamanho de população para os problemas que eles estudaram, posto que os problemas reais têm características e complexidades muito distintas que não são facilmente comparáveis.

A verdade é que não existem estudos teóricos que determinem o tamanho exato que uma população deve ter para garantir um bom desempenho do GA que está sendo usado. Uma ideia para resolver este problema é adotar uma população cujo tamanho varie com o tempo. Existem duas abordagens para este problema: uma baseada em idades e outra baseada na variabilidade genética da população.

A abordagem baseada em idades, como o próprio nome diz, associa a cada indivíduo da população uma idade que aumenta a cada geração. Nesta abordagem, proposta inicialmente em (Arabas, 1993), calcula-se, para cada indivíduo, um tempo de vida que é determinado pela sua avaliação e pela avaliação da população como um todo. Cada indivíduo só morre quando sua idade é igual a este tempo de vida.

O número de filhos gerados a cada geração é dado pela fórmula $\rho * P(t)$, onde P(t) é o tamanho da população de pais e ρ é um parâmetro definido *ad hoc*. Como a cada instante podemos gerar mais filhos do que o número de "mortos" da geração anterior, a população pode aumentar (da mesma maneira, ela pode diminuir se o oposto ocorrer). Esta abordagem não tem uma pressão seletiva forte sobre os indivídos, pois não há uma seleção de indivíduos a serem substituídos em cada geração: os indivíduos "morrem" quando atingem a "velhice", e não quando qualquer outro critério seja satisfeito. Ademais, de acordo com Eiben (2004), uma escolha equivocada do valor de ρ pode fazer com que o tamanho da população cresça de forma descontrolada.

A longevidade do indivíduo *i* pode ser definida pela seguinte função bilinear, que é considerada na literatura como a mais consistente e promissora (Minetti, 2005):

$$LT(i)\begin{cases} MinLT + \eta \dfrac{F(i) - F_{média}}{F_{média} - F_{min}}, F(i) \leq F_{média} \\ \dfrac{MinLT + MaxLT}{2} + \eta \dfrac{F(i) - F_{média}}{F_{max} - F_{média}}, F(i) > F_{média} \end{cases}$$, onde:

- *MaxLT* e *MinLT* representam respectivamente a longevidade máxima e mínima permitidas.
- $\eta = \dfrac{MaxLT - MinLT}{2}$
- *F(i)* é a avaliação do indivíduo *i*.

Uma preocupação razoável com esta abordagem seria o fato dela poder apresentar uma população que cresce de forma descontrolada. Arabas (1993) fez um estudo sobre esta abordagem e mostrou que a população tem um forte crescimento nas gerações iniciais (*overshooting*), diminui um pouco e finalmente estabiliza-se.

Por outro lado, Fernandes (2000) mostrou que a abordagem poderia gerar populações de grande tamanho ou mesmo gerar a "extinção" da população de indivíduos, demonstrando que o processo reprodutivo precisava de ajuste, que consiste em criar um processo estocástico de morte associado à avaliação de cada indivíduo. Entretanto, ainda não está bem claro se a estabilidade da população é um efeito genérico para todos os problemas ou um efeito que se materializa apenas em problemas similares àqueles estudados em ambos os trabalhos.

A segunda abordagem, baseada em variabilidade genética, faz uma amostragem da população e calcula a diferença entre o genótipo dos indivíduos selecionados. Se a diferença for muito pequena, a população pode ser aumentada através da inserção na população de indivíduos aleatórios. Para discutir como determinamos a ocorrência da convergência genética, veja a seção 7.6, a seguir.

Um outro método de variar o tamanho da população é o PRoFIGA (Eiben, 2004), acrônimo que significa *Population Resizing on Fitness*

Improvement GA. A ideia deste método é aumentar o tamanho da população por um fator ρ^+ caso a melhor avaliação tenha melhorado na última geração ou caso esta não tenha melhorado nas últimas k gerações. Caso nenhuma destas duas condições seja satisfeita, então a população é diminuída por um fator ρ^-.

O valor de ρ^+ é normalmente diferente para os dois casos de crescimento. No caso de não haver melhora nas últimas gerações, ele é um parâmetro fixo, definido de forma *ad hoc*, que chamaremos a partir de agora de Y. Entretanto, para o caso de ter havido melhora, a ele normalmente é atribuído um valor X que é dado pela seguinte fórmula:

$$X = \beta * (\max_{gerações} - curr_{gerações}) * \frac{(\max Fitness_{nova} - \max Fitness_{velha})}{\max Fitness_{velha}},$$

onde:

- β é um parâmetro de crescimento definido a priori;
- $max_{gerações}$ é o número de gerações que durará a execução;
- $curr_{gerações}$ é a geração corrente;
- $\max Fitness_{nova}$ é o valor da avaliação do melhor indivíduo da nova população;
- $\max Fitness_{velha}$ é o valor da avaliação do melhor indivíduo da população anterior.

A fase de crescimento pode ser realizada usando-se uma das seguintes abordagens:

- criando-se mais filhos através da aplicação dos operadores;
- clonando-se indivíduos existentes na população;
- criando novos filhos de forma aleatória.

A fase de diminuição da população normalmente envolve um pequeno decréscimo neste tamanho (da ordem de 1% a 5%) e pode ser realizado retirando-se os indivíduos de pior avaliação dentro de toda a população ou através da escolha aleatória de indivíduos. Como já discutido em outros casos neste capítulo, retirar apenas os piores indivíduos pode acelerar a ocorrência da convergência genética e a escolha aleatória pode eliminar os indivíduos de melhor avaliação da população. Uma estratégia mais segura consiste em proteger os melhores indivíduos da extinção e depois escolher os moribundos a partir de um processo similar a uma roleta viciada invertida.

É importante evitar o fenômeno da extinção da população corrente, isto é, uma situação em que o número de indivíduos da população zere. Para tanto, a população só pode ser decrescida se o seu tamanho for superior a um tamanho mínimo definido *a priori*, de forma *ad hoc*. Este parâmetro normalmente deve ser estabelecido como sendo cerca de 40% do tamanho inicial. Isto pode parecer muito alto, mas lembre-se de que populações muito pequenas de indivíduos tendem a apresentar forte convergência genética, rapidamente tornando-se inúteis como varredores do espaço de soluções.

7.6 DETERMINANDO A OCORRÊNCIA DA CONVERGÊNCIA GENÉTICA

Determinar o ocorrência da convergência em um algoritmo genético é uma tarefa complexa e fundamental, pois pode fazer com que paremos a execução de uma rodada que provavelmente apresentará pouca melhora ou então fará com que nos concentremos no operador de mutação para aumentar a variação genética de toda nossa população.

O cálculo da variabilidade deve ser feito com base no genótipo dos indivíduos, e não com base na função de avaliação. Indivíduos muito diferentes podem ter funções de avaliação muito parecidas. Assim, em alguns casos, apesar de haver grande variabilidade genética na população, se nos basearmos nas avaliações, pensaremos que a convergência genética já ocorreu. Um exemplo desta situação pode ser visto na figura 7.1.

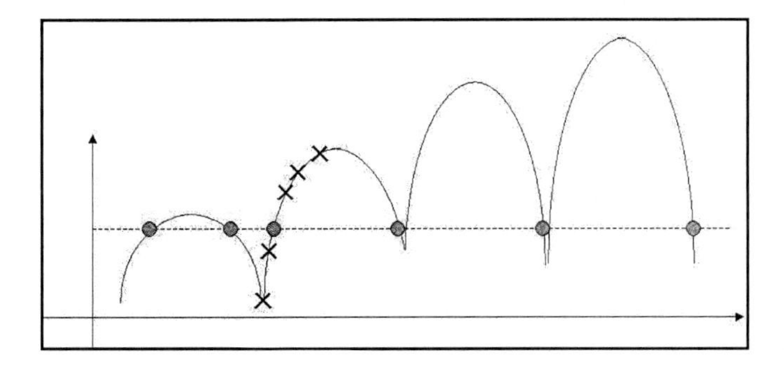

Fig. 7.1: Exemplo de uma situação em que a diversidade de uma população não pode ser medida pela função de avaliação. Todos os elementos denotados pelos círculos têm exatamente a mesma função de avaliação. Entretanto, eles são bastante distintos, representando uma boa cobertura do espaço de soluções. Já os elementos denotados pelas cruzes têm avaliações bem distintas, entretanto estão concentrados em um pequeno pedaço do espaço de estados e, como população, apresentam os efeitos diretos da convergência genética.

A primeira ideia que vem à mente na hora de detectar a convergência genética é usar um algoritmo exaustivo, que testa todos os elementos uns contra os outros e verificar se a diferença entre eles é pequena. Esta diferença pode ser medida em número de bits diferentes para a representação binária ou de outras maneiras, para as representações alternativas discutidas no capítulo 10. O problema desta abordagem é que ela é muito custosa em termos de tempo ($O(n^2)$, onde n é o tamanho da população) e pode fazer com que os algoritmo demore um tempo inaceitável para executar, até mesmo rodando em máquinas eficientes. Isto é importante pois o teste de convergência deve ser efetuado frequentemente – não necessariamente a cada rodada, mas após a passagem de um número pequeno de rodadas, para que o seu GA não rode desnecessariamente, sem ser capaz de produzir qualquer melhoria dos resultados.

Este tempo pode ser diminuído usando-se o seguinte algoritmo, que depende de três parâmetros fundamentais:

- k, o número de conjuntos diferentes que indica que não temos convergência;
- δ, a distância máxima entre indivíduos do mesmo conjunto.

- m, o número máximo de indivíduos que um grupo pode ter antes de detectarmos a convergência. Basicamente este parâmetro diz que se temos um grupo muito grande, então temos convergência genética.

O pseudo-código de nosso algoritmo é então o seguinte:

```
1  Crie um conjunto com o primeiro indivíduo da população
e com número de indivíduos igual a 1
2  i=1
3  Numero_Conjuntos=1;
4  Enquanto ((i<=tamanho_populacao) &&
 (Numero_Conjuntos<k)) faça
5      j=1
6      Enquanto (j<=Numero_Conjuntos) faça
7         Se distância(indivíduo_i e indivíduo do conjunto j)<δ
8            Descarte o indivíduo_i
9            Incremente o número de indivíduos do grupo j
10           Se o número de indivíduos no grupo j > m
11              Há Convergência
12           Fim Se
13           Interrompa o loop
14        Fim Se
15        j=j+1
16     Fim Enquanto
17     Se j> Numero_Conjuntos
18        Numero_Conjuntos= Numero_Conjuntos + 1
19        Crie um conjunto com o indivíduo_i e com número de
   indivíduos igual a 1
20     Fim Se
21     i=i+1
22 Fim Enquanto
23 Se Numero_Conjuntos<k Então
24     Há Convergência
25 Senão
26     Não Há Convergência
27 Fim Se
```

O que este algoritmo faz é ir testando todos os elementos da população contra todos os conjuntos previamente gerados (loop das linhas 6-16). Se a distância entre o indivíduo corrente e um conjunto for menor do que δ então descartamos o indivíduo corrente, pois ele pertence a um grupo já existente (teste da linha 7). Caso contrário, nós criamos um novo grupo para este novo indivíduo (teste da linha 17, quando saímos do *loop*).

Note que se seguíssemos apenas as ideias contidas no parágrafo anterior ainda permitiriam um tempo de pior caso da ordem de n^2, que ocorreria no caso em que todos os indivíduos pertencessem a um único grupo, ou a um número menor do que k grupos. Para evitar este caso, nós introduzimos o teste da linha 10, que verifica se existe um grupo muito grande. Se existir, então interrompemos o algoritmo, pois existe convergência genética.

Este algoritmo agora é bem mais eficiente do que $O(n^2)$, mas sua análise de tempo é razoavelmente complexa. O pior caso que temos é quando todos os grupos existentes até um determinado ponto têm exatamente $m-1$ indivíduos. Isto faz com que tenhamos que definir os parâmetros de tal maneira que $m * k < n$, o que faz com que esta pior situação seja rara. Note, entretanto, que fazemos apenas um máximo de $k-1$ testes por indivíduo e se k for relativamente pequeno quando comparado com o tamanho da população (n), passamos a ter um ganho bastante grande de performance em relação ao algoritmo exaustivo, que faz um máximo de $n-1$ testes para cada indivíduo.

Existem outros algoritmos de agrupamento relativamente eficientes que podem ser usados para verificar a existência de convergência genética. O conceito básico é: separe os indivíduos em k grupos e verifique a semelhança entre o centro de cada um destes grupos. Se a diferença for menor do que um parâmetro δ, então ocorreu convergência genética.

O algoritmo mais simples de agrupamento existente (e um dos mais populares) é o K-Means, cujo pseudo-código é o seguinte:

```
1  Defina o número k de conjunto a ser usado
2  Designe cada ponto para um conjunto aleatoriamente
3  Repita
4  Calcule o centro de cada conjunto
5  Reorganize os elementos, designando-os para o con-
   junto cujo centro lhe for mais próximo
6  Até que nenhum elemento mude de conjunto
```

Este algoritmo não é extremamente eficiente, nem extremamente veloz. Na verdade, seu tempo de execução é *O(nki)*, onde *n* é o tamanho da população, *k* é o número de conjuntos a serem usados e *i* o número de iterações. Se $k*i << n$, temos então um algoritmo mais eficiente do que o algoritmo exaustivo.

Na figura 7-2 vemos o exemplo de uma execução que consegue rodar em apenas uma iteração.

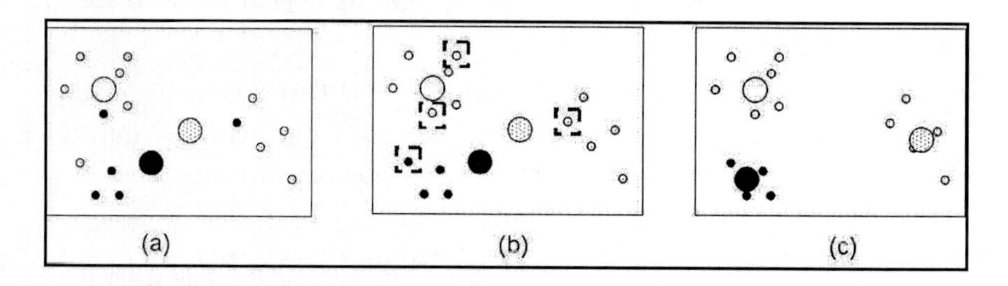

Fig. 7.2: a) Escolha aleatoriamente o conjunto ao qual cada elemento participará (linha 1) e calcule o centróide de cada grupo (linha 4); Os grupos são marcados respectivamente pelos círculos cheios, pelos círculos vazios e pelos círculos pontilhados, enquanto que os centróides são os círculos maiores; b) Designe os elementos para o grupo que lhes é mais próximo (linha 5). Os elementos marcados mudaram de grupo; c) Recalcule o centróide (linha 4) e repita tudo até que os grupos fiquem estáveis (já estão, após uma única iteração).

Infelizmente, este feito é extremamente raro. O algoritmo de K-Means é extremamente sensível às condições iniciais, ao número de centros e outros fatores, e pode rodar até durante milhares de iterações. Existem muitos trabalhos especializados em melhorar a eficiência deste algoritmo, sobre os quais não iremos discutir aqui, pois esta discussão foge do escopo deste livro. O leitor interessado pode referenciar, pode exemplo, os trabalhos (ALSABTI, 1998) e (KANUNGO, 2002).

O conceito importante é que após rodar o K-Means ou outro algoritmo de sua preferência, você terá *k* centróides (onde $k<<n$) e basta compará-los para verificar se a distância entre dois ou mais deles é menor do que d. Em caso afirmativo, a convergência genética aconteceu.

7.7. EXERCÍCIOS RESOLVIDOS

1) Verdadeiro ou falso? Justifique.

a) Quando usamos elitismo, é impossível que um elemento da geração inicial chegue à última geração do GA.

Falso. Isto é altamente improvável, mas não impossível. Para que isto aconteça, basta que a avaliação de todos os elementos de todas as gerações g, g>1, nunca sejam superiores à avaliação do melhor elemento da primeira geração. Assim, devido ao elitismo, este indivíduo nunca será substituído e o gráfico do desempenho do GA fica como vemos na figura 7.3.

Outra possibilidade para que isto aconteça, que também tem probabilidade extremamente baixa, é que o indivíduo seja parte da elite e nunca saia desta elite até o fim da execução do programa. Digamos que a elite tenha tamanho 5. Se o indivíduo for o melhor na primeira geração, ele pode ser superado por um máximo de 4 indivíduos e ainda chegar vivo ao final do GA.

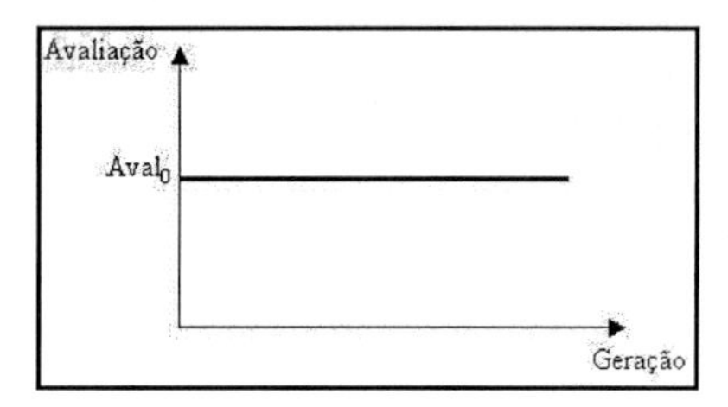

Fig. 7.3: Avaliação do melhor indivíduo no caso patológico apontado no exercício resolvido 7.1.a. Para que um indivíduo da primeira geração chegue "vivo" ao fim do GA, Isto implica em que o melhor de todos os indivíduos seja sempre o mesmo, do começo até o fim do GA.

b) Quando usamos *steady state* é impossível que um elemento gerado inicialmente chegue vivo ao final do GA.

Falso. Supondo que a estratégia de substituição da população seja a de retirar os piores indivíduos para garantir espaço para os novos, basta que um cromossomo nunca esteja entre os dois piores avaliados para que ele nunca seja substituído. Note que, ao contrário do que acontecia no item anterior, isto não tem nenhuma implicação sobre a avaliação do melhor indivíduo. Por exemplo, em uma população de tamanho 100, se o melhor indivíduo inicial for superado por apenas 97 indivíduos criados posteriormente, ele nunca sairá da população, pois somente os dois piores são substituídos a cada crossover (e apenas um a cada mutação).

c) Quando usamos *steady state* sem duplicatas é impossível que um elemento gerado inicialmente chegue vivo ao final do GA.

Falso. O fato de ser sem duplicatas não altera a justificativa que demos para o item b) deste mesmo exercício.

d) Sessenta por cento dos indivíduos da minha população têm avaliação próxima de 100. Logo, necessariamente ocorreu a convergência genética.

Falso. Como discutido na seção 7.6 a avaliação de indivíduos não é uma boa medida de convergência, especialmente em casos em que a função de avaliação é multi-modal (se a sua não for, use um método de otimização local, como o método do gradiente, e resolva seu problema diretamente).

Entretanto, é provável que no caso específico, se não tiver havido convergência, a função de avaliação não seja uma boa métrica para diferenciar os indivíduos de sua população. Afinal, como dissemos antes, a função de avaliação deve ser uma métrica confiável de diferenciação entre soluções subótimas, mostrando quão bem elas resolvem o problema. É improvável que todas estas soluções tenham exatamente a mesma qualidade como solução – é mais provável que você tenha uma função de avaliação pouco discriminante. Repense-a!

7.7. EXERCÍCIOS

1) Por que podemos dizer que o conceito de geração não se aplica a um GA que usa *steady state*?

2) O que é convergência genética e por que o *steady state* pode apressar a sua ocorrência?

3) Quais dos gráficos da figura 7.4 mostram sistemas que com certeza não usam elitismo?

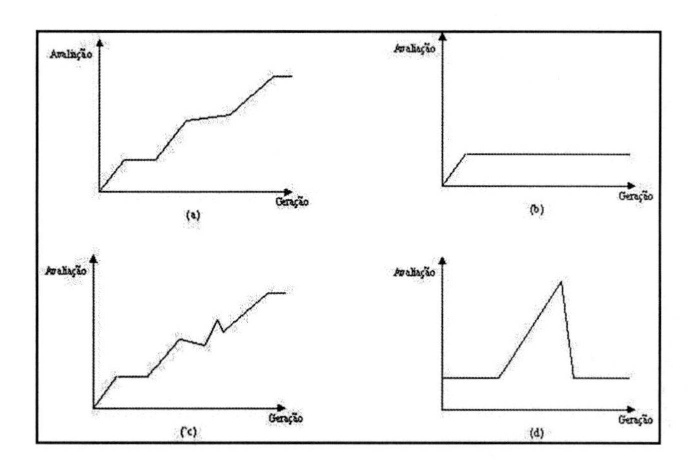

Fig. 7.4: Gráficos para o exercício 2.

4) Podemos dizer que os outros gráficos que você não selecionou no exercício anterior necessariamente usam elitismo? Quais destes podem estar usando um módulo de população que usa uma estratégia ($\mu + \lambda$)?

5) Se manter os ponteiros para os pais obriga uma varredura, por que não armazenamos ponteiros para os filhos?

6) Se temos que checar sempre quem são os melhores *k* indivíduos para o elitismo, por que não ordenamos a população de acordo com sua avaliação para evitar ter que testar as avaliações conforme as calculamos?

7) É possível usar populações de tamanho variável em conjunto com *steady state*?

8) O que é extinção em um GA com população de tamanho variável? Como podemos evitá-la?

9) Se a convivência entre gerações causa a aceleração do processo de convergência genética, por que isto não ocorre na natureza, onde o fenômeno da convivência sempre ocorre? Existe uma maneira de replicar este fenômeno dentro de um GA?

10) Explique o funcionamento do duplo encadeamento no caso de mantermos as referências para os pais. Faça um diagrama esquemático mostrando todos os ponteiros em um caso em que temos dois pais que têm os mesmos 5 filhos.

11) Explique o processo de cálculo do tamanho da população baseado em idades.

12) Verdadeiro ou falso? Justifique.

a) É impossível que, se a geração n tem vários indivíduos diferentes, a geração n+1 tenha apenas um único indivíduo (repetido várias vezes).

b) É impossível que, se a geração n tem k indivíduos diferentes, a geração n+1 tenha um número de indivíduos diferentes menor que k.

c) É impossível que a geração n+1 tenha um melhor indivíduo pior que o melhor indivíduo da geração n.

d) Se usarmos elitismo, as assertivas a), b) e c) são falsas.

e) Se usarmos uma estratégia ($\mu + \lambda$), então as alternativas a), b) e c) são falsas.

f) É impossível que, se a geração n tem k indivíduos diferentes, a geração n+1 tenha um número de indivíduos diferentes maior que k.

13) Dê um exemplo em que a eliminação dos piores indivíduos do processo de seleção pode causar problemas para a melhoria da função de avaliação.

14) Se determinar a convergência é tão custoso, por que não podemos executar o GA várias vezes, simplesmente pegando os k melhores indivíduos (onde $k << n$, o tamanho da população) e inserindos como parte da nova população inicial?

Capítulo 8

Outros Tipos de Função de Avaliação

8.1. Introdução

A função de avaliação deve refletir as necessidades do problema da forma mais direta possível. Ela deve embutir todas as restrições do problema, através de punições apropriadas para os cromossomos que as desrespeitarem. Estas punições devem ser feitas de forma proporcional à sua gravidade. Isto é, uma restrição mais rígida deve impor uma punição maior a um cromossomo que a desrespeite.

Idealmente, a função de avaliação deveria ser suave e regular e feita de tal maneira que os cromossomos que tenham uma avaliação boa estejam perto dos cromossomos que lhe sejam apenas um pouco superiores. Isto, somado ao objetivo de que a função tenha o mínimo de máximos locais possível, é um desejo de todos os métodos, inteligentes ou não, mas na maioria das vezes é um objetivo não realizável. Se todos estes fossem possíveis, então nós poderíamos nos restringir ao uso de métodos de *hill climbing*.

Se for possível adaptar a função de avaliação para que um dos objetivos seja alcançado sem que o problema seja mal representado, isto deve ser feito. Por exemplo, existem problemas em que a solução é do tipo "tudo ou nada". Entre estes podemos incluir problemas de alocação de horários, solução do SAT (veja exercícios adicionais, capítulo 18), para os quais ou o cromossomo resolve o problema ou é inaceitável. Este tipo de avaliação, 0 ou 1, não colabora com o GA e deve ser modificada de forma que um certo gradualismo seja introduzido. Por exemplo, no caso da alocação de horários, podemos verificar qual percentagem de turmas está satisfazendo as restrições, o que permitirá que os cromossomos sejam avaliados para todo o intervalo [0,1], e não apenas seus extremos (Beasley, 1993).

Neste capítulo nós não veremos técnicas de definição da função de avaliação, mas sim formas de modificar a maneira de usar seu valor para evitar alguns problemas, que serão descritos a seguir.

Até agora usamos como medida de qualidade do indivíduo o valor exato fornecido por uma função de avaliação (***fitness is evaluation***), procedimento que é bom na maioria dos casos. Em alguns outros, pode fazer com que o desempenho do GA degenere. O primeiro caso é a questão do superindivíduo, e o segundo, a existência de uma pequena diferença entre as avaliações.

A questão do **superindivíduo** ocorre quando há um ou mais indivíduos cuja avaliação é muito superior àquela dos outros membros da população. Neste caso, este indivíduo ou este grupo será quase sempre escolhido pelo módulo de seleção, causando uma perda imediata da diversidade genética nas gerações imediatamente subsequentes.

Exemplo 8.1: Seja a seguinte população, com as avaliações dadas por:

Indivíduo	*Avaliação*
10000	256
00100	16
00001	1
00011	9
00010	4
Somatório das Avaliações	*286*

Como vimos no capítulo 4, usando o método da roleta viciada para seleção dos indivíduos reprodutores, teremos uma probabilidade de que o primeiro indivíduo seja selecionado aproximadamente $256/286 \approx 90\%$ das vezes. Isto fará com que percamos as características benéficas de vários outros indivíduos (que é o 1 em cada posição, pois, como o leitor poderá perceber, a função de avaliação é x^2).

O segundo problema é o caso em que há uma pequena diferença entre as avaliações, que ocorre quando todos os indivíduos têm funções de avaliação que diferem muito pouco percentualmente. Na maioria dos casos em que isto ocorre, uma pequena diferença entre funções de avaliação significa uma grande diferença na qualidade da solução, mas o algoritmo não consegue perceber isto, dando espaços praticamente iguais para todos os indivíduos na roleta viciada.

Exemplo 8.2: Seja o algoritmo para encontrar o máximo da seguinte função:

$$f_6(x,y) = 999{,}5 - \frac{sen^2(\sqrt{x^2 + y^2}) - 0{,}5}{(1{,}0 + 0{,}001 * (x^2 + y^2))^2}$$

Neste caso, todas as avaliações dos indivíduos se concentrarão no intervalo [999,1000], mas a solução que nos fornece 1000 é muito superior a todas as outras! Entretanto, se tivermos dois indivíduos, um com avaliação 999.001 e outro 999.999, apesar do segundo ser muito melhor que o primeiro como solução do nosso problema, eles receberão espaços quase idênticos dentro da nossa roleta viciada.

Veremos algumas técnicas de alterações da função de avaliação que podem ser aplicadas para resolver cada um dos problemas descritos nesta seção. A utilização das técnicas descritas neste capítulo não afetam de nenhuma maneira os módulos de seleção usados pelo GA analisados no capítulo 9. Afinal, estaremos apenas alterando a forma como geramos a avaliação. Entretanto, esta continuará sendo um valor real, que pode ser usado da mesma maneira que anteriormente.

8.2. NORMALIZAÇÃO

A técnica de **normalização linear** pode ser descrita da seguinte maneira: coloque os cromossomos em ordem decrescente de valor e crie novas funções de avaliação para cada um dos indivíduos de forma que o melhor de todos receba um valor fixo (*k*) e os outros recebam valores iguais ao do indivíduo imediatamente anterior na lista ordenada menos um valor de decremento constante (*t*). Ou seja, podemos resumir esta técnica na seguinte fórmula recursiva:

- $aval_0 = k$
- $aval_i = aval_{i-1} - t, \ \forall \ i = 1,2,..., n-1$

Esta técnica resolve o problema do superindivíduo e o problema de aglomeração das funções de avaliação, mas em contrapartida cria mais um problema: há mais dois parâmetros para otimizar. Apesar de a primeira vista não parecer, a escolha de *k* e de *t* é crítica para o desempenho do sistema. Um valor de t muito pequeno faz-nos ficar em uma situação extremamente parecida àquela especificada no exemplo 8.2, no qual todos os indivíduos da população passam a ter uma avaliação muito próxima e, por conseguinte, um pedaço muito parecido da roleta. Por outro lado, um valor muito grande de t pode criar desigualdades artificiais entre indivíduos que anteriormente tinham valores de avaliação extremamente próximos.

Muitos trabalhos gostam de escolher valores grandes e/ou não inteiros para a variável k, mas a verdade é que seu valor absoluto influi muito pouco. O mais importante de todos os fatores é, na verdade, a relação k / t, que determina quão diferentes os indivíduos serão em termos proporcionais. Assim, podemos minimizar nosso trabalho em termos de escolha de parâmetros, fixar sempre $k=1$ e estudar os efeitos da seleção de valores para t.

A escolha do valor de t é uma tarefa para a qual ainda não há um algoritmo preciso. Muitos pesquisadores gostam de usar o valor de $1/n$ para este parâmetro, onde n é o tamanho da população, mas isto implica em que o pior indivíduo terá avaliação igual a zero, nunca sendo selecionado, além de fazer com que a avaliação de todos os piores seja muito pequena quando comparada com os melhores, praticamente garantindo que estes últimos sejam sempre selecionados e levando a uma convergência genética precoce.

Caso queiramos estabelecer a diferenciação de forma mais acentuada, podemos pensar em usar uma técnica de normalização não linear sobre a avaliação de todos os indivíduos da população. Este método consiste em aplicar aos valores da avaliação uma função não linear que seja mais discriminadora das diferenças entre os indivíduos. O problema neste tipo de normalização é encontrar uma função que atenda aos propósitos de resolver nossos problemas sem criar novas situações difíceis de esclarecer pelo nosso GA.

Exemplo 8.3: O problema do superindivíduo pode ser resolvido aplicando uma função de normalização logarítmica. Se as usássemos nos indivíduos especificados no exemplo do 1° caso da introdução teríamos a seguinte situação:

Indivíduo	Avaliação ($f(x)$)	Nova avaliação ($log_{10} f(x)$)
10000	256	2.41
00100	16	1.20
00001	1	0
00011	9	0.95
00010	4	0.60

Note-se como agora não existe mais o problema do superindivíduo, mas mesmo assim a diferença de qualidade entre as várias soluções está presente em suas novas avaliações. É claro que cada escolha de função gera seus próprios problemas sobre a população. Por exemplo, no caso da escolha da função logarítmica, havendo um indivíduo com avaliação originalmente igual a um, ele passa a ter avaliação zero, o que deve ser evitado, conforme discutido no capítulo 4 deste livro.

Diferentemente do caso linear explicitado antes, técnicas de normalização não lineares podem ser utilizadas para punir com mais rigor soluções "ruins", aumentando a pressão evolucionária em favor das "boas" soluções. O tipo de função que faz isto são aquelas do tipo x^n, onde $n>1$ para casos de funções de avaliação cujos módulos são maiores que 1 e $n<1$ para casos de função de avaliação no intervalo [0,1].

8.3. WINDOWING

Existem situações em que as diferenças absolutas entre os indivíduos são muito pequenas, apesar de haver indivíduos que possuem características bastante superiores a outros. Isto pode ocorrer por dois motivos: convergência genética ou característica inerente da função de avaliação utilizada.

O primeiro caso (convergência genética), como definimos na seção 4.4, é o fenômeno que ocorre conforme as gerações vão passando, quando os indivíduos vão se tornando cada vez mais parecidos, o que faz com que, caso usemos métodos de seleção baseados na roleta, a pressão seletiva seja diminuída, pois os pedaços da roleta associados aos indivíduos são extremamente similares. Um exemplo deste tipo de situação pode ser visto na figura 8.1a, em que podemos ver uma população de três indivíduos, todos com avaliação entre 19 e 20. A diferença entre o melhor indivíduo (C) e o pior (B) é de 0,7, o que percentualmente é uma variação pequena (3,7%). Apesar de pequena, esta diferença pode ser decorrente de características positivas do indivíduo C que devem ser acentuadas na próxima geração.

O segundo caso (característica inerente da função de avaliação) é ilustrado pelo exemplo 8.2 citado na introdução deste capítulo, que no caso citado está no intervalo [999,1000], sendo que uma diferença de módulo 1 é considerada significativa em termos de solução do problema.

Para evitar este tipo de problema em ambos os casos, pode-se usar uma técnica denominada de *windowing*, que pode ser resumida da seguinte maneira: ache o valor mínimo dentre as funções de avaliação da nossa população e diminua-o de um valor arbitrário. Designe para cada um dos cromossomos uma avaliação que seja igual à quantidade que excede este valor mínimo. A subtração de um pequeno valor é feita de forma que o indivíduo de menor avaliação não passe a ter uma *fitness* igual a zero, o que faria com que ele nunca fosse selecionado, mas que a diferença entre as avaliações dos bons e dos maus cromossomos passe a ser relevante na roleta.

Ao aplicar a técnica de *windowing* no exemplo 8.2, em vez das avaliações irem de 999.001 a 999.999 elas passarão a ir de 0.001 a 0.999. Isto faz com que as áreas pertencentes a cada indivíduo passem a ser significativamente diferentes daquelas associadas a indivíduos que tenham uma avaliação apenas 0,5 menor, fazendo com que volte a haver uma grande pressão seletiva em favor do melhor indivíduo. É fácil entender como a aplicação do método de *windowing* melhora o processo de seleção e aumenta a pressão seletiva.

No caso descrito no exemplo 8.2 ao montarmos a roleta, o pedaço associado ao melhor indivíduo é 0,1% maior que o espaço associado ao pior indivíduo. Aplicando a técnica de *windowing*, as avaliações se tornam respectivamente 0,001 e 0,999 e agora o melhor indivíduo passa a ganhar um espaço 999 vezes maior que o pior indivíduo na nossa roleta viciada. Se a pequena diferença era decorrente de diferenças inerentes de qualidade entre os indivíduos, então a aplicação direta deste método causa uma melhora significativa no processo de seleção.

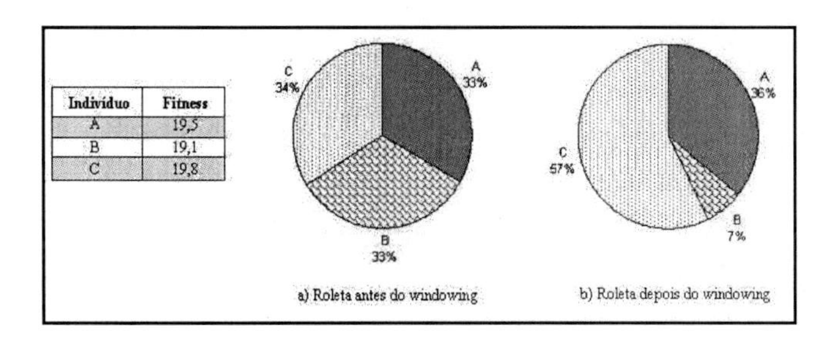

Fig. 8.1: Exemplo de aplicação da técnica de **windowing**. ***a) Antes da aplicação da técnica. A pequena diferença entre o valor da função de avaliação (fitness) de cada indivíduo se reflete na roleta, que apresenta valores praticamente iguais para cada indivíduo. b) Aplicamos a técnica de windowing, diminuindo 19 de cada um dos membros da população, o que faz com que as qualidades que levam o indivíduo C a ser melhor que o resto passam a se destacar e seu espaço na roleta passa a ser 8 vezes maior que o espaço associado ao indivíduo B. Se você acha que a diferença passou a ser excessiva, poderia diminuir um valor menor do que 19. Por exemplo, ao diminuir 18 dos valores, C passa a ocupar apenas 41% da roleta, o que implica em uma pressão seletiva menor a seu favor.***

Outro exemplo deste ganho pode ser visto na figura 8.1b. Ao aplicarmos a técnica de *windowing*, a diferença entre os indivíduos foi acentuada e aquele que é ligeiramente melhor que os outros passou a ganhar um diferencial grande na roleta viciada. Este diferencial pode ser alterado com a subtração de uma constante menor no valor das avaliações. Quanto menor for a constante, mais perto estaremos da distribuição original de probabilidades. Assim, você deve definir de acordo com suas necessidades quanto deve privilegiar aqueles indivíduos com avaliação mais alta.

O ponto fundamental desta questão é que a escolha do valor arbitrário que vai ser diminuído da menor avaliação existente entre os indivíduos é muito importante, pois esta estimação vai determinar a relação entre o maior valor e o menor.

Por exemplo, no caso citado antes, em que a escolha do valor subtraído foi 999, o valor resultante para o elemento de menor avaliação foi de 0,001, obtemos que a maior avaliação após o *windowing* é 999 vezes maior que a menor de todas.

Se fosse usado um subtraendo de 998,5, obteríamos para a maior *fitness* o valor de 1,499 e para a menor de todas, o valor de 0,501, fazendo com que a primeira fosse apenas três vezes maior que a segunda, reduzindo a pressão seletiva em favor do melhor indivíduo e aumentando a possibilidade de participação dos indivíduos de menor avaliação no processo de avaliação, com as consequências habituais (menor convergência genética, mas demora maior para a obtenção de uma solução satisfatória).

O valor a ser diminuído dos indivíduos também pode ser calculado através de um parâmetro β que pode ser modificável com o passar das gerações, e não ser dependente das avaliações da população.

A vantagem deste esquema é que não é necessário varrer toda a população em busca do indivíduo com pior avaliação. Várias fontes (inclusive edições anteriores deste livro) afirmam que esta é uma tarefa relativamente custosa, mas ela pode ser realizada em paralelo com a avaliação dos cromossomos, reduzindo seu custo total a algo quase negligenciável.

A principal desvantagem desta técnica é que o valor de β precisa ser definido de forma cuidadosa para que nenhum indivíduo passe a ter avaliação negativa após a aplicação da técnica de *windowing*. Outra possibilidade é fazer com que o valor de β seja determinado pela média histórica das avaliações mínimas, para evitar efeitos negativos da variação da pior avaliação, pois esta tende a variar muito de uma geração para a seguinte.

Note-se que este método não resolve o problema do superindivíduo. Logo, você deve ter consciência do tipo de problemas que está enfrentando antes de optar por esta modificação da sua função de avaliação.

8.4. ESCALONAMENTO SIGMA

Este método, descrito em (Mitchell, 1996), busca tornar o GA menos suscetível à convergência genética prematura. O princípio do escalonamento sigma é modificar a função de avaliação de um indivíduo ($f(i)$) por uma fórmula dependente tanto do indivíduo quanto de toda a população no instante t, usando a seguinte fórmula:

$$E(i,t)=\begin{cases}1, \sigma(t)=0\\ 1+\dfrac{f(i)-\bar{f}(t)}{2\sigma(t)}, \sigma(t)\neq 0\end{cases}$$

Nesta fórmula, temos que:

- $f(i)$ é a avaliação do indivíduo i
- $\bar{f}(t)$ é a avaliação média da população no instante t
- $\sigma(t)$ é o desvio padrão das avaliações no instante t

Se o desvio padrão é igual a zero, então todos os indivíduos têm avaliações iguais, o que implica em que, sob qualquer critério, eles devem receber a mesma chance de ser sorteados para se submeter a um operador genético. Note-se que o fato de dois indivíduos terem a mesma avaliação não implica em que eles sejam necessariamente iguais. Por exemplo, se $f(x)=x^2$, então x=2 e x=-2 são bem diferentes, mas sua função de avaliação é igual. Em muitas funções não existem muitas ocorrências de avaliações iguais por indivíduos radicamente diferentes. Para estas, a ocorrência de avaliações iguais pode ser um indicador de convergência genética. Entretanto, isto não é algo que possa ser concluído a priori, devendo ser avaliado caso a caso.

Se a função se torna negativa para algum indivíduo, o que pode acontecer para aqueles indivíduos cuja avaliação está mais de dois desvios-padrão abaixo da média da população no instante t (ou seja, quando o segundo termo da equação para $\sigma \neq 0$ é menor que -1), podemos atribuir-lhe um valor arbitrário baixo (por exemplo, 0,1), para que eles tenham uma chance, mesmo que pequena, de ser selecionados.

Este método automaticamente compensa as alterações nas características das avaliações de toda a população durante a execução do GA. No começo, como o desvio padrão da população tende a ser muito alto, devido à inicialização aleatória, os indivíduos mais aptos não dominarão excessivamente a população. Ao fim da execução, como a população tende a convergir para um conjunto fechado de elementos, com funções de avaliação extremamente próximas, o desvio padrão cai muito fazendo com que os melhores indivíduos se destaquem, o que permite que a evolução continue, mesmo sob forte convervência genética.

O problema deste caso é que o cálculo do desvio padrão é relativamente custoso. Assim como no caso do windowing, pode ser otimizado usando-se alguns truques de programação, mas como ele depende da média (que só pode ser calculada ao fim da varredura de todos os indivíduos), ele tende a gerar mais uma passada por toda a população, reduzindo a velocidade de seu GA.

8.5. PRESERVANDO A DIVERSIDADE

Existem alguns métodos de preservação de diversidade que normalmente são aplicados a funções de múltiplos objetivos (capítulo 14), mas que podem ser usados em todas as situações por serem muito simples e interessantes. Estes métodos são baseados na incorporação de informação sobre a distribuição de densidade dos indivíduos. Assim, quanto maior a densidade de indivíduos na sua vizinhança, menores serão as chances de um indivíduo ser selecionado (Raghuwanshi, 2005).

O objetivo de incorporar a função de densidade consiste em eliminar um efeito espúrio da convergência genética que é o fato de haver várias soluções que representam aproximadamente os mesmos esquemas. Estes elementos, que muitas vezes têm boas avaliações, dominarão o processo de seleção, sendo escolhidos para pais várias vezes. O problema é que todos os elementos do mesmo grupo tendem a representar o mesmo tipo de solução e, por conseguinte, selecionar vários deles faz com que incorporemos o mesmo conjunto de informações na próxima geração. Assim, escolher soluções de diversos grupos distintos, ou mesmo de pontos isolados, pode ajudar a manter alguma diversidade na população.

Existem vários métodos para determinar a densidade de informação, entre os quais podemos apontar os seguintes:

- Vizinho mais próximo *(Nearest-Neighbour)*: Definem um valor baseado na distância entre o elemento sob consideração e seu k-ésimo vizinho mais próximo. Define-se uma função normalmente baseada no inverso desta distância. O problema deste método é que temos que calcular a distância entre todos os elementos, operação que leva um tempo $O(n^2)$, e depois ordenar os elementos com base nesta distância (tempo $O(nlogn)$), o que faz com que seja adicionado um longo período de processamento aos GAs. Para diminuir o impacto deste tempo adicional, pode-se fazer com que a preservação da diversidade comece apenas na geração *j* (definido de forma *ad-hoc* pelo usuário), quando o processo de convergência genética já estiver mais adiantado.

- Histogramas: Definem uma hipergrade e vêem quantos elementos estão situados na mesma hiper-região que o indivíduo corrente. Esta hipergrade pode ser fixa ou variável, sendo que este segundo método é mais adequado, pois permite adaptá-lo à evolução da população. Este método é muito similar a criarmos uma hiperesfera de raio r em torno de cada indivíduo e contarmos quantos estão em um mesmo cluster.

Uma vez determinada a função de densidade, esta pode ser incorporada à função de avaliação, por vários métodos, podendo ser somada ou multiplicada. De qualquer maneira, deve-se fazer com que, conforme aumente a densidade em torno de um ponto, a sua função de avaliação diminua de forma proporcional. Assim, elementos isolados tenderão a ser selecionados de forma mais frequente e a convergência genética ocorrerá com menos força.

Note que o objetivo é incorporar a informação de densidade à função de avaliação, e não ignorar esta última por completo. Elementos isolados (*outliers*) ganharão mais força com este método, mas se sua avaliação originalmente for péssima, eles não serão escolhidos com muita frequência. Assim, não estamos rompendo com o paradigma do processo de seleção artificial: estamos apenas dando uma ajudinha para evitar a convergência precoce de nossa população fechada.

8.6. Exercícios Resolvidos

1) Como a normalização linear afeta o número de indivíduos na próxima geração?

A normalização linear diminui imensamente o número de filhos gerados por um superindivíduo na próxima geração, o que é bom, mas também aumenta bastante a probabilidade dos piores indivíduos serem selecionados, especialmente se o valor de t for muito pequeno.

Um exemplo disto pode ser visto na seguinte população:

Indivíduo	*Função de Avaliação*
x_1	*10*
x_2	*2000*
x_3	*1000*
x_4	*3000*

O número de cópias esperado para o indivíduo x_1 é igual a $\frac{10}{10+2000+1000+3000} * 4 \approx 0{,}007$, o que nos faz esperar que não haja nenhum filho gerado com a participação do indivíduo. Entretanto, se usarmos uma normalização linear com k=1 e t=0,1, veremos que as avaliações dos indivíduos se tornam as seguintes:

Indivíduo	*Função de Avaliação Normalizada*
x_1	*0,7*
x_2	*0,9*
x_3	*0,8*
x_4	*1*

Agora, podemos esperar que seu número de cópias seja igual a $\frac{0{,}7}{0{,}7+0{,}8+0{,}9+1{,}0} * 4 \approx 0{,}82$, o que nos faz esperar que haja uma cópia do indivíduo na próxima geração.

É claro que o exemplo citado é patológico, representando o caso espelhado do superindivíduo (talvez possamos chamá-lo de indivíduo supermau?), mas esta é uma questão a ser levada em consideração quando se adota um esquema de normalização.

2) Como o número de cópias esperadas para o indivíduo de menor avaliação se alteraria se o valor de t adotado fosse dobrado?

Se usarmos uma normalização linear com k=1 e t=0,2 (o dobro do usado no exercício resolvido anterior), veremos que as avaliações dos indivíduos se tornam as seguintes:

Indivíduo	*Função de Avaliação Normalizada*
x_1	*0,4*
x_2	*0,8*
x_3	*0,6*
x_4	*1*

Agora, podemos esperar que seu número de cópias seja igual a $\frac{0,4}{0,4+0,6+0,8+1,0} * 4 \approx 0,14$, o que indica que seja mais provável que não haja nenhuma cópia deste indivíduo na próxima geração.

Entretanto, apesar de suas chances serem menores, elas são bem superiores àquelas que este indivíduo tinha antes da normalização (quando esperávamos 0,007 cópias). Assim, temos uma situação mais justa – o pior indivíduo ainda tem alguma chance real de colaborar, mas esta chance é bem menor que aquelas dos indivíduos de avaliação mais alta.

3) Como detectar a existência de um superindivíduo em minha população?

Existem várias maneiras de fazê-lo. Por exemplo, pode-se dizer que um cromossomo é um superindivíduo se sua avaliação corresponde a mais do que x% da soma de avaliações da população, onde x é um valor configurável pelo usuário ou então se a avaliação deste indivíduo é maior do que n vezes a mediana dos dados. Média, mediana e desvio padrão são outras ferramentas estatísticas importantes na busca pelo superindivíduo.

Cuidado apenas com populações bi-polarizadas, isto é, populações que tenham uma grande parte da população com uma avaliação baixa e o resto com uma avaliação alta. Neste caso, a média e mediana podem ser bastante baixas, fazendo com que todos os indivíduos do grupo de alta avaliação sejam considerados superindivíduos.

Uma boa norma é: qualquer critério que aponte mais do que x% da população como superindivíduos deve ser descartado (x é um parâmetro configurável, mas pode ficar em torno de 4 ou 5).

4) A grande vantagem do escalonamento linear é que ele não requer uma segunda varredura sobre a população após a avaliação. Verdadeiro ou falso?

Falso. O escalonamento linear requer que ordenemos os indivíduos, o que causa em um gasto de tempo da ordem de O(NlogN) a cada geração. Isto quer dizer que ele é bastante custoso em termos de tempo e sua escolha deve ser feita somente nos casos em que ele é realmente necessário.

8.7. EXERCÍCIOS

1) Examine a seguinte população. Qual método de normalização ser-lhe-ia mais adequado?

Indivíduo	*Função de Avaliação*
x_1	*1000*
x_2	*1020*
x_3	*1100*
x_4	*1001*
x_5	*1099*
x_6	*1035*
x_7	*1010*

Aplique o método escolhido, calcule a avaliação de todos os indivíduos da população e monte a roleta viciada para esta população.

2) Examine a seguinte população. Qual método de normalização ser-lhe-ia mais adequado?

Indivíduo	*Função de Avaliação*
x_1	*10000*
x_2	*12000*
x_3	*11*
x_4	*10*
x_5	*9*

3) Imagine que acrescentamos os seguintes indivíduos à população do exercício 1. Qual é o método de normalização que é o mais adequado agora?

Indivíduo	*Função de Avaliação*
x_8	*10000*
x_9	*500*
x_{10}	*1060*

4) Imagine agora que a população do exercício 2 consiste em nossa geração g e a população do exercício 3 é aquela da geração g+1. Como podemos fazer para lidar com estes dois problemas em uma mesma rodada de nosso GA?

5) No exercício resolvido 4, dissemos que precisamos ordenar os indivíduos antes de aplicar o escalonamento linear. Isto é sempre verdade? E no caso do escalonamento não linear, podemos passar sem a ordenação?

6) Explique as vantagens do escalonamento sigma sobre o método de normalização linear.

7) Qual é a diferença entre o método de *windowing* e o de normalização linear?

8) No caso citado no exercício resolvido 1, a situação seria melhor se usássemos um método de normalização não linear?

9) Dê um exemplo prático de uma situação em que a normalização linear é mais adequada que a normalização não linear.

10) Qual é o problema associado a usarmos técnicas de normalização diferentes no início e no fim do GA?

11) Qual é a vantagem de preservar a diversidade da população de nosso GA? Não seria melhor deixar a população convergir rapidamente para a melhor solução?

12) Para que incorporamos informação de densidade na função de avaliação?

13) Suponha que resolvemos usar a normalização linear para a população do exercício 2, como k=1 e t=0,01. Calcule a avaliação de cada indivíduo, monte a roleta viciada para esta população e explique qual é o principal problema associado a esta escolha de valores para os parâmetros *t* e *k*.

14) É possível que tenhamos uma avaliação negativa quando usamos a normalização sigma? Se for, como devemos proceder nesta situação?

15) Se o superindivíduo é tão melhor que os outros cromossomos da população, por que modificamos sua avaliação de forma a não permitir que ele domine o processo seletivo?

16) Seja a população da figura 8.2. Explique como a informação de densidade poderia ajudar a evitar a convergência genética na próxima geração.

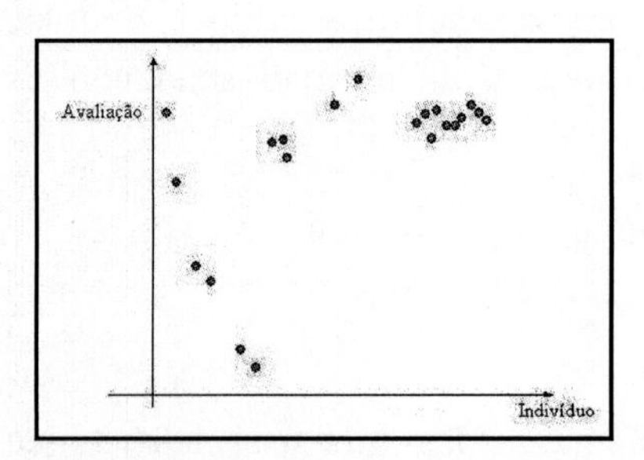

Fig. 8.2: Figura do exercício 16

Capítulo 9
Outros Tipos de Seleção

Muitos trabalhos ignoram o efeito do método de seleção de pais no resultado geral do algoritmo genético e simplesmente partem diretamente para a adoção do método da roleta viciada sem pensar duas vezes. Entretanto, o método usado na seleção de pais pode influenciar bastante o resultado final, pois dependendo do módulo de seleção, podemos acelerar ou retardar a ocorrência da convergência genética. Isto quer dizer que o método de seleção escolhido afetará o equilíbrio entre *exploration* e *explotation* do seu GA, fazendo-o ficar mais ou menos agressivo no aproveitamento das melhores soluções atuais. Assim, vale a pena dar uma olhada em técnicas alternativas ao método da roleta viciada.

Definimos por **pressão seletiva** a força com o método de seleção faz para impelir os esquemas contidos nas melhores soluções para a próxima geração, favorecendo o aspecto de *explotation* do GA. É comum medir a intensidade desta pressão seletiva, ou a **intensidade de seleção**, através da melhoria obtida na avaliação média dos indivíduos da população atual, normalizada pelo desvio padrão. Quanto menor este valor, menor a melhoria causada pela atuação do módulo de seleção e dos operadores sobre a última população. Ao final de uma execução de um GA, este valor tende a diminuir bastante, devido à convergência genética.

A escolha dos pais que vão gerar a próxima geração de indivíduos é outro problema sensível dos GAs. Caso sejamos muito restritivos e só usemos pais com excelentes avaliações poderemos estar jogando fora bons esquemas presentes nos indivíduos "ruins", mas se permitimos que os indivíduos com avaliações ruins participem muito do processo reprodutivo, os esquemas que os tornam ruins não desaparecerão da população.

Vamos ver neste capítulo alguns métodos de seleção e discuti-los à luz destes conceitos.

9.1. MÉTODO DO TORNEIO

O método do torneio, como o próprio nome diz, consiste em selecionar uma série de indivíduos da população e fazer com que eles entrem em competição direta pelo direito de ser pai, usando como arma a sua avaliação.

Neste método, existe um parâmetro denominado **tamanho do torneio** (*k*) que define quantos indivíduos são selecionados aleatoriamente dentro da população para competir. Uma vez definidos os competidores, aquele dentre eles que possui a melhor avaliação é selecionado para a aplicação do operador genético.

O valor mínimo de *k* é igual a 2, pois do contrário não haverá competição, mas não há nenhum limite teórico para o valor máximo deste parâmetro. Se for escolhido o valor igual ao tamanho da população (*n*) o vencedor será sempre o mesmo (o melhor de todos os indivíduos) e se forem escolhidos valores muito altos (próximos do tamanho da população), os *n-k* indivíduos tenderão a predominar, uma vez que sempre um deles será o vencedor do torneio.

Os indivíduos são selecionados para participar do torneio de forma completamente aleatória. Não existe nenhum favorecimento para os melhores indivíduos, como no caso da roleta viciada. A única vantagem que os melhores indivíduos da população têm é que, se selecionados, eles vencerão o torneio.

Exemplo 9.1: Seja a população de oito indivíduos dada na figura 9.1 e imagine que estamos usando um torneio de tamanho $k=3$. Para determinar os participantes do torneio, sorteamos, então, três vezes um número entre 1 e 8. Imagine que tiramos os números 1, 7 e 8. Os cromossomos x_1, x_7 e x_8 que possuem avaliações iguais a, respectivamente, 200, 1 e 4, competem entre si. Como a avaliação do cromossomo x_1 é a maior de todas, ele vence o torneio e é o selecionado para ser submetido ao operador de crossover ou mutação que vamos usar.

A figura 9.1 mostra toda a seleção dos indivíduos que serão os pais da nova geração, usando-se o método do torneio. Na população do exemplo existem dois superindivíduos que muito provavelmente dominariam totalmente a população no instante seguinte, caso fosse usado o método da roleta viciada. Devido ao fato do sorteio dar probabilidades iguais para todos os indivíduos participarem do torneio, eles não dominam totalmente a população seguinte, mas vencem todos aqueles em que participam. É claro que é possível, visto que o sorteio é aleatório, que eles não participem de nenhum torneio. Logo, é razoável combinar este método de seleção com um módulo de população elitista (descrito no capítulo 7).

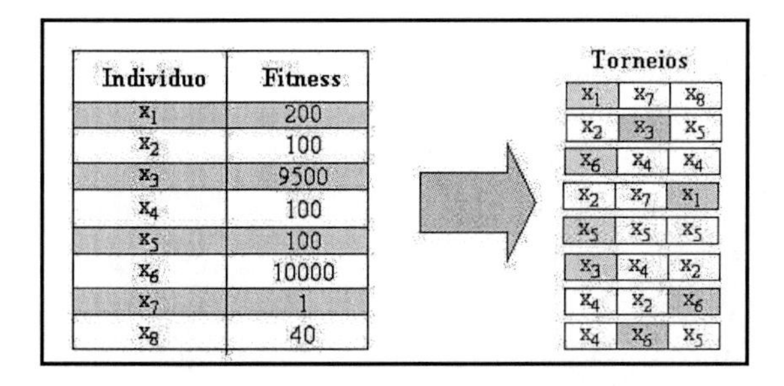

Indivíduo	Fitness
x_1	200
x_2	100
x_3	9500
x_4	100
x_5	100
x_6	10000
x_7	1
x_8	40

Torneios		
x_1	x_7	x_8
x_2	x_3	x_5
x_6	x_4	x_4
x_2	x_7	x_1
x_5	x_5	x_5
x_3	x_4	x_2
x_4	x_2	x_6
x_4	x_6	x_5

Fig. 9.1: Exemplo de aplicação do método do torneio com k=3. À esquerda temos a população com a avaliação de cada indivíduo. À direita, os elementos sorteados para cada torneio e o vencedor do mesmo, marcado com fundo cinza, que se torna o pai selecionado para o operador a ser aplicado.

Não há nenhum impedimento para o fato de um elemento ser selecionado mais de uma vez dentro do mesmo torneio. Como o sorteio é completamente aleatório, isto pode acontecer (só é pouco provável). No exemplo, isto ocorre duas vezes, no terceiro e no quinto torneios. Neste último inclusive, todos os elementos selecionados são iguais (o que, na prática, tem probabilidade de ocorrência igual a $1/\mu^k$, onde μ é o tamanho da população e k o tamanho do torneio).

O processo após a seleção é o mesmo se usássemos o método da roleta viciada. Pense em um GA como uma junção de blocos: só mudamos o bloco da seleção. O módulo de população, os operadores e todo o resto continuam iguais! No exemplo, sorteamos oito pais, pois este é o tamanho da população. Podemos usar dois para realizar um *crossover*, que gera dois filhos, ou pegar um único e aplicar o operador de mutação, que gera um único filho.

Um problema deste método é que a única chance do pior indivíduo ser selecionado para participar de uma mutação ou um *crossover* é se o torneio em que participar só o tiver como único competidor. Isto, como vimos antes, só ocorre com uma probabilidade de $1/\mu^k$, que em uma população de tamanho normal pode ser muito baixa, especialmente se o k for alto. Por isto, é mais comum que o valor de k seja igual a 2, o que minimiza o problema.

Apesar de não ser facilmente perceptível, os resultados deste método diferem substancialmente dos obtidos com o método da roleta viciada. No método da roleta, o indivíduo x_6 da figura 9.1 teria uma probabilidade igual a 10000/20041 ≈ 49,9% de ser selecionado. Entretanto, em cada torneio, existem 3 posições e se o indivíduo ocupar apenas uma delas, ele será selecionado em 171 das 512 combinações possíveis[1]. Se ele ocupar duas, ele será selecionado em 21 das 512 combinações possíveis e se ocupar as 3, em apenas uma combinação. Como o indivíduo x_6 vence todos os torneios em que participa, ele seria selecionado com uma probabilidade total de 193/512 ≈ 37,7%.

Note-se que, quanto maior o tamanho do torneio, maior a dominância do primeiro colocado do *ranking* de indivíduos da população. Se o torneio tivesse apenas dois participantes, em vez de três, como no exemplo, o melhor indivíduo seria selecionado duas vezes em uma dentre 36 possibilidades e selecionado uma vez em dez dentre 36 sorteios, o que lhe daria uma chance total de vitória de 11/36 ≈ 30,6%. Quanto maior o tamanho do torneio, maior também a perda de diversidade: em um torneio de tamanho 5, cerca de metade da população é perdida a cada geração (Bickle, 1997).

Evidências empíricas sugerem que o método do torneio com dois participantes costuma apresentar resultados melhores do que o método da roleta viciada, não sendo nem um pouco sensível a questões de escala da função de avaliação e superindivíduo, entre outros.

---

[1] Este número pode ser obtido da seguinte maneira: fixando o primeiro elemento em x_6, temos 7 opções (número de indivíduos diferentes de x_6) para cada uma das outras duas posições do torneio, resultando em um total de $7^2=49$ possibilidades. Podemos fazer o mesmo fixando x_6 nas outras duas posições, o que leva a um total de 49*3=171 possibilidades.

O método do torneio acaba com a dominância por um superindivíduo, mas se o torneio tem tamanho maior do que dois, tende a ser muito "cruel" com indivíduos de baixa avaliação, pois eles perderão praticamente todos os torneios para os quais são sorteados.

Existe uma versão estocástica do método do torneio na qual, ao invés de, necessariamente, selecionar o vencedor do torneio para ser submetido ao operador genético, cada um dos participantes do torneio recebe uma percentagem, proporcional à sua colocação, e um sorteio é efetuado para que o efetivo vencedor seja selecionado. Esta versão causa uma pressão seletiva menor, dando uma chance ainda maior de que os indivíduos de menor avaliação sejam selecionados para gerar os elementos da nova geração e, por isto, não costuma gerar resultados tão bons quanto o método tradicional. Lembre-se de que temos que combinar as características de *explotation* e *exploration* e o método estocástico diminui a componente de *exploration*, diminuindo o número de vezes que os esquemas dos melhores indivíduos são propagados para a próxima geração.

9.2. Método de Amostragem Estocástica Uniforme

Outro método de seleção de pais existente é o método da amostragem estocástica uniforme (*stochastic universal sampling*). Neste método, todos os indivíduos são mapeados para segmentos contíguos de uma linha, sendo que o tamanho de cada segmento é proporcional ao valor da avaliação do indivíduo que está sendo mapeado (podemos normalizar o tamanho de cada segmento de forma que a soma dos seus tamanhos seja igual a 1).

Neste ponto, para selecionarmos os n indivíduos que serão pais nesta geração, é sorteado um número i entre 0 e $1/n$, que serve como base do sorteio. Depois são atribuídos n ponteiros passam a apontar para segmentos de reta, nas posições $i, i+1/n, i+2/n, \ldots, i+n-1/n$. Os indivíduos "donos" dos segmentos apontados serão então selecionados para aplicação dos operadores genéticos. Podemos ver um exemplo da operação deste método de seleção na figura 9.2.

Um pequeno problema de implementação associado a este método de seleção é que muitas vezes os pais contíguos são iguais. Isto é, um indivíduo só é selecionado duas ou mais vezes se dois ou mais ponteiros apontam para seu segmento de reta, e estes ponteiros necessariamente são contíguos. Na figura 9.2 vemos o caso em que o indivíduo x_6 foi selecionado duas vezes, e as duas ocorrências são consecutivas na lista de selecionados. Isto quer dizer que uma vez criada a lista de selecionados, ela deve ser "embaralhada" antes de selecionarmos os pais, senão teremos uma alta incidência de pais iguais no crossover, o que leva sempre a filhos iguais.

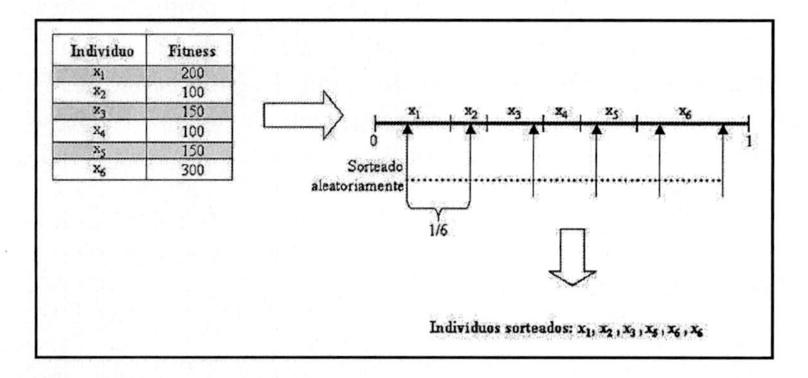

Indivíduo	Fitness
x_1	200
x_2	100
x_3	150
x_4	100
x_5	150
x_6	300

Fig. 9.2: Exemplo de aplicação do método de seleção de amostragem estocástica uniforme. Os indivíduos recebem um segmento de reta proporcional à sua avaliação. No caso do primeiro cromossomo, seu segmento de reta tem tamanho igual a 0,2 que é igual à sua avaliação (200) dividida pela soma total das avaliações (1000). Posteriormente, visto que queremos sortear 6 indivíduos, um número entre 0 e 1/6 (pois temos 6 indivíduos) é sorteado e um ponteiro é colocado para este ponto. Depois, os ponteiros são colocados a uma distância igual a 1/6 do ponteiro imediatamente anterior e os indivíduos para os quais eles apontam são os selecionados para uso dos operadores genéticos.

Alguns livros preferem colocar as avaliações em uma roleta em vez de colocá-las em uma reta. O conceito é o mesmo, só que, então, os ponteiros estão separados um do outro por uma distância de 360°/n, de forma que o círculo seja completamente percorrido. Agora, em vez de selecionar um número entre 0 e 1/n, é escolhido um ponto de partida do círculo, em graus, entre 0 e 360°/n. A figura 9.3 mostra um exemplo da operação deste método de seleção no círculo, com os mesmos indivíduos do exemplo anterior.

Esta abordagem tem a característica de que cada indivíduo será sorteado um número de vezes muito próximo à verdadeira proporção de sua avaliação para a soma das avaliações de todos os indivíduos. Na verdade, sendo f_i a avaliação do indivíduo i, $\sum f$ o somatório de todas as avaliações e n o número de elementos sorteados, o número de vezes que o indivíduo i será sorteado ficará no intervalo $\left[\left\lfloor \frac{f_i}{\sum f} * n \right\rfloor, \left\lceil \frac{f_i}{\sum f} * n \right\rceil\right]$, o que é extremamente próximo do valor esperado pelo teorema dos esquemas. Assim, casos patológicos associados à aleatoriedade não podem acontecer.

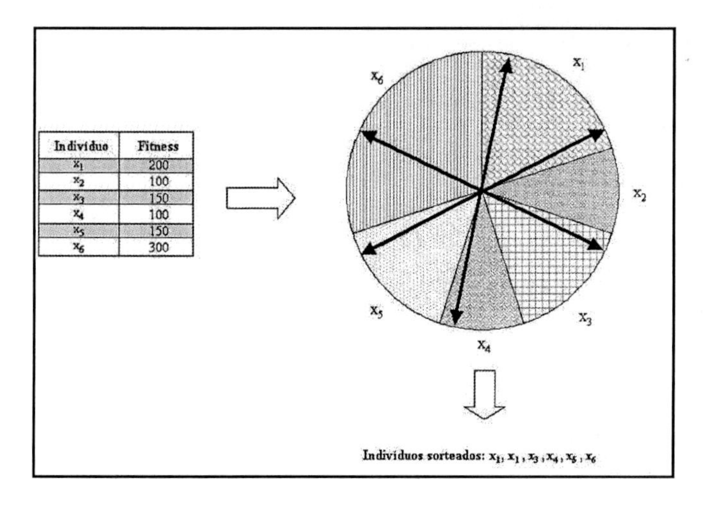

Indivíduo	Fitness
x_1	200
x_2	100
x_3	150
x_4	100
x_5	150
x_6	300

Fig. 9.3: Exemplo do funcionamento do operador de amostragem estocástica uniforme quando considerado como uma roleta, em vez de uma reta.

É importante ressaltar que o efeito do superindivíduo discutido no capítulo 8 não é remediado por esta técnica (ao contrário – ele é garantido). Isto ocorre pois um indivíduo com uma avaliação muito superior à média de seus companheiros de população vai ocupar uma grande fração da roleta e, por conseguinte, vários apontadores "cairão" na sua região, sem que isto possa ser evitado.

Nada impede, entretanto, que se use algum esquema de normalização da função de avaliação antes de se aplicar este método de seleção, para evitar a dominância. Isto é, podemos combinar várias técnicas diferentes para obter o resultado desejado.

Este método não só não evita a dominância por um superindivíduo como tende a ser muito "cruel" com indivíduos de baixa avaliação. Indivíduos para os quais $\frac{f_i}{\sum f} * n \leq 1$ tendem a desaparecer rapidamente da população e a convergência genética acontece tão rapidamente quanto no método da roleta (às vezes, até mais rapidamente).

9.3. Seleção Local

No método de seleção local, cada indivíduo existe em um ambiente limitado que contém uma vizinhança. Esta vizinhança pode ser definida arbitrariamente e as suas fronteiras decidem os indivíduos com quem um determinado cromossomo pode interagir.

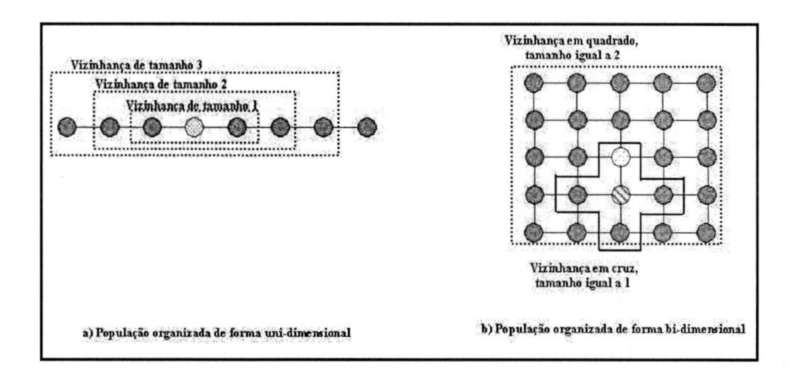

Figura 9.4: Exemplos de vizinhanças em formato uni e bidimensionais. Nada impede que sejam usadas vizinhanças tridimensionais ou mesmo estruturadas ou convolucionadas, apesar de não haver estudos comprovando os benefícios de estruturas mais complexas.

A vizinhança possui uma estrutura física que pode ter qualquer número de dimensões e uma distância limite até a qual um indivíduo ainda é considerado pertencente a uma vizinhança específica. Podemos ver exemplos de vizinhanças na figura 9.4.

As vizinhanças podem ter interseções, o que permite que as variações se propaguem através de toda a população, não ficando restrita a apenas um pedaço do mapa total. Quanto maior a vizinhança maior o número de interseções e, por conseguinte, mais rápida a propagação destas informações para outros indivíduos na população, sendo maior a convergência genética da população a longo prazo.

A primeira metade dos pais da nova geração é escolhida de forma aleatória, usando qualquer um dos métodos descritos até agora (roleta viciada, amostragem estocástica uniforme, seleção por *ranking* ou outra qualquer) e, depois, os indivíduos que vão reproduzir com estes pais serão escolhidos dentro da vizinhança onde estes pais residem.

9.4. SELEÇÃO POR *RANKING*

A seleçao por *ranking*, descrita por Mitchell (1996), é um método de seleção que evita a convergência prematura e a dominância de um superindivíduo. O seu princípio consiste em ordenar todos os elementos de acordo com a sua função de avaliação e usar este *ranking* como base da seleção, ao invés de usar diretamente o valor da avaliação.

Ao utilizar o *ranking* como base para seleção em vez da função da avaliação, este método evita o domínio de um superindivíduo, além de manter a pressão seletiva no mesmo nível, desde a primeira até a última geração, não importando o grau de convergência genética que tenha ocorrido na população no decorrer do GA.

Para aplicar este método, primeiro precisamos ordenar os indivíduos, para estabelecer o *ranking*. Este passo é extremamente oneroso em termos de tempo, tendo uma complexidade de *O(nlogn)* operações. Após estabelecido o *ranking*, deve-se fazer o seu mapeamento para uma função de avaliação.

Um método para definir a avaliação de cada elemento usando o método de seleção por *ranking* é o método linear, em que cada indivíduo recebe uma avaliação igual a:

$$E(i,t) = Min + (Max - Min) * \frac{(rank(i,t) - 1}{N - 1}$$

Onde:

- *Min* é o valor da avaliação que será atribuído ao indivíduo pior colocado no *ranking*.
- *Max* é o valor da avaliação que será atribuído ao indivíduo melhor colocado no *ranking*.
- *N* é o número de indivíduos na população.
- *Rank(i,t)* é o *ranking* do indivíduo *i* na população mantida pelo GA na geração *t*.

Este método é extremamente similar aos métodos de normalização descritos no capítulo anterior, tanto em termos de descrição, benefícios e de custos de utilização. Por isto, não use os dois em conjunto! Você não ganha nada em termos de resultado e duplica as perdas de tempo.

Uma vez definidos os novos valores de avaliação destes indivíduos, um método tradicional, tal como o da roleta viciada, pode ser utilizado para a escolha dos pais que serão submetidos aos operadores genéticos.

Este método, associado a outro como a roleta viciada, assume que, normalmente, um indivíduo com uma avaliação próxima da média das avaliações deve ser selecionado uma vez por processo reprodutivo. Pode-se verificar que, com o método linear, a avaliação do indivíduo de *ranking* N/2 fica exatamente no meio do caminho entre a avaliação do melhor e do pior indivíduos, fazendo com que sua avaliação seja igual à média das avaliações, o que lhe garante uma chance em N de ser selecionado. Supondo que façamos N seleções aleatórias, isto faz com que este indivíduo seja escolhido, em média, uma vez por processo seletivo.

O problema deste, e de todos os métodos que reduzem a pressão seletiva, é que o GA pode demorar um tempo um pouco maior para convergir para uma solução com uma alta função de avaliação. Entretanto, a manutenção da diversidade na população garante que o GA varra um pedaço maior do espaço de soluções, ficando menos suscetível à captura de máximos locais.

Um exemplo de definição de parâmetros que já produziu bons resultados é conjunto de valores Max=1,1 e Min=0,9, o que garante que o somatório das avaliações atribuídas aos indivíduos da população na geração t seja sempre igual a N (número de indivíduos na população). Na figura 9.5 vemos a aplicação do método de *ranking* a uma população exemplo.

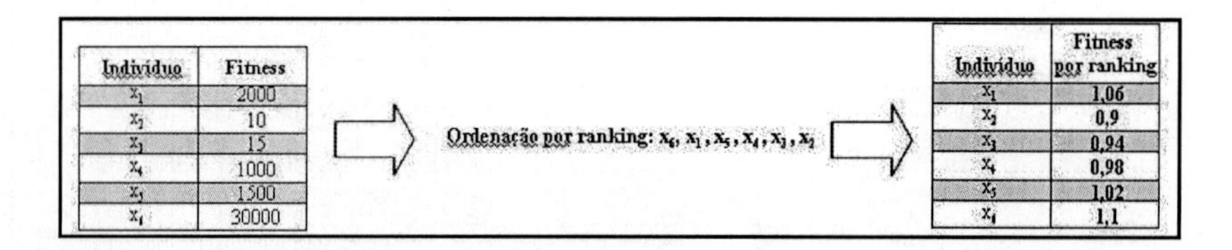

Indivíduo	Fitness
x_1	2000
x_2	10
x_3	15
x_4	1000
x_5	1500
x_6	30000

Indivíduo	Fitness por ranking
x_1	1,06
x_2	0,9
x_3	0,94
x_4	0,98
x_5	1,02
x_6	1,1

Fig. 9.5: Exemplo de aplicação do método de seleção por* ranking. *Uma vez definidos os novos valores da função de avaliação dos indivíduos, o método da roleta pode ser usado como anteriormente.

Neste exemplo vemos um fato interessante que é a existência de um superindivíduo, o indivíduo x_6, cuja avaliação é 15 vezes superior à do segundo melhor indivíduo. Usando o método da roleta tradicional, este indivíduo teria uma probabilidade de seleção igual a

$$\frac{f(x_6,t)}{\sum_i f(x_i,t)} = \frac{30000}{34525} \approx 87\%$$

o que faria com que seus descendentes, provavelmente, dominassem totalmente a geração seguinte desta população.

Este tipo de domínio, além de causar convergência genética prematura, poderia impedir que outros indivíduos colaborassem com esquemas positivos que só eles possuam em uma população, como podemos ver no exemplo a seguir.

Exemplo 9.2: Imagine que a população da figura 9.5 consiste na maximização da função $f(x)=x^2$, a nossa tradicional função quadrática[2], e que estamos usando codificação binária. Imagine agora que os dois piores indivíduos, x_2 e x_3, são os únicos que possuem valor 1 em um determinado bit. Pelo método da roleta tradicional, a possiblidade que um deles, eventualmente, seja selecionado para ser pai é igual a:

$$\frac{10+15}{2000+10+15+1000+1500+30000} = \frac{25}{34525} = 0{,}07\%$$

[2] Muitos devem estar achando que eu tenho algum tipo de fixação na função quadrática. Entretanto, seu uso é plenamente justificado por sua simplicidade e adequação aos conceitos explicitados.

Isto faz com que esta característica positiva provavelmente seja perdida. Usando o *ranking*, a possibilidade de que eles colaborem é igual a

$$\frac{0{,}9+0{,}94}{0{,}9+0{,}94+0{,}98+1{,}02+1{,}06+1{,}1}=\frac{1{,}84}{6}=38{,}4\%$$

Isto oferece uma chance muito maior de que eles possam contribuir com seus esquemas para o desenvolvimento da população.

É claro que isto é uma faca de dois gumes. Ao aumentar o número de seleções dos piores indivíduos, também estamos dando chance para que seus esquemas ruins proliferem e impedindo que os melhores indivíduos dominem a população como um todo. Como todos os aspectos de GAs mencionados até aqui, isto é uma questão que deve ser testada de forma empírica pelo desenvolvedor, já que existem pesquisadores dizendo que cada um dos métodos é melhor ou pior que todos os outros.

Uma maneira de manter a pressão seletiva em um nível mais alto é utilizar uma função de mapeamento exponencial, como por exemplo:

$$E(i)=\frac{1-e^{-ki}}{c}$$

Neste caso, o *ranking* deve ser medido de forma invertida, isto é, o melhor indivíduo deve ter *ranking* igual a N e o pior de todos, ranking igual a 1. Isto ocorre pois, quanto maior o *ranking*, menor o valor de e^{-ki} e por conseguinte, maior o valor de *E(i)*.

O uso de uma função exponencial aumenta a diferença entre a avaliação do melhor indivíduo e a do pior, aumentando a pressão seletiva e, por conseguinte, diminuindo a diversidade da população. Entretanto, o problema do superindivíduo fica imediatamente resolvido e não se tem tanta homogeneidade nas avaliações quanto no caso de uso de uma função linear.

O método do ranking é o método que causa menor convergência genética em praticamente todos os GAs. Entretanto, por diminuir a pressão seletiva, ele também faz com que cheguemos mais lentamente à solução desejada.

Exemplo 9.3: Voltando à população da figura 9.5, aplicamos o método de seleção por ranking com função de mapeamento exponencial, com k=c=1. Podemos ver os resultados na figura 9.6. Agora, a chance dos dois piores indivíduos serem selecionados é:

$$\frac{0{,}632+0{,}864}{0{,}632+0{,}864+0{,}95+0{,}981+0{,}993+0{,}9981}=\frac{1{,}496}{6}=27{,}6\%$$

A pressão seletiva claramente ficou maior, pois as chances dos piores diminuiu. Se o número de indivíduos fosse maior, a pressão seletiva seria ainda maior, pois o número de indivíduos próximos de um aumentaria, aumentando o denominador.

Indivíduo	Fitness
x_1	2000
x_2	10
x_3	15
x_4	1000
x_5	1500
x_6	30000

Ordenação por ranking: $x_6, x_1, x_5, x_4, x_3, x_2$

Indivíduo	Fitness por ranking
x_1	0,993
x_2	0,632
x_3	0,864
x_4	0,950
x_5	0,981
x_6	0,998

Fig. 9.6: Exemplo de aplicação do método de seleção por* ranking *usando uma função de mapeamento exponencial.

9.5. SELEÇÃO TRUNCADA

Alguns praticantes da área de GA gostam de usar a seleção truncada, onde apenas os melhores *x%* da população poderão ser escolhidos como pais da próxima geração. O valor *x* é um parâmetro do algoritmo, que pode variar de 1% a 100%, quando a seleção truncada passa a se comportar como a versão não truncada. Os valores mais usuais para *x* são aqueles na faixa [10%-50%].

Para implementar este método, os indivíduos são ordenados de forma descrescente de acordo com sua avaliação e somente aqueles cujas posições estiverem entre 1 e a posição de corte poderão participar da seleção. Como já colocamos anteriormente, a necessidade desta ordenação faz com que o algoritmo tenha uma complexidade mínima de tempo de *O(nlogn)* por rodada. Note que qualquer outro método citado anteriormente pode ser combinado com a seleção truncada.

Este método causa uma convergência genética mais veloz, e uma rápida perda da diversidade, quando *x* é um valor pequeno. Isto ocorre pois a seleção truncada causa uma pressão seletiva maior do que todos os outros métodos. O lado positivo da questão é que, ao eliminar rapidamente os indivíduos menos aptos, a seleção truncada permite que o GA se concentre somente nas melhores soluções da população, permitindo que se chegue a um bom resultado de forma mais rápida.

Blickle (1997) demonstra que este método é o que causa maior perda de diversidade (todos os outros métodos, com parâmetros bem ajustados têm valores similares), e por isto é o que tende a fazer com que o GA apresente o pior desempenho. Entretanto, nada impede que este método seja parte de uma estratégia híbrida em que este método seja usado no começo da evolução do GA, quando a diversidade é muito grande e a população é derivada de uma inicialização aleatória, e depois abandonado em prol de um método que seja melhor em manter a diversidade da população.

Ninguém disse, em nenhum momento, que é obrigatório usar o mesmo método de seleção do início ao fim da execução do seu GA. Você pode variar o método escolhido de acordo com a sua população em cada instante de forma a incorporar as melhores características de cada um dos métodos de seleção.

9.6. EXERCÍCIOS RESOLVIDOS

1) Suponha que temos uma população de 20 indivíduos, cada qual com uma função de avaliação dada por $f(x_i)=i$. Qual método dá maior chance para o pior indivíduo: a roleta viciada, o torneio de 2 indivíduos ou o torneio de 3 indivíduos?

Vamos calcular a chance do pior indivíduo em cada método:

a) roleta viciada

A soma total de probabilidades é dada por $\sum_{i=1}^{20} i = \frac{(20+1)*20}{2} = 210.$

Logo, as chances do pior indivíduo (x_1) ser sorteado são iguais a 1/210.

b) torneio de 2 indivíduos

A única chance do pior indivíduo ser escolhido é se ele for sorteado duas vezes. Logo, suas chances de ser selecionado são $\frac{1}{20} * \frac{1}{20} = \frac{1}{400}$

c) torneio de 3 indivíduos

A única chance do pior indivíduo ser escolhido é se ele for sorteado três vezes. Logo, suas chances de ser selecionado são iguais a

$$\frac{1}{20} * \frac{1}{20} * \frac{1}{20} = \frac{1}{8000}$$

A moral da história é: o método do torneio elimina a dominância espúria de um superindivíduo, às custas de diminuir muito as chances dos indivíduos de pior avaliação dentro da população. Isto não é necessariamente algo ruim, mas é um fator a ser considerado quando da evolução da sua população, pois, afinal, mesmo um indivíduo de péssima avaliação pode ter uma característica interessante para a função de avaliação do problema que está sendo resolvido.

2) Seja a população dada a seguir. Calcule quantas cópias do indivíduo x_2 provavelmente haverá na próxima geração se usarmos a roleta viciada, o método de amostragem estocástica uniforme e a seleção por *ranking* com método linear.

Indivíduo	*Função de Avaliação*
x_1	10
x_2	20
x_3	10
x_4	300

Primeiramente, temos que calcular a soma total das avaliações dos indivíduos. Esta é igual a 10+20+10+300=340.

Para o método da roleta, espera-se que haja cerca de $\frac{20}{340} * 4 \approx 0{,}23$ indivíduos. O que nos faz esperar, muito provavelmente, 0 cópias.

No caso do método da amostragem estocástica uniforme, podemos esperar um número entre $\lfloor 0{,}23 \rfloor$ e $\lceil 0{,}23 \rceil$, isto é, 0 ou 1 cópia.

No caso do método de seleção por ranking com método linear, as avaliações se transformarão em

Indivíduo	*Função de Avaliação*
x_1	0,9
x_2	1,033
x_3	0,967
x_4	1,1

Usando o método da roleta após o ajuste, teremos que o número esperado de cópias do indivíduo x_2 é igual a $\frac{1{,}033}{4} * 4 = 1{,}033$, o que nos faz esperar uma cópia deste indivíduo na próxima geração.

O que o método do ranking fez foi eliminar a influência excessiva do superindivíduo, dando aos outros indivíduos uma chance maior de participar do processo reprodutivo desta geração. Existe também uma chance muito maior de que as boas características pertencentes ao excelente indivíduo x_4 se percam e não sejam transmitidas para a próxima geração.

3) Temos uma população para a qual sabemos que a função de avaliação pode gerar valores nos intervalos [1,100] e [9000,10000], mas na qual os indivíduos de avaliação muito baixa podem ter boas características e não devem ser descartados. Qual método de seleção é mais adequado?

Esta é uma situação em que provavelmente teremos um ou mais superindivíduos, com avaliação muito superior àquela dos indivíduos de avaliação próxima de 0. Portanto, precisamos de métodos que não sejam afetados pela existência de superindivíduos.

A primeira ideia é usar o método do torneio com 2 competidores, mas temos que ter em mente que, quando indivíduos com avaliação na primeira faixa forem selecionados para disputar com indivíduos da segunda faixa, eles nunca ganharão a competição e não serão selecionados.

A segunda ideia razoável é realizar algum tipo de normalização (linear ou não) destas avaliações e utilizar o método de avaliação estocástica uniforme. O único problema é que podemos ter uma sobre-representação dos indivíduos piores.

A terceira ideia é usar o método de seleção por ranking, que é basicamente o método de normalização seguido do método da roleta. Assim, tudo que falamos sobre a normalização para o caso anterior ainda é válido.

A verdade é que os três métodos possuem qualidades e defeitos. Todos os três garantirão, em tese, uma boa representação para os piores indivíduos. Só devemos ter cuidado suficiente com a normalização, para que ainda tenhamos uma boa preferência pelos indivíduos melhores. Isto pode ser atingido usando-se uma função não linear de normalização, como o log, que leva os indivíduos na primeira faixa para os valores [0;2] e os da segunda faixa para os valores [3,95;4]. Note, apenas, que a diferença entre os indivíduos da segunda faixa foi praticamente abolida.

4) É útil usar alguma forma de escalonamento combinado com o método do torneio?

Não. O método do torneio sorteia os participantes de forma aleatória e a vitória se dá por ter uma avaliação maior em termos absolutos, e mudar o valor de cada avaliação (mantendo o ranking dos indivíduos) não afetará o resultado do torneio.

9.7. EXERCÍCIOS

1) Repita o exercício 1 da seção 9.6, mas considerando agora que a população tem 100 indivíduos. Você acha que existem chances práticas do pior indivíduo ser selecionado nos métodos do torneio?

2) Por que o método da amostragem estocástica uniforme não pode ser considerado imune ao problema do superindivíduo?

3) Qual é o problema associado a usarmos um torneio de tamanho variável, que comece alto para acelerar a convergência e diminua no decorrer da execução do nosso algoritmo genético, de forma a garantir a diversidade genética?

4) Qual é o benefício associado a termos uma vizinhança muito ampla em um método de seleção local? Vale a pena considerarmos o caso de vizinhanças de tamanho variável?

5) Imagine que temos uma população com as seguintes avaliações:

Indivíduo	*Função de Avaliação*
x_1	100
x_2	400
x_3	5000
x_4	300
x_5	200

Calcule o número provável de cópias na próxima geração do indivíduo x_3, supondo que usamos o método da roleta viciada sem nenhum escalonamento, seleção por *ranking* com método linear e o método de amostragem estocástica uniforme.

6) Seja a população definida no exercício 5. Calcule o número provável de cópias do indivíduo x_3, supondo que usamos a roleta com seleção truncada aos melhores 80%.

7) Baseado nos valores que você calculou, qual dos métodos anteriores parece conduzir a uma convergência genética mais precocemente? Você acha que isto é sempre esperado ou é um resultado espúrio do exercício?

8) Porque usar valores muito altos de *k* no método do torneio levam à convergência genética precoce?

9) Repita o exercício número 5, supondo que adicionamos os seguintes indivíduos à população:

Indivíduo	*Função de Avaliação*
x_6	100
x_7	250
x_8	15000
x_9	3500
x_{10}	2000

10) Calcule, para a população total dos exercícios 5 e 9, a avaliação de cada indivíduo se usarmos o método de seleção por *ranking* com o método de escalonamento exponencial. Quantas cópias podemos esperar haver na próxima geração do indivíduo x_6?

11) Explique por que o uso de um torneio com *k* igual ao tamanho da população é inconveniente.

12) Por que quando usamos o método de amostragem estocástica uniforme temos que "embaralhar" os pais depois de selecioná-los?

13) Por que podemos dizer que o método baseado em *ranking* com função linear tem uma pressão seletiva menor do que o método com função exponencial? O que isto implica sobre a diversidade da população?

14) Mudar o valor de *k* no método de amortização exponencial não altera nada, dado que todas as avaliações serão multiplicadas por um valor igual. Verdadeiro ou falso?

Capítulo 10

Outras Representações

10.1. Introdução

Como já discutimos na seção 4.2, a representação cromossomial é fundamental para um algoritmo genético, sendo a maneira básica de traduzir a informação do nosso problema em uma maneira viável de tratamento pelo computador.

É importante a ressaltar é que a representação cromossomial é completamente arbitrária, não havendo qualquer tipo de obrigação para que se adote a representação binária ou qualquer outra. A maioria dos pesquisadores usa este tipo de representação pois ela é a mais simples e tem sido a mais frequentemente usada, em termos históricos[1], mas se uma outra for mais adequada para seus propósitos, você deve adotá-la.

A pergunta que se impõe é: quando a representação binária não é a mais adequada? Existem alguns problemas associados à mesma que podem ajudar a responder esta pergunta (Herrera, 1998):

- A representação binária tem dificuldades ao lidar com múltiplas dimensões de variáveis contínuas, especialmente quando uma grande precisão é requerida. Isto decorre do fato de que um grande número de *bits* será necessário para atingir tal precisão e os cromossomos se tornarão extremamente grandes, dificultando a operação do GA. Além disto, há uma discretização inerente nos valores reais quando cromossomos binários são usados. É claro que podemos ignorar o efeito desta discretização quando usamos *bits* suficientes, mas esta quantidade pode fazer com que nossos cromossomos se tornem grandes demais;

- Quando existe um número finito de estados distintos para um parâmetro que não é um múltiplo de dois, teremos que usar um número de *bits* igual a $\lceil \log_2 n \rceil$, onde n é o número de parâmetros. Isto gera um excesso de estados igual a $2^{\lceil \log_2 n \rceil} - n$, que ou se

[1] Na verdade, a maioria das pessoas quando pensa em uma GA, pensa em cromossomos binários. Entretanto, não há nenhuma obrigatoriedade nesta associação.

tornarão inválidos, necessitando tratamento especial (veja o capítulo 14 para saber como fazê-lo), ou então serão redundantes aumentando a probabilidade de um determinado parâmetro, tornando a roleta ainda mais viciada. Este efeito é normalmente ignorado, mas ele acrescenta um grande viés em favor de um conjunto de valores que pode fazer o GA tender para estes valores mesmo que eles não sejam necessariamente os melhores. Isto é especialmente verdade quando o número de estados a representar é bastante próximo de $2^{\lfloor \log_2 n \rfloor}+1$, ou seja, quando o número de estados inválidos é máximo;

- Os operador de *crossover* e mutação binários operam em nível local, por isto têm dificuldades em lidar com cromossomos nos quais valores não podem ser repetidos, como, por exemplo, aqueles que representam listas de valores.

Tendo estas questões em mente, podemos agora elaborar um pouco mais as regras gerais que colocamos anteriormente:

a) A representação deve ser a mais simples possível.

Este princípio não é uma regra, mas uma recomendação e parte do princípio do KISS (*Keep it simple, stupid!*), que deveria ser o procedimento básico da informática, e não somente da área de algoritmos genéticos;

b) Se houver soluções proibidas ao problema, então elas não devem ter uma representação.

Pense no caso do caixeiro viajante com cinco cidades. Precisaríamos então usar três *bits* para representar cada cidade (se usássemos 2 *bits*, só poderíamos representar 4 cidades diferentes). Assim, dois cromossomos válidos que poderiam cruzar são 001 010 011 100 101 e 001 101 100 011 010. Usando um crossover uniforme, poderíamos criar um filho usando apenas os *bits* sublinhados de cada pai, que seria o seguinte: 001 111 110 100 010, representando a visitação das cidades 1 7 6 4 2. As cidades 6 e 7 não existem, e esta proibição deveria estar contida dentro da nossa representação;

c) Se o problema impuser condições de algum tipo, estas devem estar implícitas dentro da nossa representação.

Voltemos ao problema do caixeiro viajante do item b e pensemos nos mesmos pais. Agora, para evitar criar cidades inexistentes, vamos usar crossover de dois pontos, onde os pontos de corte ficam entre os valores das cidades. Assim, os pais 001 ◊010 011 ◊100 101 e 001 ◊ 101 100 ◊ 011 010 são cortados nos losangos, gerando um filho igual a 001 101 100 100 101, que representa a visitação às cidades 1 5 4 4 5. Isto viola uma condição fundamental do problema, que diz que cada cidade deve ser visitada exatamente uma vez.

Estas regras nos mostram que nem sempre podemos recorrer de forma natural à representação binária. Para nossa felicidade, existem outros tipos de representação menos comuns, mas igualmente interessantes e eventualmente mais poderosas e adequadas para o seu problema específico. Entre as mais comuns podemos destacar os seguintes formatos:

- Números reais: (43.2 -33.1 ... 0.0 89.2)
- Permutações de elementos (como no caso do GA baseado em ordem): (E4 E3 E7 E2 E6 E1 E5)
- Listas de regras: (R1 R2 R3 ... R22 R23)
- Qualquer estrutura de dados que pudermos imaginar!

É fácil perceber que os operadores genéticos devem ser modificados para serem adequados à representação apropriada. Vamos discutir neste capítulo algumas das representações alternativas mais comuns e como usá-las corretamente dentro de um GA. Ao fim deste, você terá um arsenal completo de armas para adequar o GA ao seu problema. Lembre-se sempre da máxima: a ferramenta tem que ser a mais adequada ao problema e não o oposto. Se após conhecer todas estas alternativas o GA ainda não lhe parecer o método mais adequado para resolver o seu problema, pense em usar algum dos métodos descritos no Apêndice B deste livro.

10.2. QUESTÕES ASSOCIADAS À CODIFICAÇÃO BINÁRIA

O teorema dos esquemas, discutido no capítulo 5, sugere que alfabetos de baixa ordem (com poucos símbolos) são mais eficientes para representar esquemas do que alfabetos de alta ordem. Isto é, para um alfabeto de ordem *k*, já que há *k+1* esquemas por posição e cada posição codifica $\log_2 k$ *bits*, temos que existem exatamente $(k+1)^{\frac{1}{\log_2 k}}$ esquemas por *bit* de informação para cada *bit* de informação neste alfabeto (Goldberg, 1990). Isto implica no fato de que o alfabeto com menor número de símbolos é o mais eficiente na representação de esquemas e, como nenhum alfabeto pode ter menos do que dois símbolos, então a codificação binária é a melhor para manipular esquemas de forma eficiente.

Existem, é claro, outros argumentos para justificar a adoção de alfabetos maiores, que são basicamente os seguintes:

- Menos gerações para conformidade da população: é possível provar que, dado um número fixo de gerações e de cromossomos, quanto maior a cardinalidade de um alfabeto, mais rápido o GA converge para uma solução. A qualidade da solução, normalmente, degrada com o aumento de cardinalidade do alfabeto, mas se a principal preocupação for o tempo de execução, então este efeito deve ser levado em consideração;
- Redução de oportunidades para ocorrência de problemas enganadores (*deceptives*): A enganação (*deception*) ocorre quando os esquemas de baixa ordem[2] apontam para uma direção diferente daquela apontada pelos esquemas de alta ordem que contêm a solução ótima. Aumentando a cardinalidade diminuimos o tamanho dos cromossomos e, consequentemente, reduzimos o número de esquemas de baixa ordem que podem "enganar" o GA;
- Evitar abismos de Hamming (explicados a seguir): quanto mais símbolos, menos este efeito ocorrerá. Em uma representação contínua, este efeito inexiste.

Assim como todos os parâmetros dos algoritmos genéticos, a cardinalidade do alfabeto a ser adotada ainda merece estudos teóricos mais aprofundados. Entretanto, o princípio KISS citado neste capítulo deve ser sempre levado em consideração. Faça a sua representação ser a mais

---

[2] Como definimos no capítulo 5, a ordem de um esquema, denotado por O(H), corresponde ao número de posições neste esquema diferentes de *

próxima possível do seu problema e assim você poderá embutir o máximo de conhecimento possível dentro do GA. Esta possibilidade de hibridização é uma das grandes forças dos algoritmos genéticos.

Entretanto, se você resolver optar pela representação binária, existe algo muito importante que deve ser levado em consideração, que é o fato de que para efetuar uma mudança de valor unitário, nós às vezes necessitamos mudar todos os *bits* de um número binário, efeito este que é chamado de Abismo de Hamming. Por exemplo, para mudar do número 7 (0111) para o número 8 (1000), precisamos alterar todos os *bits* de uma única vez. Já para mudar do número 8 para o número 9 (1001), precisamos mudar apenas um único *bit*. Isto é, duas mudanças com o mesmo efeito final requerem alterações completamente díspares nos cromossomos.

Para evitar este tipo de problema, pode-se usar a representação em código de Gray, ou código espelhado, cuja formação é mostrada na figura 10.1. Basicamente, o código de Gray de *n bits* é formado "espelhando-se" o código de Gray de n-1 *bits*, colocando 0 na frente dos números acima do "espelho" e 1 na frente dos números abaixo do "espelho".

(a)	(b)			(c)		
0	0		0 0	00		0 00
1	espelho 1	⇨	0 1	01		0 01
	1		1 1	11		0 11
	0		1 0	espelho 10	⇨	0 10
				10		1 10
				11		1 11
				01		1 01
				00		1 00

***Fig. 10.1:** Exemplo de formação do código de Gray de 1, 2 e 3 bits. (a) Código de Gray de 1* bit. *É só escrever 0 e 1. (b) Código de Gray de 2* bits. *Espelhamos o código de Gray de 1* bit *e depois colocamos 0 à frente dos números acima do espelho e 1 à frente dos números abaixo do espelho imaginário. (c) Código de Gray de 3* bits, *formado da mesma maneira que o código de 2* bits. *Note que os números de 0 a 3 são iguais ao código de 2* bits *com um zero na frente, como seria de se esperar.*

A conversão do código de Gray para o código binário tradicional é muito simples. Para fazê-lo, basta seguir o seguinte algoritmo:

- Copie o *bit* de mais alta ordem.
- Para cada *bit* na posição *i* do número em binário tradicional (*B*), faça *B[i]=B[i+1] XOR G[i]*, onde *G[i]* é o *bit* na posição *i* do número em código Gray.

Isto pode ser implementado em Java pela seguinte função:

```
1  public String Gray_Binario(String gray) {
2     int i;
3     String bin=gray.substring(0,1);
4     for(i=1;i<gray.length();i++) {
5        if (bin.charAt(i-1)==gray.charAt(i)) {
6           in=bin+"0";
7        } else {
8           bin=bin+"1";
9        }
10    }
11    return(bin);
12 }
```

O código é muito simples. Na linha 3 nós copiamos para a *string* bin, que conterá o código convertido para binário, a primeira posição da *string* contendo o código de Gray que foi passada como parâmetro. Na linha 4 iniciamos a repetição que vai da posição 1 (a 2ª na string, pois em Java a primeira posição de uma *string* tem índice zero) até a última. Na linha 5, testamos se a posição corrente do código de Gray é igual à posição anterior do código binário comum. Se for, copiamos para a *string* o valor zero, pois o XOR de dois valores iguais é igual a zero. Caso contrário, copiamos 1, de acordo com a saída da função XOR. Ao final, na linha 11, retornamos o valor da *string* em binário comum.

Usando o código de Gray, o abismo de Hamming não é mais um problema, mas ainda enfrentamos uma condição inexorável dos números binários: existem bits mais significativos. Este é um problema pouco discutido pela maioria dos trabalhos na área de algoritmos genéticos, mas deve ser encarado de frente por quem quer usar a codificação binária. Por exemplo, no número binário 1000, se trocarmos o primeiro *bit*, faremos uma mudança de 8 para 0 (valor absoluto 8), enquanto que se trocarmos o último, faremos uma mudança de 8 para 9 (valor absoluto 1). Isto quer dizer que uma alteração em um determinado *bit* causa uma mudança maior no valor do cromossomo do que uma modificação em outro *bit*. Por exemplo, imagine que nosso cromossomo contenha 001 (número 1). Se mudarmos o *bit* de ordem 1, o novo cromossomo será 011 (número 2, uma mudança de 100%). Se mudarmos o *bit* de ordem 2, o novo cromossomo será 101 (número 5, uma mudança de 400%). Posto que as mudanças são equiprováveis, a sua variação de efeito pode ser indesejada. Isto é indesejado pois aumenta a possibilidade do operador de mutação gerar perturbações de grande magnitude em um elemento, podendo ter um efeito nocivo na qualidade da avaliação do cromossomo.

Se esta variação realmente for indesejada, pode-se evitar tal divergência fazendo com que a probabilidade de mutação aumente com a diminuição da ordem do *bit*, ou então fazer o mais simples, que é usar a codificação real diretamente.

Por outro lado, deve-se pensar apenas que, quando a mutação ocorre no *bit* mais significativo, isto é equivalente a "sacudir" o cromossomo e levá-lo para uma área do espaço de soluções potencialmente não explorada, o que quer dizer que não necessariamente este efeito é totalmente indesejado. Como vários outros aspectos dos algoritmos genéticos, somente estudos teóricos que ainda não foram realizados poderiam determinar o efeito real desta característica.

Uma ideia que pode evitar este problema é aplicar a mutação sobre o número que é representado e não sobre sua representação binária. Isto é, converter o número de volta para o seu valor, realizar uma mutação de magnitude pequena (veja como fazê-lo na seção 10.3, sobre representação numérica real) e converter o número de volta para a representação binária. Isto garante que as mutações serão de pequena magnitude, evitando as "grandes sacudidas" mencionadas antes.

Por uma lado isto é bom, pois permite que elementos próximos da solução final sofram mutação de forma a se tornarem mais eficientes, mas por outro lado diminui o poder exploratório do seu GA. Entretanto, a grande pergunta é: se você vai trabalhar com o valor numérico da string de bits, por que não trabalhar diretamente com o número propriamente dito?

É importante deixar claro que os GAs com codificação binária têm se mostrado bastante eficazes na solução de problemas apesar de todas estas características citadas. Entretanto, o princípio básico exposto neste capítulo deve ser respeitado: a representação deve ser a mais natural possível. Assim, o uso de uma representação mais próxima do problema é, normalmente, a ideal, e se ela existir, deve ser escolhida, em detrimento da representação binária.

10.3. GA BASEADO EM ORDEM

10.3.a. Introdução

Existe uma classe de problemas que não consiste em otimização numérica, mas sim em otimização combinatorial e que pode ser resolvida perfeitamente através de GAs. Estes problemas são em geral NP-completos[3], o que significa que seu espaço de busca é, para efeitos práticos, considerado como infinito.

Duas instâncias típicas deste caso são o problema de colorir um grafo e o problema do caixeiro viajante.

O problema de colorir um grafo consiste em ter um grafo com *n* nós, cada um com um peso distinto e lhe são dadas *k* cores para colorir este grafo ($k<n$). O problema consiste em conseguir o maior escore possível somando os pesos dos nós coloridos, sendo que dois nós adjacentes (isto é, ligados por uma aresta) não podem receber a mesma cor. Uma instância simples deste problema pode ser vista na figura 10.2.

O problema do caixeiro viajante, como já discutimos na seção 1.3, consiste em imaginar um caixeiro que tem de percorrer *n* cidades, sem passar duas vezes por nenhuma delas e, para economizar o máximo de recursos, percorrendo a menor distância possível.

---

[3] NP, como discutimos no capítulo 1, vem de *non-polinomyal*, significando que, em vez do espaço de busca ser função de uma potência do número de incógnitas, ele é função da fatorial ou da exponencial deste número.

Para podermos resolver estes problemas através de GAs, temos que entender como as seguintes questões devem ser resolvidas:

- Qual a representação adotada?
- Para esta representação, qual é o mecanismo dos operadores genéticos?
- Qual foi a função de avaliação utilizada?

Estas três questões são fundamentais para resolução de problemas através de algoritmos genéticos, e aparecerão neste texto toda vez que quisermos encontrar uma maneira de resolver um problema real através de GAs. Vamos, nesta seção, discutir em detalhes as respostas para estas perguntas, de forma a incorporar mais um tipo de representação no nosso arsenal.

10.3.b. Representação e função de avaliação

No dois casos que melhor representam a necessidade desta representação, estamos interessados na ordem em que o problema é resolvido (no caso do grafo, a ordem em que os nós serão coloridos e, no caso do problema do caixeiro viajante, a ordem em que as cidades serão percorridas).

Logo, queremos uma representação que contenha todos os nós (ou cidades) colocados em uma ordem específica, o que nos leva a optar pela representação em lista de todos os elementos presentes no problema (todas as cidades ou todos os nós do grafo).

Exemplo 10.1: Usando a representação em lista, temos os seguintes casos:

- (1 4 6 5 2 3 7), (1 2 3 4 5 6 7) e (7 5 3 1 2 4 6) são exemplos de cromossomos válidos para um problema envolvendo sete nós. Note que todos os indivíduos representados consistem em uma lista na qual cada nó aparece exatamente uma vez;
- (1 6 2 5 7 4) não é um cromossomo válido, visto que o elemento 3 não está presente na nossa lista;

- (1 4 6 5 2 **3** **3** 7) não é um cromossomo válido, pois o elemento 3 (marcado em negrito) aparece duas vezes na nossa lista.

Para criar um cromossomo válido, usamos a seguinte função de inicialização:

```
1   public CromossomoGAOrdem(int num) {
2      Vector aux=new Vector();
3      int i,j;
4      nos=new int[num];
5      for(j=0;j<num;j++) {
6         aux.add(new Integer(1+j));
7      }
8      j=0;
9      while (aux.size()>0) {
10        i=(int) Math.round(Math.random()*aux.size());
11        if (i==aux.size()) {i–;}
12        nos[j++]=((Integer) aux.get(i)).intValue();
13        aux.remove(i);
14     }
15  }
```

O funcionamento desta rotina é extremamente simples. Ela recebe um parâmetro que consiste no número de nós que precisamos representar, o que permite que ela seja reutilizada em um problema posterior com o qual você venha a se deparar. O atributo nos desta classe consiste em um vetor que armazenará os nós do problema na ordem desejada. Lembre-se apenas de que em Java, como na linguagem C, todos os vetores têm o primeiro elemento indexado por zero.

Nas linhas 5 a 7 nós inicializamos um Vector que contém todos os nós a serem usados na solução. Um Vector é o equivalente Java de uma lista encadeada e serve como local de armazenagem para os nós que ainda não foram inseridos no *array* que armazena o cromossomo (denominado nos).

É importante entender que, por definição, um Vector só pode armazenar objetos. Assim, criamos um objeto da classe Integer, que é uma classe envoltória (*wrapper class*) de variáveis do tipo *int*, apenas para fazer a armazenagem dentro do Vector.

Nas linhas de 9 a 14 temos um *loop* que retira elementos do Vector e os coloca no *array*. Nas linhas 10 e 11 sorteamos uma das posições do Vector (de 0 ao tamanho dele, dado por `aux.size()-1`). Na linha 12 colocamos este elemento na posição corrente do *array* e depois, na linha 13, o removemos do Vector, para que não haja repetição de nós em nosso *array*. Em cada iteração, o número de elementos no Vector é reduzido em um, o que garante que a condição do `while` da linha 9 eventualmente se tornará falsa.

A função de avaliação, como já discutido anteriormente, deve representar a qualidade de cada um dos cromossomos, e é a única conexão forte que temos entre o GA e o problema que está sendo resolvido neste momento. A representação que usamos não tem maiores influências sobre a função de avaliação em si – na verdade, ela dee trabalhar com a interpretação do cromossomo, isto é, com o equivalente computacional do seu fenótipo.

No caso do problema do caixeiro viajante basta somar a distância entre a cidade contida no gene i à cidade contida no gene $i+1$, para i variando de 0 até o número de genes menos um. Isto é, a interpretação consiste em buscar a tabela de distâncias entre cidades, criando um tratamento especial para o caso em que a cidade contida no gene i não tenha uma aresta de ligação com a cidade contida no gene $i+1$. Este tratamento pode ser o descarte do cromossomo ou a designação de uma avaliação baixa, por exemplo.

No caso do problema do grafo, tomaremos os nós um a um, na ordem fornecida pelo cromossomo e designar-lhes-emos a primeira cor possível. Note que a cor escolhida é irrelevante – nós não queremos uma pintura específica no grafo, mas sim descobrir se é possível pintá-lo. Se houver alguma cor, somaremos o peso do nó pintado e, caso seja impossível colori-lo com qualquer uma das cores que nos foram inicialmente designadas, não somaremos seu peso à avaliação deste cromossomo (ou o descartaremos). Um exemplo deste processo é mostrado na figura 10.2.

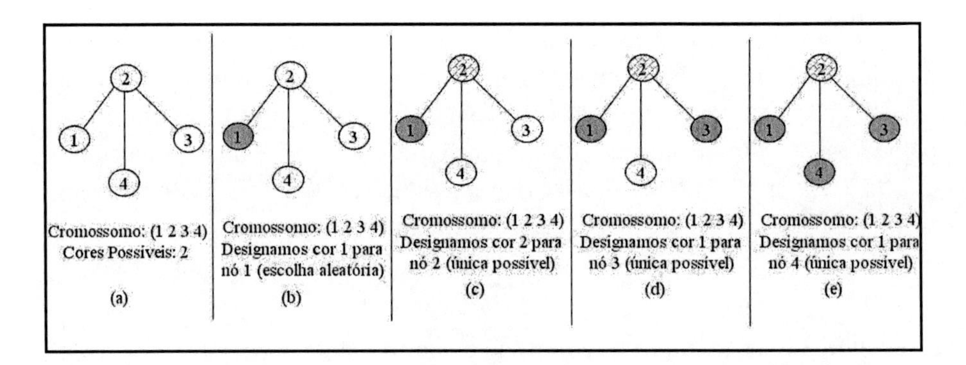

Fig.10.2: ***Demonstração do processo de avaliação de um cromossomo da representação baseada em ordem para solução do problema de colorir um grafo. O processo permite dois resultados: é posível colorir ou não. É necessário criar algum tipo de função que permita obter resultados intermediários. Um exemplo é a determinação do número de nós que não puderam ser coloridos, usando-se o cromossomo corrente. Isto permite que se tenha uma avaliação entre 0 (todos os nós foram coloridos)* e n-k, *onde* n *é o número de nós e* k *é o número de cores.***

10.3.c. Operador de *crossover* baseado em ordem

O nosso operador de *crossover* para GAs baseados em ordem é uma versão especial do operador de *crossover* uniforme. As pequenas diferenças existentes decorrem das características especiais dos cromossomos desta nova representação, onde não podemos simplesmente copiar posições do primeiro pai quando sortearmos um 1 e copiarmos posições do segundo pai quando sortearmos um 0, pois isto poderia fazer com que gerássemos um cromossomo com elementos repetidos, como vemos no exemplo da figura 10.3.

Temos então que modificar a forma de atuação do *crossover* uniforme de modo que sempre geremos filhos válidos dentro deste novo formato de representação. Logo, a partir de agora, o que iremos preservar não é a posição absoluta de um gene, mas sim as suas ordens relativas. Um exemplo deste conceito pode ser dado para o caso do pai 1 da figura 10.3, para o qual consideramos que o importante é que o nó 6 vem antes do nó 7 e não que o nó 6 está na posição três e o nó 7 na posição cinco.

A ideia de ordenação relativa leva a um novo conceito de esquema para a representação baseada em ordem. Um esquema, agora, é toda sublista de nosso cromossomo, sendo que os *don't cares* correspondem a simplesmente ignorar a posição original de cada nó do cromossomo. Exemplos de esquemas para o pai 1 da figura 10.3 são (1 6 7), (1 4 3 2), (1 5), (6 4 7) etc.

Note que não colocamos mais os coringas ("*"), pois, de acordo com este novo conceito, não é relevante a posição onde esta sublista ocorre, e qualquer quantidade de símbolos antes, entre e depois dos elementos do esquema pode ser ignorada.

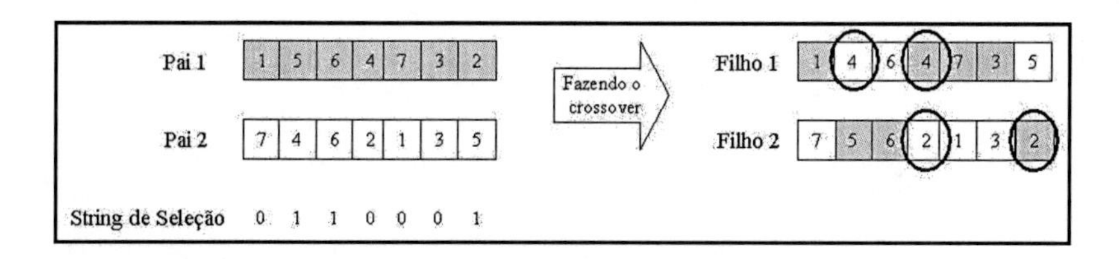

Fig. 10.3: Exemplo de utilização do* crossover *uniforme não adaptado para representação baseada em ordem. Note-se como cada um dos filhos gerados tem um elemento repetido, o que é proibido na representação baseada em ordem. Este não é um caso patológico escolhido de propósito, mas sim algo natural. Todo operador deve ser devidamente adaptado antes de ser usado em outra representação.

Para começar, vamos ver uma versão para cromossomos baseados em ordem do *crossover* de dois pontos, que é bem simples de compreender. O seu funcionamento é dado pelo seguinte pseudo-código:

Passo 1 Selecione dois pontos de corte

Passo 2 Copie para o filho 1 os elementos do pai 1 entre os pontos de corte

Passo 3 Faça uma lista dos elementos do pai 1 fora dos pontos de corte.

Passo 4 Permute esta lista de forma que os elementos apareçam na mesma ordem que no pai 2

Passo 5	Coloque estes elementos nos espaços do pai 1 na ordem gerada no passo anterior
Analogia	Repita o processo para gerar o filho 2, substituindo o pai 1 pelo 2 e vice-versa

Um exemplo prático do funcionamento do operador de *crossover* de dois pontos baseado em ordem pode ser visto na figura 10.4, na qual omitimos apenas o passo de analogia

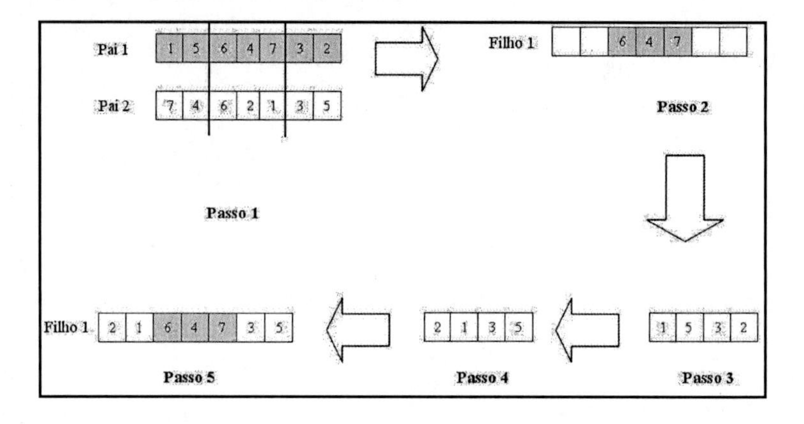

Fig. 10.4: Exemplo da atuação do operador de* crossover *de dois pontos modificado para a representação baseada em ordem

O código Java que realiza esta operação é o seguinte:

```
1   public CromossomoGAOrdem crossoverOrdem(CromossomoGAOrdem
2   outro) {
3     CromossomoGAOrdem retorno=new
    CromossomoGAOrdem(this.cidades.length);
4     int i,j,inicio,fim;
5     Vector v=new Vector();
6     inicio=(int) Math.round(Math.random()*nos.length);
7     if (inicio== nos.length) {inicio–;}
8     fim=inicio+(int) Math.round(Math.random()*(nos.length-
    inicio));
9     if (fim==nos.length) {fim–;}
10    for(i=0;i< nos.length;i++) {
```

```
11        if ((i<inicio)||(i>fim)) {
12          v.add(new Integer(this.nos[i]));
13        } else {
14          retorno.nos[i]=this.nos[i];
15        }
16      }
17      j=0;
18      for(i=0;i<nos.length;i++) {
19        if (j==inicio) {j=fim+1;}
20        if (v.indexOf(new Integer(outro.nos[i]))>=0) {
21          retorno.nos[j]=outro.nos[i];
22          j++;
23        }
24      }
25      return(retorno);
26    }
```

Esta rotina é um pouco mais longa que as anteriores, mas seu funcionamento é igualmente simples. Nas linhas 6 a 9 fazemos um sorteio dos dois pontos de corte que serão usados. O *loop* que vai das linhas 10 a 16 testa para ver se estamos entre os pontos de corte. Se estivermos, os nós são copiados para o filho. Caso contrário, eles são colocados em um Vector que armazena os nós não usados.

Na linha 18 se inicia um *loop* que varre os elementos do cromossomo outro (o segundo pai) para colocar os nós não usados ainda no filho, na ordem deste segundo pai. Repare que ao varrer o cromossomo outro, nós estaremos intrinsecamente respeitando seu ordenamento.

O teste na linha 19 é necessário para que não copiemos os nós nas posições para onde foram copiados os elementos do primeiro pai. Na linha 20 testamos para ver se o elemento ainda não foi usado. Se ele não foi, ele está contido no Vector, e, por conseguinte, o retorno do método `indexOf` é maior ou igual que zero. Se assim for, nas linhas 21 e 22 colocamos o nó (ou cidade) corrente do segundo pai no filho que está sendo criado.

Assim como no caso do *crossover* de dois pontos usado para *strings* de *bits*, o número de esquemas que este operador pode manter é limitado. Para aumentar o número de esquemas que podem ser trasmitidos para os filhos, podemos, também, fazer uma versão análoga ao funcionamento do *crossover* uniforme, que é o seguinte:

Passo 1 Gere uma string de bits aleatória do mesmo tamanho que os elementos (assim como no crossover uniforme)

Passo 2 Copie para o filho 1 os elementos do pai 1 referentes àquelas posições onde a string de bits possui um 1

Passo 3 Faça uma lista dos elementos do pai 1 referentes a zeros da string de bits

Passo 4 Permute esta lista de forma que os elementos apareçam na mesma ordem que no pai 2

Passo 5 Coloque estes elementos nos espaços do filho 1 na ordem gerada no passo anterior

Analogia Repita o processo para gerar o filho 2, substituindo o pai 1 pelo 2 e vice-versa

Olhando para o algoritmo, vemos que ele é equivalente ao anterior. A diferença única é que ao invés de pegarmos os elementos que estão em posições consecutivas (entre pontos de corte), pegamos elementos aleatoriamente distribuídos (correspondentes aos "1" do sorteio). Os elementos que "sobram" são tratados da mesma maneira que tratávamos os que "sobravam" fora dos pontos de corte, isto é, ordenados de acordo com o esquema do segundo pai e inseridos no filho.

Um exemplo prático do funcionamento do operador de *crossover* baseado em ordem pode ser visto na figura 10.5, na qual omitimos apenas o passo de analogia.

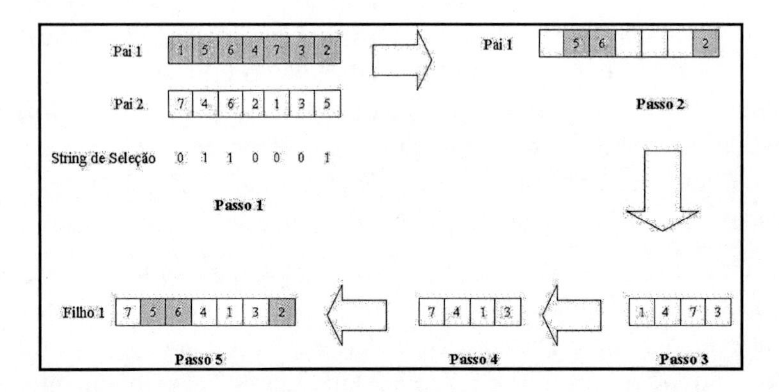

Fig. 10.5: Exemplo da atuação do operador de* crossover *baseado em ordem

A princípio, este operador pode parecer bastante complexo, mas na realidade é simples de implementar sobre as nossas estruturas de dados, sendo que agora conseguimos preservar os esquemas tanto do primeiro quanto do segundo pai, mantendo nossa forte analogia com os processos naturais de reprodução. O código fonte que o implementa é o seguinte:

```
1  public CromossomoGAOrdem
2  crossoverUniformeOrdem(CromossomoGAOrdem outro) {
3     CromossomoGAOrdem retorno=new
   CromossomoGAOrdem(this.nos.length);
4     int i,j,inicio,fim;
5     Vector v=new Vector();
6     for(i=0;i<nos.length;i++) {
7        if (Math.random()<0.5) {
8           v.add(new Integer(this.nos[i]));
9           retorno.nos[i]=-1;
10       } else {
11          retorno.nos[i]=this.nos[i];
12       }
13    }
14    j=0;
15    for(i=0;i<nos.length;i++) {
16       while((j<nos.length)&&(retorno.nos[j]!=-1)) {j++;}
17       if (v.indexOf(new Integer(outro.nos[i]))>=0) {
18          retorno.nos[j]=outro.nos[i];
19          j++;
20       }
21    }
22    return(retorno);
23 }
```

O funcionamento deste algoritmo é similar ao *crossover* de dois pontos baseado em ordem, descrito anteriormente. A principal diferença é que agora, em vez de copiar todos os elementos entre dois pontos de corte, copiamos elementos escolhidos ao acaso por todo o cromossomo.

Esta cópia é realizada pelo *loop* que vai das linhas 6 a 13. Na linha 7 fazemos um sorteio de um número entre 0 e 1. Se obtivermos um resultado acima de meio (correspondente a 50% de chances para cada pai), copiamos o nó corrente para o cromossomo filho. Caso contrário, copiamos o nó corrente para uma lista de nós não usados (mantida dentro do Vector *v*) e armazenamos –1 na posição corrente de forma que sabemos que esta deve ser preenchida posteriormente por um nó ou cidade vinda do outro pai.

O preenchimento das posições vazias é feito no *loop* que vai da linha 15 à linha 21. Neste, varremos todo o segundo pai (no loop controlado pela variável i) e verificamos se cada nó ou cidade ainda não foi usada no primeiro pai. Se não foi usado, ele está contido no Vector *v*, o que fará com que o teste da linha 17 seja verdadeiro. Antes deste teste, entretanto, há um *loop* na linha 16 que verifica qual é a próxima posição vazia no *array* do cromossomo que está sendo criado. Lembre-se de que marcamos, no primeiro *loop*, as posições vazias com os valores –1. Assim, basta que procuremos pelo próximo valor igual a –1 dentro do novo *array* e encontraremos a próxima posição vazia, que ficará armazenada no índice j (que controla a posição para onde devemos copiar). Este índice será usado na linha 18 para armazenar o nó ou cidade do segundo pai que não foi usada anteriormente.

10.3.d. Operador de mutação baseado em ordem

O princípio básico por trás do operador de mutação consiste em realizar mudanças locais em cromossomos. No caso de representação baseada em ordem, não há *bits* a inverter e não podemos designar valores aleatoriamente, pois poderíamos ter repetições de alguns nós, enquanto outros ficariam de fora. Logo, temos que operar com diversos genes de um mesmo cromossomo simultaneamente. Existem três maneiras básicas de fazê-lo: a permutação de elementos, a inversão de sublista e a mistura de sublistas.

A permutação de elementos é simples: escolhem-se dois elementos ao acaso dentro do nosso cromossomo e trocam-se as suas posições. O processo é mostrado na figura 10.6a, e o código fonte que o implementa é o seguinte:

```
1   public void mutacaoInv2() {
2      int i,inicio,fim;
3      inicio=(int) Math.round(Math.random()*nos.length);
4      if (inicio==nos.length) {inicio–;}
5      fim=inicio;
6      i=0;
7      while ((fim==inicio)&&(i<3)) {
8         fim=(int)Math.round(Math.random()*nos.length);
9         if (fim==nos.length) {fim–;}
10        i++;
11     }
12     i=nos[inicio];
13     nos[inicio]=nos[fim];
14     nos[fim]=i;
15  }
```

Nas linhas 3 e 4 sorteamos um nó para inverter. Nas linhas 7 a 11 sorteamos outro nó ou cidade. O objetivo do *loop* é tentar sortear uma posição diferente da anteriormente sorteada, de forma que seja efetivamente realizada uma mutação no cromossomo corrente.

O *loop* tem duas possibilidades de término: quando sorteamos uma posição diferente daquela inicialmente sorteada ou quando já tentamos fazer isto três vezes e ainda não conseguimos uma solução. Esta limitação é feita para evitar que o método continue eternamente, pois, em termos teóricos, nada impede que um extremo azar faça com que nós sorteemos o mesmo valor um número infinito de vezes[4]. Uma vez sorteados os dois elementos, fazemos a sua inversão nas linhas 12 a 14.

O operador de mutação que utiliza mistura de sublistas é igualmente simples. Escolhem-se dois pontos de corte dentro do nosso cromossomo, pontos estes que delimitarão uma sublista. Para realizar a mutação basta-nos então fazer uma permutação aleatória dos elementos desta sublista. Este processo é mostrado na figura 10.6b, e seu código fonte é o seguinte:

---

[4] As chances disto acontecer são iguais a $\left(\frac{1}{n}\right)^k$, onde n é o número de cidades e k é o número de sorteios, que é um número que tende a zero com uma velocidade impressionante, conforme k cresce. Entretanto, a prática da boa programação diz que não devemos confiar na sorte para garantir o término de nossos *loops*.

```
1  public void mutacaoMisturaSublista() {
2     int i,j,inicio,fim;
3     inicio=(int) Math.round(Math.random()*nos.length);
4     if (inicio==nos.length) {inicio—;}
5     fim=inicio+(int)Math.round(Math.random()*(nos.length-
inicio));
6     if (fim==nos.length) {fim—;}
7     Vector aux=new Vector();
8     for (i=inicio;i<=fim;i++) {
9        aux.add(new Integer(nos[i]));
10    }
11    j=inicio;
12    while (aux.size()>0) {
13       i=(int) Math.round(Math.random()*aux.size());
14       if (i==aux.size()) {i—;}
15       nos[j]=((Integer) aux.get(i)).intValue();
16       aux.remove(i);
17       j++;
18    }
19 }
```

O funcionamento deste código pode ser explicado de forma concisa. Nas linhas 3 e 4 sorteamos o primeiro ponto de corte e nas linhas 5 e 6, o segundo. Note que o segundo ponto de corte é sorteado entre o primeiro e o fim do cromossomo, de forma análoga ao que fizemos no *crossover* de dois pontos baseado em ordem.

Nas linhas 7 a 10 nós copiamos todos os nós ou cidades entre os pontos de corte para um Vector auxiliar e no *loop* que vai da linha 12 até a linha 18 escolhemos um elemento aleatório do Vector para copiar de volta para o *array*. O funcionamento deste *loop* é muito similar àquele descrito para a inicialização do cromossomo, e da mesma maneira que aquele, o término do *loop* é garantido pelo fato de que a cada iteração um elemento é removido do Vector, o que faz com que eventualmente a condição do *while* se torne falsa.

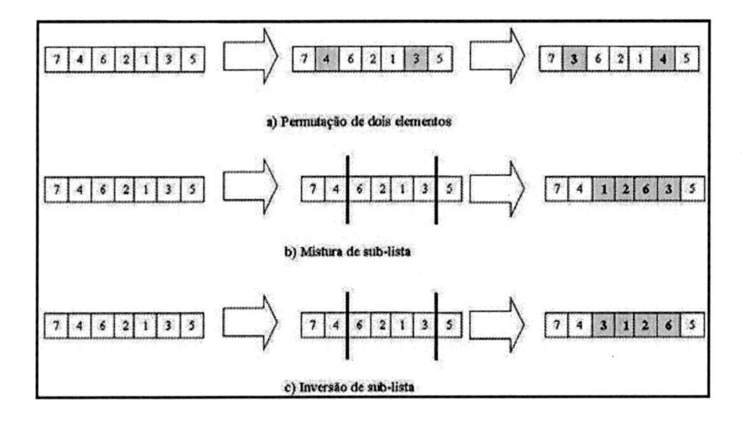

Fig. 10.6: Exemplos de operadores de mutação baseado em ordem

A última maneira mencionada de realizar a mutação consiste em inverter a lista sorteada, em vez de realizar uma mistura aleatória dos seus elementos. Este operador é mais conservador na preservação das arestas. Se considerarmos que o elemento fundamental do cromossomo são as arestas entre os elementos e se todas as arestas são simétricas (isto é, *i-j* é igual a *j-i*), então este é o operador de mutação mais conservador, rompendo o menor número de ligações entre nós ou cidades. Seu funcionamento pode ser visto na figura 10.6c e é dado pelo seguinte código-fonte:

```
1  public void mutacaoInversao() {
2     int i,inicio,fim;
3     inicio=(int) Math.round(Math.random()*nos.length);
4     if (inicio==nos.length) {inicio--;}
5     fim=inicio+(int)Math.round(Math.random()*(nos.length-
inicio));
6     if (fim==nos.length) {fim--;}
7     int aux[]=new int[fim-inicio+1];
8     for (i=inicio;i<=fim;i++) {
9        aux[i-inicio]=nos[fim-i+inicio];
10    }
11    for (i=inicio;i<=fim;i++) {
12       nos[i]=aux[i-inicio];
13    }
14 }
```

Nas linhas de 3 a 6 fazemos o sorteio de dois pontos de corte, como fizemos anteriormente no operador de mistura de sublista. Nas linhas de 8 a 10, copiamos os elementos para um vetor auxiliar na ordem inversa da que eles estavam no *array* original, e depois, nas linhas de 11 a 13, copiamos os elementos de volta para o vetor original.

Davis (1991) afirma que o operador de mistura de sublista é muito mais eficiente que o operador de mutação baseado em permutação de elementos. Tal declaração, apesar de totalmente empírica, é verdadeira em muitos casos. O operador de mistura de sublista tende a ser bastante agressivo apenas com uma fração do esquema usado, mantendo intactos os outros componentes. Quando os elementos mantidos são aqueles que fazem o cromossomo ter uma avaliação alta, resultados mais satisfatórios tendem a ser atingidos mais rapidamente.

10.3.e. Operador de recombinação de arestas

Existem outras maneiras de fazer o *crossover* de dois cromossomos baseados em ordem. Uma das mais interessantes é a técnica chamada de **recombinação de arestas** (*edge recombination*), ou ER.

Este método é baseado no conceito já mencionado de que a informação importante em um cromossomo não é a ordenação dos nós, mas sim as arestas entre eles, ou seja, o fato de que o caminho do caixeiro liga duas cidades diretamente ou que dois nós são ligados pelo processo de colori-los, um após o outro. Assim, os filhos gerados pelo *crossover* devem ser baseados na arestas entre os nós, e não na ordenação relativa entre eles.

O funcionamento do algoritmo pode ser descrito de forma geral pelo seguinte pseudo-código:

1. Monte a lista de arestas existentes em cada um dos dois pais.
2. Escolha o nó inicial de um dos pais.
3. Escolha uma dentre as arestas válidas para o nó escolhido, observando as seguintes recomendações:
   - Escolha o nó ou cidade com menor número de arestas válidas.
   - Se houver um empate, escolha uma dentre as vencedoras aleatoriamente.

- Se não houver arestas válidas para o nó escolhido, escolha qualquer uma aleatoriamente.

4. Repita o processo até que não haja mais nós a escolher.

Pode-se perceber que, na medida do possível, os dois filhos só terão arestas existentes em seus pais. Assim, eles preservarão as características estruturais que este operador foi projetado para transmitir.

Exemplo 10.2: Imagine que queremos, usando ER, gerar um filho para resolver o problema do caixeiro viajante e os nossos pais contêm os caminhos de sete cidades dados pelos cromossomos P_1=(1 2 4 5 6 7 3) e P_2=(4 5 7 2 6 1 3). O primeiro passo, a montagem da lista de arestas, pode ser feita seguindo um processo simples: em P_1, o nó 1 é seguido pelo nó 2 e antecedido pelo nó 3 (pense no cromossomo como representando um *tour* circular) e em P_2, o nó 1 é precedido pelo nó 6 e sucedido pelo nó 3 (que já havia sido listado anteriormente). Logo, as arestas incidentes ao nó 1 o ligam aos nós 2, 3 e 6. Seguindo este processo, podemos montar a seguinte lista de cidades conectadas (ou de cidades nas adjacências) a cada um dos nós:

- Nó 1: 2,3,6
- Nó 2: 1,4,6,7
- Nó 3: 1,4,7
- Nó 4: 2,3,5
- Nó 5: 4,6,7
- Nó 6: 1,2,5,7
- Nó 7: 2,3,5,6

O primeiro nó escolhido é a cidade 1, pois ele é o primeiro nó de P_1[5]. Poderíamos escolher uma aresta para as cidades 2, 3 ou 6, que têm respectivamente 4, 3 e 4 nós. Pela regra de escolher a cidade com menos arestas, escolhemos a cidade 3. Como não podemos mais escolher estes

[5] O outro filho gerado pelo crossover pode se iniciar com 4, o primeiro nó de P_2. Que tal fazer como exercício o processo análogo e gerar o segundo filho?

dois nós no mesmo cromossomo, eliminamo-nas da lista de adjacências, que se torna então:

- ◆ Nó 2: 4,6,7
- ◆ *Nó 3 (corrente): 4,7*
- ◆ Nó 4: 2,5
- ◆ Nó 5: 4,6,7
- ◆ Nó 6: 2,5,7
- ◆ Nó 7: 2,5,6

Agora, a nossa escolha para próximo nó recai entre os nós 4 e 7, que pertencem à lista de adjacências do nó 3. Eles possuem respectivamente 2 e 3 nós adjacentes, o que nos faz escolher o nó 4. Até agora, o nosso cromossomo filho é dado por (1 3 4 x x x x), onde o x representa posições não escolhidas, e nossa lista de adjacências agora fica:

- ◆ Nó 2: 6,7
- ◆ *Nó 4 (corrente): 2,5*
- ◆ Nó 5: 6,7
- ◆ Nó 6: 2,5,7
- ◆ Nó 7: 2,5,6

Escolhemos então entre os nós 2 e 5 de forma aleatória, pois ambos têm duas arestas incidentes. Supondo que escolhemos o nó 2, temos o filho (1 3 4 2 x x x) e a lista de adjacências:

- ◆ *Nó 2 (corrente): 6,7*
- ◆ Nó 5: 6,7
- ◆ Nó 6: 5,7
- ◆ Nó 7: 5,6

Novamente a escolha é aleatória entre os nós 6 e 7. Escolhemos o nó 6 e temos o filho (1 3 4 2 6 x x) e a seguinte lista de arestas:

- ◆ Nó 5: 7
- ◆ *Nó 6 (corrente): 5,7*
- ◆ Nó 7: 5

Escolhemos novamente de forma aleatória o nó 5 e só restará o nó 7 que finalizará nosso cromossomo filho, o qual ficará então (1 3 4 2 6 5 7).

Michalewicz (2010) cita experimentos que indicam que a taxa de falha, em que não temos nenhuma aresta para escolher, é muito baixa (cerca de 1%). Ademais, o operador ER é interessante pois preserva características estruturais do grafo subjacente à nossa representação, ao preservar as arestas entre os nós que o formam. Agora que analisamos o funcionamento deste operador, podemos ver a sua implementação em Java:

```
1  public CromossomoGAOrdem edgeRecombination(CromossomoGAOrdem
2  outro) {
3     CromossomoGAOrdem retorno=new
CromossomoGAOrdem(this.nos.length);
4     int i,j,k, prox_cidade, tam_prox;
5     int tam=this.nos.length;
6     int cid_corrente;
7     Vector ja_usadas=new Vector();
8     //Cria os vetores que vão armazenar as adjacências
9     Vector v[]=new Vector[tam];
10    for (i=0;i<tam;i++) {v[i]=new Vector();}
11    //cria a lista de arestas
12    for (i=0;i<tam;i++) {
13       v[this.nos[i]-1].add(new
Integer(this.nos[(i+1)%tam]));
14       v[this.nos[(i+1)%tam]-1].add(new
Integer(this.nos[i]));
15       v[outro.nos[i]-1].add(new
Integer(outro.nos[(i+1)%tam]));
16       v[outro.nos[(i+1)%tam]-1].add(new
Integer(outro.nos[i]));
17 }
18 cid_corrente=this.nos[0];
19 k=0;
20 while (ja_usadas.size()<tam) {
21    //corrente vai para posição correta e lista de usadas
22    retorno.nos[k++]=cid_corrente;
23    ja_usadas.add(new Integer(cid_corrente));
24    //remove a cidade corrente das listas de adjacências
25    for (i=0;i<tam;i++) {
26       j=0;
27       while(j>=0) {
28          j=v[i].indexOf(new Integer(cid_corrente));
```

```
29          if (j>=0) {v[i].remove(j);}
30 }
31 }
32 //escolhe a próxima cidade
33 if (v[cid_corrente-1].size()>0) {
34 prox_cidade=((Integer) v[cid_corrente-
1].get(0)).intValue();
35 tam_prox=v[prox_cidade-1].size();
36 for(i=1;i<v[cid_corrente-1].size();i++) {
37 j=((Integer) v[cid_corrente-1].get(i)).intValue();
38                if (v[j-1].size()<tam_prox) {
39                  prox_cidade=j;
40                  tam_prox=v[j-1].size();
41                }
42          }
43      } else {//Não há cidade na lista de adjacências
44          prox_cidade=-1;
45          for(i=1;((prox_cidade<0)&&(i<tam));i++) {
46            if (ja_usadas.indexOf(new Integer(i))<0) {
47              prox_cidade=i;
48            }
49          }
50      }
51      cid_corrente=prox_cidade;
52    }
53    return(retorno);
54 }
```

Esta rotina, pelo seu tamanho, pode parecer ameaçadora, mas vamos por partes e a entenderemos com mais facilidade. Primeiramente, nas linhas 8 e 9 criamos o vetor *v*, onde cada posição é um Vector. Cada um destes Vectors, que são criados todos vazios, armazena a lista de adjacências da cidade que ele representa.

No loop que vai das linhas 11 a 16 montamos esta lista de adjacências. Uma adjacência é criada entre o elemento da posição *i* e o da posição *i+1* de cada pai, e como temos que adicionar a adjacência às duas cidades de cada pai, temos um total de quatro atribuições.

Note um pequeno truque de programação nos índices do *array*, que é o uso da função módulo para o índice, que fica *(i+1)%tam*. O quarto elemento é adjacente ao quinto, o quinto ao sexto e assim por diante. Entretanto, o enésimo elemento não é adjacente ao enésimo-primeiro (que não existe), mas sim ao primeiro. Em Java, o primeiro elemento está na posição zero e o último, na posição *n-1*. Se somarmos um a *n-1*, chegamos a *n* e o resto da divisão dele por *n* é igual a zero, que é o primeiro elemento. Para todos os outros índices *k*, como *k+1* é menor do que *n*, então eles não são afetados pela divisão. Isto é o que chamamos de **indexação circular**.

Entramos no *loop* principal, que se inicia na linha 19. Repare que ele é controlado pelo número de elementos já usados. Como este número aumenta em um a cada iteração (linha 22), então o limite superior será atingido em algum momento e o método eventualmente terminará.

Nas linhas 21 e 22 adicionamos o nó ou cidade corrente respectivamente ao valor de retorno e à lista de já usadas e partimos para um *loop* nas linhas 24 a 30 que serve para excluir o nó ou cidade corrente de todas as listas de adjacências. Note que o *loop* interno (o *while* controlado pela variável *j*) existe pois um nó pode ocorrer mais de uma vez em uma lista de adjacências (basta que dois elementos sejam adjacentes nos dois cromossomos).

Temos agora que escolher o próximo nó ou cidade a ser acrescentado. Se a lista de adjacências do nó corrente está vazia, escolhemos o primeiro dos nós que ainda não foi usado (como vemos nas linhas 43 a 48) e que, na linha 47, se tornará o próximo nó corrente. Note que após o último nó ser escolhido, estas linhas serão executadas mais uma vez, mas isto não gera nenhum tipo de efeito no resultado.

Se a lista de adjacências do nó ou cidade corrente não está vazia, partimos para executar as linhas 34 a 41, onde escolhemos o nó pertencente à lista de adjacências que tem menos adjacências não exploradas. Para tanto, começamos escolhendo o primeiro, que existe necessariamente, posto que sabemos que a lista é não vazia, e depois, nas linhas 35 a 41, analisamos todos os outros da lista para ver se algum deles tem menos adjacências do que aquele que correntemente é considerado o menor. Se tiver (linhas 37 a 40), ele passa a ser considerado o menor de todos e será o próximo nó ou cidade corrente (linha 50).

O funcionamento desta rotina ficará ainda mais claro para você se você fizer o exercício 13 deste capítulo, que pede para que você faça um chinês de sua execução. Você verá que acompanhar a execução de uma rotina com o dedo ainda é a melhor maneira de compreendê-la!

10.3.f Operador de mapeamento parcial

Outro operador de crossover existente para o uso com representações baseadas em ordem é o de mapeamento parcial (PMX), que pode ser visto como um *crossover* de permutações. A ideia deste operador é trocar uma sequência intermediária entre os dois pais, garantindo no processo que ambos os filhos receberão o conjunto completo de nós existentes.

Para fazê-lo, seguem-se os seguintes passos:

1. Escolhem-se dois pontos de corte aleatoriamente nos pais.
2. Faz-se o mapeamento de cada nó entre os pontos de corte do primeiro pai com o do segundo pai.
3. Em cada pai, fazemos a inversão das posições entre os elementos do mapeamento.

Exemplo 10.3: Imagine que temos dois pais P_1=(1 2 4 5 6 8 9 7 3) e P_2=(4 5 8 7 6 3 2 9 1). Primeiramente, vamos sortear os pontos de corte, que são 3 e 5. Partimos então para a segunda fase e fazemos o mapeamento dos elementos entre os pontos de corte. Temos então a subsequência (5 6 8) do pai P_1 e a subsequência (7 6 3) do pai P_2. Fazendo a correspondência temos 5↔ 7, 6↔ 6, e 8↔ 3. Seguimos para o passo 3, onde fazemos a troca de posição entre os elementos do mapeamento. O primeiro filho, então, fica temporariamente como (1 2 4 | **7** *6* 3 | 9 **5** 8). Repare que o 5 e o 7 (em negrito) trocaram de lugar, assim como o 3 e 8 (sublinhados). O 6 (em itálico) não trocou de posição com ninguém, pois foi mapeado para ele mesmo. O outro filho é gerado pelo mesmo processo e resulta em (4 **7** 3 | **5** *6* 8 | 2 9 1), no qual usamos a mesma convenção gráfica que usamos para o primeiro filho.

A implementação em Java deste operador é a seguinte:

```
1  public CromossomoGAOrdem PMX(CromossomoGAOrdem outro) {
2      CromossomoGAOrdem retorno=(CromossomoGAOrdem)
this.clone();
3      int i,inicio,fim, aux1;
4      int mapeamento[]=new int[this.nos.length];
5      inicio=(int) Math.round(Math.random()*nos.length);
6      if (inicio==nos.length) {inicio—;}
7      fim=inicio+(int)
Math.round(Math.random()*(nos.length-inicio));
8      if (fim==nos.length) {fim—;}
9      for(i=0;i<this.nos.length;i++) {mapeamento[i]=-1;}
10     for(i=inicio;i<=fim;i++) {
11        mapeamento[this.nos[i]-1]=outro.nos[i];
12        mapeamento[outro.nos[i]-1]=this.nos[i];
13     }
14     for(i=0;i<cidades.length;i++) {
15        if (mapeamento[retorno.nos[i]-1]!=-1) {
16           aux1=mapeamento[retorno.nos[i]-1];
17           if (mapeamento[aux1-1]==retorno.nos[i]) {
18              retorno.nos[i]=mapeamento[retorno.nos[i]-1];
19           }
20        }
21     }
22     return(retorno);
23 }
```

Nas linhas 5 a 8 selecionamos os pontos de corte, enquanto que no loop da linha 9 limpamos todos os valores existentes dentro do *array* que armazenará os mapeamentos[6].

O *loop* das linhas 10 a 13 faz os mapeamentos entre todas as cidades de ambos os pais que estão dentro dos pontos de corte, mapeamento este que será usado no *loop* das linhas 14 a 21, onde se verifica se uma cidade está mapeada e, em caso afirmativo, faz-se a sua inversão, respeitado o teste da linha 17. Este teste verifica se, dado que o nó *i* acha que deve ser mapeado para o nó j, então o nó *j* acha que deve ser mapeado para o nó *i*.

[6] Poderíamos usar o fato de que o Java inicializa todas as variáveis para o valor zero, mas lembre-se do que seu professor de programação I ensinou: nunca esqueça de inicializar suas variáveis. Amanhã, a Sun pode lançar a versão X.Y.Z do Java que inicializa todos os valores para 1 e o seu programa pararia de funcionar. Moral da história: sempre inicialize suas variáveis! A repetição é proposital...

Ele ocorre para evitar uma situação de erro decorrente do fato de um nó ocorrer em ambos os pais dentro do intervalo de corte, o que acarretaria em duas trocas por um mesmo nó.

Vejamos um exemplo desta situação: sejam os pais (1 5 4 3 2 6) e (6 5 4 3 1 2) e imagine que escolhemos os pontos de corte 4 e 6. Logo, os mapeamentos realizados são 1 ↔ 2 (5ª posição) e 6 ↔ 2 (6ª posição). Entretanto, o segundo mapeamento ocorre depois, logo, o nó 2 "acha" que deve ser trocado com o nó 6, e não com o nó 1. Assim, sem o teste da linha 17, o nó 1 seria trocado pelo nó 2 e o nó 6 também, gerando o cromossomo (2 5 4 3 6 2), que é inválido.

Vamos dizer exatamente a mesma coisa que foi dita para o caso de operadores para cromossomos binários: não existe nenhuma lei que lhe impeça de usar vários operadores simultaneamente, usufruindo do poder de todos eles. Se quiser, pode usar uma roleta e sortear o operador a aplicar em cada par de pais.

10.3.f. Outros operadores de mutação

Uma ideia extremamente promissora é substituir (ou combinar) os operadores puramente aleatórios por outros operadores de *mutação* que tenham embutidas funções de otimização local. Assim, a cada aplicação de um operador de mutação, a solução explorará o espaço de soluções em torno do cromossomo corrente de forma a chegar a um máximo local da função de avaliação.

Desta forma, se o nosso GA usar elitismo, temos a possibilidade de garantir que o desempenho do GA será ao menos tão bom quanto a de um método de otimização local que seja inicializado no ponto sobre o qual aplicamos o operador de mutação.

Esta é a ideia fundamental dos algoritmos meméticos, que são explorados com mais detalhes na seção 13.4. Agora, vamos explorar um pouco este conceito quando aplicado a grafos.

Um operador de otimização local aplicado a grafos é o chamado *2-opt*. Ele verifica todos os pares de nós ou cidades existentes dentro do cromossomo e calcule qual seria a avaliação do cromossomo, caso este par fosse invertido, fazendo a inversão que garante o maior ganho de avaliação para o cromossomo corrente.

Este cromossomo estabelece uma vizinhança do cromossomo corrente para realizar a busca, sendo esta vizinhança definida como todos aqueles cromossomos que diferem do corrente por apenas uma inversão. A busca consiste em um algoritmo de *hill climbing*, otimizando a função de avaliação dentro desta vizinhança.

O número de pares ordenados existentes dentro de um cromossomo que contém n nós é dado por $C_2^n = \frac{n!}{2!(n-2)!} = \frac{n(n-1)}{2}$, que é um número de avaliações viável por iteração. Por exemplo, quando temos 100 nós ou cidades, o número de avaliações é igual a 4950, o que não chega a causar um impacto extraordinário no tempo de execução total do GA (se o cálculo da avaliação não tiver um custo computacional elevado).

Este método pode ser expandido para avaliar combinações de mais cidades dentro da população, o que nos daria os métodos *3-opt* *4-opt*, etc., que propiciam uma análise de uma vizinhança maior a cada iteração e, por conseguinte, podem encontrar soluções mais promissoras. O problema é que, cada vez que aumentamos em um o número de elementos nas combinações, multiplicamos o número de indivíduos avaliados por um fator proporcional a n, o que faz com que o tamanho da vizinhança cresça rapidamente e faça com que o GA possa se tornar excessivamente lento.

Por exemplo, no caso de usarmos o método *3-opt*, o número de cromossomos avaliados seria igual a $\frac{n(n-1)(n-2)}{3!}$. No caso de termos 100 nós ou cidades, teríamos que fazer 161.700 testes (mais de 30 vezes maior que o impacto causado pelo método *2-opt*), o que já causa um impacto mais significativo em termos de tempo de execução. O método de *4-opt*, por sua vez, causa um gasto de tempo ainda maior: para os mesmos 100 nós ou cidades, requer a execução de cerca de quatro milhões de avaliações. Isto é consistente com o fato de que sempre que aumentamos a amplitude da nossa busca dentro do espaço de soluções, temos que pagar o preço em termos de complexidade computacional. Lembre-se sempre de que na informática, como na vida, não existe almoço grátis.

10.3.g. Operador *Inver-Over*

O operador *Inver-Over* trabalha de forma isolada, substituindo tanto o operador de *crossover* quanto o de mutação. Ele aplica uma forte seleção sobre os indivíduos e usa um ou dois pais a cada iteração. Seu funcionamento é dado pelo seguinte pseudo-código:

```
Selecione um pai Si da populaçao.
S' ← Si
Selecione aleatoriamente um nó c de S'
Repita
 Selecione um número ps aleatoriamente
 Se ps<p então
   Sorteie um nó c' "à direita" de c
 Senão
   Sorteie outro indivíduo S2 da população
   c'← nó adjacente a c em S2.
 Fim Se
 Se c' é adjacente a c então
   Saia do loop
 Fim Se
 Inverta a seleção do nó c até o nó c' em S'
 c ← c'
 Se avaliação(S') melhor que avaliação(Si) então
   Si ← S'
 Fim Se
Fim Repita
```

O resto do GA procede como todo GA tradicional. A única exceção é o fato de que o operador *Inver-Over* é aplicado a todos os pais, ao invés de uma seleção de pais feita por algum mecanismo aleatório, como a roleta viciada. Isto ocorre pois o operador *Inver-Over* é equivalente, de certa forma, a um processo de busca local, otimizando as conexões localmente para melhorar o indivíduo corrente ao máximo.

Para garantir que o *loop* não se estenda de forma indeterminada, levando eventualmente a uma repetição infinita, pode-se acrescentar um controle no comando de repetição, de forma que o *loop* se encerre após um certo número *n* de aplicações do operador no indivíduo corrente.

O parâmetro p representa uma probabilidade (baixa) que é usada como controle do operador de *Inver-Over*. Se o número sorteado ficar abaixo dela, faremos o equivalente a uma mutação de inversão. Caso contrário, selecionaremos um outro pai aleatoriamente na população, para realizar uma operação que guarda uma certa semelhança com o *crossover* tradicional de dois pais.

Exemplo 10.4: Imagine que determinamos que o valor de p é 0,02 e o indivíduo selecionado para aplicação do operador é $S_i \leftarrow$ (1 7 4 8 6 5 2 3) e sua avaliação, conforme uma função previamente definida, é igual a 60, em um problema de minimização (quanto menor a função, melhor). O nó c inicialmente selecionado é igual a 4.

Sorteamos um número p_s igual a 0,01. Como ele é menor do que p, então vamos escolher uma cidade c' qualquer à direita do nó 4. Selecionamos então o nó 2. Invertemos então a subsequência (8 6 5 2), que é a sequência que começa logo depois do nó c=4 e vai até a cidade c' selecionada nesta iteração. O novo cromossomo S' é dado por (1 7 4 ***2 5 6 8*** 3), onde vemos em negrito a sequência invertida. Esta inversão corresponde à criação de novas arestas que possivelmente não existiam na população e é importante, como todo operador de mutação, para inserir diversidade na população, e impedir que a busca fique restrita a um espaço de busca limitado definido pela população inicial.

Imaginemos então que a avaliação deste novo indivíduo é igual a 65, isto é, ele é pior que a avaliação original do cromossomo (lembre-se de que o problema do caixeiro viajante consiste em *minimizar* uma distância). Isto quer dizer que não atualizamos o indivíduo S_i, mas agora o nó c é igual a 2.

Repetimos o sorteio e obtemos o número p_s=0,83, ou seja, $p_s>p$. Isto faz com que tenhamos que sortear um novo indivíduo na população e o fazemos, escolhendo o indivíduo (1 2 3 4 5 6 7 8). Neste indivíduo, o nó adjacente ao nó c=2 é o nó 3. Logo fazemos c' assumir este valor e voltamos para o cromossomo S' corrente e invertemos a subsequência que começa "à direita" de c e vai até c'. O novo indivíduo S' é dado por (1 7 4 2 *3 8 6 5*), onde a sequência invertida está em itálico. Esta atuação corresponde a criar dentro do indivíduo *S'* a aresta (2 3), que existia no outro cromossomo selecionado da população. Podemos dizer que, de certa forma, o processo lembra o operador de recombinação de arestas. Supondo que a avaliação do novo indivíduo *S'* é 55, ele é melhor do que a avaliação original, logo fazemos $S_i \leftarrow S'$ e *c*=3 (pois este era a atual *c'*).

Se por acaso o nó adjacente a *c* dentro do indivíduo sorteado ficasse à esquerda do nó *c* em *S'*, o processo é idêntico, só que, em vez de invertemos a lista que vai de *c* a *c'*, inverteremos a lista que vai de *c'* a *c* (não incluído). De qualquer maneira, a aresta (c c') será criada em S'.

Repetimos o sorteio e obtemos p_s=0,26, o que nos obriga a selecionar outro cromossomo da população. Ao fazê-lo, obtemos o indivíduo (1 4 5 2 3 8 7 6). O nó adjacente ao nó 3 neste indivíduo sorteado é 8, e a aresta (3 8) já existe dentro de *S'*, o que nos faz entrar dentro do teste `Se c' é adjacente a c` Então e sair do *loop*.

Michalewicz (2010) aponta uma série de estudos que mostram que os GAs que usam o operador *Inver-Over* são extremamente velozes e precisos, tendo atingido um resultado muito próximo da solução ótima em vários casos de teste. Como sempre, não há um estudo teórico formal que prove que esta situação se repetirá em todos os problemas possíveis. Entretanto, este é um operador que vale a pena usar quando a representação baseada em ordem for considerada para o problema.

10.4. REPRESENTAÇÃO NUMÉRICA

10.4.a. Conceitos básicos

A representação binária de tamanho fixo tem dominado a pesquisa de algoritmos genéticos desde o seu início. Entretanto, as boas características dos GAs e seu bom desempenho na busca de soluções não têm relação direta com o fato de usarmos uma representação binária. Ao contrário, existem certas peculiaridades da representação binária, como os abismos de Hamming, que criam artefatos quando lidamos com otimização contínua. Logo, seria mais razoável buscar uma representação mais adequada para o problema que enfrentamos (Herrera, 1998).

Em muitos problemas do cotidiano, o mais natural seria usar cromossomos que representam diretamente os parâmetros sendo otimizados como números reais, de forma que espaços de busca contínuos (em $\Re$) sejam representados de forma mais direta e, espera-se, mais eficiente.

O uso de cromossomos contendo números reais é parte de uma estratégia de simplificação baseada no princípio KISS[7]. Afinal, por que criar uma representação que necessita de uma função de mapeamento e pode introduzir artefatos de representação, quando podemos usar cromossomos que representam diretamente os elementos sendo otimizados? O uso de cromossomos reais consiste em tornar iguais o genótipo (representação interna) e o fenótipo (valor usado no problema), retirando todos os efeitos de interpretação associados a situações em que os dois são diferentes.

O princípio KISS é fundamental quando lidamos com algoritmos genéticos (e com outras técnicas de otimização também), não só quando lidamos com parâmetros numéricos. Lembre-se sempre de que a representação usada tem que se adequar ao problema, e não o contrário. O fato de você "gostar" ou estar mais acostumado com um determinado tipo de representação não significa que ele se torne imediatamente o mais adequado para o próximo problema a ser resolvido.

Além disto, existem outros fatores interessantes a considerar. Ao usar uma representação real, utilizamos o máximo de precisão que nosso computador é capaz de fornecer, e nosso cromossomo tem o tamanho mínimo para o problema, igual ao número de parâmetros que estão sendo otimizados, pois cada gene passa a representar exatamente uma das variáveis de interesse.

Outra vantagem da representação real é a possibilidade de usar domínios grandes, mantendo a precisão, sem aumentar o tamanho do cromossomo. Tendo em vista que os computadores tendem a usar a representação de números reais da norma IEEE 754, o tamanho da representação interna dos números será sempre o mesmo.

[7] A expressão Keep It Simple, Stupid foi cunhada como uma analogia engraçada do princípio que elegeu Bill Clinton ("It's the economy, stupid!") e não como uma tentativa de ofender.

Vamos então discutir, nesta seção, como modificar o nosso GA para adequá-lo à resolução de problemas de otimização contínua. O primeiro passo consiste em modificar nosso cromossomo: em vez de termos uma *string* de *bits*, passaremos a ter uma lista de números reais, de tal forma que o indivíduo j que busca otimizar o valor de exatamente k parâmetros pode ser representado pela lista dada por $\{c_1^j, c_2^j, ..., c_k^j\}$, onde c_m^j representa o número contido na coordenada m $(1 <= m <= k)$ do indivíduo j. Com base nesta representação podemos definir então nossos novos operadores, o que faremos nas seções a seguir.

10.4.b. Operador de *crossover* real

Assim como no caso binário, existem vários tipos diferentes de *crossover* para cromossomos reais, e iremos discutir todos, de forma gradual. Para cada um dos cromossomos, entenderemos, como descrito na seção anterior, haver n pais com k posições cada e sua representação é dada por $\{c_1^j, c_2^j, ..., c_k^j\}$, sendo j o índice do pai, podendo variar de 1 a n, e o índice inferior representando a posição do valor dentro do cromossomo, podendo variar de 1 a k.

O primeiro e mais simples de todos os operadores de *crossover* aplicáveis a cromossomos reais é o equivalente ao *crossover* de um ponto usado nos cromossomos binários. Este operador é chamado de ***crossover* simples** e consiste em definir um ponto de corte e tomar os valores de um pai à esquerda do ponto de corte e valores de outro pai à direita do ponto de corte. A única diferença do *crossover* simples para o *crossover* de um ponto é o fato de que no *crossover* simples todos os pontos de corte estão localizados entre os valores reais (que representam os genes), nunca podendo acontecer no meio de um número, como no caso binário. Pode-se ver um exemplo do funcionamento deste *crossover* na figura 10.7.

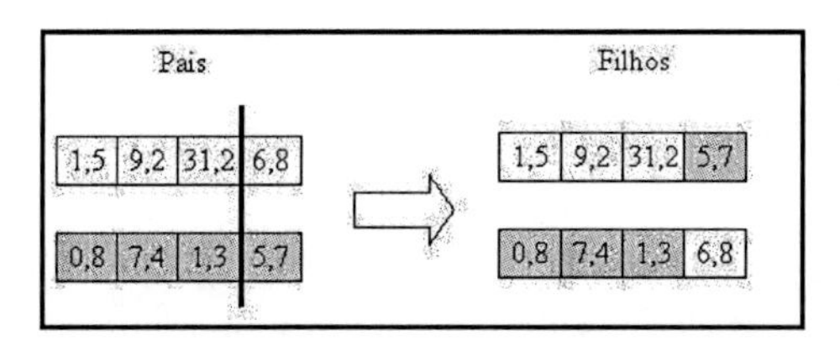

Fig. 10.7: Exemplo de operação do* crossover *simples. Um ponto de corte foi escolhido de forma aleatória e os elementos foram copiados para os filhos de forma similar ao crossover de um ponto.

O código que realiza este *crossover* é o seguinte:

```
1  public CromossomoReal crossoverSimples(CromossomoReal outro) {
2     int i,corte;
3     double valor,min,max;
4     CromossomoReal filho=new CromossomoReal(this.valores.length);
5     corte=(int) Math.round(Math.random()*this.valores.length);
6     if (corte==this.valores.length) {corte–;}
7     for(i=0;i<this.valores.length;i++) {
8        if (i<corte) {
9           min=this.getLimiteInferior(i);
10          max=this.getLimiteSuperior(i);
11          valor=this.getPosicao(i);
12       } else {
13          min=outro.getLimiteInferior(i);
14          max=outro.getLimiteSuperior(i);
15          valor=outro.getPosicao(i);
16       }
17       filho.setLimiteInferior(i,min);
18       filho.setLimiteSuperior(i,max);
19       try {
20          filho.setPosicao(i, valor);
21       } catch (CromossomoRealException e) {
22       }
23    }
24    return(filho);
25 }
```

Este código é extraordinariamente similar ao gerado para o *crossover* de um ponto para cromossomos binários mostrado na seção 4.5.a, o que facilita bastante sua compreensão. A similaridade entre os códigos deriva do fato de ambos os operadores terem uma forma de atuação extremamente parecida.

Nas linhas 4 e 5 selecionamos o ponto de corte no qual os pais serão quebrados. No *loop* que vai da linha 7 à linha 23 fazemos a cópia dos elementos. O teste da linha 8 verifica qual pai nós estamos usando e então acertamos os limites máximo e mínimo do filho de acordo. Em tese ambos os pais usam o mesmo limite inferior e superior para cada posição, mas como isto pode não ser verdade, usamos os limites do pai apropriado[8].

Na linha 20 fazemos a designação do valor para o filho. Note que esta chamada de método está em um bloco `try-catch`. Isto será comum em todos os operadores e deriva do fato de que não permitimos que o usuário defina um valor fora dos limites de operação de cada coordenada. Como definimos o *array* que armazena os valores como tendo visibilidade private, a única maneira de alterá-lo é através do método `setPosicao`. Este, por sua vez, gera uma exceção de uma subclasse de `CromossomoRealException` quando tentamos violar estes limites. Assim, sempre saberemos quando um erro de atribuição ocorreu e poderemos tratá-lo de acordo.

O segundo tipo de *crossover* é chamado de ***crossover flat*** e consiste em estabelecer um intervalo fechado para cada par de valores no cromossomo, do menor valor armazenado até o maior e escolher um valor aleatório pertencente a este intervalo. Pode-se ver um exemplo do funcionamento deste *crossover* na figura 10.8.

Este crossover tem um pouco de mutação dentro de si e nele os dois filhos podem ser bastante diferentes de ambos os pais, especialmente se os valores armazenados nestes definirem um amplo intervalo para o sorteio. Entretanto, se sua função de avaliação é convexa, ele funciona bastante bem.

---

[8] Um dos princípios da boa programação é ser defensivo em relação aos erros que podem ocorrer. Muitas verificações foram omitidas aqui por questões de espaço ou de simplicidade, mas isto só é justificável pois isto é uma livro didático. Na vida real, você nunca deve deixar de testar qualquer condição de erro possível.

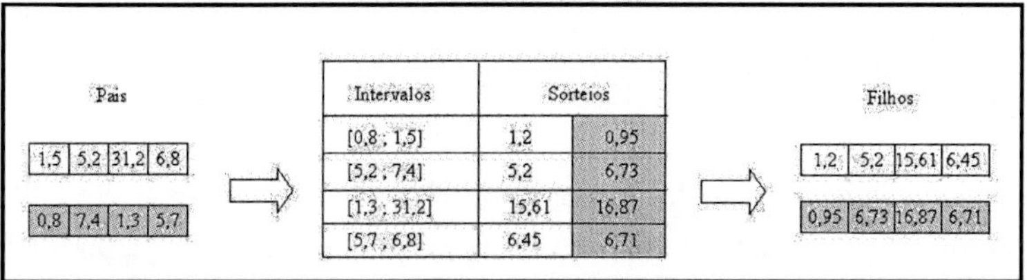

Fig. 10.8: Exemplo de operação do* crossover flat. *Uma escolha completamente aleatória é feita para os valores de cada filho, os intervalos de cada escolha limitados pelos valores máximo e mínimo de cada pai. Note que este operador é extensível para o caso de múltiplos pais, só precisando determinar o máximo e o mínimo de um grupo de n elementos, $n^{3}2$.

O código que realiza este *crossover* é o seguinte:

```
1  public CromossomoReal crossoverFlat(CromossomoReal outro) {
2     CromossomoReal retorno=(CromossomoReal) this.clone();
3     double aux,min,max;
4     for(int i=0;i<this.valores.length;i++) {
5        if (outro.getLimiteInferior(i)<this.getLimiteInferior(i)) {
6           retorno.setLimiteInferior(i, outro.getLimiteInferior(i));
7        }
8        if (outro.getLimiteSuperior(i)<this.getLimiteSuperior(i)) {
9           retorno.setLimiteSuperior(i, outro.getLimiteSuperior(i));
10       }
11       if (outro.getPosicao(i)>this.getPosicao(i)) {
12          min=this.getPosicao(i);
13          max=outro.getPosicao(i);
14       } else {
15          min=outro.getPosicao(i);
16          max=this.getPosicao(i);
17       }
18       aux=min+Math.random()*(max-min);
19       try {
20          retorno.setPosicao(i,aux);
21       } catch (CromossomoRealException e) {
22       }
23    }
24    return(retorno);
25 }
```

Nas linhas de 5 a 10 definimos quais serão os limites aplicados à posição corrente do filho, que devem ser os mais largos dentre os limites dos pais para garantir que os valores gerados são válidos (em tese, os limites de ambos os pais são iguais, mas não podemos garantir isto *a priori*).

Nas linhas 11 a 17 determinamos qual dentre os dois pais tem o menor valor e qual tem o maior valor atual dentro da coordenada e na linha 18 sorteamos um valor aleatoriamente entre estes dois limites. Na linha 19 temos um bloco try, cuja finalidade já explicamos no *crossover* simples, cercando a atribuição efetiva do valor para o filho, que ocorre na linha 20. Como acabamos de definir os limites, sabemos que nunca incorreremos em erro. Entretanto, quando é definido que um método causa (throws) uma exceção, é impossível chamá-lo sem cercar esta chamada por um bloco do tipo try-catch.

O terceiro tipo de *crossover* é o ***crossover* aritmético**, para o qual define-se um parâmetro $\lambda \in [0,1]$, e calcula-se cada posição do primeiro filho através da fórmula $c_l^{filho1} = \lambda c_l^1 + (1-\lambda)c_l^2$, onde l é o índice da posição que varia de 1 a k.

Um exemplo do funcionamento deste operador pode ser visto na figura 10.9[9].

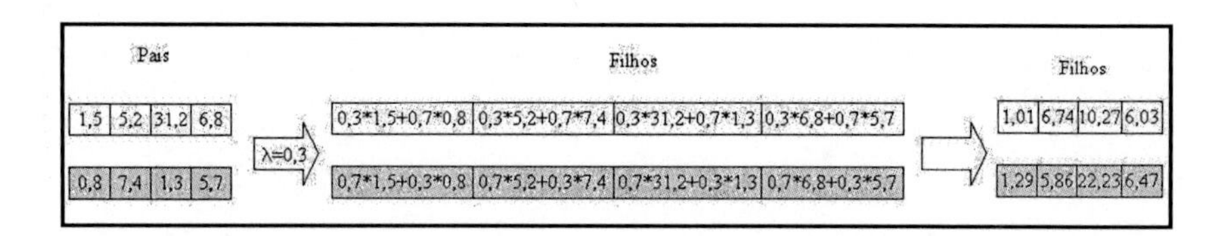

Fig. 10.9: Exemplo de operação do* crossover *aritmético, definindo o parâmetro λ de forma arbitrária com o valor 0,3.

[9] Este *crossover* é ainda mais interessante quando a função de avaliação é convexa, pois, neste caso, todos os valores gerados pelo *crossover* são válidos e ele realiza uma exploração competente do espaço de busca.

O código que realiza este operador é o seguinte:

```
1  public CromossomoReal crossoverAritmetico(CromossomoReal o,
2  double k) {
3     CromossomoReal filho=new CromossomoReal(this.valores.length);
4     int i;
5     for(i=0;i<this.valores.length;i++) {
6        if (this.getLimiteInferior(i)<o.getLimiteInferior(i)) {
7           filho.setLimiteInferior(i,this.getLimiteInferior(i));
8        } else {
9           filho.setLimiteInferior(i,o.getLimiteInferior(i));
10       }
11       if (this.getLimiteSuperior(i)>o.getLimiteSuperior(i)) {
12          filho.setLimiteSuperior(i,this.getLimiteSuperior(i));
13       } else {
14          filho.setLimiteSuperior(i,o.getLimiteSuperior(i));
15       }
16       try {
17          filho.setPosicao(i,this.valores[i]*k+(1-k)*
o.getPosicao(i));
18       } catch (CromossomoRealException e) {
19       }
20    }
21    return(filho);
22 }
23
24 public CromossomoReal crossoverAritmetico(CromossomoReal o) {
25    return(this.crossoverAritmetico(o,0.5));
26 }
```

Note que existem duas versões do operador, uma que recebe dois parâmetros (o segundo pai e o valor de lambda, representado por k) e outra que vai da linha 23 a 25 e recebe apenas um parâmetro (o segundo pai). Este é um típico exemplo de função sobrecarregada e o segundo caso simplesmente chama o primeiro, assumindo um valor padrão para o segundo parâmetro.

No nosso caso definimos o valor padrão como sendo 0,5, isto é, realizamos, por *default,* uma média aritmética entre os dois pais, o que faz com que os dois filhos gerados sejam iguais (não é uma preocupação aqui pois, como em todos os casos anteriores, por questões de simplicidade, estamos gerando apenas um filho). Entretanto, esta definição é completamente arbitrária e pode ser mudada sem problemas.

Nas linhas 5 a 13 acertamos os limites superior e inferior do filho que está sendo gerado e na linha 16 acertamos o valor armazenado na sua posição corrente, que segue a fórmula aritmética deste operador. Note que a definição do valor foi devidamente cercada por um bloco `try-catch`, como explicado anteriormente.

Existe uma pequena variante deste tipo de *crossover* que é chamada de ***crossover* linear**. Neste, o valor de λ é definido como sendo ½ (como no nosso caso padrão). Como discutido anteriormente, neste caso os dois filhos seriam iguais, e modificamos o operador de forma que sejam gerados então três filhos, de acordo com as seguintes fórmulas:

- $c_l^{filho1} = \frac{c_l^1}{2} + \frac{c_l^2}{2}$

- $c_l^{filho2} = \frac{3*c_l^1}{2} - \frac{c_l^2}{2}$

- $c_l^{filho3} = -\frac{c_l^1}{2} + \frac{3*c_l^2}{2}$

Para manter o tamanho da população, todos são avaliados e o pior deles é descartado. Esta forma é a que impõe maior pressão seletiva sobre os filhos. Pode-se diminuir esta pressão sorteando-se aleatoriamente o filho a ser excluído, mas os resultados obtidos tendem a ser piores neste caso.

Assim como existe uma versão do *crossover* de um ponto, existe também uma versão do *crossover* uniforme, chamada de ***crossover* discreto**. Neste caso, faz-se um sorteio para escolher em cada posição l um elemento pertencente ao conjunto dado por $\{c_l^1, c_l^2\}$ e o segundo filho recebe o elemento não sorteado para o primeiro. Um exemplo do funcionamento deste operador pode ser visto na figura 10.10. Este operador é mais eficiente quando a função de avaliação é linear, não havendo termos cruzados entre os valores armazenados[10].

[10] Entretanto, neste caso, talvez fosse interessante usar um método tradicional de otimização, como o Simplex, por exemplo. Veja o apêndice B para a discussão de outros métodos de otimização.

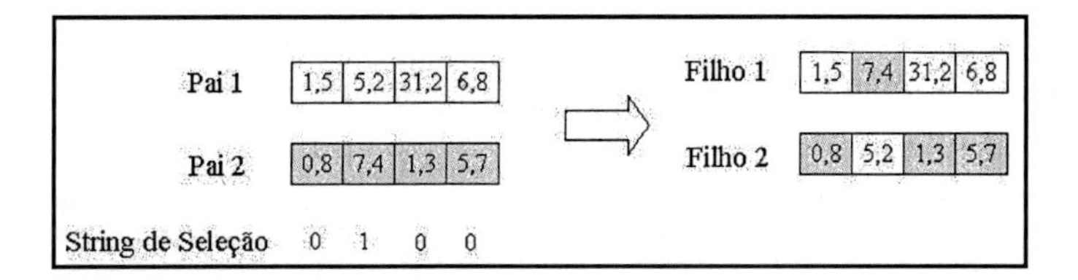

Fig. 10.10: Exemplo de operação do crossover discreto. Ao sortearmos o valor 0, usamos no primeiro filho a coordenada do primeiro pai e ao sortearmos o valor 1 usamos a coordenada do segundo. O segundo filho é montado com as coordenadas não usadas pelo primeiro. O funcionamento é perfeitamente análogo à maneira como opera o crossover uniforme nos cromossomos binários.

O código que implementa este operador é o seguinte:

```
1  public CromossomoReal crossoverDiscreto(CromossomoReal outro) {
2     CromossomoReal retorno=(CromossomoReal) this.clone();
3     for(int i=0;i<this.valores.length;i++) {
4        if (java.lang.Math.random()<0.5) {
5           retorno.setLimiteInferior(i,outro.getLimiteInferior(i));
6           retorno.setLimiteSuperior(i,outro.getLimiteSuperior(i));
7           try {
8             retorno.setPosicao(i, outro.getPosicao(i));
9           } catch (CromossomoRealException e) {
10          }
11       }
12    }
13    return(retorno);
14 }
```

A operação deste método ocorre da seguinte maneira: na linha 2 fazemos uma cópia do cromossomo corrente para o filho a ser gerado. Note que cópias devem usar o método `clone()`, que só pode ser sobrecarregado por objetos de classes que implementem a interface Cloneable[11].

[11] Para uma boa explicação do uso da interface Cloneable, consulte o site no endereço da Internet (verificado em maio/2011) http://javaqna.wordpress.com/2008/03/03/all-about-cloneable-interface-clone-method/. É importante entender que não se pode fazer uma atribuição direta, do tipo retorno=this pois isto significa igualar os ponteiros dos objetos, isto é, qualquer modificação feita no filho (retorno), refletir-se-á também no pai (this). Esta atribuição fará com que haja apenas um objeto, com dois ponteiros para ele, e não dois objetos com ponteiros independentes, como desejamos.

O sorteio da linha 4 dá 50% de chance que a informação venha do segundo pai. Se for decidido que a informação vem do primeiro pai, nada precisa ser feito, posto que o filho já é um clone do mesmo. Se for decidido que a informação vem do segundo pai, as linhas 5 e 6 definem os limites do filho de acordo com os limites definidos originalmente por este pai e as linhas 7 a 10 realizam a definição do valor efetivamente armazenado na coordenada do filho, definição esta que foi devidamente cercada por um bloco `try-catch`, como explicado anteriormente.

10.4.c. Operador de mutação real

Assim como no caso do operador de *crossover*, existem várias versões distintas do operador de mutação que descreveremos a seguir. A nomenclatura usada nesta seção segue as convenções ditadas na seção anterior para o cromossomo e os valores nele armazenados.

O primeiro operador, e o mais simples de todos, é chamado de **mutação aleatória**. Neste caso, um valor qualquer no intervalo fechado, do menor valor daquela coordenada até o maior, é escolhido de forma aleatória. Um exemplo do funcionamento deste operador pode ser visto na figura 10.11. Os limites para o sorteio devem ser conhecidos *a priori*, e representam o espaço de busca para aquela posição. No caso do nosso código, existem dois limites, definidos pelas funções que estabelecem estes limites, respectivamente `setLimiteInferior` e `setLimiteSuperior`.

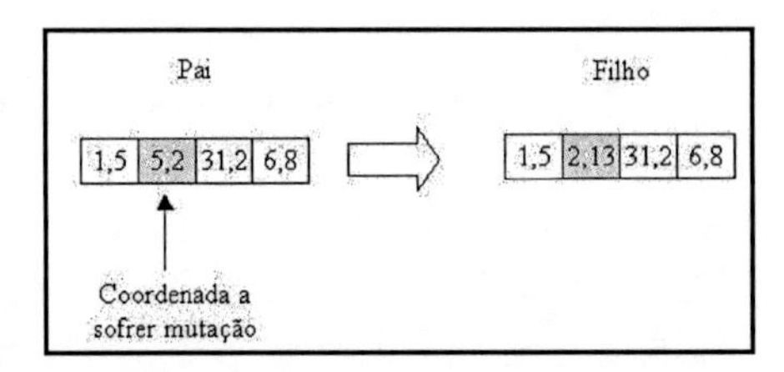

***Fig. 10.11:* Exemplo de atuação do operador de mutação aleatória. Os limites para o sorteio do novo valor da coordenada a sofrer mutação são dados pelas restrições e definições do problema.**

O modo de atuação do operador de mutação aleatória é extremamente parecido com o do *crossover flat*, só que agindo em um único pai e uma única posição, em vez de todas ao mesmo tempo. Assim, pode-se concluir que não se deve usar os dois ao mesmo tempo, para que a exploração do espaço de busca seja bem eficiente.

Este operador pode causar uma grande variação no valor da posição, o que é bom como tática exploratória, enfatizando o aspecto de *exploration* do GA. Entretanto, ao fim da execução, quando a população já convergiu para boas soluções, podemos querer um operador que seja menos agressivo em termos de mudança. Neste caso, podemos usar uma versão do operador que concentre suas alterações em pequenos valores em torno do valor corrente, versão esta que é frequentemente utilizada nas estratégias evolucionárias e cujo funcionamento é discutido na seção 11.1 deste livro.

Outra maneira de utilizar uma mutação que tenha um comportamento exploratório no início do processo e um comportamento de ajuste fino ao seu fim é usar o **operador de mutação não uniforme**. Este operador faz um sorteio de um valor t, que pode ser zero ou um e determina o valor da mutação a partir da seguinte fórmula:

$$c_i' = \begin{cases} c_i + \Delta(t, \sup_i - c_i), \tau = 0 \\ c_i - \Delta(t, c_i - \inf_i), \tau = 1 \end{cases}, \text{ onde:}$$

- t é a geração corrente
- c_i é o valor da coordenada sofrendo mutação
- sup_i e inf_i são respectivamente os valores máximo e mínimo admitidos para a coordenada.

O valor de Δ é calculado, por sua vez, através da seguinte fórmula:

$$\Delta(t, y) = y * (1 - r^{(1 - \frac{t}{g_{max}})^b}), \text{ onde:}$$

- t é a geração corrente
- y é o valor máximo da mutação.
- g_{max} é o número de gerações máximo que vamos executar.
- r é um parâmetro do algoritmo determinado no intervalo (0,1).

- b é um parâmetro que controla o grau da dependência do valor da mutação com o número de gerações. Quanto maior este valor, mais rápido o valor calculado para Δ vai a zero.

Este operador é bastante agressivo quando o número de gerações é pequeno, obtendo assim um forte componente exploratório, bastante próximo de uma *random walk*. Conforme o número de gerações vai crescendo, o expoente de r vai se aproximando de zero e, por conseguinte, os valores calculados para Δ também o vão, o que faz com que a mutação adquira um caráter de ajuste fino.

Neste ponto, às vezes pode ser interessante usar como operador de mutação alguma técnica tradicional de otimização local, como algum método de *hill-climbing*. Entretanto, é normal que o uso exclusivo de técnicas tradicionais de otimização isoladamente não gere bons resultados, especialmente porque o número de máximos locais é limitado e a população tende a convergir muito rapidamente quando esta técnica de mutação é a única aplicada. O ideal pode ser combinar os dois tipos de operadores, fazendo uma seleção aleatória entre os operadores.

10.5. VALORES CATEGÓRICOS

Muitas vezes, somos obrigados a representar valores que não são contínuos no espaço de representação, como é o caso dos números inteiros ou de **valores categóricos** (tipo de campo que pode assumir um entre um conjunto de valores predefinidos). Exemplos de dados categóricos incluem bases de DNA (um dentre os valores A, C, G ou T), patente militar (soldado, cabo, sargento, tenente etc.), se a pessoa está doente (valor Booleano, podendo assumir os valores verdadeiro ou falso, o que nos remete novamente à representação binária), ou a direção que podemos seguir (Norte, Sul, Leste ou Oeste).

Em alguns destes caso os valores são naturalmente ordenados, como é o caso dos números inteiros ou das patentes militares, e existe o conceito de proximidade inerente (por exemplo, 2 é mais próximo de 3 do que de 4, e capitão é mais próximo de tenente do que de recruta). Entretanto, qualquer ordenação que se tentar impor a valores relativos a direções ou a bases de DNA seria absolutamente artificial.

Muitos trabalhos recentes têm usado a representação binária com um número de bits adequado para dados categóricos, mas isto é problemático pois pode impor uma estruturação também artificial a estes dados, tanto em termos de distância entre valores quanto em termos de aplicação de operadores, como podemos ver no exemplo a seguir.

Exemplo 10.5: Imagine, por exemplo, a situação em que temos que representar uma direção, como leste, oeste, norte ou sul. Se usarmos uma representação binária usaremos dois *bits*, representando da seguinte maneira:

- Leste=00
- Oeste=01
- Norte=10
- Sul=11

Esta definição é arbitrária, mas não muda o que vamos discutir, pois qualquer outra atribuição de valores apresentaria o mesmo problema que vamos descrever agora. Se temos em um gene o valor Sul, então ele conterá os *bits* 11. Ao aplicar o operador de mutação, precisamos alterar apenas um *bit* para chegar aos valores Norte (10) e Oeste (01), mas precisamos alterar 2 *bits* simultaneamente para chegar ao valor Leste (00). Isto quer dizer que, se temos uma percentagem de mutação igual a p_m, então a chance de mudarmos para os valores oeste e norte igual a p_m, mas para o valor oeste, de apenas p_m^2. Isto representa uma grande diferença: se p_m=1%, então a chance de mudarmos para oeste ou norte é de 1%, mas para leste, de apenas 0,01%. A pergunta que se impõe é: por que deveria haver qualquer diferença, se todas as direções são iguais? O código de Gray não resolve isto, pois ainda teremos uma direção mais distante de outra, já que uma delas tem que ser associada ao valor 0 (00 em código de Gray) e outra ao valor 2 (11, em código de Gray).

Ademais, usar os operadores numéricos descritos na seção anterior, mesmo no caso de valores inteiros, pode não ser uma decisão inteligente devido ao grande número de valores inválidos que geraremos. Imagine, por exemplo, que estamos otimizando um valor inteiro e usamos o operador de média sobre os valores 2 e 3. Geraremos o valor 2,5 para o campo, que não é inteiro, violando as restrições naturais do problema. Logo, precisamos usar operadores que sejam mais adequados para esta representação e que gerem, preferencialmente, somente valores válidos.

O ideal neste caso é usar uma representação que respeite os princípios KISS, colocando diretamente o valor dentro das posições respectivas. Por exemplo, se estamos procurando um sequência de bases de DNA para resolver algum problema, podemos escolher uma representação em que um cromossomo contenha uma sequência de bases de DNA diretamente representadas. Assim, um cromossomo seria, por exemplo, dado por *(A C T C G A A A)*. Se procurássemos uma lista de direções a seguir, poderíamos ter um cromossomo, por exemplo, dado por *(Leste Oeste Norte Norte Sul Leste)*.

Esta representação, além de ser extremamente simples e direta, permite que usemos todos os operadores sobre os quais discutimos para a representação binária. A única diferença é o operador de mutação, que, em vez de escolher um valor zero ou um, tem que escolher um dentre os valores possíveis para o domínio (uma base, no caso do DNA, uma direção, no segundo caso etc.).

Não há nenhuma dificuldade oculta no caso de termos valores categóricos. Todos os conceitos fundamentais que discutimos no caso das representações binárias também valem aqui, sem modificações representativas. Assim, os operadores que descrevemos nos capítulos 4 e 6 podem ser usados também neste caso, sem necessidade de qualquer alteração. Desta forma, não necessitamos fazer novas considerações sobre o assunto.

10.6. Representações híbridas

Existem várias situações em que nossa representação não se encaixa em nenhuma das representações anteriores. Por exemplo, podemos precisar otimizar a posição de várias alavancas (Ligado/Desligado) e vários controladores (valores numéricos). Neste caso, precisamos de uma representação meio binária e meio numérica.

Não há nenhum empecilho para a utilização das duas representações simultaneamente, nem há a necessidade de se usar um único conjunto de operadores em todo o cromossomo. Podemos aplicar operadores binários para a primeira metade e operadores numéricos para a segunda.

Lembre-se sempre de que a sua representação deve ser a mais simples possível e tem que embutir as condições inerentes ao problema e seus operadores devem, na medida do possível, gerar apenas valores válidos. Assim, usar um operador numérico para a representação *booleana* é fora de questão (metade dos *crossovers* gerariam valor de *0,5* para *ligado*, o que não tem nenhum significado prático em termos de controladores). Assim, por que não usar os dois tipos de representação e operadores?

Não existe nenhum tipo de restrição quanto a esta mistura. Na verdade, ela é recomendada. Só é preciso atenção para a programação, no tocante aos limites internos do cromossomo, de forma que cada pedaço com representação distinta seja submetida ao operador adequado.

10.7. Comentários sobre os códigos

Nesta seção faremos alguns comentários importantes sobre os fontes dos programas mencionados neste capítulo para melhor compreensão do leitor.

10.7.a. CromossoGAOrdem

Esta classe é abstrata, pois a função de avaliação é abstrata, ficando para ser implementada pela classe filha que você vai implementar para resolver o problema que está enfrentando.

Note também que esta classe implementa a interface cloneable. Esta interface tem apenas um método abstrato, que é o método `clone()`, que serve para realizarmos uma cópia de um objeto. Este método tem que ser implementado na sua classe para que você possa fazer uso dele, como fazemos no método PMX, que implementa o crossover de mapeamento parcial e deve retornar um Object, que deve ser forçado para a classe que usamos. Para obter maiores detalhes, consulte o site do Java, agora no endereço http://www.oracle.com/technetwork/java/index.html.

10.7.b. Exceções para uso com cromossomos reais

Uma exceção é uma resposta a uma circunstância excepcional ou inaceitável que surge enquanto o programa está sendo executado. No caso do nosso programa, esta condição é a tentativa por parte do objeto que chamou este método de definir um valor para uma coordenada que esteja fora dos limites aceitos para esta.

Usando exceções, também podemos transferir o controle do programa de uma parte do programa que gera um erro para outra parte do programa que faz o tratamento adequado destes erros. Assim, o bloco catch se torna responsável pelo tratamento dos erros causados por ações dentro da parte `try`.

Sempre que uma atribuição só puder ser feita dentro de certas condições específicas, devemos considerar a hipótese de usar visibilidade private ou protected para o atributo e fazer com que o método set garanta a integridade do valor armazenado neste atributo, sinalizando uma tentativa de atribuição errônea através de um valor de retorno ou de uma exceção.

A escolha de exceções como método de controle de erros é interessante pois permite que usemos toda a faixa de retorno de valores como válida dentro de nossas funções, e permite que o tratamento do erro seja deferido até o momento apropriado, além de garantir que o erro será devidamente reconhecido e tratado pelo módulo chamador mesmo que este nunca verifique os valores retornados. Para entender melhor o mecanismo de geração de exceções dentro do Java, sugiro consultar a referência (Horstmann, 2007) ou então o excelente tutorial desenvolvido pela Sun (em inglês), no endereço do site na Internet http://download.oracle.com/javase/tutorial/essential/exceptions/index.html (verificado em maio/2011).

Quando você decidir usar o mecanismo de exceções para controlar situações de erro em seus programas, é interessante você criar suas próprias exceções, que sejam especializadas em sinalizar situações de erro específicas de suas classes. As exceções que você definir podem ser derivadas de qualquer subclasse da classe `Throwable`, mas normalmente são derivadas da classe `Exception` ou de subclasses desta última.

A definição de suas próprias classes é importante porque qualquer exceção de classe derivada de uma classe especificada numa cláusula catch é capturada por esta cláusula. Isto é, quando temos uma cláusula catch que captura uma exceção da classe Exception, todas as cláusulas catch seguintes são ignoradas – afinal, todas as exceções são derivadas de Exception. É norma definir a ordem dos blocos de maneira que, se uma classe de exceção *A* é derivada de outra classe de exceção *B* e ambas capturadas em cláusulas catch associadas a um mesmo bloco try, então o bloco catch da classe A (derivada) deve preceder o bloco catch da classe *B* (superclasse).

Ao criar suas próprias classes, você está criando um novo ramo dentro do diagrama de classes de exceções, como podemos ver na figura 10.12 e a captura de suas exceções por blocos catch não afetará o tratamento de outros erros sinalizados dentro do sistema.

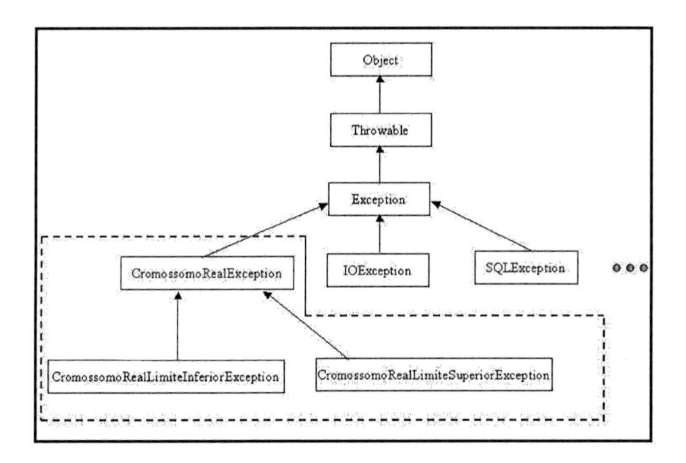

Fig. 10.12: A nova hierarquia de classes, incluindo as classes definidas aqui para exceções causadas por operações com objetos da classe CromossomoReal (circundadas pela linha tracejada). Note que o ramo das exceções que definimos é independente de todas as outras exceções, o que garante que blocos catch não capturarão inadvertidamente exceções causadas por outros métodos que não aqueles que desejamos.

Para uso nesta classe, criamos duas exceções diferentes: uma para violação de limite superior e outra para violação de limite inferior. Isto é um preciosismo desnecessário, e o tratamento das exceções pode ser feito usando apenas a superclasse destas duas, também criada para nosso sistema. É interessante que os erros sejam bem diferenciados por suas exceções, o que garantirá um tratamento consistente por parte de quem chamou os métodos que lançaram as exceções, já que estes poderão reconhecer com facilidade o tipo de erro causado.

10.8. Exercícios Resolvidos

1) Sejam os dois cromossomos baseados em ordem p_1=(1-2-3-4-5-6) e p_2=(6-3-4-1-2-5). Mostre o resultado do crossover baseado em ordem se os pontos de corte selecionados foram 2 e 5.

Começamos copiando os valores entre o ponto de corte do primeiro pai (p_1) para o primeiro filho (f_1). Neste momento, teremos então f_1=(_ _ 3 4 5 _), onde os sublinhados marcam as posições ainda não usadas. Varremos então o segundo pai, posição por posição:

- 6 → Não usado, logo é acrescentado. Neste momento, f_1=(6 _ 3 4 5 _)
- 3 → Já usado.
- 4 → Já usado.
- 1 → Não usado, logo é acrescentado. Neste momento, f_1=(6 1 3 4 5 _)
- 2 → Não usado, logo é acrescentado. Neste momento, f_1=(6 1 3 4 5 2)
- 5 → Já usado.

Logo, o primeiro filho gerado é f_1=(6 1 3 4 5 2). Por analogia, temos que o segundo filho gerado é f_2=(3 5 4 1 2 6). Faça a operação para conferir!

2) Sejam os cromossomos reais dados por (1.0 2.0 5.0) e (3.0 4.0 3.0). Mostre o resultado da operação de todos os tipos de operadores de crossover real sobre os dois.

Crossover Simples: vamos sortear um ponto de corte e montar os filhos. Assumindo que o ponto de corte está entre a primeira e a segunda posições, então temos que os filhos são:

- (1.0 4.0 3.0)
- (3.0 2.0 5.0)

Crossover *flat*: fazemos um sorteio com os valores mínimos e máximos das coordenadas dados por:

- Coordenada 1: [1.0; 3.0];
- Coordenada 2: [2.0; 4.0];
- Coordenada 3: [3.0; 5.0] (note que neste caso o valor da coordenada 3 do primeiro filho é maior que o do segundo filho).

Crossover aritmético: Assumindo o valor de λ =0,3, então temos que os filhos são:

- Filho1= (0,3*1+0,7*3 0.3*2+0,7*4 0,3*5+0,7*3) = (2,4 3,4 3,6)
- Filho2= (0,3*3+0,7*1 0.3*4+0,7*2 0,3*3+0,7*5) = (1,6 2,6 4,4)

Crossover linear: escolhemos os dois melhores entre os três filhos calculados que são:

- Filho1= (0,5*1+0,5*3 0.5*2+0,5*4 0,5*5+0,5*3) = (2 3 4)
- Filho2= (1,5*3-0,5*1 1.5*4-0,5*2 1,5*3-0,5*5) = (4 5 2)
- Filho3= (-0,5*3+1,5*1 -0.5*4+1,5*2 -0,5*3+1,5*5) = (0 1 6)

Crossover discreto: fazemos um sorteio da string de seleção que nos resulta (0 1 0). Assim, temos que os filhos são:

- (1.0 4.0 5.0)
- (3.0 2.0 3.0)

10.9. Exercícios

1) Modifique as rotinas de *crossover* baseadas em ordem para gerar dois filhos simultaneamente, seguindo os algoritmos descritos na tabela.

2) Quais são os valores mínimo e máximo de arestas que podem ser rompidas pelo operador de mutação de inversão de duas cidades? Quando estas situações são alcançadas?

3) Porque o operador de *crossover* aritmético é menos adequado quando temos uma função de avaliação com domínio não convexo?

4) Dê um exemplo prático em que precisaremos de uma representação híbrida.

5) Sejam dois cromossomos reais dados por (2,5 3,7 4,2) e (1,2 2,0 3,0). Mostre o resultado do *crossover* simples com ponto de corte igual a dois, do *crossover* aritmético com λ =0,3 e do crossover linear.

6) Sejam dois cromossomos baseados em ordem dados por (1 2 3 4 5 6 7 8) e (8 7 6 5 4 3 2 1). Mostre o resultado do *crossover* de recombinação de arestas para estes pais.

7) Sejam os cromossomos baseados em ordem dados por (1 2 3 4 5 6) e (1 3 5 4 2 6). Mostre o resultado do *crossover* de mapeamento parcial (PMX) com pontos de corte iguais a 2 e 4.

8) Seja um cromossomo que contém sequências de aminoácidos compondo proteínas (que podem ser um em um alfabeto de 20 escolhas). Explique os operadores de *crossover* e mutação que você usaria neste caso.

9) Imagine que você escolheu uma representação binária para o caso do exercício 8. Quantos *bits* você usaria por aminoácido? Explique os problemas e qualidades inerentes a esta escolha.

10) Seja o problema do caixeiro viajante em que a distância entre duas cidades i e j é dada por $d_{ij}=i+j$. Imagine que temos um cromossomo dado por (1 2 5 4 3). Aplique o operador 2-opt a este cromossomo e diga qual é a nova configuração obtida.

11) Explique o conceito de abismo de Hamming e como ele afeta negativamente o operador de mutação em cromossomos binários.

12) Implemente uma rotina que converte de código binário para código Gray.

13) Faça o chinês do método edgeRecombination para os cromossomos this contendo (1 2 3 4) e outro contendo (4 2 3 1).

14) Seja o problema de encontrar o máximo da função $f(x,y,z)=10*(x-y^2)^2+2*sen(x)+ze^{-z}+y^2sen(y)$, com $x,y,z\in[-1,1]$. Implemente dois algoritmos genéticos para resolver este problema: um usando strings de bits e outro usando uma representação numérica, como descrita neste capítulo. Faça várias execuções de cada uma para eliminar fatores estocásticos e compare as duas: qual possui melhores resultados? Qual parece mais natural? Qual delas você usaria no seu dia-a-dia?

15) Implemente uma solução para o problema resolvido número 5 do capítulo 4 usando a representação de números reais. Quais são as vantagens e desvantagens associadas à sua nova solução?

Parte III - Tópicos Avançados

Capítulo 11

Estratégias Evolucionárias

As estratégias evolucionárias (*Evolutionary Strategies*, ou ES) foram propostas nos anos 60 por Rechenberg e Schwefel na Alemanha para a resolução de problemas de otimização contínua de parâmetros para controle numérico e são descritas de forma completa em (Rechenberg, 1973). Apesar de terem sido desenvolvidas de forma paralela (não conjunta) com os algoritmos genéticos, podem ser descritas basicamente como um GA de representação real que usa um operador de mutação baseado em uma distribuição normal. Além de terem demonstrado um grande sucesso na área de otimização de parâmetros, as ES devem ser estudadas pois seus operadores acrescentam funcionalidades interessantes aos GAs com representação real que estudamos no capítulo 10.

11.1. A versão mais simples

Na primeira versão das estratégias evolucionárias utilizavam-se apenas o operador de mutação e um módulo seleção que só aceitava o filho gerado quando eles apresentavam uma avaliação superior a de seu pai. A população tinha, em cada instante, apenas um indivíduo e o descendente gerado, sendo por isto denominada **(1+1)-ES**.

No método mais tradicional, o melhor dos dois indivíduos seria selecionado para se tornar pai na geração seguinte (Carvalho, 2003), mas existem também versões estocásticas em que cada um dos dois elementos recebe uma percentagem de chance de ser selecionado para a nova geração. Esta versão estocástica é interessante pois permite que o algoritmo fuja de máximos locais, para os quais qualquer pequena mutação gerará um filho menos apto.

Como dito antes, o objetivo das ES era otimizar parâmetros numéricos, ou seja, sua função de avaliação era uma função f: $\Re^n \rightarrow \Re$, onde n é a cardinalidade do conjunto de parâmetros. A representação padrão adotada então é a mais simples possível dentro deste conceito, que é a utilização de um vetor de valores reais, como vimos na seção 10.4.

Depois, conceitos como auto-ajuste foram adotados e a representação mudou, como veremos mais adiante neste capítulo. Assim, até este ponto, podemos considerar que cada cromossomo das ES é dado por um vetor V, tal que $V = \{x_1, x_2, ..., x_n\}$.

O operador de mutação usado nas ES é baseado em uma distribuição de probabilidades normal ou Gaussiana de média zero e desvio padrão s, representada por N(0, σ) e conhecida como distribuição normal padrão. A fórmula de uma distribuição normal é dada por:

$$N(0,\sigma,x) = \frac{e^{-\frac{1}{2}\left(\frac{x}{\sigma}\right)^2}}{\sigma\sqrt{2\pi}}$$

Uma distribuição normal de média zero é implementada através do seguinte código:

```
1  public double normal(double x, double desvio) {
2     double retorno=-0.5*((x/desvio)*(x/desvio));
3     retorno=Math.exp(retorno);
4     retorno=retorno/(desvio*Math.sqrt(6.283184));
5     return(retorno);
6  }1
```

[1] Se usássemos um valor μ para a média, $\mu \neq 0$, deveríamos substituir todas as ocorrências de x na rotina por $(x-\mu)$.

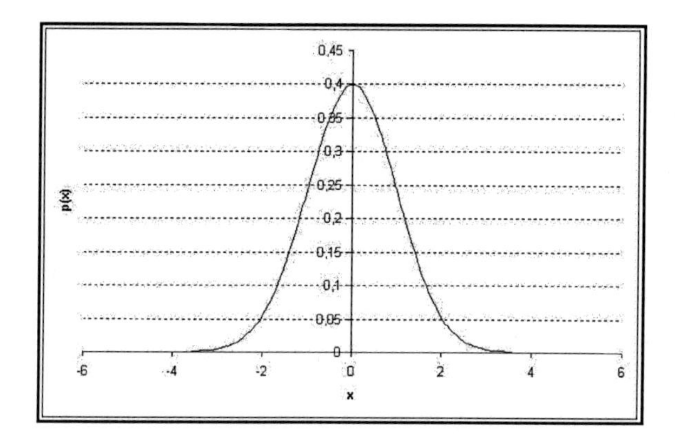

Fig. 11.1: Gráfico de uma distribuição normal com média zero e desvio padrão igual a 1.

O gráfico de uma distribuição Gaussiana de média zero e desvio padrão unitário é dado na figura 11.1. A distribuição normal é extremamente importante pois descreve o comportamento aproximado de variáveis aleatórias, sendo perfeitamente simétrica em torno da média μ (no caso da figura, μ =0). O valor do desvio padrão deve ser escolhido de acordo com o intervalo em que os dados se concentram. Cerca de 67% das escolhas ficarão dentro do intervalo [- σ, σ], logo eles devem ser correspondentes a uma "pequena" variação do valor armazenado na posição corrente.

A área sob uma distribuição de probabilidades corresponde à probabilidade de ocorrência do valor de *x* (McClave, 2000). Assim, como pode-se ver na figura 11.2, a área total sob uma distribuição de probabilidades (normal ou não) é igual a 1. Baseado neste conceito, podemos escolher qual será a variação da coordenada sorteando um valor e pertencente ao intervalo (0,1) e determinando o valor de *x* para o qual a área sob a curva até *x* é igual ao sorteado, isto é, o número *x*, para o qual a probabilidade de que um valor sorteado qualquer seja menor do que ele, seja igual a ε. Uma vez calculado o valor de x, aplicamos a mutação à posição *i* em questão, aplicando a fórmula dada por $c_i' = c_i + x$.

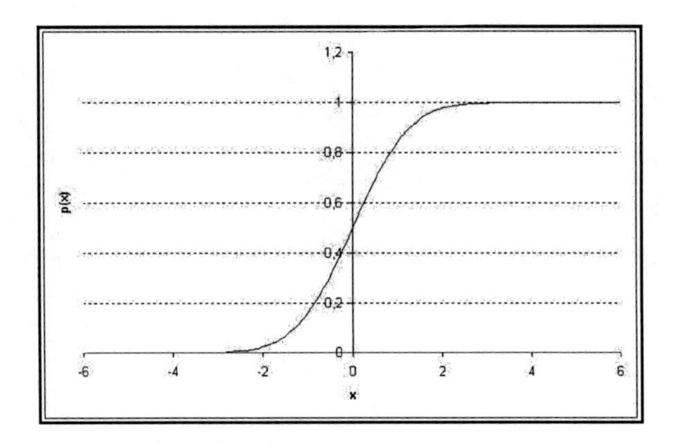

Fig. 11.2: Evolução da área sob a curva normal de média zero e desvio padrão 1 como função do valor de x.

Assim, para determinar esta probabilidade e saber o valor da mutação a aplicar, basta calcular o valor da integral $\int_{-\infty}^{x} N(0,\sigma,x)dx$. O problema é que não há uma forma fechada para esta integral (McClave, 2000), o que exige que usemos técnicas numéricas para implementá-la[2].

O método que vamos usar para realizar a integração é denominado a regra dos trapézios repetida. A ideia deste método pode ser vista na figura 11.3 e consiste basicamente em aproximar a curva por uma série de trapézios cuja base é igual a Δx e seus dois lados são dados pelos valores das funções nos dois pontos que distam Δx um do outro. Isto consiste basicamente em fazer uma aproximação linear por partes da função que desejamos integrar. Pode-se mostrar que o erro desta função é limitado pelo valor máximo da segunda derivada da função sendo integrada e que a aproximação pode ser tão adequada quanto desejarmos, bastando diminuir o valor de Δx (FRANCO, 2007).

[2] Existem tabelas que determinam a probabilidade de um valor, dado o número de desvios padrões que ele está distante da média. Entretanto, implementar tabelas em computadores é inadequado, pois temos que digitar vários valores que podem, então, conter erros. É claro que os métodos numéricos também incluem aproximações que podem causar erros de cálculo, mas eles são bem mais elegantes e podem ser aprimorados até atingirmos o erro desejado, por menor que este seja, o que não é verdade para métodos baseados em tabelas.

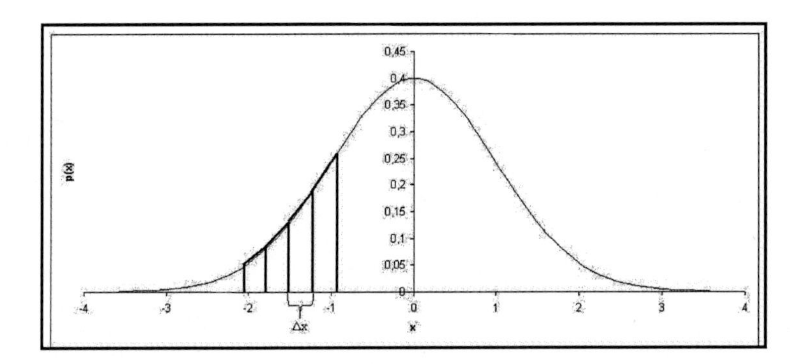

Fig. 11.3: Funcionamento da regra dos trapézios repetida. Note que a área total é bem aproximada pela soma das áreas dos trapézios. Existe um erro, visível na figura, mas este pode ser diminuído arbitrariamente diminuindo-se o valor de Δ x. Note que o valor do limite inferior do segundo intervalo é igual ao valor superior do primeiro intervalo.

O código que implementa esta integração é o seguinte:

```
1  public double integral(double lim_sup, double lim_inf) {
2     double retorno=0;
3     double aux_soma,aux=normal(lim_inf,1);
4     for(double i=lim_inf+delta;i<lim_sup;i+=delta) {
5        aux_soma= normal(i,1);
6        retorno+=(aux+aux_soma);
7        aux=aux_soma;
8     }
9     retorno*=(delta/2);
9     return(retorno);
10 }
```

O código basicamente calcula, na linha 5, o valor da normal para o extremo "à direita" do intervalo e, na linha 6, adiciona a área do paralelogramo ao valor de retorno. Note que o *loop* da linha 4 faz com que este cálculo seja repetido uma vez para cada pedaço entre o limite inferior e o limite superior, que são passados por parâmetro. Na linha 7 armazenamos o valor calculado para o valor da normal para não ter que recalculá-lo na próxima área que tivermos que calcular. Isto decorre do fato, já apontado na figura 11.3, que o valor superior de um intervalo é igual ao valor inferior do intervalo seguinte. Logo, para otimizar o código, armazenamos este valor para reutilizá-lo. Na linha 9, multiplicamos a soma obtida por (`delta/2`), para obter a área efetiva[3].

O tamanho do intervalo é dado pela constante delta, definida dentro da classe. Se usarmos um valor muito elevado para esta constante, o resultado apresentará um grande erro, mas se usarmos um valor muito pequeno, o tempo que a rotina leva se elevará. Lembre-se de que ela é chamada uma vez para cada mutação, logo seu tempo deve ser o menor possível.

Uma vez que sabemos calcular o valor da integral, podemos escolher o tamanho da perturbação aplicada pelo operador de mutação usando o seguinte código:

```
1  public double calculaPerturbacao (double prob) {
2     double retorno=-5;
3     double somatorio=0;
4     while(somatorio<prob) {
5        retorno+=delta;
6        somatorio+=integral(retorno, retorno-delta);
7     }
8     return(retorno);
9  }
```

Na linha 2 inicializamos o valor onde começa a integral. Ele foi escolhido como sendo –5 pois quando usamos um desvio padrão de 1, a área até o número 5 (5 desvios padrões abaixo da média) é quase zero e o erro será negligenciável. O *loop* das linhas 4 a 7 vai aumentando o intervalo em um passo igual a delta (constante da classe) e verifica se a área até aquele ponto ainda é menor do que o valor sorteado. Quando a área se igualar ou superar o valor sorteado, a rotina retornará o limite encontrado (armazenado na variável `retorno`).

[3] Lembre-se de que a área de um paralelogramo é dada por base*(altura1+altura2)/2. No caso, os valores da normal em cada pedaço do intervalo correspondem às alturas. O valor da base é igual para todos, logo pode ser posto em evidência e multiplicado apenas no final.

O tamanho de delta, como informado antes, afeta o resultado da rotina. Por exemplo, se o valor sorteado for igual a 0,5, o retorno deveria ser igual a zero. Se usarmos delta=0,001, o retorno será igual a 0.0010000000000004101, enquanto que se usarmos delta=0,00001, o resultado será igual a 0,0000099999979879649062. Entretanto, esta precisão causou uma quintuplicação no valor do tempo de execução. Como se pode perceber, o valor do delta deve ser igual à tolerância que temos quanto a erros no valor da mutação, pesando as considerações sobre eficiência.

Uma vez que sabemos como fazer a integral e calcular o valor da mutação a ser aplicado a cada coordenada, podemos ver o código fonte do operador de mutação a ser utilizado:

```
1  public void mutacao() {
2     double sorteio, valor_elem;
3     int i;
4     for(i=0;i<this.valores.length;i++) {
5        sorteio=Math.random();
6        valor_elem=calculaPerturbacao (sorteio, desvio);
7        this.valores[i]+=valor_elem;
8        acertaValores(i);
9     }
10 }
```

Na linha 4, o *loop* garante que mudaremos todas as posições. Na linha 5 sorteamos um valor que será usado na linha 6 pela rotina calcula_elemento. Uma vez obtido o valor da mutação, o aplicamos à posição corrente e chamamos a rotina `acertaValores` para que não tenhamos passado dos limites estabelecidos para cada posição do vetor.

Já foi provado que, mantido constante o valor de s, as estratégias evolucionárias eventualmente convergirão para uma solução ótima, mas não existe uma limitação para o tempo em que isto ocorrerá.

O valor inicial de s é decidido de forma arbitrária, mas Rechenberg (1973) criou uma regra para atualizá-lo no decorrer das iterações, que pode ajudar também na velocidade de convergência, regra esta que ficou conhecida como a **Regra de 1/5 de sucesso** .

A ideia básica desta regra era que idealmente 1/5 dos filhos gerados devem ser melhores do que seus pais. Se o índice de melhora for menor do que 1/5, isto quer dizer que estamos perto de um máximo local e a busca deve proceder com passos menores, o que implica em concentrá-la em torno do pai corrente, diminuindo o desvio padrão. Se o índice de melhora for maior do que 1/5, provavelmente estamos longe de algum máximo, o que nos diz que devemos aumentar o desvio padrão de forma a fazer uma varredura mais ampla do espaço de busca, o que pode fazer com que aceleremos a convergência do algoritmo (Eiben, 2003). Matematicamente, esta estratégia pode ser resumida na seguinte fórmula:

$$\sigma = \begin{cases} \sigma, p_s = \frac{1}{5} \\ \sigma * c, p_s < \frac{1}{5} \\ \frac{\sigma}{c}, p_s > \frac{1}{5} \end{cases}$$

, onde

- p_s é a frequência de mutações bem sucedidas geradas nas últimas n gerações
- c é um parâmetro do algoritmo definido de forma *ad hoc* (usualmente, escolhe-se c de tal maneira que $0,817 \leq c \leq 1$)

A implementação desta versão das estratégias evolucionárias pode ser feita através do seguinte *loop* principal:

```
1   while(rodada<numero_rodadas) {
2     filho=(CromossomoReal) pai.clone();
3     filho.mutacao();
4     if (filho.calculaAvaliacao()<pai.calculaAvaliacao()) {
5       pai=filho;
6       num_melhoras++;
7     }
8     if (rodada>100) {
9       if ((1.0*num_melhoras/rodada)>0.2) {
10        pai.setDesvio(pai.getDesvio()/0.9);
11        num_melhoras=0;
12        rodadas=0;
13      } else {
14        if ((1.0*num_melhoras/rodada)<0.2) {
```

```
15              pai.setDesvio(pai.getDesvio()*0.9);
16              num_melhoras=0;
17              rodadas=0;
18          }
19      }
20    }
21    rodada++;
22  }
```

Este é só o *loop* principal da rotina, que usa como estrutura básica um cromossomo da classe `CromossomoReal`. Nas linhas 2 e 3 criamos um novo filho e aplicamos uma mutação a ele, conforme o algoritmo de mutação descrito antes. Nas linhas de 4 a 6, testamos se houve uma melhora (no caso, a rotina estava fazendo um trabalho de minimização, logo, o teste deve ser invertido para uma rotina de maximização).

Nas linhas 8 a 20, fazemos o teste para ajuste do desvio padrão. Ele só é feito a partir da rodada 100 para que tenhamos um valor de melhoras com um mínimo de significado estatístico. Note que após alterarmos uma vez o desvio padrão nós zeramos o número de melhoras e o número de rodadas – se não fizéssemos isto, nós ajustaríamos várias vezes os parâmetros alterando o significado de nossa operação.

11.2. A VERSÃO COM AUTO-AJUSTE DE PARÂMETROS

Uma das grandes vantagens das estratégias evolucionárias é a capacidade que elas têm de auto-ajustar seus parâmetros, não necessitando, portanto, que se determine o valor da taxa de mutação de forma *ad-hoc*. Esta habilidade faz sentido: determinar os parâmetros de um algoritmo evolucionário é um problema muito difícil, com espaço de busca infinito e, provavelmente, com vários máximos locais. Repare que esta é a exata definição de um problema que consideramos adequado para um algoritmo evolucionário.

Quando usamos as ES mais simples, usamos como representação um vetor V, tal que $V = \{x_1, x_2, ..., x_n\}$, onde cada posição representava um dos valores sendo otimizados. Agora, para podermos também otimizar a taxa de mutação, vamos aumentar este vetor, incluindo-a no processo evolucionário.

Para fazê-lo existem três formas:

- Usar uma taxa única de mutação para todas as posições. Consiste em simplesmente acrescentar um valor σ ao vetor V, fazendo com que ele se torne igual a $V = \{x_1, x_2, \ldots, x_n, \sigma\}$. Neste caso, precisamos adaptar também o parâmetro σ, o que faz com que a regra de adaptação do cromossomo seja dada por:

$$\begin{cases} \sigma' = \sigma + N(0,1) \\ x_i' = x_i + N(0,\sigma)' \end{cases}$$

onde x_i' e σ' representam respectivamente o valor da posição i e o valor da taxa de mutação a serem representados na próxima geração.

- Usar uma taxa diferenciada de mutação não correlacionada para cada uma das posições. Consiste em acrescentar um parâmetro a mais para cada coordenada, que representará o desvio padrão daquela posições. O vetor V se tornará então, $V = \{x_1, x_2, \ldots, x_n, \sigma_1, \sigma_2, \ldots, \sigma_n\}$, onde o valor de σ_k representa o desvio padrão da mutação aplicada à posição x_k.
- Usar mutação correlacionada, onde os valores de cada posição afetam um ou mais dos valores das outras posições. Neste caso, precisaremos definir um parâmetro α_{ij} para toda combinação de posições i e j tais que $i \neq j$ e as usaremos para definir uma matriz de covariância em que a covariância entre os valores nas posições i e j é dada pela seguinte fórmula:

$$c_{ij} = \begin{cases} \sigma_i^2, i = j \\ \dfrac{(\sigma_i^2 - \sigma_j^2)\tan(2\alpha_{ij})}{2}, i \neq j \end{cases}$$

Em qualquer uma das formas adotadas existe uma regra a ser seguida: os valores de σ e α devem primeiro ser aplicados às coordenadas do vetor corrente antes de sofrerem mutação. Assim, poderemos medir a qualidade da mutação que estes parâmetros realizam antes de adaptá-los. Se fizermos primeiro a mutação, estaremos na verdade avaliando o desempenho dos parâmetros σ' e α', pertencentes à próxima geração.

A mutação, sendo aleatória, pode levar os desvios padrões para valores muito próximos de zero. Isto é indesejado pois cerca de 2/3 dos valores selecionados ficam entre $[-\sigma, \sigma]$ e, se o valor de σ for muito baixo, a coordenada sob sua influência ficará estagnada por um longo período.

Assim, é usual estabelecer-se um limite mínimo ε_0 para cada valor de desvio padrão e aplicar-se a regra $\sigma < \varepsilon_0 \rightarrow \sigma = \varepsilon_0$, que faz com que os desvios padrões nunca sejam pequenos demais e garante o progresso da ES em direção à solução desejada.

Este conceito de autoparametrização foi criado inicialmente nas ES, mas não precisa ficar restrito a elas, podendo ser estendido aos outros parâmetros dos algoritmos genéticos. Como discutido anteriormente, as ES possuem conceitos muito interessantes que podem ser expandidos para os GAs, de forma que estes obtenham um desempenho ainda melhor na resolução de problemas.

Cuidado apenas para não fazer com que seu meta-problema (a determinação dos parâmetros) se torne mais importante que o seu problema (aquilo que você precisa otimizar). Antes de partir para uma versão mais complexa, com adaptação de parâmetros, analise bem a situação e execute algumas vezes o seu algoritmo, de forma a verificar se já consegue soluções suficientemente boas para suas necessidades.

11.3. A VERSÃO COM MAIOR NÚMERO DE INDIVÍDUOS

Recentemente, muitos pesquisadores de estratégias evolucionárias passaram a usar populações maiores para evitar os efeitos de convergência genética prematura verificados em vários experimentos. Ao permitir o aumento da população, passou-se também a introduzir o operador de *crossover*, que não fazia sentido quando havia apenas um pai disponível dentro da população. Estas modificações fazem com que as ES fiquem extremamente parecidas, quiçá idênticas, aos algoritmos genéticos de codificação real descritos na seção 10.4, motivo pelo qual não se fará uma descrição mais profunda desta versão aqui.

Só é importante ressaltar que esta versão das ES é naturalmente definida como tendo um módulo de população do tipo ($\mu + \lambda$), isto é, existem μ membros na população original que geram um conjunto de λ filhos (onde, em geral $\mu < \lambda$) e o *pool* de indivíduos total (os $\mu + \lambda$ pais e filhos) compete de forma que apenas os μ indivíduos de maior avaliação sobrevivem até a próxima geração, o que significa que as ES são inerentemente elististas em sua concepção.

11.4. EXERCÍCIOS RESOLVIDOS

1) A fórmula usada para a mutação, $x_i' = x_i + N(0,\sigma)$, implica em que só podemos acrescentar valores positivos ao valor de uma coordenada. Verdadeiro ou Falso? Justifique.

A afirmativa é falsa. Lembre-se de que para calcular o valor adicionado, sorteamos um valor entre 0 e 1 e calculamos a integral da função normal, de $-\infty$ até x, de forma que o valor da integral seja igual ao valor sorteado. Como a distribuição normal é simétrica em torno do zero, metade da área fica no quadrante negativo e a outra metade fica no quadrante positivo. Assim, se for sorteado um número pertencente ao intervalo [0; 0,5], o valor de x será menor que zero e um valor negativo será adicionado à coordenada i. Podemos garantir que não só a afirmativa é falsa, como as chances de um número negativo ser adicionado à coordenada são de 50%.

11.5. EXERCÍCIOS

1) ES com população de um único indivíduo e GA usando *steady state* representam estratégias diametralmente opostas em termos de módulo de população. Verdadeiro ou Falso? Justifique.

2) Suponha que estamos usando uma função de avaliação n-dimensional. Quantas coordenadas terá o cromossomo de uma ES que:

a) usa uma única taxa de mutação?

b) usa n taxas de mutação?

c) usa n taxas de mutação correlacionadas?

3) Use uma ES para encontrar o ponto máximo da função f6 descrita no exemplo 8.2.

4) Quais são as vantagens e desvantagens associadas a usarmos uma taxa de mutação separada para cada coordenada do cromossomo?

5) Seja o problema de encontrar o máximo da função $f(x,y,z) = 10 * (x - y^2)^2 + 2 * sen(x) + ze^{-z} + y^2 sen(y)$, com $x, y, z \in [-1,1]$. Implemente um algoritmo genético e uma estratégia evolucionária para resolver este problema. Faça várias execuções de cada uma para eliminar fatores estocásticos e compare as duas: qual possui melhores resultados? É possível extrapolar este resultado para outros problemas?

Capítulo 12

Programação Genética

Neste capítulo vamos discutir uma das áreas dos algoritmos evolucionários que tem gerado mais badalação nos últimos anos: a programação genética. Afinal, o sonho de todos é obter programas corretos sem precisar horas do irritante processo de compilação e *debug*. A programação genética oferece uma técnica de criação automática de programas que tem se mostrado competitiva em vários problemas reais. Vamos discutir agora como fazê-la.

12.1. Introdução

Há muitos anos os cientistas estão animados com a ideia de computadores se auto-programando. Isto está presente em vários filmes de ficção científica, desde Guerra nas Estrelas até os mais recentes filmes da Matrix.

Um ramo dos algoritmos evolucionários chamado programação genética (GP) consiste em tentar evoluir programas de forma a resolver um problema em questão (ainda que não da mesma forma que os filmes de ficção científica mostram).

O problema fundamental atacado pela programação genética consiste em termos uma sequência de dados de entrada e de saída e buscarmos uma função ou um programa que realize o melhor mapeamento entre eles. Isto quer dizer que a programação genética é um parente próximo dos algoritmos genéticos na qual evoluimos funções ou programas em vez de cromossomos simples. Como temos programas e expressões em vez de simples conjuntos de valores, a avaliação de cada cromossomo se dá através da execução de cada programa representado para todos os conjuntos de dados que temos e determinando quão bem a saída do programa representa a saída desejada (Langdom, 2001).

A programação genética funciona da mesma maneira que os algoritmos genéticos tradicionais: temos que encontrar uma forma de codificar nossos programas e a partir daí aplicar operadores de *crossover* e mutação de forma a evoluí-los e encontrar a melhor solução para o problema em questão.

Deve ser claro que precisamos embutir no nosso algoritmo conhecimento sobre a estrutura da linguagem de programação na qual os programas serão gerados, pois os programas que geramos só serão válidos se compilarem e executarem!

Na verdade, a melhor definição para esta área é dada pelo título do livro de Zbigniew Michalewicz: *"Genetic Algorithms + Data Structures = Evolution Programs"* (algoritmos genéticos + estruturas de dados = programas evolucionários). Isto é, a programação genética consiste em aplicarmos os algoritmos genéticos a estruturas de dados que representem programas de forma a resolver problemas específicos.

Em seu livro, *"Genetic Programming IV: Routine Human Competitive Machine Intelligence"*, John Koza afirma que a programação genética merece atenção pelos seguintes motivos:

1) Programação genética rotineiramente produz inteligência de máquina em nível humano, e não apenas em problemas de teste, que normalmente são pouco significativos em termos de aplicabilidade. Os resultados podem ser melhor do que resultados patenteados, são aplicáveis em áreas de notória importância ou produzem um resultado melhor do que um criado por uma pessoa e que tenha sido usado na prática.

2) Programação genética é uma máquina automática de invenções. Tendo em vista que a GP não se prende a crenças e axiomas existentes, ela frequentemente descobre soluções que nunca seriam imaginadas por cientistas e engenheiros que estão firmemente baseados nos conceitos científicos em voga.

3) Programação genética pode criar automaticamente uma solução geral para um problema como uma topologia parametrizada. Isto é, a GP pode criar uma solução para um problema na forma de uma estrutura genérica cujos nós e/ou arestas representem componentes cujos parâmetros sejam expressões matemáticas contendo variáveis livres.

4) Os resultados obtidos pela programação genética melhoram em termos qualitativos cinco ordens de grandeza mais rápido do que o tempo de computação gasto. Isto é, aumentando em cerca de 10

vezes o poder de computação usado para rodar instâncias de programação genética, você pode chegar a melhorar a performance do resultado obtido até 100.000 vezes. Isto quer dizer que com um aumento razoável e atingível do poder de computação, o uso da programação genética pode deixar de se restringir a problemas modelo e passar a ser adequado para problemas reais ainda não resolvidos.

De acordo com o site http://www.genetic-programming.org, ao final de 2007 (data da última atualização do site), já existiam 36 problemas em que a programação genética produziu um resultado que era competitivo com o desempenho humano, incluindo 21 instâncias nas quais foram criadas soluções que infringiam ou duplicavam patentes previamente registradas e duas instâncias onde a programação genética elaborou uma invenção completamente nova e patenteável.

Além disto, assim como no caso dos algoritmos genéticos, a programação genética tem uma estrutura básica que pode ser adaptada para novos problemas, permitindo que, uma vez dominados os seus conceitos básicos, a sua transição para novos problemas seja simples e direta.

Toda esta longa introdução só quer dizer que este é um campo em evolução, altamente promissor e que merece bastante atenção.

Agora que você está fortemente interessado, vamos ver como funciona a programação genética.

Antes de iniciarmos a discussão dos detalhes da programação genética, temos que manter em mente o que já mencionamos nesta seção: que a GP é um algoritmo evolucionário similar aos GAs já discutidos de forma bastante completa neste livro. O processo de evolução do algoritmo genético também se aplica à programação genética, sendo que só precisamos de uma nova representação cromossomial para os programas e operadores que mantenham a integridade sintática dos programas sendo evoluídos. Vamos então discutir estes fatores neste capítulo, omitindo alguns elementos que são idênticos ao que já foi discutido anteriormente.

12.2. REPRESENTAÇÃO EM ÁRVORE

A maioria dos trabalhos de programação genética usa uma representação em forma de árvore para os cromossomos. Antes de partir para explicar o porquê desta preferência, vamos lembrar o que é uma árvore.

Uma árvore é um tipo abstrato de dados que representa os elementos de forma hierárquica. Nas árvores enraizadas, tipo mais comum e que será discutido aqui, existe um elemento especial, chamado raiz, que não tem nenhum pai e que inicia a árvore, assim como uma raiz real inicia uma árvore de um jardim (Goodrich, 2010).

Todos os outros nós da árvore têm exatamente um pai e podemos traçar um caminho que vai de cada filho para seu pai, deste para seu pai e assim por diante de forma a chegar na raiz. Quando existem um ou mais nós entre dois nós, formamos um caminho através dos pais do primeiro, dizemos que o segundo é ancestral do primeiro. Na figura 12.1 vemos um exemplo prático de utilização de árvores, na definição de hierarquia de objetos na linguagem Java.

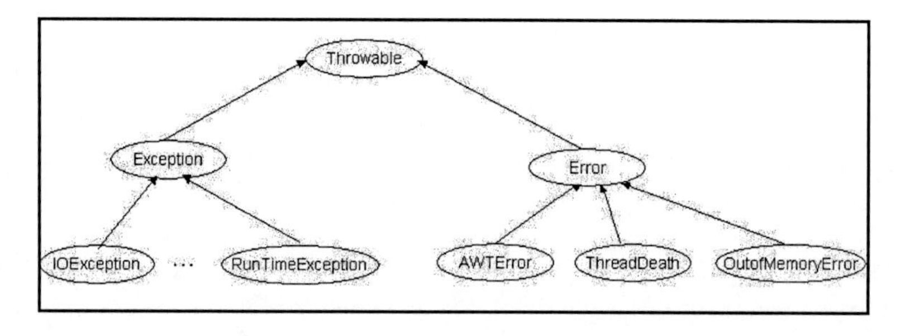

Fig. 12.1: Exemplo de uso prático de uma árvore na definição de hierarquia de objetos em Java. Árvores enraizadas são estruturas naturalmente indicadas para representação de hierarquias e, apesar das árvores binárias serem as mais conhecidas, não existe nenhuma restrição formal quanto ao número de filhos que um nó pode ter.

Uma árvore pode ser definida de forma recursiva, da seguinte maneira:

- Um nó é uma árvore.
- Podemos definir uma nova árvore *T* ligando *n* árvores distintas a um único nó *r*, que se tornará a raiz de *T*.

A figura 12.2 mostra mais claramente como este processo ocorre.

Agora que entendemos muito bem o que são árvores, a pergunta que você deve estar se fazendo é: por que usá-las para representar cromossomos? Afinal, queremos representar programas e expressões. Como é possível que eles tenham algum relacionamento com árvores?

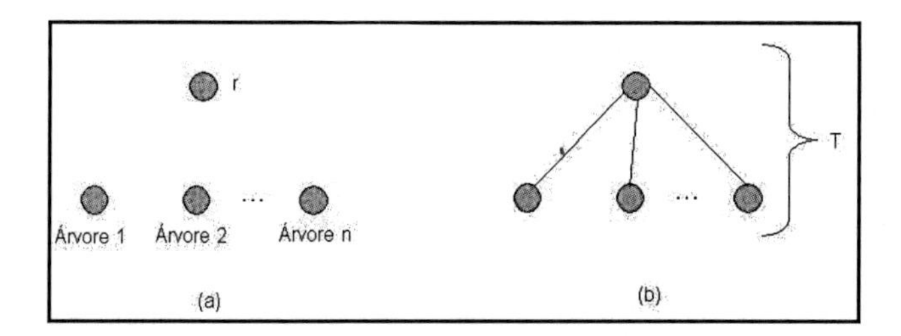

Fig. 12.2: (a) Uma série de árvores compostas de um único elemento e um candidato a raiz, r. (b) Ligando todos os elementos a r, obtemos uma nova árvore, T, que pode ser usada em um processo similar ao que levou do item (a) ao item (b), substituindo um dos elementos simples, o que permitiria que conseguíssemos árvores mais complexas. O processo pode ser repetido indefinidamente, obtendo-se árvores de qualquer complexidade desejada.

Vamos começar por expressões. Estas são representadas por árvores, se as definirmos da seguinte maneira em BNF[1]:

<EXPRESSÃO>::= <OPERANDO> | <EXPRESSÃO> <OPERADOR> <EXPRESSÃO>

<OPERADOR>::= + | – | * | / | ...[2]

[1] Para uma excelente introdução ao conceito da metalinguagem BNF, consulte o livro (Sebesta, 2003).

[2] Como todos aqueles que têm alguma formação em linguagens formais sabem, esta definição é incompleta, pois não permite expressar o conceito de prioridade de operadores. Entretanto, para os fins meramente explicativos deste capítulo, esta definição é suficiente. Para obter uma definição melhor do que esta, consulte o excelente livro (Price, 2008).

Não definimos *<OPERANDO>*, pois em cada problema ele terá um conjunto de possibilidades diferentes, podendo variar desde números e variáveis (caso discutido neste capítulo), até expressões contendo conjuntos *fuzzy* (como veremos no capítulo 13).

Esta definição é muito similar à definição de árvores que colocamos antes. Pense em cada *<OPERANDO>* como a árvore individual. Cada operador pode então ser a raiz de uma nova árvore em que duas novas árvores serão suas filhas.

Na figura 12.3 vemos dois exemplos da definição de árvores com estas características. Percebe-se que esta definição pode ser estendida para o caso de expressões lógicas, mudando apenas os operadores e considerando que o operador de negação (NOT) exige apenas um operando.

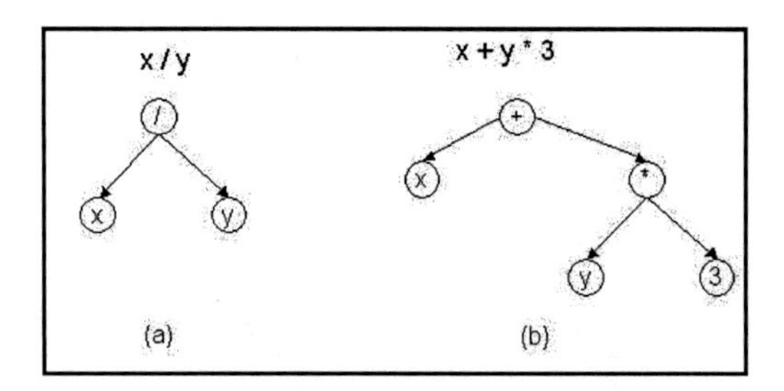

Fig. 12.3: Exemplo de definição de árvores de expressões. (a) Árvore definida para a expressão x/y (b) Árvore definida para a expressão x+y*3. Note que a prioridade do operador de multiplicação é naturalmente expressa pois, aparecendo mais baixo na árvore, vai ser calculado primeiro.

É fácil então entender como representar uma expressão através de uma árvore. A pergunta então é: como fazer o mesmo com um programa? Eles são elementos tão complicados e estruturados que parece improvável que eles possam ser representados por uma estrutura hierárquica como uma árvore. Para convencê-los de que isto é possível, vamos falar um pouco de teoria de linguagens de programação e compiladores.

A maioria das linguagens de programação pode se descrita através de uma meta-linguagem chamada BNF, mencionada antes, onde existem terminais e não terminais. Um exemplo disto é o comando *while*, do PASCAL[3]:

<comando_while>::= *while* <expr_bool> *do* <comando>

Esta notação quer dizer que um comando *while* pode ser interpretado como sendo a palavra *while*, seguida de uma expressão lógica (que é um não terminal e tem uma regra própria), seguida da palavra *do* seguida de um comando (que também é um não terminal). Graficamente, poderíamos interpretar isto como vemos na figura 12.4.

Expandindo nossa definição para completar a árvore da figura, poderíamos definir uma expressão *booleana* da seguinte maneira:

<expr_bool>::= <variável> [<|>|=|<=|>=] <valor>

A expansão deste comando pode ser vista totalmente na figura 12.4, onde já tomamos a liberdade de expandir também os termos <variável> e <valor>. A figura mostra que a estrutura de interpretação de um comando é uma árvore, chamada de árvore de derivação. Como temos também uma definição BNF para um programa[4], podemos fazer uma árvore de derivação para ele também, que incluirá como ramos as árvores de todos os comandos.

Todos os exemplos e códigos fornecidos neste capítulo são dados para o caso de árvores de expressão. Isto é feito apenas por uma questão de simplicidade: o código é mais curto e os exemplos são mais compreensíveis. Entretanto, uma vez que você tenha compreendido os conceitos deste capítulo, deve ser fácil estender os códigos dados para adequá-los a seu problema.

[3] É óbvio que só faremos uma definição de um subconjunto pequeno deste comando.

[4] Para mais detalhes, veja (Price, 2001).

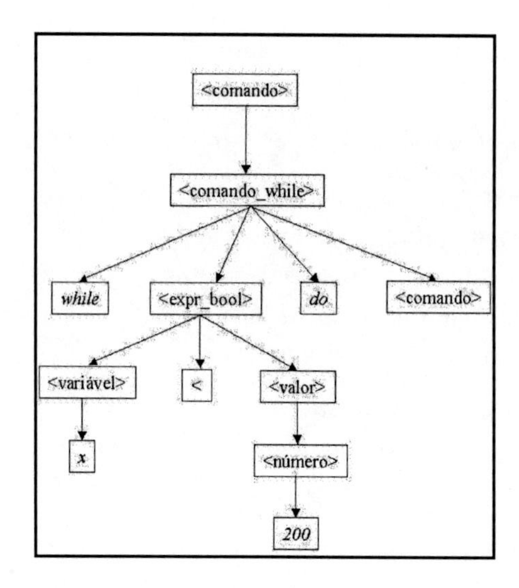

Fig. 12.4: Árvore de derivação criada para um comando while típico.

12.3. FUNÇÃO DE AVALIAÇÃO

Quando estamos usando GP para descobrir uma função que modele o relacionamento entre pares de dados, a avaliação de um cromossomo consiste na área entre as duas curvas, eliminando-se qualquer sinal e o problema torna-se então encontrar o cromossomo que minimize esta distância.

Um exemplo de tal avaliação pode ser visto na figura 12.5. O problema desta técnica é que, para fazê-lo, precisamos conhecer a função que gerou os dados originais. Se a conhecêssemos, a ideia de executar um GP para descobri-la seria totalmente despropositada. Assim, precisamos de uma abordagem alternativa.

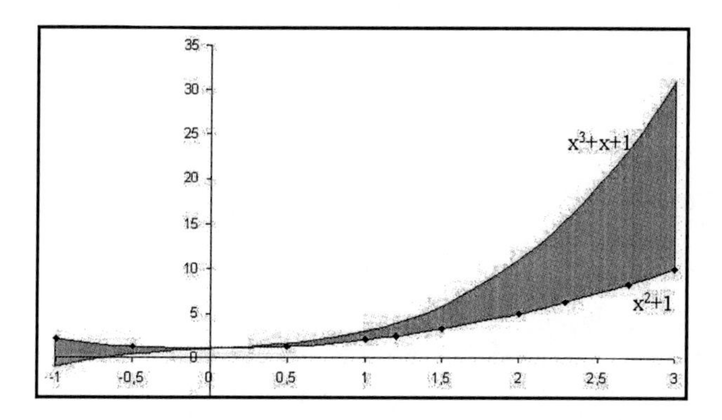

Fig. 12.5: Exemplo de como calcular a avaliação de um cromossomo, calculando-se a área entre a função representada no cromossomo e a função geradora dos dados (marcados com losangos). O problema desta abordagem é a necessidade de se conhecer a função geradora, o que descaracteriza o propósito fundamental do GP.

A alternativa mais óbvia consiste em calcular a distância entre os pontos reais conhecidos e aqueles calculados pela função candidata expressa no cromossomo que está sendo avaliado. Pode-se usar uma métrica comum como a distância euclidiana, cuja fórmula é dada por $d(y,\hat{y}) = \sqrt{|y_1 - \hat{y}_1|^2 + |y_2 - \hat{y}_2|^2 + \ldots + |y_p - \hat{y}_p|^2}$, onde y é a função representada no cromossomo e $\hat{y}$ é o conjunto de valores reais.

O problema de se adotar a norma euclidiana é que, se houver um único valor extremamente alto entre as várias distâncias (derivado de um ponto muito fora da curva original, denominado de *outlier*), ele dominará totalmente a distância entre os elementos, aumentando muito a avaliação dos elementos (que deve ser minimizada). Um exemplo desta situação pode ser visto na figura 12.6. A solução para este problema consiste em identificar estes elementos *outliers* e eliminá-los da avaliação.

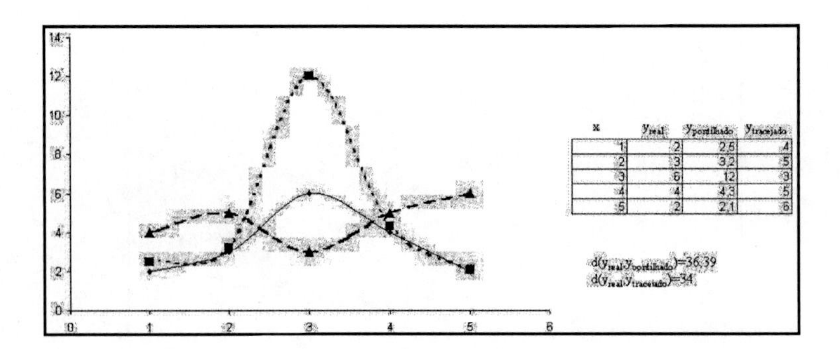

x	y_{real}	$y_{pontilhado}$	$y_{tracejado}$
1	2	2,5	4
2	3	3,2	5
3	6	12	3
4	4	4,3	5
5	2	2,1	6

Fig. 12.6: Exemplo do efeito do outlier. Queremos descobrir uma função que modele os dados representados pela linha sólida e temos dois candidatos: a função de linha tracejada e a função de linha pontilhada. A de linha pontilhada modela muito melhor o processo e está sempre mais próxima da função original, com exceção do ponto onde x=3. A magnitude do erro neste ponto é tão grande que faz com que esta se torne pior do que a função de linha tracejada, que não tem uma trajetória nem próxima da função real.

Quando estamos desenvolvendo programas, a função de avaliação é relativamente trivial. Simplesmente executamos os programas descritos em cada cromossomo para cada uma das entradas descritas no conjunto de dados de teste e vemos quão próximos estamos do conjunto de dados de saída.

Se os dados de saída forem numéricos, a abordagem de deteminação de distância é similar àquela descrita antes (e os problemas também). Um ponto importante a ser considerado é que a avaliação de cada cromossomo consiste em executar um programa para várias instâncias diferentes de entradas, o que faz com que a função de avaliação seja, provavelmente, a parte da GP que consuma mais tempo durante uma execução.

12.4. OPERADORES

Os operadores baseados em árvore têm operação simples e partem do mesmo princípio usado nas situações anteriores: o operador de *crossover* serve para intercambiar informação entre pais e o operador de mutação serve para inserir variedade genética na população de forma aleatória.

Como estamos evoluido programas e/ou expressões, que são estruturas complexas, os operadores tendem a romper facilmente as características boas de cada cromossomo. Logo, é necessário usar uma estratégia elitista associada a um grande tempo de evolução, de forma que seja possível a evolução de estruturas complexas de alta avaliação. Assim, a maioria dos trabalhos nesta área usa populações grandes (da ordem de 5000 indivíduos) e rodadas de longa duração (cerca de 1000 gerações).

É claro que, em problemas de menor magnitude, avaliar 10^6 indivíduos pode representar uma grande percentagem da população, mas em problemas de espaço de busca praticamente infinito, como é o caso na evolução de programas e funções, este número é relativamente pequeno.

Vamos agora ver como podemos implementar cada um dos operadores.

12.4.a. Operador de *crossover*

Assim como no caso dos algoritmos genéticos que vimos no decorrer deste livro, o operador de *crossover* tem como objetivo realizar uma troca de informação entre dois indivíduos da população de uma maneira análoga à reprodução sexuada. Seu uso implica no intercâmbio entre dois indivíduos de pedaços de antecedentes de regras ("material genético"), gerando dois "filhos" que possuem fragmentos de regras de cada um dos pais, compartilhando suas qualidades na modelagem dos dados.

O operador de *crossover* dos GPs trata os cromossomos como árvores, escolhe um nó aleatoriamente em cada uma das árvores e realiza-se o intercâmbio entre as subárvores enraizadas em cada um destes nós.

Quando se está aplicando o *crossover* entre duas regras, varre-se uma regra de cada vez. Em cada subárvore da árvore sendo visitada é decidido de forma aleatória se será feita uma troca ou não. Se o sorteio retorna um valor abaixo de uma determinada probabilidade, é feita uma troca entre a subárvore corrente, completa (isto é, a subárvore enraizada no nó corrente que estamos visitando) e a subárvore equivalente do outro pai. Caso contrário, um dos filhos é escolhido de forma aleatória e recomeça-se o processo na subárvore deste filho. O processo é mostrado de forma completa na figura 12.7 e sua implementação é dada pelo seguinte código:

```
1  public CromossomoGP crossover(CromossomoGP o, double p) {
2     CromossomoGP ret=(CromossomoGP) this.clone();
3     if (Math.random()<p) {
4        ret.conteudo=outro.conteudo;
5        if (outro.esquerda!=null) {
6           ret.esquerda=(CromossomoGP) o.esquerda.clone();
7           ret.direita=(CromossomoGP) o.direita.clone();
8        } else {
9           ret.esquerda=null;
10          ret.direita=null;
11       }
12    } else {
13       if ((this.esquerda!=null)&&(outro.esquerda!=null)) {
14          if (Math.random()<0.5) {
15             ret.esquerda=this.esquerda.crossover( o.esquerda,p);
16          } else {
17             ret.direita=this.direita.crossover( o.direita,p);
18          }
19       }
20    }
21    return(ret);
22 }
```

O código, apesar de recursivo, é bastante simples. Passamos para o método dois parâmetros: a probabilidade de ocorrer o *crossover* em um nó e a árvore que vai reproduzir com a árvore corrente (o parâmetro o).

Primeiro fazemos uma cópia da árvore corrente para o filho e, na linha 3, fazemos o sorteio para ver se vamos trocar toda a subárvore corrente pela subárvore do outro. Se o sorteio decidir pela troca, ela é feita nas linhas 4-11, tomando o cuidado para clonar as subárvores de outro[5].

Nas linhas 13-19 fazemos a iteração do processo. Isto é, decidimos não trocar a subárvore corrente então partimos para ver se vamos trocar alguma subárvore do nó corrente. Note que vamos na mesma direção em ambas as árvores, mas isto não é necessário. Poderíamos acrescentar mais um sorteio para que as direções da iteração em cada pai fossem independentes.

[5] É sempre importante lembrar que, se fizéssemos uma atribuição direta, estaríamos copiando as referências, e não os objetos, assim, dois cromossomos apontariam para os mesmos objetos e as mudanças em um se refletiriam no outro. Por isto, é sempre importante usar o método `clone()` para copiar um objeto.

Note que, neste e em todos os códigos subsequentes, usamos o nosso conhecimento de que todos os operadores usados são binários e nunca testamos se a árvore da direita é `null` (se a da esquerda não é, sabemos que a da direita também não o é). Isto só é válido nos nossos exemplos. Se as características das árvores adequadas para seu problema forem diferentes, você deve fazer os testes condizentes.

Existe a possibilidade de que não se sorteie nenhuma troca. Isto equivale a copiar os dois pais para a nova geração e pode ser usado sem problemas. Caso você queira evitar esta alternativa, basta forçar que, quando uma das subárvores visitadas corresponder a uma folha, então forçamos a ocorrência da troca de subárvores.

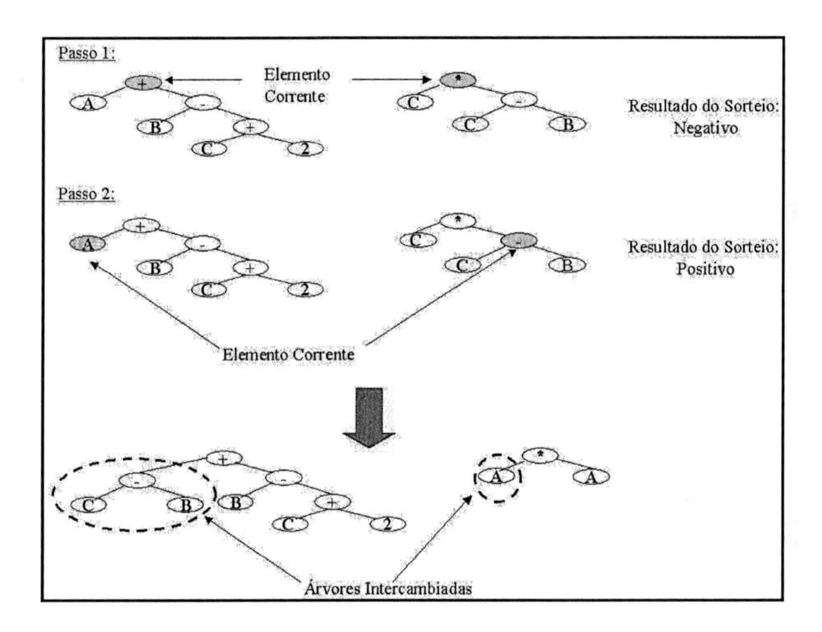

Fig. 12.7: Exemplo da utilização do operador de* crossover *com duas árvores aleatórias. Fazemos o sorteio para o primeiro nível e decidimos não fazer o cruzamento naquele ponto. Procedemos para um descendente do nó corrente escolhido de forma aleatória. Como o sorteio decidiu por fazer o* crossover*, intercambiamos as árvores enraizadas no nó corrente de cada pai, gerando os dois filhos.

12.4.b. Operador de mutação

Como de praxe, o operador de mutação tem como função inserir variabilidade genética na população sendo evoluída. Para fazê-lo, escolhe-se um nó aleatoriamente em uma árvore e elimina-se toda a subárvore enraizada naquele nó. Posteriormente, uma nova subárvore é gerada da mesma maneira que os cromossomos da população inicial. Um exemplo da operação deste operador pode ser visto na figura 12.8, e o código que a realiza é o seguinte:

```
1  public void mutacao(double p) {
2     if (Math.random()<p) {
3        CromossomoGP aux=new CromossomoGP(2);
4        this.conteudo=aux.conteudo;
5        this.esquerda=aux.esquerda;
6        this.direita=aux.direita;
7     } else {
8        if (this.esquerda!=null) {
9           if (Math.random()<0.5) {
10             this.esquerda.mutacao(p);
11          } else {
12             this.direita.mutacao(p);
13          }
14       }
15    }
16 }
```

Esta rotina recebe um parâmetro que é a probabilidade de ocorrência da mutação. Realizamos a mutação na própria estrutura. Lembre-se de que normalmente a mutação é aplicada sobre um filho. Logo, você deve primeiro copiar o cromossomo pai usando o método clone e depois aplicar a mutação.

Outro ponto importante é que, quando mudamos a nova árvore copiamos os ponteiros da nova árvore para a anterior (linhas 5 e 6), deixando referências perdidas para os filhos anteriormente apontados pelas referências `this.esquerda` e `this.direita`. Isto não é um problema pois, quando ninguém referencia um objeto em Java, o *garbage collector* entra em cena e elimina aquele objeto da memória. Outras linguagens de programação, como o C, não são tão bondosas, o que obriga você a liberar a memória ocupada por aquela estrutura, para que você não termine por ocupar toda a memória disponível com lixo.

Note que, conforme o algoritmo explicitado antes, criamos uma subárvore para substituir a subárvore corrente (linha 3). Esta criação deve ser feita com cuidado, pois se estas novas subárvores forem criadas da mesma forma que a população original, a tendência é que a altura média das árvores, sofrendo mutação, cresça. Para evitar este fenômeno, que pode causar o fenômeno de engorda (veja seção 12.5 a seguir), deve-se instruir o módulo inicializador a gerar árvores com altura pequena.

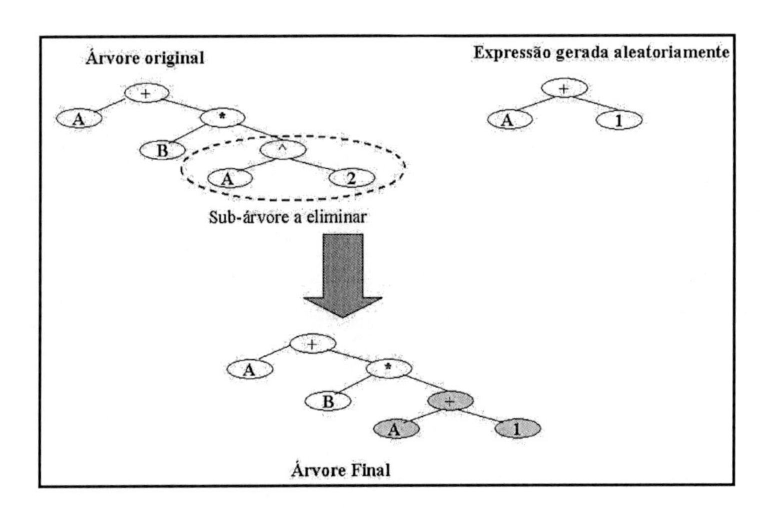

Fig. 12.8: ***Exemplo de utilização do operador de mutação baseado em árvores. Um nó da árvore original é selecionado ao acaso e a subárvore enraizada neste nó é eliminada e substituída por outra gerada ao acaso.***

Podemos então criar um módulo inicializador com o seguinte código:

```
1  public CromossomoGP(int altura) {
2     if (altura>0) {
3        if (Math.random()<(1.0/(altura+1))) {
4           //Vamos aumentar em um a altura da árvore
```

```
5          //logo o nível corrente é um operador
6          double aux=Math.random();
7          if (aux<0.2) {conteudo="+";}
8          if ((aux>=0.2)&&(aux<0.4)) {conteudo="-";}
9          if ((aux>=0.4)&&(aux<0.6)) {conteudo="*";}
10         if ((aux>=0.6)&&(aux<0.8)) {conteudo="/";}
11         if (aux>=0.8) {conteudo="^";}
12         esquerda=new CromossomoGP(altura+1);
13         direita=new CromossomoGP(altura+1);
14       } else {
15         if (Math.random()<0.5) {conteudo="x";}
16         else {
17           conteudo=Double.toString(Math.random()*2-1);
18         }
19         esquerda=null;
20         direita=null;
21       }
22     }
23 }
```

No código dado antes, o construtor recebe um inteiro como parâmetro, inteiro este que será usado para controlar a altura da árvore. O teste para o caso da altura ser igual a zero é necessário pois, quando quisermos clonar uma árvore, passaremos o parâmetro altura=0, de forma que ele não crie uma nova árvore, mas apenas um novo nó, sem nenhum valor dentro.

Caso o usuário passe um parâmetro positivo, quanto maior o valor inicial passado para o construtor, mais baixa tende a ser a árvore gerada. Isto ocorre pois, na linha 2, comparamos um valor sorteado aleatoriamente com o valor $\frac{1}{altura+1}$, ou seja, a chance de efetivamente optarmos por um operador no nó corrente (ocasião em que a árvore terá mais um nível) é inversamente proporcional ao valor de altura passado como parâmetro.

Como aumentamos o valor da altura a cada chamada recursiva, a probabilidade de que a altura da árvore cresça diminui a cada interação e a tendência é que ela nunca passe de um valor máximo. Pode-se usar outra função mais agressiva (usando um coeficiente menor do que um para a altura, ou elevando-a ao quadrado, por exemplo) de forma a diminuir ainda mais a altura das árvores geradas por este módulo.

Caso optemos por um operador (linhas 6-13), selecionamos qual será usado entre os 5 possíveis e depois chamamos a rotina novamente, de forma recursiva, com um valor de parâmetro maior. O objetivo é que a altura da árvore seja não só finita, como relativamente pequena, para que busquemos as menores expressões de alta avaliação. Caso optemos por um operando, o nó corrente da árvore será uma folha, o que justifica as atribuições para `null` feitas para as árvores da esquerda e da direita nas linhas 17 e 18.

Como pode-se ver no texto, os operadores genéticos costumam quebrar facilmente as boas qualidades dos cromossomos que codificam para programas genéticos. Assim, é importante usar um módulo de população que tenha uma estratégia elitista para garantir que os melhores indivíduos não são perdidos rapidamente.

12.5. ENGORDA

Um efeito que costuma acontecer frequentemente é o crescimento dos cromossomos durante a execução de um GP. Isto quer dizer que, sem a adoção de alguma medida preventiva, a altura da árvore tende a crescer durante o processo de busca. Este fenômeno é conhecido como **engorda** (*bloat*) (Eiben, 2004)[6].

Não existem estudos definitivos para esclarecer o motivo da ocorrência da engorda, mas uma ideia razoável, aplicável quando estamos usando um GP para evoluir uma regra, é que cromossomos maiores normalmente embutem várias regras de uma só vez, especialmente se existem vários operadores do tipo OU em uma árvore. Assim, um único cromossomo tende a representar várias possibilidades de uma única vez, especializando-se nos dados que ele tem que analisar.

Existem várias formas de tentar evitar a engorda. A mais simples de todas é apenas limitar o tamanho da árvore a uma altura máxima h_{max}, eliminando da população árvores que têm altura maior a h_{max}. A segunda

[6] Em inglês existe um trocadilho ótimo para a designação deste efeito, que é chamado de *survival of the fattest* (a sobrevivência do mais gordo) em contraposição com o nome usualmente dado para algoritmos evolucionários, *survival of the fittest* (a sobrevivência do mais apto).

maneira é trabalhar considerando que o problema é de múltiplos objetivos, transformando a altura das árvores propostas como uma função a ser minimizada pelo GP.

A maneira mais usada é a pressão pela parsimônia, que consiste em introduzir uma penalidade na avaliação das árvores que diminua o valor da sua avaliação de forma proporcional à sua altura. Linden (2005) é um trabalho onde são evoluídas regras através de um GP que realiza esta pressão através da criação de um coeficiente de penalização de soluções longas. Este coeficiente $c \leq 1$ é multiplicado pela função de avaliação do cromossomo e é dependente da altura média de todas as árvore de regras no cromossomo em avaliação (h), sendo dado então pela seguinte fórmula[7]:

$$\begin{cases} c = 1, h \leq 2 \\ c = \dfrac{1}{(h-1)}, h \geq 2 \end{cases}$$

Quanto maior a altura da árvore ou o número médio de regras por elemento, maior a penalização aplicada sobre o cromossomo quando do cálculo da função de avaliação. Esta penalização faz com que um cromossomo mais curto e mais simples passe a ser preferido sobre outro maior que comete o mesmo erro no cálculo das trajetórias, pois a avaliação do cromossomo mais curto passa a ser mais alta do que a do mais longo. O cromossomo mais curto de avaliação inferior pode passar a ser preferido em detrimento do cromossomo maior de melhor avaliação, desde que a diferença entre os coeficientes de preenchimento seja maior do que a diferença entre as avaliações.

A engorda corresponde a uma especialização excessiva sobre os dados apresentados. As pessoas da área de redes neurais entenderão que isto equivale a um *overfitting*, significando que o programa evoluído seria capaz de responder bem aos exemplos dados mas não a outras instâncias do mesmo problema

[7] Este trabalho também permite mais de uma regra por evolução, logo a fórmula é ligeiramente mais complexa, exibindo também um componente inversamente proporcional ao número de regras por elemento sendo avaliado. Entretanto, a idéia é exatamente como descrita neste texto.

12.6. EXERCÍCIOS RESOLVIDOS

1) Represente em formato de árvore a expressão $\frac{x}{2}+3*y$

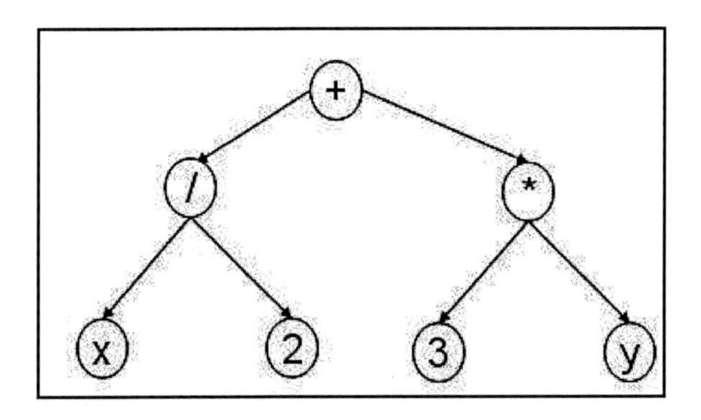

Figura 12.9: Árvore da expressão $\frac{x}{2}+3*y$

A representação em árvore deve seguir a precedência de operadores. Os operadores que são avaliados primeiro vêm "mais embaixo" na árvore (mais perto das folhas), pois como a avaliação se dá das folhas em direção à raiz, os operadores de maior precedência serão avaliados primeiro, como desejado.

Para entender este conceito, vejamos como seria feita a avaliação no caso em que x=4 e y=3:

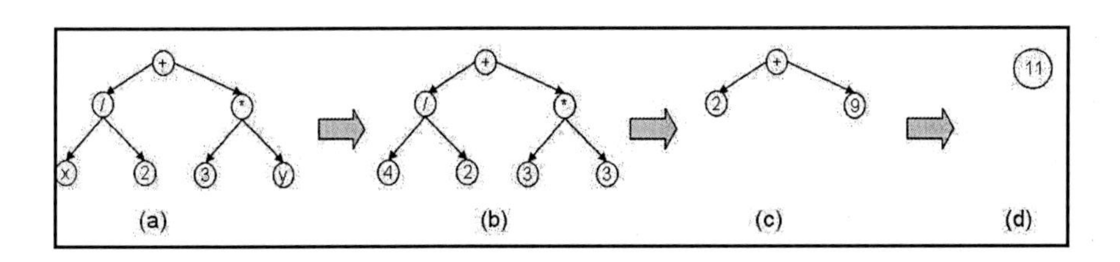

Figura 12.10: Avaliação da expressão $\frac{x}{2}+3*y$ *para os valores x=4 e y=3*

Na figura 12.10 nós podemos ver como é feito o processo. Em (a) vemos a árvore original. Em (b) vemos a substituição das variáveis pelos seus valores. Em (c) nós vemos como fica a árvore depois da avaliação dos operadores do segundo nível e em (d) o resultado final, depois da avaliação do operador que está na raiz da mesma.

2) Represente em formato de árvore o comando while (c>1) c- -;

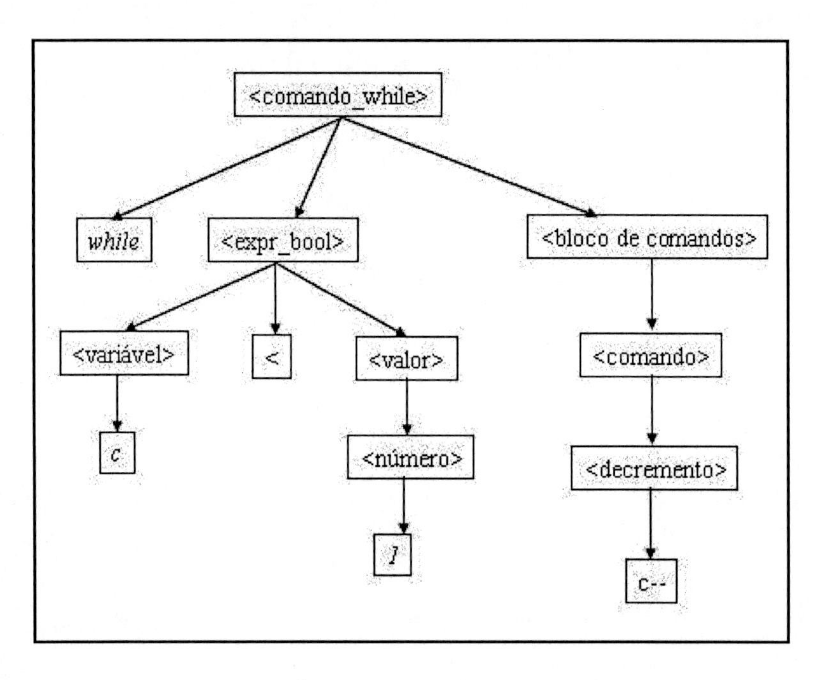

Figura 12.11: Árvore do comando while (c>1) c- -;

Na prática, um compilador teria mais passos entre o bloco <decremento> e o bloco c- -, mas para nossa compreensão, esta profundidade de árvore é suficiente. Note que se tivéssemos mais de um comando dentro do while, bastava termos mais filhos abaixo do nó <bloco de comandos> e a colocação das chaves de abertura e fechamento de bloco.

3) Calcule o resultado do cruzamento entre as expressões $2 + x * y$ e $\frac{x}{2} + 3 * y^2$.

O resultado final do cruzamento é dependente dos pontos onde serão realizados os cortes das árvores, o que seria realizado por sorteio. Escolhendo dois pontos de forma aleatória, temos um exemplo de cruzamento que pode ser visto na figura a seguir:

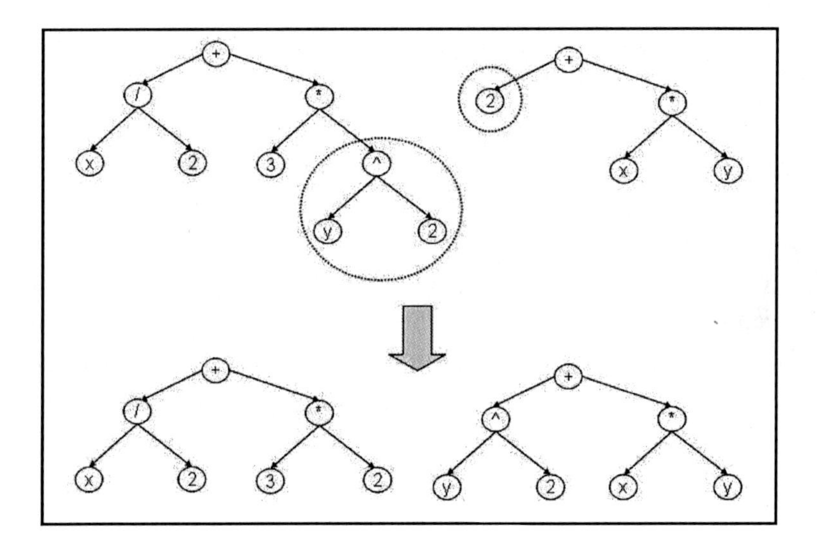

Figura 12.12: Árvore do cruzamento entre as expressões $2 + x * y$ ***e*** $\frac{x}{2} + 3 * y^2$

Este exemplo nos mostra algo interessante: os pontos de corte escolhidos não precisam ficar no mesmo nível na mesma árvore (na árvore à esquerda, foi escolhido um ponto no terceiro nível e na árvore à direita, um no segundo nível). O fato do código mostrado neste capítulo implementar o crossover com estas características nao implica em qualquer obrigação de que você tenha que fazer isto em uma implementação que faça.

Ademais, a altura das árvores não necessariamente é preservada. Note que no nosso exemplo, a primeira árvore passa a ter uma altura menor do que tinha antes.

12.7. Exercícios

1) Represente em formato de árvore as seguintes expressões:

a) x+1

b) 2*x+3

c) 2*x/y+1

d) 2*x/(y+1)

e) if (x>y) x=y;

f) if (x>y) {x=y- -;}

2) Modifique o código do operador de crossover apresentado neste capítulo para permitir que a direção tomada na árvore do segundo pai seja diferente da direçã tomada na árvore do pai representado por this.

3) Modifique o código do operador de crossover apresentado neste capítulo para permitir que a árvore progrida em um dos pais mas não em outro, permitindo o cruzamento de sub-árvores em alturas distintas.

4) Calcule o resultado do cruzamento entre as seguintes expressões:

a) x+1 e 2*x+3

b) 2*x/y+1 e x

c) if (x>y) x=y; e x=x+1;

Capítulo 13
Sistemas Híbridos

13.1. Introdução

Neste capítulo veremos exemplos de como podemos utilizar GAs para melhorar o desempenho de outras técnicas de inteligência computacional. É impossível tentar propor uma discussão exaustiva sobre esta área em apenas um capítulo deste livro. Cada uma das técnicas discutidas aqui merece um estudo completo que pode resultar em um ou mais livros. Logo, tudo que pode ser visto é uma visão geral sobre a área. Outras maneiras de hibridizar tecnologias existem e podem até ser melhores do que as ora expostas.

A hibridização pode ser uma estratégia válida para resolver certos problemas existentes em cada uma das áreas de inteligência computacional. Os algoritmos genéticos, como, já discutimos nas seções 1.3 e 3.7, são muito eficientes em varrer espaços de busca intratavelmente grandes, o que lhes permite serem utilizados como otimizadores dos parâmetros de redes neurais e de lógica nebulosa, entre outras técnicas possíveis.

Para podermos hibridizar nossas técnicas inteligentes temos antes de responder às perguntas habituais:

- Qual a representação adotada?
- Para esta representação, qual é o mecanismo dos operadores genéticos?
- Qual foi a função de avaliação utilizada?

Discutiremos também neste capítulo o tópico da inclusão de outras técnicas de otimização aos algoritmos genéticos, como, por exemplo, a hibridização de GAs com técnicas de *hill climbing*. Este tipo de hibridização dá origem aos algoritmos meméticos, que aumentam bastante o poder dos algoritmos genéticos.

Veremos agora um pouco da teoria associada a cada uma das áreas de IA às quais associaremos os GAs. As introduções serão breves e informações mais profundas sobre ambas as técnicas podem ser conseguidas nos livros (Rezende, 2002), (Carvalho, 2007) e (Russel, 2004).

13.2. GA + *FUZZY*

13.2.a. Lógica *Fuzzy*

A **lógica proposicional** tradicional lida com variáveis, assumindo apenas dois possíveis estados: falso e verdadeiro. Os conjuntos tradicionais são definidos utilizando apenas a noção de pertinência absoluta (ou o elemento pertence ou não pertence ao conjunto definido) sem nenhum tipo de gradação. Por exemplo, podemos considerar o caso do conjunto de todos os carros trafegando a menos de 70km/h. Os membros deste conjunto são todos os carros *i* cuja velocidade, dada por v_i, satisfaz a seguinte definição:

$$\text{Elem} = \{v_i \in \Re \mid v_i < 70\}$$

Se algum carro *i* estiver trafegando a menos do que 70 km/h ele pertence ao conjunto *Elem*, o que é denominado por $i \in Elem$. Caso o carro *i* esteja trafegando a 70 km/h ou mais, ele não pertence a este conjunto, o que é dado por $i \notin Elem$. Note-se que não há nenhum tipo de gradação neste tratamento: se o carro estiver trafegando a 69,99km/h, ele pertence a *Elem*, mas se ele estiver trafegando a 70 km/h, ele não pertence a *Elem*.

Podemos então definir uma função de pertinência $X_{Elem}(i)$ que é dada por:

$$\chi_{Elem}(i) = \begin{cases} 0, i \notin Elem \\ 1, i \in Elem \end{cases}$$

Em alguns casos, como no caso da representação interna de computadores, esta representação é suficiente, mas no mundo real (e em grande parte das aplicações de interesse na área da engenharia) existem propriedades que são vagas, incertas ou imprecisas e, portanto, impossíveis de serem caracterizadas por predicados da lógica clássica bivalente (Pedrycz, 1998), como por exemplo a determinação da pertinência de uma pessoa ao conjunto das pessoas altas.

No cotidiano é comum que uma pessoa se depare com situações em que há propriedades imprecisas, como o fato de alguém ser alto, para as quais não se possui a noção de verdadeiro/falso perfeitamente definida. Por exemplo, não é óbvio classificar um carro como estando trafegando rapidamente ou não, mesmo que se tenha total conhecimento de sua velocidade corrente.

Se for perguntado para várias pessoas se um carro andando a 80 km/h está rápido ou não, haverá provavelmente uma resposta gradativa, incluindo uma possibilidade distinta de recebermos uma resposta do tipo "mais ou menos" ou "mais para sim do que para não". Esta ambiguidade é inerente à imprecisão da definição destes conjuntos e não a um eventual desconhecimento da velocidade do carro ou da altura da pessoa. As respostas são vagas porque o conceito de "carro rápido" é vago, ao contrário da medição da sua velocidade instantânea, que é absoluta.

Uma solução possível para resolver este tipo de ambiguidade seria usar **lógica multivalorada**, incluindo, por exemplo, uma pertinência de 0,5 para o conceito de "mais ou menos", mas ainda precisaríamos executar procedimentos de arredondamento, já que em algum momento teríamos que fazer uma transição brusca entre duas pertinências admitidas (por exemplo, entre 0 e 0,5). Este arredondamento continua evitando que seja embutido o conceito de mudança gradual dentro do nosso sistema, pois tudo que temos, ao introduzir este valor intermediário, são duas transições bruscas em vez de uma.

Para resolver o problema das transições bruscas, pode-se optar por utilizar a lógica *fuzzy*. (*fuzzy*, em inglês, significa incerto, duvidoso ou nebuloso, que é a tradução mais adotada), que usa **graus de pertinência** contínuos no intervalo [0,1] ao invés de um relacionamento de verdadeiro/falso estrito como na lógica tradicional.

A lógica *fuzzy* é adequada para a representação de conhecimento tendo em vista que a maioria dos especialistas humanos possui conhecimento que é representado em termos linguísticos, de uma maneira especialmente *fuzzy*. Isto decorre de que é simples comunicar conhecimento desta forma e pelo fato de que alguns sistemas não possuem modelagem numérica simples, mas podem ser entendidos de forma completa por meio de noções *fuzzy*, como, por exemplo, "se a pressão estiver alta demais, abra um pouco a válvula de pressão" (Wang, 1994).

Um termo *fuzzy* usado de forma rotineira em nossas comunicações (como *alto*, *baixo* ou *leve*) é um elemento ambíguo que pode caracterizar um fenômeno impreciso ou não mas completamente compreendido.

Os termos *fuzzy* são a base da lógica *fuzzy*, com a implicação de que a lógica *fuzzy* está baseada em palavras e não em números. Isto é, os valores-verdade que usamos nos controladores são pertinências a conjuntos que estão fortemente associados a termos que são expressos linguisticamente no dia-a-dia, como por exemplo: quente, longe, perto, rápido, vagaroso etc. Estes termos podem ser alterados usando-se vários modificadores de predicado como por exemplo: muito, mais ou menos, pouco, bastante, meio, etc.

Estas características fazem da lógica *fuzzy* uma alternativa simples para representar de forma direta o conhecimento humano, restando apenas a definição formal de como operar com os conjuntos *fuzzy*, definição esta que é feita através da teoria dos conjuntos *fuzzy*.

Baseando-se nestas características, pode-se afirmar que a lógica *fuzzy* pode ser considerada como uma das primeiras escolhas de aplicação nas seguintes situações:

- Em sistemas muito complexos, onde é difícil desenvolver o modelo matemático.
- Para sistemas extremamente não lineares que podem ser bem explicados heuristicamente e/ou através de termos linguísticos.

Um aspecto importante da lógica *fuzzy* é que ela permite que incorporemos informações que são baseadas em conhecimento qualitativo ou semi-qualitativo de um processo, que é muito comum, por exemplo, na biologia. Um exemplo deste conhecimento é o efeito da ATP na fosfoenolpiruvato carboxiquinase (PCK) que é bifásico, acelerando a reação em baixas concentrações e inibindo-a em altas concentrações (Lee, 1999). Este tipo de conhecimento poderia ser modelado por duas regras similares às seguintes:

- Se a concentração de ATP é baixa Então acelere a reação do PCK;
- Se a concentração de ATP é alta Então iniba a reação do PCK.

Estes tipos de regras são muito próximos da maneira como um especialista lida com seu conhecimento, o que faz da lógica *fuzzy* uma ótima ferramenta para modelar o conhecimento disponível em qualquer área.

A **teoria de conjuntos** ***fuzzy*** permite especificar quão bem um objeto satisfaz uma descrição vaga. Isto é feito através do estabelecimento de um grau de associação que pode variar continuamente entre 0 (falso, ou ausência total de pertinência) e 1 (verdadeiro, ou totalmente pertinente).

Assim, cada função consiste em um mapeamento do valor da variável x para o conjunto A ($\mu(x): x_A \rightarrow [0, 1]$) que significa que x pertence ao conjunto A com um valor de pertinência entre 0 (não pertence absolutamente) e 1 (pertence totalmente).

Os valores intermediários podem ser compreendidos fazendo-se uma analogia às fotografias em preto e branco. Entre os dois valores extremos, existem vários tons de cinza. Da mesma maneira, entre a pertinência total (1) e a não pertinência (0), existem vários valores possíveis de pertinência em um conjunto. Aplicando este conceito ao exemplo do carro, podemos estabelecer graus de pertinência ao conjunto dos carros rápidos, dada cada uma das velocidades que ele pode assumir. Assim, um carro que esteja trafegando a 80 km/h pode receber uma pertinência de 0,7 neste conjunto, correspondendo ao conceito de "mais ou menos" citado pelo pesquisado.

Conjuntos *fuzzy* são aplicáveis tanto a variáveis discretas quanto contínuas. No caso de variáveis discretas, podemos definir o conjunto através da representação de todos os elementos do universo de discurso (valores que a variável pode assumir) são associados a suas pertinências, da seguinte maneira:

$$Altos(x) = \{{}^{1,5}/_{0}, {}^{1,55}/_{0}, {}^{1,6}/_{0}, {}^{1,65}/_{0,1}, {}^{1,70}/_{0,3}, {}^{1,75}/_{0,5}, {}^{1,80}/_{0,7}, {}^{1,85}/_{1,0}, {}^{1,90}/_{1,0}, {}^{1,95}/_{1,0}, {}^{2,0}/_{1,0}\}$$

No caso, cada elemento do universo foi representado na forma $x_i/\mu(x_i)$, onde o primeiro termo representa o elemento e o segundo sua pertinência ao conjunto *Altos*.

Se o universo de discurso é contínuo ou possui uma quantidade grande de elementos discretos, a forma mais fácil de representação é o gráfico de sua função de pertinência, chamado de **diagrama de Hassi-Euler (H-E)** (Evsukoff, 2003). Um exemplo de tal representação é dado na figura 13.1.

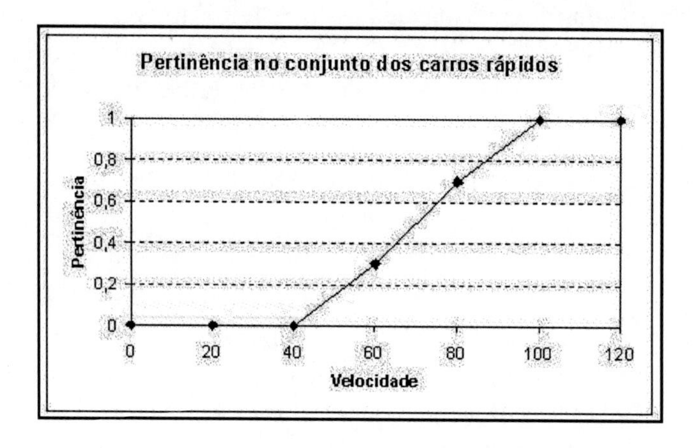

Fig. 13-1: Representação de um conjunto* fuzzy *através do diagrama de Hassi-Euler.

Ambas as representações permitem que façamos uma associação entre o valor original da variável, denominado seu **valor *crisp***, e a sua pertinência no conjunto *fuzzy* de interesse. Um valor *crisp* é um número preciso, obtido através de um aparato medidor (velocímetro, fita métrica etc.), que representa o estado exato de um fenômeno associado e ao qual não existe nenhum tipo de definição ou ambiguidades associadas, visto que este número consiste na representação de um evento físico.

A definição do conjunto *fuzzy* é feita por um especialista que compreende o processo a ser modelado. O conjunto *fuzzy* é uma representação de um termo *fuzzy* em termos de mapeamento de valores crisps para pertinências.

A pertinência para a qual um valor é mapeado é denominado o seu valor *fuzzy*, valor este que não contém nenhum tipo de ambiguidade. O processo de transformação de um valor crisp para um valor *fuzzy* é chamado de ***fuzzyficação***.

Na lógica *fuzzy* não se afirma que um carro trafegando a 65km/h está andando rápido, mas sim que ele tem certa pertinência no conjunto dos carros que andam rápido. Existe uma definição do que consiste andar rápido, feita através de um dos métodos descritos anteriormente, como é possível ver na figura 13.1. Olhando para aquela figura podemos perceber que um carro a esta velocidade possui pertinência 0,4 no conjunto dos rápidos.

O fato de um determinado valor *crisp* possuir uma pertinência não zero a um conjunto *fuzzy* não significa que ele necessariamente possuirá uma pertinência zero em um conjunto que represente um termo *fuzzy* conceitualmente oposto àquele primeiro. Por exemplo, o fato de que um carro trafegando a 65 km/h possui uma pertinência não zero no conjunto dos carros rápidos não implicará necessariamente que ele terá pertinência zero no conjunto dos carros lentos. A pertinência desta velocidade no conjunto dos carros lentos depende apenas da definição deste conjunto. Uma representação possível dos dois conjuntos (lentos e rápidos) pode ser vista na figura 13.2.

Este exemplo evidencia o fato de que um valor associado a uma variável (valor *crisp*) pode pertencer a dois ou mais conjuntos *fuzzy* associados ao mesmo conceito linguístico. Isto quer dizer que dois conjuntos *fuzzy* que representam conceitos opostos (como o conjunto dos carros rápidos com o conjunto dos carros lentos) podem ter uma interseção sem nenhum problema.

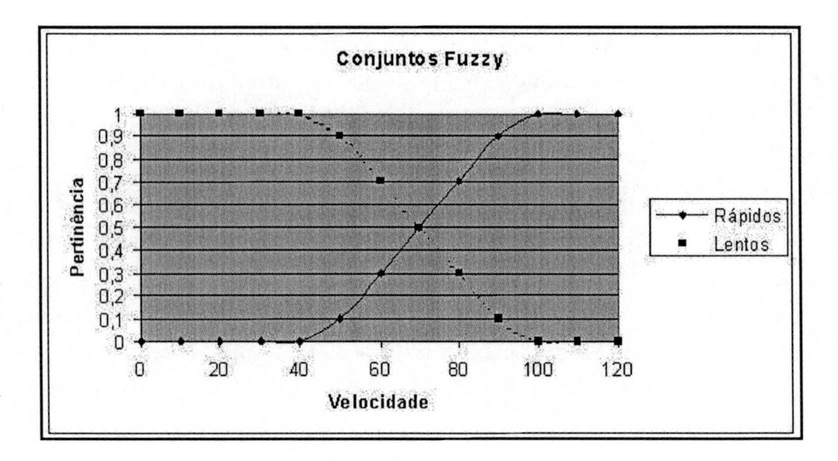

Fig. 13.2: Exemplo da definição de dois conjuntos expressando conceitos linguísticos antagônicos para uma mesma variável.

A existência da interseção é a principal diferença em relação à lógica tradicional. Nesta, se dois termos são conceitualmente opostos, os conjuntos que os definem devem ser disjuntos. Por exemplo, poderíamos definir o conjunto dos carros rápidos como sendo aquele que contém todos os veículos que trafegam a uma velocidade superior a 80 km/h, o que faria com que a pertinência de todas as velocidades seja dada por:

$$\mu_{rápido}(vel) = \begin{cases} 0, vel \leq 80 \\ 1, vel > 80 \end{cases}$$

Neste caso, o conceito dos carros lentos seria dado por todos aqueles que não são rápidos, isto é, a pertinência no conjunto dos lentos seria dada por:

$$\mu_{lento}(vel) = 1 - \mu_{rápido}(vel)$$

Pode-se verificar que no exemplo mostrado na figura 13.2 esta fórmula também é válida, mas isto não implica em que, quando a velocidade possui pertinência não zero no conjunto dos carros rápidos, ela possua pertinência zero no conjunto dos carros lentos.

É importante ressaltar que o conceito de pertinência *fuzzy* usado até o momento é totalmente distinto daquele de probabilidade. As incertezas de tipo um, tratadas através de métodos estatísticos e às quais se aplica o conceito de probabilidade, são aquelas derivadas de aleatoriedades em sistemas físicos, como flutuações aleatórias de elétrons em campos magnéticos, entre outros, enquanto que a incerteza do tipo dois, cuja modelagem pode ser feita através da lógica *fuzzy*, é aquela que lida com fenômenos decorrentes do raciocínio e cognição humanos (Gupta, 1991), que são determinísticos, dado o completo conhecimento do raciocínio associado à sua definição.

Pertinência *fuzzy* é uma incerteza determinística – na lógica *fuzzy* estamos preocupados com o grau em que algo ocorreu, não com a probabilidade de sua eventual ocorrência. Exemplo: queremos saber quão alta é uma pessoa, quão rápido está um carro, etc., e não a probabilidade de que a próxima pessoa será alta. Os valores da altura e da velocidade são conhecidos *a priori*, não havendo qualquer tipo de incerteza no processo. No caso do exemplo usado até agora, sabemos que o carro está trafegando a 65 km/h e a sua pertinência de 0,4 no conjunto dos rápidos modela o fato de que ele está "mais ou menos" rápido e não qualquer tipo de erro na medição desta velocidade.

Esta incerteza não se dissipa com o conhecimento do fato, ao contrário do que acontece com a probabilidade. Esta consiste em um conhecimento prévio à ocorrência de um fato que delimita as chances de que ele efetivamente venha a ocorrer. Após a determinação do fato, a probabilidade se extingue, o que não ocorre com o conhecimento *fuzzy*. Isto quer dizer que a incerteza probabilística se dissipa com as ocorrências, enquanto que a pertinência *fuzzy* permanece inalterada não importando o número de medições efetuadas.

A pertinência *fuzzy* descreve uma ambiguidade inerente ao evento, enquanto que a probabilidade descreve as chances de sua eventual ocorrência. Isto é, se um evento ocorre ou não, é algo aleatório (probabilístico) enquanto que o grau em que isto ocorre é *fuzzy*. Seja, por exemplo, o ato de jogar uma moeda normal, não viciada, para cima, para o qual têm-se uma chance de 50% de obter uma cara. Quando a moeda cai no chão, ou ela o faz com a face da cara para cima ou com a da coroa. Isto implica em que qualquer incerteza tenha sido dissipada – agora existe 100% de certeza de que uma cara ocorreu ou não. No caso do exemplo do carro usado até agora, a ocorrência da medição precisa da velocidade do veículo não dissipou o fato de que esta (65km/h) faz com que o veículo tenha pertinência 0,4 (ou 40%) no conjunto dos carros rápidos. Pode-se fazer centenas de medições que este fato não será alterado.

Uma vez compreendido o conceito dos conjuntos *fuzzy*, precisamos compreender como funcionam os controladores que neles são baseados. Estes controladores usam conjuntos *fuzzy* associados a regras para realizar o controle e/ou previsão de alguma variável de interesse.

Necessitamos definir os conjuntos nos quais os valores reais serão enquadrados. No caso do exemplo da figura 13.2, definimos dois conjuntos no espaço de variáveis (lentos e rápidos), mas podemos definir cinco, doze, ou qualquer outro número que nos seja conveniente. Isto faz com que definamos conjuntos em que um dado valor pode ser enquadrado. Voltando ao exemplo do carro, se definíssemos cinco conjuntos, poderíamos denominá-los de "extremamente rápidos", "rápidos", "média velocidade", "lentos", "extremamente lentos". O número de conjuntos nos diz quão precisamente estamos lidando com uma variável. Um exemplo de como estes conjuntos poderiam ser definidos pode ser visto na figura 13.3.

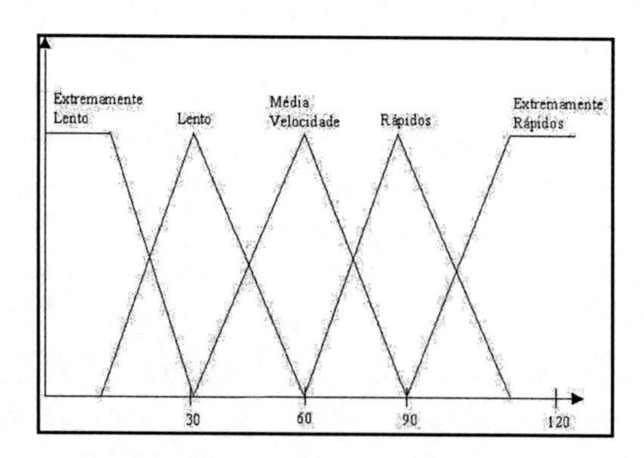

Fig. 13.3: Definição de cinco conjuntos* fuzzy *para a variável velocidade.

Uma vez definidas estas funções de pertinência, faz-se então um mapeamento das variáveis de entrada em um sistema de controle *fuzzy* para conjuntos de funções consecutivas, processo este denominado de "*fuzzyficação*". Para cada valor *crisp* podemos associar *n* valores *fuzzy* (um para cada função *fuzzy* definida). Para todos os valores *crisp*, vários dos valores *fuzzy* que lhe são associados podem ser zero.

É importante ressaltar que nada impede que um sistema de controle possa ter tipos de entradas chaveadas (*on/off*) junto com entradas analógicas. Tais entradas (*on/off*) terão sempre um valor verdadeiro igual a 1 ou a 0. Estas entradas representam apenas um caso simplificado de uma variável *fuzzy*, o que faz com que o sistema possa negociar com elas sem dificuldade, bastando tratá-las como variáveis *fuzzy* como todas as outras, só que com a pertinência restrita aos valores extremos (0 e 1).

Assim como na lógica convencional, definimos regras através das quais criamos as associações entre as entradas e saídas. Por exemplo, na lógica digital, quando definimos uma regra do tipo *a* ^ *b* → *c*, isto significa que, quando *a* E *b* assumirem valores verdadeiros a variável *c* será verdadeira, e caso contrário, será falsa. Existem tabelas verdade semelhantes para os operadores OR (ou) e NOT (não), além de outros operadores que podem ser representados através da combinação destes operadores básicos. As tabelas verdade dos operadores tradicionais são dadas a seguir. Em cada uma delas, o número 1 representa o valor verdadeiro (*TRUE*) e 0 representa o valor falso (*FALSE*):

A E B		
	B=0	B=1
A=0	0	0
A=1	0	1

Tabela 13-1: Tabela Verdade para o operador lógico* AND *(E)

A OU B		
	B=0	B=1
A=0	0	1
A=1	1	1

Tabela 13-2: Tabela Verdade para o operador lógico* OR *(OU)

NÃO A	
A=0	1
A=1	0

Tabela 13-3: Tabela Verdade para o operador lógico* NOT *(NÃO)

Quando estamos utilizando a lógica *fuzzy*, ao definirmos uma regra, o fazemos associando a pertinência das variáveis de entrada em conjuntos determinados à pertinência da variável de saída em um outro conjunto, usando conjuntos *fuzzy* como definimos previamente e versões *fuzzy* dos operadores lógicos. Por exemplo, poderíamos ter uma regra dizendo que, quando o carro estiver rápido e a distância para o sinal for pequena, devemos frear fortemente (em uma representação mais compacta, *Rápido(v) AND Pequena(d)* → *Forte(f)*).

Precisamos então definir operadores lógicos *fuzzy* que forneçam, nas condições de contorno, valores lógicos similares aos operadores lógicos tradicionais. Para o *NOT*, o operador mais simples consiste simplesmente em $NOT\ A = 1 - \mu_x(A)$, onde $\mu_x(A)$ designa a pertinência do evento *A* no conjunto *fuzzy x*. Já para o caso dos operadores *AND* e *OR*, existem vários operadores que satisfazem as condições de contorno, entre os quais podemos destacar as seguintes duplas:

- A *AND* B = min (μ_x(A), μ_x(B))
- A *OR* B = max (μ_x (A), μ_x (B))

e

- A *AND* B = μ_x (A) * μ_x (B)
- A *OR* B = μ_x (A) + μ_x (B) − μ_x (A) * μ_x (B)

Em todas as fórmulas dadas, $\mu_x(A)$ e $\mu_x(B)$ designam respectivamente as pertinências dos eventos A e B no conjunto *x*. Quando o nome do conjunto é significativo, muitas vezes se omite o símbolo μ, designando-se a pertinência pelo nome do conjunto. Por exemplo, ambos os símbolos *Rápido(v)* e $\mu_{rápido}(v)$ denotam a pertinência de uma velocidade *v* no conjunto dos carros rápidos.

Usando qualquer um destes dois pares de operadores podemos combinar pré-condições e determinar a pertinência de um consequente. Por exemplo, imagine que temos uma regra que diz que *Rápido(v) E Pequena(d) → Forte(f))*. Se usamos o primeiro conjunto de operadores (denominado ***min-max***) e a pertinência de *Rápido(v)* é 0,5 e a de *Pequena(d)* é 0,4, então podemos determinar que a pertinência do consequente *Forte(f)* é igual a *min(0,5 , 0,4)= 0,4.*

Sabendo calcular este valor, só é necessário entender como isto será usado no processo de decisão *fuzzy*. Este processo é baseado no esforço coletivo não só de uma regra como esta que usamos no exemplo, mas sim de um conjunto de regras (a base de regras).

Todas as regras que aplicamos são invocadas, usando as funções consecutivas e valores de pertinência das entradas, de forma a determinar um resultado, que basicamente consiste em uma pertinência da variável de saída a um conjunto específico.

Por exemplo, seja uma base de três regras para o controle da frenagem de um veículo dadas por:

- Rápido(v) AND Pequena(d) → Forte(f))
- Lento(v) AND Pequena(d) → Média(f)
- Lento(v) AND Média(d) → Fraca(f)

O processo de decisão envolvendo lógica *fuzzy* consiste em primeiro lugar obter os valores de velocidade e distância instantâneos do veículo e depois *fuzzyficar* estes valores, de acordo com conjuntos previamente definidos (como aqueles da figura 13-2). Uma vez *fuzzyficados* estes valores, são aplicados os operadores lógicos e obtemos um valor de pertinência para cada um dos conjuntos que se encontra no consequente das regras desta base.

O processo de inferência mais usado é baseado no conjunto de operadores *min-max*, que descrevemos acima, e por isto assim também é chamado. Aplica-se o operador *AND* sobre cada uma das pertinências do consequente. Como o operador *AND* calcula a pertinência da regra com base no mínimo das pertinências envolvidas, ele corresponde à parte *min* do nome. Se houver mais de uma regra com o mesmo consequente, escolhe-se a pertinência máxima para este consequente como aquela adota para o mesmo, o que corresponde à parte *max* do nome do método.

Esta escolha é justificada se considerar-se que várias regras para um mesmo consequente podem ser interpretadas como uma única regra em que cada um dos consequentes está ligado aos outros pelo conectivo lógico OR. Isto é:

$$\begin{cases} A \rightarrow C \\ B \rightarrow C \end{cases} \Rightarrow A \vee B \rightarrow C$$

Uma vez aplicado o processo de inferência, o resultado de um controlador *fuzzy* consiste em uma variável de saída para a qual foram definidos vários conjuntos *fuzzy*, a cada um dos quais foi associada uma pertinência. Entretanto, normalmente o interesse de um usuário de um controlador *fuzzy* não é nas pertinências aos conjuntos, mas sim em um valor final *crisp* da variável de saída que possa ser utilizado em um controlador. Por conseguinte, é necessário ainda um método que calcule, a partir dos graus de pertinência desta variável a cada um dos conjuntos *fuzzy* (calculado através das regras), o valor real daquela variável, processo este que é o oposto do processo de *fuzzyficação*, e por isto é denominado ***defuzzyficação***.

O método de *defuzzyficação* mais simples é denominado **média dos máximos** (MoM), no qual se calcula a média dos máximos de cada um dos conjuntos *fuzzy* da variável de saída ponderada pelas pertinências obtidas através do sistema de inferência. Matematicamente:

$$saída_{var} = \frac{\sum_{i \in conjuntos_{var}} \mu_i * \max(i)}{\sum_{i \in conjuntos_{var}} \mu_i}$$

Assim, obtem-se um valor de saída para a variável de interesse que pode ser usado em um controlador, um previsor ou qualquer outra aplicação em que se deseje aplicar a lógica *fuzzy*.

Hoje em dia existem vários produtos que usam a lógica nebulosa para poder controlar de forma mais precisa seu desempenho, incluindo aparelhos de ar-condicionado (termostato), máquinas fotográficas (controle de foco) e até mesmo elevadores (controle de velocidade e frenagem).

13.2.b. Usando GA em conjunto com a lógica *fuzzy*

Tecnologias híbridas em geral têm um desempenho melhor do que cada uma das tecnologias separadas, pois utilizam ambas de forma sinergética, combinando seus pontos fortes. O objetivo, ao aplicar GA à lógica *fuzzy* é utilizar a grande capacidade dos GAs como heurística para encontrar pontos de operação próximos do ótimo a um programa usando lógica *fuzzy* de forma a encontrar um excelente conjunto de regras ou os pontos de definição dos conjuntos *fuzzy* (substituindo ou complementando o conhecimento de um especialista humano).

Logo, podemos dizer que estamos tentando descobrir um conjunto de regras que traduzam da melhor forma possível o conhecimento sobre a área em questão, sem consultar um especialista humano.

Há uma forma de fazê-lo que é aplicável quando todo o conhecimento possível e imáginário (tanto o prático quanto aquele sem nenhum significado) pode ser descrito por um número finito de regras. Neste caso cada regra pode ser receber um número de ordem e o GA trabalha com sequências de *bits* que descrevem os números de ordem de *n* regras, aplicando-lhes os operadores genéticos e trabalhando com elas.

Por exemplo, seja o caso que estamos querendo escolher 5 regras de um universo de 81 possíveis. Este é o caso, por exemplo, se tivermos 3 variáveis antecedentes e uma consequente que podem estão associadas, cada uma delas, a três conjuntos fuzzy. Então, poderíamos dizer que a regra 1 consiste na associação das variáveis, respectivamente, ao conjunto 1,1,1 e 1. Já a regra 4, aos conjuntos 1,1,2 e 1 e a regra 22, às regras 1,3,2,2. Este último cromossomo, na verdade, quer dizer que:

SE entrada1 é conjunto 1 E entrada2 é conjunto3 E entrada3 é conjunto 2

ENTÃO

saída1 é conjunto2

Precisaríamos de 7 *bits* para descrever todas as regras possíveis e um total de 35 *bits* em cada um dos nossos indivíduos e poderíamos ter um indivíduo igual a:

000001	1000001	1010000	0110000	0000100

o que significa que o conjunto de regras a ser utilizado é tal que contém as regras 1, 65, 80, 48 e 8 (converta os cinco números binários para decimal e vai ver que as regras são estas). Agora, como cada cromossomo consiste em uma sequência de *bits*, podemos usar os operadores tradicionais que estudamos até aqui para cruzar as bases de regras.

Verificamos que temos um problema de representação. Afinal temos 81 regras possíveis e nossos cromossomos representam regras de 0 a 127! Precisamos aplicar algum tipo de filtro na nossa população, seja eliminando os indivíduos *inválidos* seja punindo-os com uma avaliação sofrível, de forma que eles acabem sendo eliminados naturalmente pelo GA. Outra forma inteligente é desprezar as regras inválidas em cada indivíduo e utilizar somente as regras válidas. Este indivíduo provavelmente vai ter um pior desempenho visto que usará menos regras para modelar o conhecimento e provavelmente sumirá, mas sua base genética não será desperdiçada.

Outra ideia razoável é limitar os pontos de corte aos pontos entre regras, fazendo com que os genes de cada cromossomo sejam as regras válidas. Esta estratégia, combinada com um módulo inicializador que só escolha regras válidas e um operador de mutação que sempre escolha uma nova regra válida para substituir uma posição existente, faz com que sempre geremos cromossomos que consistam apenas de regras válidas e possam ter seu material genético aproveitado por inteiro.

Podemos também usar uma representação ternária, ao invés de binária, pois esta seria mais natural ao nosso problema. Assim, cada posição teria um número 0, 1 ou 2, que representam perfeitamente nossos 3 conjuntos. A forma de tratar estes novos *trits* (expressão que inventei agora que significa *ternary digits*) é idêntica à usada para tratar os bits, só que agora o operador de mutação tem três opções de escolha (ou duas, se ele sempre muda o valor da posição em que opera).

Outra forma de fazê-lo consiste em usar programação genética (capítulo 12) e representar as regras diretamente, usando operadores especializados para realizar as operações genéticas de forma apropriada, aproveitando as principais características de cada regra. Neste caso, além de usar as representações em árvore que discutimos naquele capítulo, precisamos manter uma base de regras, o que faz com que seja necessário um mecanismo de controle adicional para manejo das múltiplas regras existentes nesta base.

Uma base de regras consiste em um conjunto de regras onde cada uma estaria colocada no formato SE <antecedente> ENTÃO <consequente>. O <consequente> de cada uma destas regras consiste em um conjunto *fuzzy*, enquanto que os antecedentes de cada regra podem ser descritos como uma expressão em notação polonesa (PN), de acordo com a sintaxe que veremos a seguir.

A notação polonesa é adequada para uma representação em formato de árvore no qual os descendentes são as subexpressões que formam uma árvore enraizada no operador. Cada operador tem dois descendentes, com exceção do operador NOT, que possui apenas um (o que deriva do fato deste ser o único operador unário dentre aqueles usados). Esta representação em árvore é adequada para uma apresentação gráfica, como pode ser visto na figura 12.3.

Uma vez definidos o universo de discurso de uma variável e os conjuntos *fuzzy* que lhe são associados, resta definir o formato das regras *fuzzy* utilizadas. A seguinte gramática descreve uma regra sintaticamente válida:

<regra>::= SE <antecedente> ENTÃO <consequente>

<consequente>::= <Conjunto_Fuzzy> (<elemento>)

<antecedente>::= <Conjunto_Fuzzy> (<elemento>) | NOT <antecedente> | AND <antecedente> <antecedente> | OR <antecedente> <antecedente>

Como pode ser visto nesta definição, são usados apenas três operadores: *NOT*, *OR*, *AND*. Apesar de ser possível representar toda e qualquer operação lógica usando apenas dois deles (*NOT* e *AND* ou *NOT* e *OR*), o uso de três operadores simplifica as expressões presentes no antecedente de cada regra, permitindo que as regras sejam mais curtas. O fato de serem usados apenas três operadores não gera nenhum tipo de limitação do poder de representação de regras dos cromossomos utilizados. A combinação de operações geradas com os operadores usados aqui permite a representação de qualquer expressão lógica desejada.

Cada antecedente de cada regra é uma árvore parecida com aquela vista na figura 12.3. A principal diferença entre a figura e os elementos participantes da regra agora é que os elementos formadores de uma regra são conjuntos *fuzzy* ao invés de variáveis, como usado anteriormente, e os operadores são lógicos, ao invés dos aritméticos usados naquela figura. O consequente de cada regra é um dos conjuntos *fuzzy* da variável controlada.

Na hora de aplicar o operador de *crossover*, é necessário então estabelecer um nível de controle do mesmo que consiste em um método da seleção das árvores a serem usadas pelo operador de crossover definido no capítulo 12, pois pode-se ter múltiplas regras por conjunto *fuzzy*, o que implica em duas coisas:

- É necessário escolher com qual das regras do outro conjunto a regra atual irá realizar o intercâmbio genético.
- É necessário garantir que a regra escolhida contenha o mesmo consequente que a regra corrente. Não faz sentido cruzar regras de controle relativas a conjuntos diferentes.

Assim, qualquer implementação deste algoritmo precisa garantir que as regras para o conjunto *X* do cromossomo 1 ($crom_1$) somente realizam o *crossover* ("cruzam") com as regras para o mesmo conjunto *fuzzy* no cromossomo 2 ($crom_2$), mesmo que um dos cromossomos tenha mais regras para este conjunto do que o outro.

Isto quer dizer que se o cromossomo $crom_1$ possui duas regras para o conjunto *X* e o cromossomo $crom_2$ só possui uma, as duas regras de $crom_1$ realizarão o intercâmbio genético descrito acima com a mesma regra de $crom_2$.

Se a situação for inversa, e o cromossomo *crom*$_1$ tem apenas uma regra enquanto que *crom*$_2$ tem duas, pode-se escolher de forma aleatória qual das regras de *crom*$_2$ irá cruzar com a regra de *crom*$_1$ e o filho resultante terá apenas uma regra para este conjunto *fuzzy*.

Como de praxe nos algoritmos evolucionários, o processo de *crossover* ocorre duas vezes gerando dois filhos, logo uma implementação possível do algoritmo é realizar o mesmo processo duas vezes, uma varrendo cada pai. Portanto, na segunda execução, os papéis de *crom*$_1$ e *crom*$_2$ estarão invertidos. Exemplos de ambas as situações são mostrados na figura 13.4 (a). Se ambos os cromossomos tiverem mais de uma regra para o conjunto *fuzzy*, cujas regras estão sendo consideradas para o *crossover*, é interessante que qualquer implementação do algoritmo garanta que cada regra realizará ao menos um cruzamento.

Tendo em vista que a lógica *fuzzy* usa todas as regras da base para chegar a uma conclusão, é interessante garantir que as características de todas estejam presentes na descendência dos cromossomos. Isto é, cada regra tem uma contribuição específica, logo, é interessante que seus antecedentes sejam considerados para a geração dos novos indivíduos, de forma que esta contribuição seja preservada.

Podemos melhorar o processo se considerar-se que a inicialização aleatória pode não ser suficiente, pois desconsidera completamente o conhecimento prévio existente no âmbito do problema que se quer resolver.

Este tipo de conhecimento prévio é muito importante, especialmente em áreas de conhecimento bem desenvolvidas, onde já existem vários relacionamentos previamente comprovados por experimentos e universalmente reconhecidos. Desprezar este conhecimento prévio seria uma estratégia pouco inteligente, apesar de muito usada.

Assim, deve-se sempre pensar em utilizar algum mecanismo que permita ao usuário fixar parte da base de regras ou sugerir para o algoritmo genético um conjunto de regras que podem constituir uma boa solução para o problema. Usar este mecanismo para embutir regras pré-conhecidas, associado a um módulo de população elitista, garante que seu algoritmo faça uma busca ampla no espaço de soluções e ao mesmo tempo encontre cromossomos que são, ao menos, tão bons quanto as soluções previamente conhecidas.

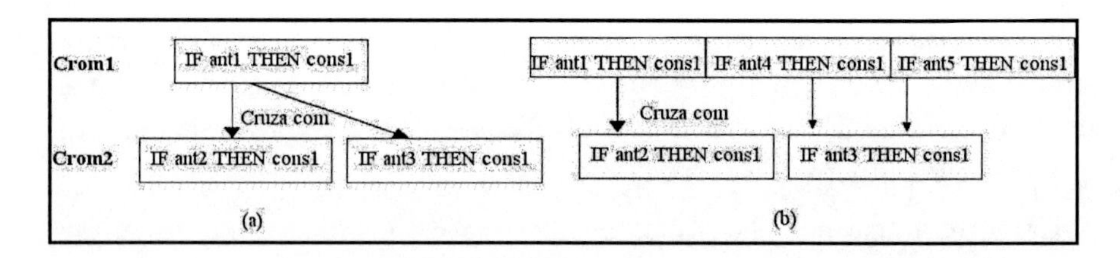

Fig. 13.4: ***Exemplo de execução do controle em nível de regras do operador de*** **crossover.** ***Em (a) Pode-se ver a situação em que o cromossomo 1 tem apenas uma regra para o conjunto sob análise. Neste caso, esta única regra realiza o crossover com as duas regras do cromossomo 2. Em (b) Pode-se ver a situação em que ambos os cromossomos têm mais de uma regra para o conjunto fuzzy. Qualquer implementação pode escolher quais regras cruzarão de forma aleatória, mas deve garantir que cada regra realize o crossover ao menos uma vez.***

13.3. GA + REDES NEURAIS

13.3.a. Redes Neurais

As redes neurais são um tema da computação altamente inspirada na natureza que nos cerca. Durante anos e anos os homens trabalharam para fazer computadores mais rápidos e mais potentes; mas, apesar do seu incrível poder computacional, estas máquinas falhavam ao fazer tarefas que uma criança de 3 anos realizaria imediatamente, como reconhecer uma pessoa ou aprender algo usando a experiência.

Tenou-se então criar um modelo computacional que emulasse o comportamento do cérebro humano. Criaram-se neurônios artificiais similares aos humanos e interligaram-nos para formar redes que mostraram poder fazer tarefas antes restritas aos cérebros.

Além disso, os pesquisadores encontraram nas redes neurais outras características semelhantes às do cérebro: robustez, tolerância a falhas, flexibilidade, capacidade para lidar com informações ruidosas, probabilísticas ou inconsistentes, processamento paralelo, arquitetura compacta e com pouca dissipação de energia.

Encontrou-se uma arquitetura capaz não só de aprender como também generalizar, gerando um grande entusiasmo do meio científico em relação a esta área. Apesar dele, é importante que se entenda que as redes neurais não são a solução de todos problemas computacionais. Elas nunca superarão as arquiteturas tradicionais no campo da computação numérica, por exemplo.

Entretanto, em alguns campos, elas estão se tornando ferramentas valiosas. Por exemplo, a capacidade de extrair características semelhantes de padrões aparentemente ruidosos e incompatíveis torna as redes neurais uma ferramenta extremamente interessante para ser usada no campo da previsão de séries temporais. As redes neurais podem encontrar recorrências e padrões onde o olho humano só vê ruído.

Para entender como funcionam as redes neurais, podemos dar uma rápida olhada nos neurônios biológicos. O neurônio é a unidade fundamental constituinte do sistema nervoso. Como podemos ver na figura 13.5, ele é constituído de um volumoso corpo central denominado **pericário**, no qual são produzidos os impulsos nervosos e de prolongamentos finos e delgados através dos quais estes impulsos são transmitidos e recebidos. Fundamentalmente existem dois tipos de prolongamentos:

- os **dendritos** (ou dendrônios): mais curtos e ramificados, através dos quais são recebidos os impulsos nervosos provenientes dos órgãos receptores e que se destinam ao corpo central.
- o **axônio** (ou cilindro eixo): através do qual a célula nervosa transmite os impulsos nela originados. Em geral, os axônios são muito longos (alcançando às vezes o tamanho de 1m de comprimento) e são únicos para cada célula. Nele os dendritos de outros neurônios se ligarão de forma a obter o impulso correspondente ao "resultado de saída" desta célula. O axônio está envolvido por uma bainha de mielina, externamente à qual ainda podem haver outras bainhas.

Os neurônios não trabalham de forma autônoma, mas em colaboração recíproca. É exatamente dessa cooperação (que, indiretamente, põe em comunicação o conjunto de todas as células do sistema nervoso) que deriva a complexidade do sistema nervoso.

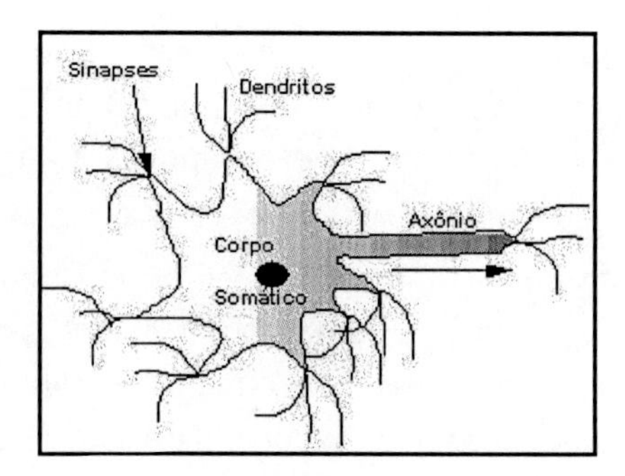

Fig. 13.5: Estrutura básica de um neurônio natural.

Em condições normais, como já afirmamos anteriormente, duas células nervosas se associam estabelecendo contato entre o dendrito de uma e o axônio de outra; esta modalidade de associação recíproca é chamada de **sinapse**, que pode ser elétrica ou química (quase todas as sinapses do sistema nervoso central são químicas).

Nestas, o primeiro neurônio secreta, na sinapse, uma substância química denominada neurotransmissor, e este transmissor, por sua vez, age sobre todas as proteínas receptoras na membrana do neurônio receptor, excitando-o, inibindo-o ou modificando sua sensibilidade de algum modo. As sinapses elétricas caracterizam-se por canais diretos que conduzem a eletricidade de uma célula para uma próxima (uma espécie de curto circuito).

Todo neurônio tem um pequeno potencial elétrico de repouso na sua membrana, da ordem de -65mV. A ação dos neurônios anteriores pode inibir ou excitar um neurônio pós-sináptico respectivamente diminuindo ou aumentando o valor de seu potencial. A ação dos neurônios pré-sinápticos se soma em um neurônio e altera seu potencial elétrico. Quando este atinge a marca de -45mV, o neurônio atinge o que se chama potencial de ação. Para atingir este estado é necessária a atuação de vários neurônios pré-sinápticos (cerca de 70 para o neurônio motor típico).

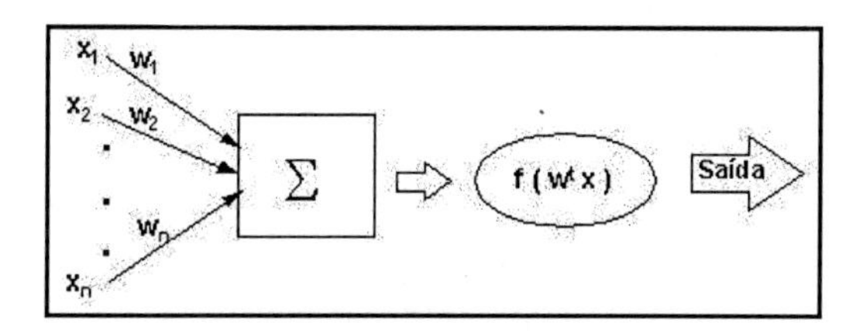

Fig. 13.6: Estrutura de um neurônio artificial. Como no caso natural, existem entradas, que são recebidas via pesos, em vez de sinapses. O somador seguido da função degrau fazem a vez de corpo somático, e a saída equivale ao que passa pelo axônio.

O modelo de **neurônio artificial** que usamos atualmente nas redes neurais é semelhante ao neurônio biológico que discutimos antes, conforme podemos ver na figura 13.6. As sinapses são substituídas por pesos e o corpo somático é um somador seguido de uma função degrau. A saída única representa o axônio e pode ser usada por outros neurônios, como no caso natural. A operação deste neurônio é muito simples: as entradas são apresentadas ao neurônio e multiplicadas cada uma por um peso. O resultado desta operação é chamado net. A seguir é aplicada uma função não linear a net, produzindo o resultado de saída do neurônio (também denominado out).

As redes neurais podem ser classificadas em redes de múltiplas camadas, ou **multicamadas**, caso tenham mais de uma camada de neurônios, como mostrado na figura 13.7. As redes de uma única camada só representam funções linearmente separáveis, mas as de múltiplas camadas não sofrem desta restrição. O **teorema da Aproximação Universal** garante que uma função contínua sempre pode ser aproximada por uma rede com pelo menos uma camada escondida. Outro teorema garante que uma rede com duas camadas escondidas aproxima qualquer função.

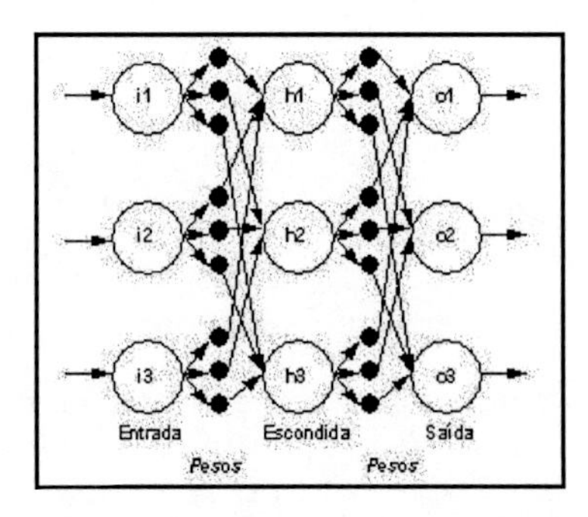

Fig. 13.7: Exemplo de uma rede neural multicamada

A propriedade mais importante das redes neurais é a habilidade de aprender de seu ambiente e com isso melhorar seu desempenho. Isso é feito através de um processo iterativo de ajustes aplicado a seus pesos, o **treinamento**. O aprendizado ocorre quando a rede neural atinge uma solução generalizada para uma classe de problemas.

Algoritmo de aprendizado é um conjunto de regras bem definidas para a solução de um problema de aprendizado. Existem muitos tipos de algoritmos de aprendizado específicos para cada modelo de redes neurais, sendo que os algoritmos diferem entre si principalmente pelo modo como os pesos são modificados. Os algoritmos mais conhecidos para redes como a da figura 13.7 são o de *backpropagation* (Rummelhart, 1986), RProp (Riedmiller, 1994) e Quickprop (Fahlman, 1988).

Todos os três métodos citados são algoritmos do tipo supervisionado, sendo fornecido à rede um conjunto completo de dados (entradas+saídas, denominados pares de treinamento) para treinamento. O conjunto de pares de treinamento é denominado, como poderia se esperar, **conjunto de treinamento**.

Antes de começar o algoritmo, precisamos inicializar os pesos que conectam os neurônios, o que fazemos, de forma aleatória, com valores pequenos. Depois aplicamos o algoritmo de treinamento, que é resumido nos seguintes passos (Wasserman, 1989):

1. Selecione o próximo par de treinamento do conjunto de treinamento;

2. Aplique o vetor de entrada à rede e calcule a saída desta;

3. Calcule o erro entre a saída da rede e a saída desejada;
4. Ajuste os pesos da rede de forma que o erro cometido seja minimizado;
5. Repita os passos de 1 a 5 de forma que o erro se torne pequeno o suficiente.

A diferença entre os diferentes métodos é como eles ajustam o peso das redes buscando minimizar o erro cometido. O método de *backpropagation* usa a derivada de uma função de erro, o algoritmo de Rprop usa deltas que vão variando conforme o produto dos sinais dos últimos dois erros cometidos e o algoritmo de Quickprop usa uma variação do método de Newton-Raphson para otimizar os pesos e maiores informações sobre cada uma das técnicas podem ser obtidas nas referências citadas.

13.3.b. Usando GA em conjunto com redes neurais

Para resolver o problema do aprendizado de pesos de uma rede neural usando GAs, é necessário que transformemos a estrutura do problema em alguma forma compreensível para nossos GAs, criando uma codificação adequada.

Para isto, precisamos entender que alterar apenas uma sinapse tem uma influência em cascata pelo desempenho de toda a nossa rede neural. Logo, temos que desenvolver uma estrutura tal para nossos GAs que possamos restringir em blocos a influência da alteração de sinapses, de modo que os operadores de *crossover* e de mutação possam operar e gerar resultados consistentes.

Uma estrutura bem simples para esta representação seria concentrar todos os pesos relativos a um neurônio (desde todas as camadas) em cada gene. Isto está representado na figura 13.8.

É importante entender que cada cromossomo pode representar uma topologia diferente. Logo, os indivíduos têm tamanhos diferentes entre si, pois representam redes com diferentes topologias. Entretanto, o tamanho de cada cromossomo é fixo no tempo, isto é, não varia. Logo, ao realizar o *crossover*, devemos respeitar as "bordas" dos genes.

O operador de mutação para nosso treinamento pode ser o algoritmo de *backpropagation*, com pesos iniciais iguais àqueles representados no nosso indivíduo, ou então a alteração aleatória de *bits* em posições quaisquer do indivíduo em questão.

A função de avaliação do nosso algoritmo híbrido é exatamente a qualidade do mapeamento executado pela rede. Podemos usar erro médio quadrático, por exemplo, como medida desta qualidade. O critério de parada do algoritmo deve ser o desempenho da rede neural ou algum critério de exaustão.

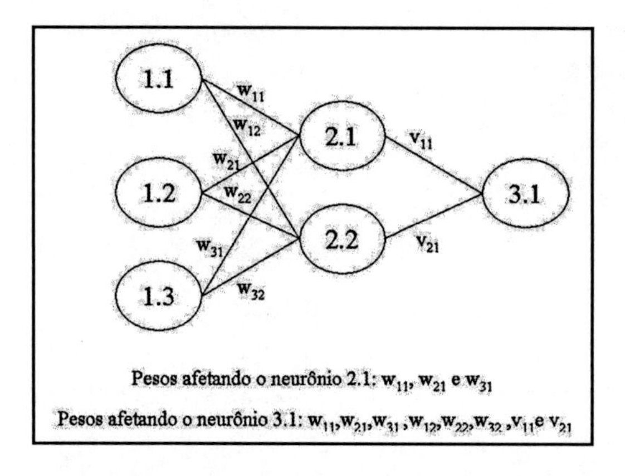

Fig. 13.8: Desenho de uma rede neural e exemplificação da estrutura de um gene para treinamento genético dos pesos neurais

O uso mais frequente de algoritmos genéticos em conjunto de redes neurais consiste em usar o GA para otimizar os parâmetros que afetam o desempenho da rede neural (topologia da rede, taxa de aprendizagem, *momentum*, pesos iniciais etc.).

Neste caso, cada cromossomo armazena uma representação destes parâmetros, que são evoluídos de forma a buscar a rede ótima para o mapeamento que se pretende realizar. Cada posição do cromossomo representará um número real, o que permite que se usem todas as ideias sobre cromossomos reais discutidas no capítulo 10 e as técnicas de mutação associadas a estratégias evolucionárias no capítulo 11.

Neste caso, cada cromossomo será avaliado através de um processo completo de treinamento da rede neural que ele codifica, podendo-se usar qualquer tipo de treinamento que se considere mais adequado, como o *backpropagation*, o Rprop ou o Quickprop, por exemplo. Como todos estes métodos são totalmente determinísticos (dada uma inicialização igual), a avaliação de um cromossomo é constante.

Rao e Babu (2006) usam este processo diretamente, sem o operador de mutação, para a determinação de um design ótimo de placas e apontaram uma melhora no processo de treinamento que, segundo sugerem, é devida ao fato dos GAs não ficarem presos em mínimos locais, como o método de *backpropagation*.

Cabe lembrar, entretanto, que outros métodos, como o *Rprop* e os termos de *momentum*, têm exatamente o mesmo propósito de evitar os mínimos locais, com resultados que podem ser igualmente animadores. A vantagem dos GAs sobre estes métodos é o fato de que os GAs não precisam calcular informações relativas aos gradientes de erro, permitindo que usemos funções não diferenciáveis na saída dos neurônios.

Um ponto importante levantado por Chiaberge *et al* (1994) é a questão de que muitos tipos de problemas, como os de controle, testados naquele trabalho, podem ter boas soluções muito espalhadas pelo espaço de soluções, além de poderem ser enganadores (todas as soluções em volta da solução ótima têm resultados abaixo da média). Isto pode fazer com que os resultados obtidos por uma rede neural treinada usando-se um algoritmo genético tenha um desempenho inferior. O mesmo artigo sugere inicializar a população de configurações mantida pelo GA usando-se algumas boas soluções encontradas com algum outro método, para conseguir resultados melhores.

Yao (1999) realiza uma comparação extensa dos métodos genéticos de treinamento de redes neurais e conclui que os GAs podem ser lentos em comparação com algumas variações velozes de métodos de gradiente, mas, em geral, são mais velozes do que o método de *backpropagation*. Ademais, os GAs não são tão sensíveis às condições iniciais, como este método, que pode ficar preso em um mínimo local caso seja inicializado perto do mesmo. Este trabalho também mostra vários resultados que apontam para o fato de que a combinação de um GA com um método local, como o operador de mutação baseado em um método de treinamento baseado em gradientes, é, geralmente, a combinação que produz os melhores resultados.

13.4. ALGORITMOS MEMÉTICOS

No começo, os pesquisadores da área dos algoritmos genéticos achavam que tinham em mãos uma ferramenta que serviria para resolver todos os problemas de otimização de forma simples, direta e eficiente. Entretanto, o teorema da inexistência do almoço grátis (veja a seção 3.5) nos deixa claro que sem embutir conhecimento específico dos problemas a serem resolvidos, é improvável que consigamos obter resultados de alta qualidade de forma consistente.

Na verdade, o que o teorema diz é que precisamos embutir o máximo possível de conhecimento sobre o domínio do problema em nosso algoritmo pois dificilmente um algoritmo genérico será capaz de ter um desempenho satisfatório. Esta ideia deu origem ao que se conhece hoje em dia como algoritmos meméticos.

O termo memético vem do conceito de "meme", um termo que é definido pelo site http://dictionary.reference.como como uma unidade de conhecimento específico que pode ser processada e melhorada pelo seu detentor e transmitida por repetição, de uma maneira análoga à transmissão dos genes.

Moscatto (1999) introduziu a ideia de algoritmo memético como algo que visava reproduzir a evolução cultural, ao contrário dos algoritmos genéticos, que visavam reproduzir a evolução biológica. A ideia dele era casar os algoritmos genéticos com operadores de busca local de forma que apenas a forma "otimizada" de cada indivíduo pudesse interagir dentro de uma população.

A ideia se difundiu e hoje os algoritmos genéticos são amplamente usados, sendo tratados muitas vezes como uma espécie de evolução de acordo com o modelo de Lamarck, que pregava as características adquiridas pelo indivíduo durante sua vida poderiam ser transmitidas para seus filhos. De certa forma, isto é exatamente o que acontece nos algoritmos meméticos: cada solução é melhorada no decorrer de sua vida (usando-se métodos locais de otimição) e aí ele pode reproduzir e passar suas características melhoradas para seus descendentes.

Sempre que puder usar algum conhecimento sobre o problema e tiver algum método local de otimização que seja usado tradicionalmente em problemas similares, é válido tentar incorporá-lo ao seu GA criando um algoritmo memético.Mesmo que o método local resulte em soluções subótimas, suas forças associadas às boas características de busca global do GA podem gerar em conjunto uma técnica de solução que obtém resultados muito superiores àqueles que seriam obtidos pelos dois algoritmos isoladamente. Lembre-se sempre do NFL: algoritmos genéticos terão, de forma geral, desempenhos inferiores àqueles que são especificamente configurados para resolver um problema.

13.4.1. CONCEITOS BÁSICOS

Hoje em dia, é praticamente um consenso de que a definição de algoritmos meméticos se resume ao somatório de um algoritmo genético com uma técnica de busca local. Assim, o conceito básico de um algoritmo memético como entendido atualmente pode ser resumido pelo seguinte pseudocódigo:

```
1  T:=0
2  Inicializa_População P(0)
3  Enquanto não terminar faça
4  Aplique operador de otimização local
5  Avalie_População P(t)
6  P':=Selecione_Pais P(t)
7  P'=Recombinação_e_mutação P'
8  Avalie_População P'
9  P(t+1)=Selecione_sobreviventes P(t),P'
10 t:=t+1
11 Se  P(t+1) convergiu então
12 Escolha  k  sobreviventes
13 Reinicialize resto da população
14 Fim_Se
15 Fim_enquanto
```

Se vocês compararem com o fluxograma fornecido na seção 3.1, verão que temos agora duas importantes diferenças: o uso do operador local, visto na linha 4 e a verificação de convergência genética, caracterizada pelo bloco `Se..Então` das linhas 11 a 15. Vamos discutir cada um deles em mais detalhes agora.

A primeira mudança consiste na introdução do algoritmo de otimização local. De acordo com a própria definição dos algoritmos meméticos, só devem interagir com a população aqueles indivíduos que tiverem se aprimorado ao máximo. Assim, aplicamos um algoritmo de otimização local que, como o próprio nome diz, consiste em um algoritmo que faz com que o indivíduo corrente percorra a função de avaliação na direção de um máximo local. O pseudocódigo destes métodos é o seguinte:

```
1   Faça Eternamente
2     x´ = Aplique operador de busca local a x
3     Se f(x´) <= f(x) então
4        Interrompa a aplicação do operador
5     Fim Se
6   Fim Faça
```

Basicamente aplicamos alguma forma de modificação sobre o indivíduo corrente de forma a tentar melhorar sua avaliação. A partir do momento em que não conseguimos mais melhorar seu desempenho (isto é, atingimos um máximo local), encerramos o algoritmo.

O método mais comum de otimização local é o algoritmo de *hill climbing*. Este algoritmo simplesmente realiza a seguinte modificação no indivíduo corrente quando a função de avaliação é contínua:

$x' = x + \alpha \nabla f(x)$, onde:

- $\alpha < 1$, representando o passo de que vamos dar passos pequenos na direção do gradiente. Pode ser uma constante ou uma função que varia no decorrer do algoritmo $(\alpha(t))$;
- $\nabla f(x)$ representa o gradiente da função no ponto representado pelo indivíduo corrente.

A ideia fundamental por trás deste algoritmo é que o gradiente aponta na direção de maior crescimento da função em um ponto. Assim, dando um pequeno passo naquela direção nós nos encaminharemos para o máximo local da função de avaliação.

Um problema associado a este método é o fato de que nem sempre é possível calcular o gradiente de uma função ou então este cálculo pode ser computacionalmente caro, levando à inviabilidade prática do método. Pode-se alterar o método então para realizar pequenas perturbações sobre o ponto corrente, indo para o ponto que apresenta a maior função de avaliação de todas as perturbações realizadas.

É claro que em uma função contínua não é possível calcular todas as direções, pois estão são infinitas, mas podemos fazer uma aproximação, pegando um número razoável de direções que representem bem a hiperesfera em torno do ponto correte.

Se for possível calcular as derivadas em qualquer momento, pode-se usar o método de Newton, que converge quadraticamente para uma solução (mais rapidamente que o método de *hill climbing*). Este método serve para encontrar soluções de equações e pode ser aplicado a problemas de maximização considerando-se que se x^* maximiza $f(x)$ então $f'(x^*) = 0$ e $f''(x^*) < 0$. O método não é computacionalmente barato, mas é extremamente veloz.

Estes não são obviamente os únicos métodos de otimização local. Por exemplo, se o seu problema for linear ou linearizável, sujeito a restrições lineares ou linearizáveis, pode-se usar o método Simplex como o operador memético. O método Simplex é uma técnica rápida e eficiente para resolver problemas de otimização do seguinte tipo:

$$\begin{cases} \min c^T x \\ Ax = b \\ x \geq 0 \end{cases}$$

Obviamente, todo problema de maximização pode ser transformado em um problema de minimização e, usando-se variáveis de folga, podemos transformar restrições de desigualdades em igualdades.

Como provavelmente seu problema não é linear (se fosse, você aplicaria os métodos exatos existentes, e não tentaria usar uma heurística como um algoritmo genético, não é mesmo?), a solução seria linearizar o seu problema em torno da solução corrente. Para tanto você pode usar uma expansão de Taylor, ou qualquer outro método matemático. Assim, você obtém versões lineares da sua função e da sua restrição que só são válidas em torno da solução atual e pode aplicar o método Simplex para tentar otimizá-la localmente.

O ponto fundamental a entender é que o método de busca local encontrado provavelmente levará sua solução para um máximo local, a cujo espaço de atração esta solução pertence. Como a maioria das funções tem um número limitado de máximos locais, a convergência genética é absolutamente inevitável, levando à segunda modificação necessária no pseudo-código dos algoritmos evolucionários (a detecção de convergência com reintrodução de variedade genética na população).

Na seção 7.6 nós discutimos de forma mais completa como detectar a convergência genética, mas a solução sempre é custosa. Assim, podemos assumir que a cada *k* gerações a convergência genética ocorreu e reinicializar parte da população (*k* é mais um parâmetro do algoritmo). Esta é uma política que pode parecer esdrúxula, mas é extremamente conservadora (vários problemas apresentam convergência em todas as gerações) e bastante prática (há uma grande economia de ciclos de processador) que pode funcionar bastante bem para você.

13.4.2. Questões interessantes

Ao aplicar algoritmos meméticos, algumas questões importantes surgem e devem ser respondidas para que possamos usá-los de forma eficiente e eficaz.

A primeira pergunta importante é: qual método de otimização local devo associar aos algoritmos genéticos para obter o melhor resultado possível? A resposta a esta pergunta não é única e depende bastante do problema que você está enfrentando neste momento. Na maioria das vezes, deve-se encaixar o problema dentro de uma categoria que já foi resolvida de forma parcial e verificar qual é o melhor método a ser aplicado para esta categoria.

Algoritmos genéticos não devem nunca ser usados como uma ferramenta para se resolver um problema sobre o qual não conhecemos nada. Na verdade, todo problema deve ser estudado a fundo antes de ser atacado. Usar o GA com o máximo de conhecimento sobre o problema atual é a melhor forma de obter bons resultados. Assim, você deve tentar ler as soluções obtidas até aquele momento antes de começar a buscar aplicar um GA – além de lhe permitir aprender com os acertos e as falhas dos seus antecessores, esta atividade lhe fornecerá uma visão muito mais profunda sobre as características do problema que você está tentando resolver.

Existe, como poderia se esperar, uma linha de pesquisa que busca automatizar a escolha do método de busca local de forma a minimizar a necessidade de conhecimento sobre o problema. Krasnogor (2002), por exemplo, sugere uma meta-algoritmo memético, no qual o método de busca local é co-evoluído com as soluções, de forma a também ser escolhido de forma evolucionária. Será que algum dia algum trabalho similar a este substituirá o conhecimento apropriado sobre o problema? É difícil dizer.

A segunda pergunta razoável é: quanto tempo devemos deixar os métodos de otimização local rodarem? A maioria deles oscila em torno da solução e vai aumentando sua precisão a cada passo, fazendo com que o erro relativo ao máximo local diminua a cada passo, mas só chegando ao valor exato do máximo local em tempo infinito. A resposta a esta pergunta também não é simples. A verdade é que você deve respondê-la levando os seguintes aspectos em consideração:

- A capacidade do seu sistema computacional: quanto maior for, mais iterações você pode permitir;
- O tempo que você pode aguardar até a resposta: quanto maior for sua paciência, mais interações você pode permitir;
- A precisão que você deseja: quanto mais iterações, mais precisão para o máximo local. Entretanto, lembre-se que você vai cruzar

estes máximos locais com outra solução e vai perder o valor exato de cada cromossomo. Entretanto, alguns problemas são mais sensíveis à precisão do que outros (para certos problemas, um erro de 0,1% é ótimo; para outros, é inaceitável).

As três condições colocadas acima são consequências de um conceito fundamental: não existe almoço grátis e ao aplicar um operador de maximização local o preço é o tempo de execução. Veja quanto você "tem em sua carteira" para determinar as características de sua aplicação.

A verdade é que a escolha do operador correto e a forma de aplicá-lo é complexa e requer um considerável esforço por parte do pesquisador. Entretanto, os resultados costumam ser superiores àqueles obtidos com algoritmos genéticos que não embutem conhecimento sobre o domínio do problema.

É importante entender também que você tampouco precisa aplicar o mesmo operador de maximização local a todos os indivíduos. Se existem vários operadores disponíveis para o seu problema, você pode usar todos ao mesmo tempo. Você pode usar uma roleta para selecionar aquele que será usado em cada instante ou aplicar outro método decisório, baseado na região do espaço onde está o cromossomo ou em alguma característica da solução que ele codifica.

Outra questão é a aplicação do método de busca local. Hart (1994) afirma que não é necessariamente melhor aplicar o método de busca a todos os indivíduos da população em todas as gerações. Como o mesmo aponta, isto traz um imenso custo computacional que pode fazer com que se reduza o tamanho da população para que o problema possa ser resolvido em um tempo adequado. Como solução alternativa, Hart propõe que seja usado um método que selecione os indivíduos sobre os quais aplicaremos o método de otimização local. Um deste métodos de seleção é o uso da própria avaliação – somente aqueles que tenham uma boa avaliação serão otimizados.

Qualquer solução que diminua a frequênca de aplicação do operador de otimização local será mais um dos *trade-offs* comuns em algoritmos evolucionários. Neste caso específico, estaremos ganhando tempo (a solução será gerada mais rapidamente) e eventualmente perdendo precisão (pode ser que não otimizar certos indivíduos nos faça perder uma solução melhor). Novamente, recaímos nos três conceitos citados acima e afirmamos que quanto mais poder computacional e mais paciência você tiver, mais vezes deve aplicar o operador local.

13.5. GAs quânticos

Esta área não é uma hibridização, então talvez não pertencesse a este capítulo. Entretanto, é uma área que incorpora conhecimento externo aos GAs e como tal tem uma certa similaridade conceitual com os outros algoritmos colocados aqui. Ademais, posto que não há justificativa para um capítulo inteiro sobre o assunto, colocamos aqui esta versão diferente dos GAs.

Os algoritmos genéticos quânticos (QGA) baseiam-se nos conceitos da física quântica, tais como superposição de estados. Apesar de serem caracterizados da mesma forma que os GAs tradicionais (representação, operadores e função de avaliação), eles não usam uma representação tradicional (binária, numérica, baseada em ordem), mas sim uma representação probabilística, chamada de Q-bit (HAN, 2002).

Um Q-bit consiste em uma distribuição de probabilidades de assumir valor um ou zero, dada por

$\Psi = \alpha(1) + \beta(0)$, onde α e β consistem em números complexos cujos quadrados são as probabilidades relativas à ocorrência de cada um dos estados do bit (logo, a sua soma é igual a um).

O interessante sobre esta representação é que se temos m Q-bits em nosso cromossomo, temos imediatamente 2^m possibilidades distintas representadas pelo mesmo. O ato de instanciar o mesmo (chamado de observação) imediatamente colapsa a distribuição de probabilidades e faz com que o cromossomo inteiro colapse para uma única string de bits.

Podemos ter então, em uma população, muito menos indivíduos do que teríamos em uma população tradicional, sem perda de diversidade. Afinal, cada distribuição de probabilidades resultará em vários indivíduos distintos quando observados.

Assim, na hora de avaliar o cromossomo como solução, geramos k observações que nada mais são do que instâncias de cada um dos bits fazendo-se sorteios com base nas distribuições de probabilidades. Estes k indivíduos são todos avaliados da mesma maneira que os cromossomos tradicionais e o coletivo de suas avaliações é a avaliação do cromossomo quântico (uma média ou somatório, se estivermos usando um k fixo para todos os indivíduos).

Note que as probabilidades de cada bit não precisam ser iguais. Assim, um cromossomo quântico de m bits é dado por:

$$\begin{bmatrix} \alpha_1 \alpha_2 & \dots & \alpha_m \\ \beta_1 \beta_2 & & \beta_m \end{bmatrix}$$

Sobre cada distribução de probabilidades pode ser aplicada uma porta quântica, isto é, uma operação modificadora, como por exemplo a porta NOT que inverte os valores da probabilidade ou a porta de rotação, cuja fórmula é dada por:

$U(\theta) = \begin{bmatrix} \cos(\theta) & -sen(\theta) \\ sen(\theta) & \cos(\theta) \end{bmatrix}$, sendo que um diferente ângulo de rotação pode ser aplicado a cada bit quântico de um cromossomo.

Estas portas quânticas têm a função complementar à da mutação (que pode gerar novas distribuições aleatoriamente) e deve respeitar as regras fundamentais para α e β .

Apesar de não ser explicitado por (HAN, 2002), podemos ter também um operador de crossover que trate as distribuições de probabilidades da mesma maneira que os bits do cromossomo binário, isto é, tratando-as como unidades indivisíveis. Podemos aplicar o crossover de um ponto, de dois pontos ou uniforme ou qualquer outra variação que era aplicada aos cromossomos binários.

Capítulo 14

Restrições e Múltiplos Objetivos

Neste capítulo vamos discutir como tratar duas questões de vital importância: o respeito a restrições e o atendimento simultâneo a múltiplos objetivos. Tais assuntos, apesar de não parecer, muitas vezes competem entre si. Para entender a sua importância, vamos analisar um problema simples, que é o caso de uma fábrica de cerveja que tem vários centros de distribuição (CD) e tem que atender os pedidos de todos os bares e restaurantes de uma determinada região que são seus clientes.

A empresa tem o objetivo óbvio, que é entregar todas as quantidades pedidas de forma correta e pontual, mas também tem outros objetivos: minimizar o número de caminhões que fazem a entrega, diminuir o custo para efetuá-la e reduzir o tempo dispendido. Os objetivos de minimizar o número de caminhões e o tempo competem entre si: para que o tempo seja mínimo, basta haver um caminhão indo diretamente do CD até o cliente, mas aí o custo subiria muito, assim como o número de caminhões.

Uma solução óbvia para o problema seria dizer que cada CD deve se responsabilizar pelas entregas das bebidas nos estabelecimentos que lhe são mais vizinhos. O problema é como medir esta proximidade e como lidar com valores extremamente próximos. Por exemplo, na figura 14.1, vemos que os bares envolvidos pelo círculo tracejado são aproximadamente equidistantes do CD1 e do CD3. Qual deles deve incluir estes bares em sua lista de entregas?

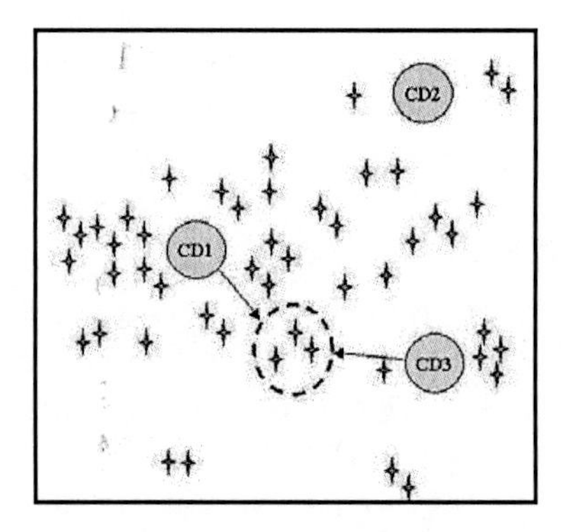

Fig. 14.1: Exemplo de situação em que temos uma função com múltiplos objetivos que competem entre si (minimizar o tempo de atendimento e maximizar o lucro), e com restrições (cada CD só pode despachar no máximo a quantidade estocada). Os círculos representam os centros de distribuição, enquanto que as estrelas representam os clientes que devem ser atendidos. Os clientes envoltos pelo círculo tracejado estão a distâncias aproximadamente iguais dos centros de distribuição 1 e 3. Se usarmos a heurística de mandar pelo CD mais próximo, qual deles deve atender estes clientes?

Se o problema ainda não era suficientemente difícil, agora vai ficar, pois vamos falar das restrições inerentes ao problema:

- Cada CD não pode entregar mais mercadoria do que possui em estoque.
- Um caminhão não pode demorar mais do que *x* horas fazendo entregas (o expediente dos motoristas)
- Um caminhão não pode levar mais do que sua capacidade em mercadorias.

Um exemplo desta situação pode ser visto na figura 14.1. O CD1 domina uma extensa região em que há grande concentração de clientes, resultando em uma necessidade de produtos que excede sua capacidade de entrega.

A pergunta é: como podemos designar as entregas de forma que o lucro de nossa fábrica de cerveja seja maximizado? Quais clientes devemos repassar para o CD2 e quais devem ser repassados para o CD3? Não esqueçamos que estes também têm restrições particulares.

O problema é muito difícil. A maioria das fábricas o resolve de forma aproximada, usando a intuição de seus gerentes de distribuição como parte do processo decisório. Entretanto, se pudermos encontrar uma solução superior, toda a cadeia produtiva poderia lucrar.

Neste capítulo veremos as principais técnicas para adaptar nossos GAs para este e outros problemas que tenham que satisfazer restrições e atender a múltiplos objetivos simultaneamente. As mudanças não são simples, mas vamos estudá-las passo a passo de forma que, ao fim do capítulo, elas estejam bem esclarecidas.

14.1. LIDANDO COM RESTRIÇÕES

A grande maioria dos problemas reais envolvem restrições, sejam elas de natureza financeira, regulatória ou mercadológica. Todo negócio precisa satisfazer um conjunto de restrições relevantes para poder manter-se à tona. Problemas científicos também não estão isentos, ficando sujeitos a planos limítrofes, dependências numéricas e outras restrições que devem ser obedecidas, sob pena de invalidação da solução obtida.

Nesta seção discutiremos como adaptar os seus algoritmos genéticos a esta característica importantíssima, de forma a ampliar a usabilidade dos GAs, começando por alguns conceitos importantes para a caracterização do problema.

Um **problema de satisfação de restrições** pode ser definido formalmente como sendo um par $<S, \Phi>$, onde S é um espaço de busca e Φ é um conjunto de uma ou mais fórmulas lógicas (uma função *booleana* em S), que dividem o espaço de busca S em uma região **admissível** (onde Φ é verdadeira) e uma região de pontos inviáveis ou **inadmissíveis** (onde Φ é falsa). Uma solução para este problema é um ponto $s \in S$ tal que $\Phi(s)$=verdadeiro. A fórmula é normalmente denominada de **condição de admissibilidade** (Eiben, 2004).

Pode existir mais do que uma solução para uma fórmula Φ e um espaço S, sendo que o número de soluções pode até mesmo ser infinito. Na figura 14-2, por exemplo, vemos que a área onde Φ é satisfeita consiste em dois retângulos, que contêm um número infinito de pontos. Não havendo qualquer restrição adicional, temos um número infinito de soluções para nosso problema de satisfação de restrições.

Um **problema de otimização sujeito a restrições** é composto de uma tripla <*S*, *f*, Φ >, onde, ao caso anterior, adicionamos a função *f*, que é a função objetivo do nosso problema. Neste contexto, o conceito de solução como sendo um ponto que satisfaz as restrições impostas por Φ ainda é válido e o nosso objetivo consiste em encontrar a solução que minimiza (ou maximiza, dependendo do problema) esta fórmula de custo dada pela função *f*.

É importante entender que existem dois tipos de restrições:

- aquelas que obrigatoriamente devem ser obedecidas, pois, se não forem, fazem com que a solução se torne inadmissível, e são conhecidas como ***hard constraints***;
- aquelas que são desejáveis, mas que podem ser desobedecidas se necessário, denominadas ***soft constraints***.

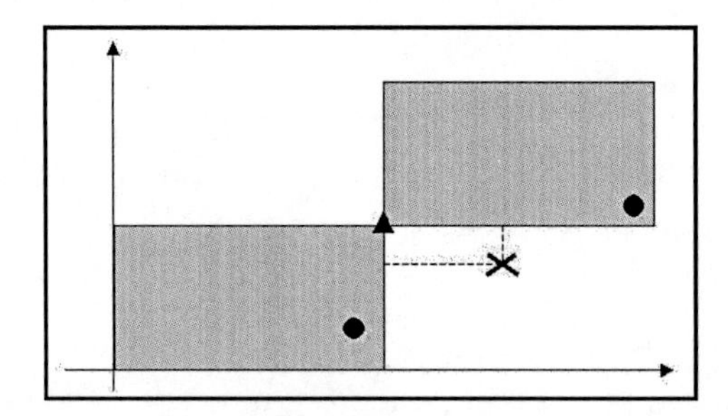

***Fig. 14.2:** O espaço de soluções admissíveis é dado pela parte cheia (contendo infinitos pontos), enquanto que o espaço em branco é composto de soluções que não respeitam as restrições do problema. Supondo cada coordenada como numérica, pegamos duas soluções válidas (círculos) e aplicamos o crossover aritmético, gerando a solução dada pelo X, que é inválida (está na parte branca). Repare entretanto que ela, apesar de inválida, está mais próxima da solução ótima (dada pelo triângulo) do que seus dois pais. Será que ela deve ser descartada ou reparada? Métodos de reparo podem levar esta solução em qualquer uma das duas direções dadas pelas linhas pontilhadas.*

Um exemplo simples de cada é obtido no problema de alocação de salas de aula (seção 16.2.a): uma *hard constraint* é o fato de que duas matérias não podem ocupar uma mesma sala de aula ao mesmo tempo, enquanto que uma *soft constraint* é o fato de que seria interessante que as aulas dadas por um professor horista se concentrassem no mesmo dia, para evitar que ele tenha que comparecer à faculdade várias vezes na semana. Entretanto, se esta for a única solução, o professor horista terá que se resignar com ela.

A primeira atitude que passa na cabeça de muitas pessoas é simplesmente eliminar da população cromossomos que codifiquem soluções inviáveis ou inadmissíveis (que não respeitem as restrições).

Este método, também conhecido como o **método da pena de morte** , pode não ser razoável quando o espaço admissível é muito pequeno se comparado com o espaço de busca total. Nesta situação, a população inicial pode ser toda de indivíduos inviáveis, o que inviabiliza a evolução do GA. Além disto, uma vez inicializada a população, a estratégia de eliminar estes indivíduos pode ser um problema sério, pois os operadores, especialmente em espaços de busca não convexos, podem gerar soluções inviáveis a todo momento e nós estaríamos dispendendo um esforço computacional intenso para gerar soluções que não comporiam a população. Um exemplo desta situação é mostrado na figura 14.2.

Por todos estes motivos, é importante entender que soluções inadmissíveis não devem ser excluídas de todo do processo de busca. Apesar de querermos, de uma forma geral, que soluções admissíveis tenham preferência sobre pontos inviáveis do espaço de busca, existem alguns pontos que estão muito próximos da região de busca admissível e que possuem características interessantes em termos de avaliação, como podemos ver na figura 14.3. Se estes pontos puderem participar do processo de busca do GA, reproduzindo e gerando filhos, então é provável que encontremos mais rapidamente soluções melhores para o problema. Precisamos então de técnicas que nos ajudem a manter o progresso populacional e lidar diretamente com estes indivíduos inviáveis, como as que serão discutidas a seguir.

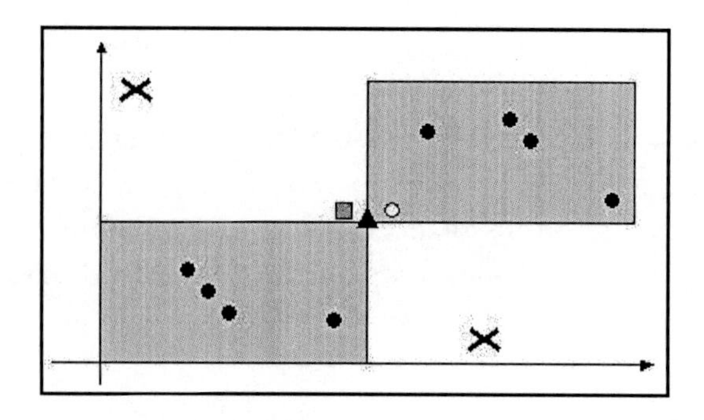

Fig. 14.3: Exemplo de problema de otimização sujeito a restrições. A região admissível, marcada em fundo cinza, possui infinitas soluções, algumas das quais marcamos com os círculos. Existem soluções admissíveis que estão muito próximas à solução ótima (triângulo na parte central da figura). Da mesma forma, existe algumas soluções inadmissíveis de baixa qualidade (X) e uma muito próxima à solução ótima (quadrado). Permitir que este quadrado reproduza poderia aumentar a chance de encontrarmos a solução ótima na próxima geração. Por exemplo, se considerarmos o crossover aritmético, a reprodução entre o elemento dado pelo quadrado e o elemento dado pelo círculo sem preenchimento gera uma solução que é praticamente igual ao elemento ótimo. É óbvio que o exemplo é exagerado, mas as soluções perto da borda do espaço admissível muitas vezes podem trazer qualidades interessantes que poderiam melhorar o resultado final do processo de busca.

14.1.a. Penalizando cromossomos inadequados

A maneira mais simples de lidar com o descumprimento de restrições é simplesmente designar uma avaliação baixa arbitrária para todos os cromossomos inadmissíveis. O problema desta abordagem é que ela não diferencia a qualidade dos cromossomos inadmissíveis. Existem aqueles que estão "quase" dentro do domínio admissível e outros que, tirando uma ou outra condição desrespeitada, codificam uma solução excelente, os quais podem ter características interessantes que devem ser passadas para as próximas gerações.

Logo, precisamos tratar de forma diferenciada os cromossomos inadmissíveis, de acordo com sua qualidade relativa. Isto garante também que, se tivermos que fazer uma busca dentro do espaço de soluções inadmissíveis, o nosso GA tenderá, através da seleção natural, a encontrar o espaço de soluções admissíveis, pois as inadmissíveis mais próximas deste terão avaliação superior.

O primeiro raciocínio que vem à mente de muitas pessoas é associar um valor numérico ao descumprimento de cada restrição e penalizar o cromossomo com este valor, diminuindo a sua avaliação proporcionalmente. Basicamente, isto significa alterar a função de avaliação transformando-a em:

$f'(x_{inad}) = f(x_{inad}) \pm Q(x_{inad})$, **onde** $Q(x_{inad})$ corresponde a uma **penalidade** associada ao descumprimento das condições ou a um custo de reparo da solução.

O sinal negativo é usado em problemas de maximização e o sinal negativo é usado em problemas de minimização. A penalização pode ser feita das seguintes maneiras:

- **Estática**: é definida *a priori* e não se altera com a execução do algoritmo. Pode ser feita usando-se uma métrica absoluta da violação cometida ou usando-se faixas de violação. Neste caso, criaríamos uma penalidade para cada faixa de violação de cada restrição, o que, infelizmente, exige a definição de um grande conjunto de parâmetros (havendo *n* faixas e *m* restrições, precisamos de *2*n*m* parâmetros: *n*m* limites e *n*m* punições).
- **Dinâmica**: define-se uma função para a evolução da punição com o tempo, aumentando-se a punição com o decorrer do algoritmo. Fazemos este aumento pois, no começo, podemos ser mais lenientes com soluções inadmissíveis, visto que ainda necessitamos das suas boas características genéticas para permitir o progresso da população. Conforme vamos avançando, as soluções tendem a melhorar e diminui a necessidade destas soluções que contêm defeitos evidentes.
- **Adaptativa**: em vez de usar uma função fixa para a penalização, usamos a avaliação da população corrente como um *feedback* para guiar a modificação da penalização. Uma ideia usada para definir a punição neste método consiste em diminuí-la se uma determinada percentagem da população está dentro da região admissível e aumentá-la em caso contrário.

Estas estratégias devem garantir que existe uma ordenação básica, que assevera que o pior indivíduo que respeita as restrições tem uma avaliação superior àquela do melhor indivíduo inadmissível. Afinal, qualquer solução que respeite as restrições do problema deve ser preferida a uma que não as respeite.

Este princípio pode ser violado em algum momento da busca definindo-se uma região de "quase admissibilidade". Isto é, define-se um e de violação das restrições que é aceitável e, se um indivíduo estiver dentro desta região, passa a ser considerado como sendo admissível. Isto é interessante em casos como o da figura 14.3 em que a solução inadmissível representada pelo quadrado apresenta características interessantes para a evolução da população. Podemos, é claro, adaptar o valor de ε, diminuindo-o a cada geração, o que fará com que cada vez menos soluções inadmissíveis sejam aceitáveis pelo algoritmo.

Outro ponto importante é a questão de que, se usarmos alguns métodos de seleção, como o da roleta, por exemplo, as avaliações de todos os cromossomos têm de ser estritamente positivas. Tal função de penalização pode ser muito difícil de determinar e é comum que tenhamos pelo menos algumas soluções inadmissíveis com avaliação muito alta.

Uma solução para evitar este tipo de problema é usar um esquema alternativo de avaliação, usando a seguinte função:

$$f'(x) = \begin{cases} q_1 * f(x_{admissivel}) + q_2 \\ q_2 * f(x_{inadmissivel}) \end{cases}, q_1 > q_2 \wedge f(x) \in [0,1].$$

Esta fórmula implica em escalonarmos o valor da função de avaliação para o intervalo [0,1] e multiplicarmos as soluções por constantes diferentes. As soluções admissíveis serão multiplicadas por uma constante maior do que as inadmissíveis. Além disto, somaremos à avaliação de toda solução admissível uma constante que é igual ao máximo que uma solução inadmissível pode atingir. Desta forma, forçamos o algoritmo genético a convergir para soluções que respeitem todas as restrições do problema.

É possível ainda usar um terceiro esquema de avaliação, descrito por Michalewicz (2010), que faz com que as soluções inadmissíveis sejam avaliadas no intervalo ($-\infty$,1), enquanto que as admissíveis são avaliadas no intervalo dado por [1, ∞). Desta forma, os indivíduos que respeitam todas as restrições do problema sempre possuirão avaliações superiores aos cromossomos que não as respeitam. Posteriormente, pode-se pensar em usar uma abordagem baseada em *ranking* ou no método do torneio, posto que a existência de valores de avaliação negativos inviabilizam o uso de métodos de seleção como a roleta (Fonseca, 1995).

14.1.b. Representação e operadores que satisfazem as restrições

Uma das primeiras ideias que podem vir à cabeça de uma pessoa desenvolvendo um GA para lidar com problemas que tenha restrições é criar uma representação e um conjunto de operadores que sempre mantêm dentro da população apenas indivíduos que sejam admissíveis.

Esta técnica, se for possível, pode ser muito mais confiável, e gerar resultados superiores à técnica de penalização de indivíduos. O principal problema desta ideia é que é necessário criar uma representação e um conjunto de operadores para cada conjunto de restrições diferentes que surgirem.

Para compreendermos as dificuldades associadas a este empreendimento, basta olharmos para a figura 14.2 novamente. Apesar das duas variáveis de interesse serem numéricas, não podemos simplesmente usar os operadores numéricos discutidos na seção 10.4, como podemos ver na figura. Se o fizermos, poderemos gerar soluções inadmissíveis, como a figura também mostra. Isto decorre do fato de que operadores numéricos só mantêm a admissibilidade das soluções em espaços convexos, propriedade não compartilhada pelo espaço de busca da figura.

Quando lidamos com este tipo de problema, uma das ideias principais consiste em tentar mapear o espaço de busca que não é convexo para um que seja, no qual podemos usar diretamente os operadores numéricos. No exemplo anterior, isto pode ser feito como vemos na figura 14.4. Entretanto, como pode ser visto na figura, ainda devemos tomar cuidados especiais com o operador de mutação, especialmente quando o cromossomo sendo modificado estiver próximo da borda do espaço admissível.

Infelizmente, esta abordagem, apesar de atrativa, nem sempre é viável, pois não é fácil encontrarmos representações e operadores adequados que restrinjam a busca ao espaço admissível. Entretanto, quando esta abordagem for possível, ela é uma possibilidade interessante que deve ser considerada.

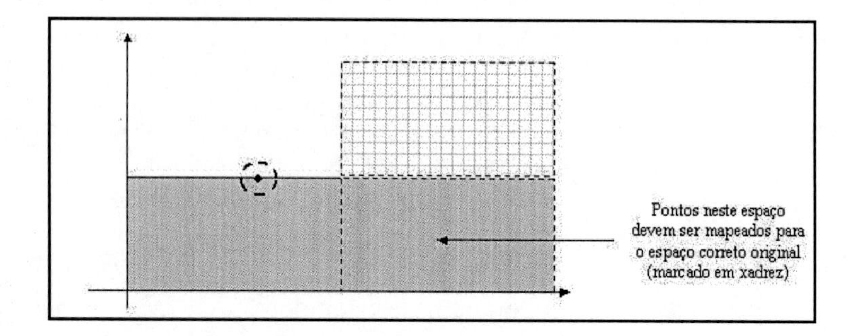

Fig. 14.4: Exemplo de mapeamento de um espaço não convexo para um espaço convexo. Repare que todas as soluções que estiverem no novo espaço de busca (preenchido pela cor cheia e cercado pela linha tracejada) devem ser mapeadas para o espaço original (preenchido em xadrez). Esta abordagem resolve o problema do crossover, mas não o da mutação. Note o ponto dentro do novo espaço admissível, mas quase sob a borda. Se usarmos qualquer operador de mutação, a região marcada pelo círculo tracejado que envolve a solução é equiprovável. Logo, a mutação deve ser aplicada com um cuidado adicional, para verificar a admissibilidade das soluções geradas.

Um problema desta ideia, entretanto, é que ele move as bordas do espaço, que são regiões extremamente interessantes e muitas vezes podem conter as soluções ótimas (veja a descrição do método Simplex, no apêndice B, para entender uma aplicabilidade deste conceito). Por isto, pode ser interessante aplicar uma técnica de exploração das bordas do espaço admissível antes de realizar esta transformação para um espaço convexo.

14.1.c. Funções decodificadoras

A extensão natural do conceito descrito antes consiste em usar uma função decodificadora que garanta que a interpretação da solução descrita pelo cromossomo está dentro da região admissível, não importando o que está representado diretamente no mesmo. Para usar esta técnica, temos que respeitar as seguintes condições colocadas originalmente em (Michalewicz, 2010):

1. Toda solução codificada deve ser mapeável para uma solução válida (visando garantir que não vamos retornar uma solução inválida);
2. Toda solução válida deve ter uma representação que mapeie para ela (visando garantir que podemos buscar em todo o espaço válido);
3. Toda solução deve ser representada pelo mesmo número de representaçoes (para não viciar ainda mais métodos como o da roleta);
4. A transformação deve ser feita de forma veloz e eficiente (para garantir a praticidade da aplicação da técnica);
5. A função de transformação deve ter a propriedade de **localidade**, significando que pequenas mudanças na representação correspondem a pequenas mudanças no espaço admissível (para garantir que a mutação não gere mudanças imprevisíveis nos resultados).

Para entender esta técnica, nada melhor do que um exemplo, descrito originalmente em Eiben (2004). Imagine que temos uma mochila que carrega no máximo 100kg e que temos dezenas de itens que queremos colocar dentro dela. Nosso objetivo é colocar dentro da mochila o máximo de itens permitidos pelo limite de peso.

Uma representação possível seria a representação binária, havendo um *bit* para cada item, indicando se ele será levado ou não. O problema desta representação é que podemos ter vários cromossomos que indiquem que devem ser levados itens cujos pesos somados excedem 100kg. Uma função decodificadora inteligente consistiria em interpretar a presença de um valor igual a 1 em um determinado *bit* como significando "leve este item, se ele não exceder o peso". Assim, garantiríamos que todos os cromossomos sempre serão decodificados para uma solução que respeita a restrição imposta pelo problema e podemos usar os operadores binários livremente.

O problema desta solução é que isto cria uma redundância na representação, pois todos os y bits que vêm depois de chegarmos ao limite de peso não têm importância, o que faz que tenhamos 2^y soluções iguais, significando que desrespeitamos a condição número 3.

Esta violação pode parecer irrelevante, mas uma mesma solução que tenha várias representações ganha uma preferência do GA, pois ela pode ser sorteada várias vezes, além de haver várias mutações que mapeiam dela para ela mesma. Logo, o GA passa a ter um *bias* inadequado em relação a estas soluções, viciando ainda mais métodos como o da roleta, por exemplo.

Exemplo 14.1: Imagine que temos o problema da mochila, que suporta 100kg e que temos 6 itens para colocar nela, cujos pesos são respectivamente 40kg, 50kg, 20kg, 19kg, 1kg e 20kh. Nosso objetivo, como colocamos antes é colocar dentro da mochila o máximo de itens permitidos pelo limite de peso e vamos usar a representação binária com a interpretação da presença de um valor igual a 1 em um determinado *bit* como significando "leve este item, se ele não exceder o peso". Imagine agora que temos a seguinte população de 6 indivíduos, dada por

1. 111000, com avaliação 90 (peso efetivamente colocado na mochila, pois o terceiro bit geraria um excesso de peso);
2. 110111, com avaliação 91 (mais uma vez ignoraremos dois bits, pois eles geram excesso de peso);
3. 101101, com avaliação 99;
4. 101011, com avaliação 81
5. 110110, com avaliação 90;
6. 110111, com avaliação 90;

Note que os cromossomos 3 e 4 são os melhores candidatos a gerar a melhor solução (que consiste em deixar o segundo item, de 50kg fora da mochila, levando todos os outros e atingindo a capacidade máxima da mochila, de 100kg). Entretanto, como todas as outras soluções que envolvem levar o segundo item são admissíveis, então levá-lo acaba ocupando um pedaço igual a 361/541 ≈ 67% da roleta, gerando uma chance imensa de que ele predomine na próxima geração.

No fundo, o esquema 11**** é o que vai predominar, pois estamos dando uma grande chance para ele ao permitir que todas as soluções inadmissíveis codificadas neste esquema sejam tratadas de forma igual a soluções admissíveis. O esquema 10**** que é parte da solução ideal acaba então tendo suas chances diminuídas.

Na verdade, a representação colocada no exemplo 14.1 viola a condição 3 de nossa lista. Entretanto, deve-se enender que o problema de tentar obedecer todas as condições colocadas (nas quais as condições 4 e 5 podem ser colocadas apenas como desejáveis) faz com que seja muito complexo encontrar uma função de mapeamento adequada, o que faz com que este método tenha exatamente os mesmos problemas que o método descrito na seção 14.1.b.

14.1.d. Reparando soluções

O problema de todos os métodos que discutimos até aqui é que muitas vezes os cromossomos não respeitam as restrições "por pouco", mas possuem características muito boas para resolução do problema que deveriam se propagar por todas as gerações. Por exemplo, uma solução para o caminho ótimo só comete o pecado de atravessar uma parede, mas tem um custo ótimo em todo o resto do caminho; uma alocação de distribuição só desrespeita as restrições por alocar mais do que uma das fábricas pode produzir, mas é ótimo em relação a todas as outras.

Se usarmos alguma forma de diminuição dos valores discutidas anteriormente, as boas características destas soluções teriam menos chance de ser transmitidas porque designamos para estes cromossomos um valor de avaliação baixo, inferior a outras soluções que são ruins em todos os aspectos, mas que respeitam as restrições impostas.

Com base nestes conceitos, o ideal talvez seja definir um método reparador de soluções, que pegue um cromossomo que não respeita as restrições de um problema e transforme-o em uma solução admissível, através de uma heurística própria.

Arroyo (2002) afirma que usar métodos de reparo nas soluções de nosso algoritmo genético tem duas vantagens fundamentais:

- trabalhamos em um espaço de busca menor, contendo apenas o espaço admissível, mais restrito;
- eliminamos o problema de escolher funções de penalização adequadas para cada problema que tivermos que resolver.

Existem também três principais problemas na ideia de reparar as soluções:

- normalmente isto possui um alto custo computacional, fazendo com que o GA leve ainda mais tempo para rodar;
- como afirmamos antes, é necessário o desenvolvimento de uma heurística própria para cada problema, de forma que as restrições sejam respeitadas. Normalmente, esta heurística não é aproveitável em problemas posteriores, devido ao alto grau de particularidade das restrições de cada problema;
- em vários problemas podemos ter múltiplas maneiras de reparar uma solução (por exemplo, no exemplo 14.3, poderíamos testar zerar várias combinações de bits distintas de forma a verifica qual delas seria a melhor). Avaliar todas elas pode ser computacionalmente custoso e é difícil dizer a priori qual dos reparos seria o melhor para o *pool* genético de sua população.

14.2. FUNÇÕES COM MÚLTIPLOS OBJETIVOS

Quando falamos de funções com múltiplos objetivos, qualquer solução para o problema normalmente pode ser descrita como um vetor $\{x_1, x_2, ..., x_n\}$ pertencente ao espaço de decisão X. A função $f: X \rightarrow Y$ vai avaliar a qualidade do vetor X designando para ele um vetor objetivo $\{f_1(X), f_2(X), ..., f_k(X)\}$ no espaço de objetivos Y. Tendo esta função em mãos, precisamos de uma maneira de lidar com ela de forma a determinar qual vetor representa uma solução de qualidade considerada superior. Afinal, normalmente, será difícil obter um vetor que contenha o valor máximo em todas as coordenadas, especialmente em problemas que têm funções com objetivos mutuamente excludentes.

Ao lidar com problemas de múltiplos objetivos, muitas vezes precisamos aceitar certos tipos de *trade-offs*. Por exemplo, para comprar uma casa maior eu tenho que aceitar um preço maior, ou para diminuir o tempo de entrega eu tenho que aceitar aumentar o número de caminhões que efetuarão a entrega das mercadorias para um cliente. Por isto, é muito comum nesta área que sejam oferecidas múltiplas soluções para o usuário, de forma que ele possa escolher qual delas é a mais adequada para as suas necessidades momentâneas. Mantendo este conceito em mente, vamos agora olhar vários métodos distintos de lidar com problemas multiobjetivos.

14.2.a. Métodos baseados em pesos

Algoritmos genéticos, como já vimos até aqui, trabalham transformando uma representação cromossomial em um número real, a função de avaliação. Como discutimos na introdução desta seção, ao termos múltiplos objetivos, podemos considerar que existe um vetor de funções de avaliações, $f(X)=\{f_1(X),f_2(X),...,f_k(X)\}$. Podemos então transformar este vetor em um único escalar através da aplicação de pesos a cada um dos objetivos, obtendo uma função de avaliação com o formato $g(X)=\sum_{i=1}^{k} w_i f_i(X)$.

O problema desta abordagem é que sua simplicidade é apenas aparente. Somente mudamos a "cara" do problema, pois continuamos com um objetivo complexo a ser satisfeito, só que agora este objetivo é a determinação do vetor ótimo de pesos *w*. É claro que o senso comum ajuda na determinação deste conjunto, mas como os objetivos interagem, pode ser difícil para uma pessoa compreender as sutis influências da definição de pesos. Pode ser que existam interações entre os pesos que podem ser imperceptíveis e causar efeitos espúrios quando estes forem mal-definidos.

Outro problema importante a ser considerado no caso de usarmos pesos é a questão de que estes devem não apenas representar a importância relativa de cada objetivo como também servir de fator de escalonamento, pois se uma das funções de avaliações estiver em uma escala diferente das outras, aumentos no valor desta coordenada, mesmo que relativamente insignificantes, podem dominar totalmente qualquer outro método de seleção que viermos a utilizar em nosso GA.

Um exemplo desta dominância é o seguinte: imagine que temos três objetivos, cujas funções de avaliação variem, respectivamente, nos intervalos [0,10000], [0,10] e [0,100]. Imagine que o segundo objetivo, por qualquer motivo, seja duas vezes mais importante que os outros. Uma atribuição ingênua de pesos para estes objetivos seria {1,2,1}.

Agora imagine que temos dois cromossomos: x_1 e x_2. O primeiro tem avaliações iguais a {150,10,99} e o segundo tem avaliações iguais a {220,3,50}. O primeiro indivíduo atingiu um patamar de excelência no segundo e terceiro objetivos, enquanto que o segundo indivíduo é ruim em todas as coordenadas. Entretanto, usando a atribuição de pesos definida antes, obtemos as seguintes avaliações para os indivíduos:

- $f(x_1) = 150 * 1 + 2* 10 + 99 * 1 = 269$
- $f(x_2) = 220 * 1 + 2* 3 + 50 * 1 = 276$

Logo, o indivíduo x_2 tem uma avaliação ligeiramente superior ao indivíduo x_1, mesmo sendo claramente inferior. Isto decorre do fato de que a escala do primeiro objetivo é muito maior do que a escala de todos os outros e uma melhoria de qualidade de 1,5% para 2,2% representa muito mais no total não escalonado corretamente pelos pesos do que as pioras muito mais significativas das outras coordenadas.

Neste caso específico, precisamos fazer com que todas as escalas de funções sejam equivalentes. Assim, uma atribuição correta de pesos, considerando a importância maior da segunda coordenada, seria {0,001; 2; 0,1}, onde os fatores fracionários foram obtidos através da divisão do máximo da menor escala pelo máximo da escala da primeira coordenada. Usando estes pesos, obteríamos então as seguintes avaliações para nossos indivíduos:

- $f(x_1) = 0{,}001*150 + 2*10 + 0{,}1*99 = 30{,}05$
- $f(x_2) = 0{,}001*220 + 2*3 + 0{,}1*50 = 11{,}22$

Repare que agora a maior qualidade do indivíduo x_1 é ressaltada pela correta atribuição de pesos, e ele tem uma avaliação quase três vezes superior àquela do indivíduo x_2.

Um ponto a ser considerado em relação aos pesos determinados manualmente é que eles representam uma preferência estática do usuário, mas muitas vezes a importância relativa dos objetivos se altera, o que faz com que seja necessário ajustá-los. Isto pode ser frequente o suficiente para se tornar um incômodo, especialmente se o GA tem que ser rodado várias vezes com diversos conjuntos de parâmetros distintos.

Além da questão dos pesos não serem necessariamente fixos, é bastante claro que nem sempre é tão fácil obter estes pesos, especialmente no que tange a questão da consideração de um objetivo como sendo duas vezes mais importante que os outros.

Se a vida real fosse simples assim, o problema não mereceria maiores considerações e um breve trabalho de ajuste manual o resolveria. Infelizmente, isto não é verdade. Ao ajustar os pesos, normalmente causamos efeitos grandes nos resultados e o fato de um conjunto menor de objetivos ser alcançado não significa que a solução como um todo é satisfatória.

Uma solução é então tentar evoluir os pesos da função de avaliação. Criaríamos então um meta-algoritmo genético, cuja função seria evoluir os algoritmos genéticos que rodariam com os pesos atribuídos nos indivíduos da população do meta-GA.

Esta solução é inteligentíssima e tende a obter resultados muito bons. Afinal, GAs são excelentes para resolver problemas mal-condicionados com espaços de busca infinitos ou intratáveis, exatamente as características do problema de atribuição de pesos.

O único problema desta abordagem é o tempo necessário para executá-la, que é muito grande devido ao fato de cada indivíduo do meta-GA requerer uma rodada completa (ou mais de uma, se quisermos eliminar a influência de fatores estocásticos) para ser avaliado. A duração excessiva de sua execução pode fazer com que a abordagem de utilizar um meta-GA não seja aceitável para todos os problemas.

14.2.b. Separando os objetivos

Outra forma de lidar com funções com múltiplos objetivos consiste em tratar cada função de forma independente, montando um vetor de funções de avaliações, pegando o máximo obtido de cada objetivo e aplicando-o ao problema (Zebulum, 2002). Este tipo de abordagem de separação de objetivos é chamado de abordagem de **otimização não-Pareto**, por motivos que ficarão claros na próxima seção.

Existem, entretanto, técnicas que usam esta estratégia de lidar com as funções de forma independente para maximizar todos os obejtivos. Uma destas formas é o algoritmo denominado VEGA (*Vector Evaluated Genetic*

Algorithm), (Zebulum, 2002; Eiben, 2004), no qual a população é separada em *n* subpopulações, onde *n* é o número de objetivos a maximizar. Cada uma destas populações busca maximizar um objetivo de forma independente, mas a seleção de pais e a aplicação de operadores genéticos é feita de forma global. Conforme Zebulum (2002) aponta com grande propriedade, ao fazer a seleção em todas as populações combinadas, o algoritmo realiza uma combinação linear dos objetivos de forma implícita, recaindo nos problemas e qualidades do método descrito na seção 14.2.a.

Outra abordagem de separação de objetivos, descrita por Fonseca (1995), consiste em fazer a seleção comparando pares de indivíduos de acordo com um objetivo escolhido de forma aleatória. Apesar de ser contrária ao senso comum, o artigo original afirma que esta abordagem funciona de forma "surpreendentemente boa".

Zitzer (2003) descreve outra forma já usada na literatura para separar os objetivos que consiste em dividir o funcionamento do GA em *k* fases, *k* igual ao número de objetivos existentes, sendo que na fase *i* os indivíduos são otimizados de acordo com o objetivo *i*. Este processo poderia ser iterado várias vezes, sempre fazendo com que os indivíduos que foram encontrados na fase *i-1* estejam presentes na fase *i*.

Infelizmente, separar objetivos não é uma solução viável para a muitos problemas, pois os objetivos tendem a estar inter-relacionados[1] e muitas vezes são mutuamente excludentes, o que requer que sejam evoluídos de forma conjunta para maximizar o seu efeito conjunto.

Precisamos então de técnicas capazes de lidar com todos os objetivos de uma única vez, e veremos algumas delas na próxima seção. Entretanto, é importante ressaltar que este tipo de ideia simples não precisa ser descartada totalmente. Podemos considerá-la como uma técnica de inicialização para nosso GA.

O conceito por trás do uso destas funções é similar à ideia de utilizar um espaço de soluções com restrições relaxadas para criar uma função heurística para um problema de busca (Russel, 2004): não descreve o problema perfeitamente, mas fornece uma aproximação que pode ser utilizada para outros fins.

[1] Se este relacionamento é não linear, então a combinação linear implícita não resolve o problema.

A abordagem de hibridização mantém o que temos falado durante todo este livro: não procure se "viciar" em uma única solução para os seus problemas. Cada método apresentado aqui tem características positivas e negativas e muitas vezes combinando-os (ou hibridizando-os, como preferem os especialistas), conseguimos ressaltar o que cada método tem de melhor.

14.2.c. Abordagens baseadas em conjuntos Par eto

Antes de partir para as abordagens evolucionárias, precisamos entender o conceito de dominância. Para tanto, precisamos voltar a tratar a função de avaliação como um vetor, no formato $f(x) = \{f_1(x), f_2(x), ..., f_n(x)\}$. Nós dizemos que uma solução A **domina** uma outra solução B se cada coordenada da avaliação de A é igual ou maior que a respectiva coordenada de B, havendo pelo menos uma coordenada de A que seja maior do que a respectiva coordenada de B. Matematicamente, isto pode ser dito da seguinte forma (usando o símbolo $\succ$ para a dominância):

$$A \succ B \Rightarrow \forall i \in \{1,2,...,n\} f_i(A) \geq f_i(B) \wedge \exists j \in \{1,2,...,n\} f_j(A) > f_j(B)$$

É possível, especialmente se houver objetivos conflitantes, que nenhuma solução domine todas as outras. Uma solução que não é dominada por nenhuma outra é chamada de **não-dominada**. O conjunto de indivíduos que são dominados por um mesmo número de soluções é chamado de **conjunto de Pareto**. Um exemplo pode ser visto na figura 14.5.

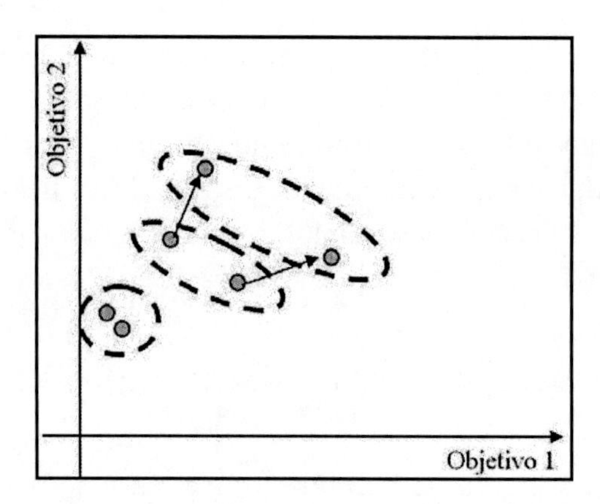

Fig. 14.5: Exemplo de conjuntos de Pareto. Cada dimensão corresponde a um objetivo a maximizar e cada conjunto de elementos nos círculos tracejados corresponde a soluções dominadas pelo mesmo número de outras soluções. Note que cada elemento pertencente ao conjunto dominado por apenas uma solução tem uma seta ligando-o ao elemento que o domina.

Dentro de um mesmo conjunto de Pareto, podem existir vários **fronts de Pareto**. Um *front* de Pareto é definido como o conjunto de soluções dominadas por um mesmo número de soluções e que estão próximas umas das outras. Matematicamente, podemos definir isto como sendo o conjunto de soluções dentro de um conjunto de Pareto tal que a distância máxima entre elementos do mesmo grupo é menor do que um valor arbitrário ε.

Na figura 14.6 podemos ver um exemplo de um conjunto de Pareto que pode ser dividido em vários *fronts*. Todas as soluções não rotuladas são dominadas por exatamente um indivíduo (note que P_3 não domina ninguém e também não é dominado). Entretanto, existem dois *clusters* claros de soluções, que estão circuladas, e que estão próximas dos elementos do mesmo *front*, mas muito distantes dos indivíduos do outro *front*.

Existem várias abordagens que utilizam o conceito de dominância para resolver o problema de otimização multiobjetivo.

A primeira, e mais simples delas, consiste em fazer com que a função de avaliação de cada cromossomo seja dada pelo número de indivíduos que o dominam, mais um. Podemos então usar uma abordagem baseada em *ranking* (assumindo que os melhores indivíduos são aqueles que têm o menor valor de avaliação), conforme descrito na seção 9.4.

Para não ter que inverter o problema, transformando-o em um problema de minimização, podemos fazer com que a avaliação de cada indivíduo seja igual ao número de indivíduos que são dominados por mais indivíduos do que o corrente. Assim, o indivíduo que domina todos os outros terá uma avaliação igual a *n-1*, onde *n* é igual ao tamanho da população, e o indivíduo que é dominado por todos terá uma avaliação igual a zero. Se quisermos usar a roleta, em vez de métodos baseados em *ranking*, teremos que necessariamente somar um ao valor obtido por este método.

Existem autores que têm restrições quanto aos métodos baseados em conjuntos Pareto, afirmando que estes são incapazes de lidar com questões relativas aos *trade-offs* necessários para resolver o problema de forma satisfatória para o usuário. Outros afirmam que, como os indivíduos que não são dominados são tratados de forma idêntica, é provável que se encontrem soluções boas em muitas dimensões (Zebulum, 2002).

Como sempre, existem opiniões divergentes em relação à aplicabilidade de métodos complexos sobre os quais existem poucas provas formais. A melhor conclusão que podemos tirar neste momento é que, se os métodos baseados em conjunto Pareto realmente têm dificuldade em lidar com *trade-offs*, talvez seja adequado deixar que o usuário o faça. Assim, a ideia de retornar várias soluções, em vez de uma única, se impõe como uma solução de compromisso. Ademais, como os GAs são estocásticos, podemos pensar em fazer várias execuções, cada uma das quais será semeada com as melhores soluções apontadas pelo usuário nas execuções anteriores. Isto cria um mecanismo de elitismo inter-rodadas que pode gerar resultados ainda mais promissores ao fim do processo evolucionário.

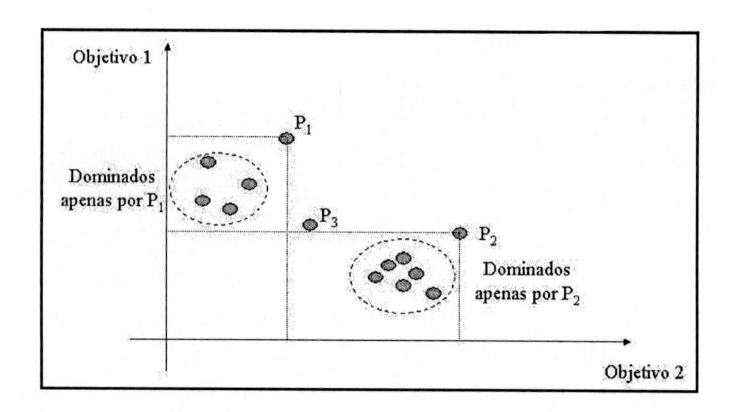

Fig. 14.6: Exemplo do grande número de elementos que pertencem ao mesmo conjunto de Pareto. Na figura, podemos ver três elementos (P_1, P_2 e P_3) que não são dominados por nenhum outro. Ao mesmo tempo, podemos ver dois grandes* fronts *pertencentes ao mesmo conjunto de Pareto, de elementos que são dominados por apenas um indivíduo. Se tivermos que escolher menos do que 3 elementos para uma estratégia elitista, qual dos melhores escolheremos? E se forem quatro? Qual dos elementos dos conjuntos circulados deve ser escolhido?

Usar abordagens elitistas em conjunto com abordagens baseadas em conjuntos de Pareto não é trivial. Quando temos *n* objetivos, podemos ter mais do que *n* elementos dominados pelo mesmo número de elementos (figura 14.6). Assim, para escolher um conjunto pequeno de elementos a serem mantidos de uma geração para a outra não podemos nos basear apenas no conceito de dominância.

Para complementar o conceito de dominância, podemos acrescentar o conceito de *crowding*, isto é, quão apertado está o espaço em torno de um indivíduo, que usa a ideia de dispersão introduzida na seção 8.5. Definimos uma função que mede quão cheio está o espaço em torno de cada indivíduo, avaliação esta que pode ser feita de duas maneiras:

- cada indivíduo recebe como avaliação um valor inversamente proporcional ao número de cromossomos que estão na sua vizinhança. Esta vizinhança pode ser definida como sendo uma hiperesfera de raio e em torno do indivíduo;

- cada indivíduo recebe como avaliação um valor inversamente proporcional à média dos lados do hiperparalelepípedo definido pelos seus k vizinhos mais próximos. Alguns trabalhos usam o quadrado ou o cubo do valor do lado, mas como estamos basicamente lidando com um *ranking*, esta operação matemática não é necessária.

A operação habitual, proveniente do algoritmo NSGA-II, consiste em usar primeiro o critério de dominância e o critério de *crowding* apenas como desempate. Assim, para desenvolver uma estratégia elitista, podemos usar um módulo de população $\mu + \lambda$, com $\mu = \lambda$. Depois de calcular as distâncias citadas, vamos acrescentando à nova população indivíduos dos melhores conjuntos Pareto, até enchermos a mesma. Se a população encher antes de terminarmos um determinado conjunto, usamos o critério de dispersão para desempatar. Usando a informação de dispersão, conseguimos privilegiar os indivíduos que estejam menos cercados de outros indivíduos que sejam extremamente similares, aumentando a diversidade da população como um todo.

Em ambas as abordagens temos que calcular todas as distâncias entre os indivíduos, operação que leva um tempo $O(n^2)$, como já discutimos na seção 8.5, mas na segunda também temos que ordenar os indivíduos de acordo com sua distância em relação ao indivíduo corrente.

Isto significa que a segunda abordagem consome um pouco mais de tempo do que a primeira. Podemos diminuir o tempo total que estes cálculos levam fazendo-os apenas quando necessário. Isto é, só calculamos o *crowding* de indivíduos que necessitem de desempate, quando isto fornecessário. Assim, só calcularemos esta métrica para um subconjunto de indivíduos dentro da população, obtendo assim um ganho significativo de tempo.

De qualquer maneira, é fácil perceber que abordagens elitistas tomam muito tempo quando tratamos de funções de múltiplos objetivos. Assim, seu uso deve ser considerado com cuidado quando a aplicação exigir uma solução dentro de um prazo determinado.

14.2.d. Priorizando objetivos

Fonseca (1995) sugere uma abordagem que pode ser considerada uma extensão de conjuntos Pareto, abordagem esta que é baseada em dois vetores: um **vetor de prioridades**, no qual o usuário codifica quais objetivos são mais importantes, e um **vetor de objetivos**, no qual o valor desejado de cada função é atingido. A partir destes dois vetores, podemos definir o conceito de vetor preferencial e como a relação de preferência é transitiva, podemos usar métodos baseados em *ranking* para selecionar os pais.

O conceito de **preferência** baseia-se primeiro na ideia de atingir os objetivos. Podemos afirmar, sem perda de generalidade, que um objetivo consiste em se manter a coordenada em questão abaixo de um determinado patamar (a ideia não é alterada se quisermos estar acima de um determinado patamar).

Com base nesta ideia, podemos verificar quais objetivos são atingidos ou não por um vetor de avaliações e, ordenando o vetor de forma conveniente, podemos dizer que seus *k* primeiros elementos satisfazem os objetos e os seguintes *n-k* não. Com base nesta satisfação, podemos definir o conceito de preferência. Dizemos que um vetor u é preferível a um vetor j se acontecer um dos seguintes casos:

- O número de objetivos atingidos por *u*, ordenados por prioridade, é maior do que a quantidade atingida por *v*;
- No elemento do vetor de mais alta prioridade, o objetivo foi atingido, pelo menos por *u*, e de forma mais satisfatória por *u* do que por *v*, isto é, $u_1<v_1$. Se ambos os vetores não atingem o objetivo para este elemento, então passe para o próximo critério;
- Se houver empate nos dois critérios anteriores, vamos iterando por todos os objetivos e eventualmente o objetivo de prioridade *p* foi atingido de forma mais satisfatória por *u* do que por *v*, isto é, $u_p<v_p$.

É fácil perceber que os métodos baseados nos conjuntos de Pareto são especializações deste método, nos quais não definimos nem um vetor de prioridades nem um de objetivos (ou, alternativamente, definimos os objetivos como sendo iguais a $\{-\infty, -\infty, \ldots, -\infty\}$). Ademais, podemos considerar as restrições como objetivos de altíssima prioridade a atingir.

Uma vez estabelecidos os ordenamentos com base na preferência, todos os métodos baseados em *ranking* se aplicam e o GA pode prosseguir de forma tradicional.

Note que a codificação não é afetada por esta estratégia, e ainda é necessário que esta represente de forma confiável as características do problema. A única diferença ao usarmos este método é a adoção de um método direto para codificarmos as preferências do usuário de forma a facilitar e otimizar o tratamento de funções de múltiplos objetivos, sem a necessidade de definição de pesos artificiais ou quaisquer outros métodos numéricos que podem criar idiossincrasias ou especializações topológicas não esperadas.

14.3. Exercícios

1) Seja o problema de encontrar o máximo da função $f(x, y, z) = 10 * (x - y^2)^2 + 2 * sen(x) + ze^{-z} + y^2 sen(y)$, sujeito às seguintes restrições:

$$\begin{cases} x, y, z \in [-1,1] \\ x > y \\ y^2 + z^2 > 0.3 \end{cases}$$

Faça uma implementação de um algoritmo genético para resolver este problema. Atenção: a região definida pelas restrições não é convexa. Como isto afeta os operadores de crossover real? Como resolver este problema?

2) Encontra o máximo para as funções objetivo

$$\begin{cases} f(x,y) = x^2 + \dfrac{y^2}{x}, x, y \in [-10,10] \\ g(x,y) = x^3 - y^2 \end{cases}$$

, supondo que ambos tenham a mesma importância.

3) Resolva o problema anterior usando uma abordagem baseada em conjuntos de Pareto.

4) Podemos adotar uma estratégia de priorização parcial de objetivos, isto é, dizer que os objetivos 1,2,...,k são prioritários nesta ordem e os objetivos k+1,k+2,...,n são igualmente importantes? Em caso afirmativo, como codificaríamos o vetor de prioridades?

Capítulo 15
GAs Paralelos

15.1. Introdução

Cada processador tem um limite na sua capacidade de computação, que não pode ser rompida. A solução óbvia para aumentar esta capacidade seria comprar máquinas ainda mais potentes (mais velozes ou com mais memória) mas nem sempre isto é possível.

Por conseguinte, pode-se pensar em usar múltiplos processadores ou distribuir a memória usando a tecnologia denominada **computação paralela**. Na computação paralela, podemos aproveitar os múltiplos processadores dividindo uma tarefa em várias sub-tarefas e executando-as de forma simultânea. Cada dia que passa a tecnologia de *chips* de computador evolui, tornando mais fácil e mais barato utilizar paralelismo em *hardware*.

GAs são excelentes candidatos para paralelização, visto que eles têm como princípio básico evoluir uma grande população de indivíduos. Ademais, eles normalmente requerem um grande tempo de execução, o que faz com que qualquer pesquisador se sinta tentado a utilizar este tipo de implementação.

Entretanto, apesar do chamado paralelismo intrínseco, os GAs tradicionais não são paralelizáveis, devido à sua inerente estrutura sequencial (avaliação → escolha dos pais → reprodução → módulo de população) e devido à necessidade de se utilizar um controle global sobre todos os indivíduos (realizado pelos módulos de população e seleção). Com os modelos que estudamos até agora não há nenhuma maneira de evitar estas duas características.

Consequentemente, novos modelos para paralelização de algoritmos genéticos são necessários. Como sempre, várias alternativas de algoritmos surgiram para que pudéssemos aproveitar este novo e relativamente barato *hardware* que está disponível no mercado. Estes novos algoritmos têm diferenças fundamentais sobre o modelo tradicional que permitem a sua paralelização. Veremos a seguir mais detalhes sobre cada um deles.

15.2. PANMITIC

Este tipo de implementação de PGAs (GAs paralelos) constituem a classe mais simples de todas, sendo mais indicados para máquinas com memória compartilhada. Basicamente, este tipo de GA consiste em vários GAs simples executando cada um em um processador distinto e operando sobre uma única população global.

Os processadores sincronizam na avaliação no operador de seleção, isto é, eles vão selecionando indivíduos e quando o número desejado já tiver sido escolhido, cada processador "expele" os filhos que gerou e que vão compor a nova população.

Este tipo de abordagem baseia-se no fato de que cada indivíduo pode ser avaliado sem conhecer o resto da população e cada operação genética pode ser realizada conhecendo-se apenas o(s) pai(s) selecionado(s). Assim, podemos realizar várias avaliações e várias operações genéticas (reprodução e mutação) simultaneamente, ganhando um grande tempo com a paralelização.

O problema é que, uma vez avaliados e operados, temos um conjunto de novos indivíduos e de pais previamente existentes que são os candidatos a compor a nova população. Isto exige um único módulo de população capaz de decidir como será composta a nova geração, decidindo quais pais serão descartados e quais filhos serão usados. Como este processo é único, ele cria um gargalo no sistema, não importando quantos processadores possuímos.

Este tipo de algoritmo tem como principal vantagem sobre GAs não paralelos o fato de ser muito mais rápido, pois as reproduções podem ser realizadas ao mesmo tempo. Pode-se também dividir o trabalho de avaliar os indivíduos da população entre os vários processadores.

Por outro lado, esta versão é muito mais complexa (como todos os PGAs), devido à necessidade de se gerenciar o paralelismo. Os processadores precisam se comunicar para dizer quantos pais já selecionaram e quantos filhos já geraram, o que causa uma sobrecarga considerável de trabalho de programação. Muitos programadores resolvem este problema usando uma abordagem mestre-escravo, em que um processo controla a seleção de qual processador avaliará os indivíduos e quem realizará as operações sobre os cromossomos selecionados.

A abordagem mestre-escravo diminui imensamente a necessidade de comunicação entre os processos. Agora, cada processo só precisa se comunicar com o mestre, que concentra todo o ônus computacional acarretado pelo controle. Esta abordagem é extremamente adequada quando a rede tem topologia estrela e quando as avaliações são muito custosas. Os principais problemas de se usar a abordagem mestre-escravo são:

- A dificuldade de se manter o uso dos processadores balanceado (podemos ter alguns subutilizados e outros sobrecarregados). O balanceamento pode ser feito de forma fixa (um número fixo de indivíduos é mandado para cada processador) ou dinâmica (o processador recebe mais indivíduos conforme se torna disponível). A forma dinâmica é mais adequada, mas exige maior comunicação interprocessos e um maior gerenciamento dos recursos compartilhados.
- O fato de que o mestre pode se tornar um gargalo do sistema, isto é, a velocidade máxima do GA é limitada pela capacidade do processador mestre em enviar comandos e receber respostas dos processadores escravos. Isto é, a partir de um certo número de processadores, não adianta tentar tornar o sistema mais potente sem melhorar o desempenho do processador mestre.

15.3. *ISLAND*

Os biológos perceberam claramente que ambientes isolados como, por exemplo, ilhas, frequentemente, geram espécies animais melhor adaptadas às peculiaridades dos seus ambientes do que áreas de maior extensão.

De acordo com Gould (1977), populações centrais grandes e estáveis exercem uma forte influência homogeneizante, pois novas mutações favoráveis são diluídas na grande massa populacional em que devem se espalhar. Assim, modificações filéticas neste tipo de população são raras. Entretanto, quando grupos periféricos isolados são cortados da população, vivendo como pequenas populações isoladas, a pressão seletiva se torna intensa e variações favoráveis se espalham rapidamente.

Esta teoria, denominada **equilíbrio pontual** (*punctuated equilibrium*) inspirou a comunidade científica que trabalha com GAs a criar novos modelos e arquiteturas. Em particular, isto levou à teoria de que várias pequenas populações competindo poderiam ser mais efetivas na busca de boas soluções do que uma grande população do tamanho da soma dos tamanhos das pequenas.

Propôs-se, então, um modelo distribuído para GAs chamado modelo ***Island***, ou modelo *coarse grained* (em contraposição ao modelo visto na seção 15.4), no qual a população de cromossomos é particionada em várias subpopulações isoladas, cada uma das quais evolui isoladamente, tentando maximizar a mesma função. Uma estrutura de **vizinhança** é definida sobre este conjunto de subpopulações de forma que periodicamente cada uma troca um *n* de seus indivíduos por *n* indivíduos de cada vizinho. Esta atividade de troca de indivíduos é chamada de **migração**, sendo vista na figura 15.1.

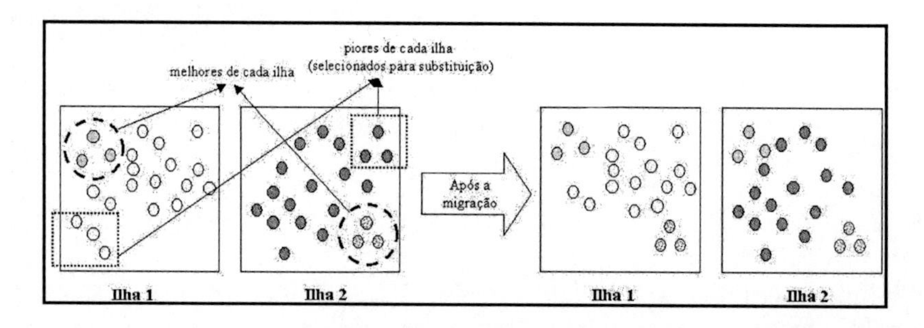

Fig. 15.1: Ilustração do processo de migração de indivíduos de uma população à outra. As n melhores soluções de uma ilha (circuladas) migraram para a outra, substituindo os n piores elementos desta (cercados pelo quadrado pontilhado). Os melhores da ilha não somem dela, mas sim são copiados para a outra e assim, cada ilha tem seus melhores e também os melhores de cada vizinho.

O modelo pode então ser resumido pelo seguinte algoritmo:

Passo 1 Defina um modelo adequado para resolver o problema.Gere aleatoriamente uma população de indivíduos e divida-os entre as várias subpopulações.Defina uma estrutura de vizinhança entre as subpopulações.

Passo 2 Execute um GA comum em cada uma das subpopulações durante um certo número de gerações.

Passo 3 Mande os melhores n indivíduos para os vizinhos.Receba os melhores n de cada um deles.Substitua n indivíduos da sua população pelos n recebidos de acordo com alguma estratégia predefinida.

Passo 4 Se o GA não tiver acabado (de acordo com padrões predefinidos, volte para o passo 2.

A escolha dos indivíduos migrantes é uma questão interessante que deve ser analisada com cuidado. Normalmente, a maioria dos trabalhos escolhe os melhores indivíduos de cada ilha para migrar, o que garante que as melhores qualidades de cada população são transmitidas. Entretanto, esta estratégia tende a causar uma convergência genética mais veloz, o que sugere substituí-la por uma estratégia de escolher de forma aleatória os indivíduos migrantes.

A estratégia de substituição dos *n* indivíduos da população pelos *n* recebidos fica a critério do desenvolvedor. Exemplos possíveis são a substituição dos *n* piores ou então a substituição dos *n* mais parecidos com os recebidos.

A primeira versão faz com que tenhamos um módulo de população que replica em termos globais o comportamento elitista, enquanto que a segunda versão, apesar de diminuir a convergência genética, tende a ser muito custosa em termos de tempo de computação, pois, para cada transmissão, temos de varrer toda a população em busca dos cromossomos mais parecidos com todos os indivíduos que foram transmitidos.

Todo o comportamento do GA, ademais do recebimento e transmissão dos indivíduos migrantes, é idêntico ao comportamento nos GAs sequenciais. Sugere-se que se aumente o número de gerações que um GA pode executar no máximo pois, com a migração, há a tendência de se estabelecerem picos de surgimento de variabilidade genética que devem ser incorporados em cada população. Caso se deseje usar a convergência genética como critério de término do GA, deve-se fazê-lo em termos da convergência global de todas as populações, e não de cada uma individualmente, pois, se as populações são diferentes, ao ocorrer a migração insere-se variabilidade em cada população.

Outra diferença em relação aos GAs sequenciais é que agora temos que ajustar mais alguns parâmetros, como, por exemplo, o número de indivíduos que migram a cada período e o período entre migrações, denominado de **época**.

A quantidade de indivíduos que migram também é um parâmetro crítico. Se o número for muito grande, perde-se o efeito da evolução em separado e a variabilidade genética desaparece rapidamente, fazendo com que tenhamos um desempenho muito similar ao do GA clássico. Por outro lado, um número muito pequeno de indivíduos faz com que as populações fiquem muito isoladas e impede que as qualidades genéticas de cada uma tenham a chance de se espalhar, fazendo com que o GA se comporte praticamente como se tivesse várias populações pequenas isoladas.

O período entre migrações é outro parâmetro importante. É necessário permitir que a população se estabilize entre migrações, garantindo que a riqueza genética trazida pelos indivíduos migrantes se distribua por toda a ilha. Isto quer dizer que o tamanho da época deve ser grande o suficiente para garantir o máximo de *exploitation* nas subpopulações, mas não grande demais para que desperdicemos tempo computacional rodando um GA com uma população estagnada.

Este tipo de implementação de PGAs é utilizado em sistemas distribuídos que possuem memória local privada, como por exemplo um *pool* de computadores pessoais. Visto que não há uma esquema central de seleção, o sistema é completamente assíncrono, e os processadores sincronizam durante o período de migração, o que permite que usemos processadores completamente distintos manipulando cada população, sem que seja necessária a criação de mecanismos de balanceamento de carga.

A comunicação entre os indivíduos pode ser um problema. Linden (2005) sugere usar uma topologia em estrela, criando um sistema central que controla a transmissão dos indivíduos, sincronizando-os a cada período migratório.

Esta estratégia pode ser problemática quando temos processadores muito diferentes, pois os melhores desperdiçarão ciclos esperando pelo fim do processamento dos mais lentos. Entretanto, assim minimiza-se o número de comunicações estabelecidas (cada processador só necessita comunicar-se com o processador central), simplificando o controle do processo migratório.

Uma estratégia alternativa é deixar cada população comunicar-se com todas as outras. Se usarmos a linguagem Java para fazê-lo, podemos criar uma comunicação usando a tecnologia de *sockets*, em que cada par de indivíduos estabelece uma comunicação bi-direcional usando um *socket* e escreve os indivíduos que quer enviar durante a migração. Quando o outro estiver pronto para recebê-los, ele simplesmente lê os dados escritos no *socket*. Este esquema cria uma grande dificuldade especialmente no momento em que novas populações são criadas, pois elas têm que saber em que endereço da rede procurar por todas as outras subpopulações, além de criar alguns desafios interessantes na questão da manutenção das estruturas de comunicação como um todo.

15.4. Finely Grained

Este modelo, também chamado de modelo de vizinhança (*neighbourhood*) difere do modelo anterior por evoluir somente uma única população. Cada indivíduo pertencente a esta população é colocado em uma célula de uma grade (ou uma hipergrade de n dimensões, se quisermos generalizar) e os operadores genéticos só são aplicados sobre indivíduos que sejam vizinhos nesta grade (vizinhança esta que é predefinida de acordo com a estrutura da nossa hipergrade).

Este tipo de GA paralelo é extremamente adequado para computadores que têm uma estrutura maciçamente paralela, pois este tipo de equipamento é eficiente na execução de atividades simples e locais, logo, um GA voltado para este tipo de *hardware* deve consistir de uma série de atividades extremamente simples que possam ser executadas simultaneamente, sem congestionar os canais de memória.

Assim, cada indivíduo pode ser alocado para um processador e interagirá apenas com os indivíduos que estiverem colocados em sua vizinhança (também chamada de deme), cuja topologia deve ser definida.

A questão da topologia deve ser resolvida antes do início do GA. Muitos trabalhos usam grades de duas dimensões, como se fosse a superfície de um toróide, para evitar efeitos de bordas.

Pode-se, é claro, usar noções de grades cúbicas ou mesmo hipergrades (de n dimensões, $n \geq 4$), existindo, como em todas as área de GAs, defensores para cada uma das topologias existentes. Ainda não foi comprovado, de forma consistente em múltiplos trabalhos, aumento significativo de desempenho quando se utilizam quaisquer tipos específicos de conformação espacial.

O importante é que devem-se estabelecer noções de vizinhança entre dois indivíduos de nossa população. Cada indivíduo deve ter um mínimo de vizinhos, pois senão a diversidade genética pode não florescer no meio de nossa população. Entretanto, vários trabalhos apontam para o fato de que o desempenho do GA paralelo piora quando aumenta-se de forma excessiva o tamanho da vizinhança - a partir de um certo ponto, este modelo comporta-se de forma idêntica ao modelo Panmitic descrito na seção 15.2. A vizinhança pode ser estabelecida então como um pequeno quadrado (hipercubo, no caso das grades de mais de duas dimensões), uma cruz, ou outras. Os modelos descritos na seção 9.3 também se aplicam a esta situação.

É importante que exista sempre alguma interseção entre as várias vizinhanças, de forma que a informação genética possa fluir por toda a população. Assim, estabelecemos que a vizinhança não pode ser pequena demais, pois isto impediria a obtenção de um bom resultado pelo GA. Voltamos então ao problema de ter um parâmetro para o qual não há um valor ótimo definido na literatura, mas que deve ser balanceado entre dois extremos.

O algoritmo de execução do modelo massively parallel pode ser resumido da seguinte forma:

Passo 1 Defina um modelo adequado para resolver o problema.

Gere aleatoriamente uma população de indivíduos, compute sua função de avaliação e divida-os entre as células.

Defina uma estrutura de vizinhança entre as subpopulações.

Passo 2 Escolha um indivíduo na vizinhança de cada célula, reproduza o ocupante com o escolhido e coloque um dos filhos na célula em questão.

Passo 3 Faça mutação em cada célula com probabilidade pm.

Compute a função de avaliação de cada um dos novos indivíduos

Passo 4 Se o GA não tiver acabado (de acordo com padrões predefinidos, volte para o passo 2.

É importante deixar bem claro que no passo 2 o segundo pai deve ser escolhido apenas entre aqueles que se situam na vizinhança do primeiro pai escolhido. De nosso conhecimento, não existem estudos que diferenciem os vários métodos de seleção existentes na implementação deste tipo de GA paralelo.

Note que isto quer dizer que todo indivíduo reproduz pelo menos uma vez, sendo esta reprodução realizada no processador em que ele se localiza. Outras reproduções por indivíduo são possíveis, desde que ele seja escolhido como segundo pai por cromossomos em cuja vizinhança se localiza.

Neste ponto vemos que a questão do desempenho é crítica. Para obter o segundo pai a reproduzir, um processador deve mandar uma mensagem para outro, recebendo de volta o indivíduo que fica localizado neste. Se o sistema for efetivamente maciçamente paralelo e definido como um sistema em que os processadores são feitos para trabalhar em conjunto passando mensagens, então o desempenho será muito bom. Caso contrário, o volume de mensagens passadas degradará o desempenho de forma considerável.

A maneira de definir se o GA terminou, ou não, é exatamente idêntica à maneira utilizada nos GAs sequenciais. Como temos apenas uma população, podemos usar o critério de convergência genética sem incorrer nos problemas descritos na seção anterior.

Capítulo 16

Aplicações

16.1. Introdução

A aplicabilidade de GAs é praticamente infinita – sempre que houver uma necessidade de busca ou otimização (incluindo soluções de equações), um GA pode ser considerado como uma ferramenta de solução.

É importante lembrar que o uso de GAs deve ser limitado apenas àquelas situações em que não há um algoritmo exato capaz de resolver o problema em um tempo razoável, dentro de uma memória finita. A nossa sorte é que o número de problemas com estas características é grande o suficiente para justificar a introdução de uma nova heurística.

Nosso problema, ao usar um algoritmo genético para resolver problemas, consiste somente em adequar o GA aos seus requisitos, isto é, encontrar uma representação cromossomial, os operadores e a função de avaliação para o problema considerado. Consequentemente, quando queremos entender como um problema é resolvido, temos que entender especialmente bem como as seguintes questões foram resolvidas:

- Qual a representação adotada?
- Para esta representação, qual é o mecanismo dos operadores genéticos?
- Qual foi a função de avaliação utilizada?
- Qual é o critério de término utilizado?

Respondidas estas questões, o resto é muito simples, seguindo o mecanismo tradicional de "seleção natural" adotado pelos GAs em todos os exemplos deste livro. É claro que alguns problemas recebem outras considerações especiais, que serão apresentadas de forma clara quando as soluções criadas para resolvê-los forem discutidas. Entretanto, em muitos casos o código disponibilizado por este livro serve como um excelente ponto de partida para encontrar uma solução computacional para o seu problema.

Veremos a seguir algumas amostras de problemas práticos que foram resolvidos usando-se algoritmos genéticos. A escolha é parcial e incompleta, sendo que os artigos citados em cada seção foram selecionados de forma completamente arbitrária entre as dezenas, quiçá centenas, de opções existentes em cada área de atuação, procurando-se conseguir uma amostra razoável dos principais feitos práticos dos GAs. Caso se deseje ver uma listagem mais completa e/ou mais atualizada de trabalhos[1], aconselha-se que o leitor visite algum dos sites e recursos citados no apêndice A.

16.2. ALOCAÇÃO DE RECURSOS

Nesta seção vamos discutir alguns problemas que aparentemente não têm relação direta. O relacionamento deles encontra-se no fato de que todos lidam com algum tipo de recurso fundamental que tem que ser usado com parcimônia, ou distribuído de forma a atingir o melhor efeito possível.

16.2.a. Escalonamento de horários

Todos os semestre todos os departamentos de uma faculdade precisam definir os horários das matérias, definidos de acordo com as preferências dos professores, a necessidade de que turmas com alunos em comum não tenham horários coincidentes, a perferência de que alunos estudem sempre em um único bloco da faculdade e muitas outras restrições possíveis.

O espaço de busca é praticamente infinito, dado que o número de combinações turma/sala/horário é proporcional à fatorial do número de turmas e salas. Ademais, quando impomos as restrições, sejam elas obrigatórias ou desejáveis, o problema se complica ainda mais, adquirindo um caráter NP-Completo.

Além das salas poderem ser em menor número que o necessário para atender a todos os professores que queiram lecionar em um horário

[1] Um livro é uma obra fechada, que só é atualizada em períodos longos (três anos, no caso deste livro). Neste período, muita coisa nova pode ser feita em termos de pesquisa e implementação em uma área tão fervilhante quanto é a inteligência artificial e os algoritmos genéticos em particular. Isto não quer dizer que os artigos citados não tenham valor – muitas vezes seu principal valor consiste em mostrar idéias para resolver o seu problema específico.

específico, algumas delas não servem para atender a algumas turmas, por serem pequenas demais, o que faz com que não possam ser aceitas em uma solução (sendo, portanto, uma *hard constraint*). Por outro lado, também deve ser levado em consideração que as menores turmas devem receber as menores salas possíveis, de forma a otimizar a alocação de recursos. Entretanto, esta é apenas uma característica desejável (*soft constraint*), para maximizar o conforto dos alunos, e não uma questão que inviabiliza uma solução.

Existem várias outras restrições, tanto *hard* como *soft*, que são inerentes ao problema e devem ser consideradas pelo desenvolvedor. Entre elas podemos destacar:

- Matérias de um mesmo período não devem ocorrer ao mesmo tempo *(hard)*
- Matérias de um mesmo professor não devem ocorrer ao mesmo tempo *(hard)*
- Duas matérias não podem ser alocadas para uma mesma sala de aula ao mesmo tempo *(hard)*
- Um professor deve ter o mínimo de "buracos" no seu horário, isto é, o mínimo de tempos entre duas aulas *(soft)*

Estas não são as únicas restrições possíveis. Existem várias outras que podem ser consideradas. A lista anterior é apenas uma pequena amostra das restrições que devem ser impostas às soluções e demonstra cabalmente a complexidade do problema como um todo.

Uma vez postas todas as informações citadas, podemos concluir que o problema de alocação de salas de aulas é multiobjetivo e sujeito a restrições. Como discutido no capítulo 15, existem várias maneiras diferentes de lidar com este tipo de problemas que é antigo e já foi tratado à exaustão através de múltiplas técnicas distintas. Vamos discutir algumas delas nesta seção.

Para entender este problema, vamos ver um exemplo. Imagine que temos duas salas de aula, a sala A onde cabem 40 alunos e a sala B onde cabem 20 alunos. Temos então 4 turmas a alocar nestas duas salas, na parte da manhã e da tarde:

Turma	*Número de Alunos*
T1	30
T2	15
T3	18
T4	20

O professor Fulano leciona as turmas T1 e T3 e prefere que ambas sejam na mesma sala. O professor Sicrano leciona a turma 2 e recusa-se a dar aula pela manhã, e o professor Beltrano leciona na turma T4, que tem alunos em comum com a turma T2. Poderíamos tentar algumas soluções:

Horário	*Sala A*	*Sala B*
Manhã	T3	T2
Tarde	T4	T1

Esta solução é inaceitável, pois coloca a turma T1 em uma sala cuja capacidade é menor do que o número de alunos, além de colocar a turma T2 no horário da manhã, o que não é aceito pelo professor Sicrano. Vamos fazer as correções necessárias e obter o seguinte horário:

Horário	*Sala A*	*Sala B*
Manhã	**T1** (mudou de sala)	**T3** (mudou de sala)
Tarde	T4	**T2** (mudado para a tarde)

Agora satisfazemos o professor Sicrano, da turma T2 e a questão do número de alunos, mas colocamos as turmas T1 e T3, que têm o mesmo professor, no mesmo horário, além das turmas T2 e T4, que têm alunos em comum, em outro horário igual. Precisamos então consertar isto e fazemos então as seguintes alterações:

Horário	*Sala A*	*Sala B*
Manhã	**T4** (mudou de horário)	**T3**
Tarde	**T1** (mudou de horário)	**T2**

Agora temos um horário correto, mas violamos o desejo do professor Fulano, que gostaria que suas aulas fossem na mesma sala. Entretanto, como esta é uma *soft constraint,* podemos violá-la sem comprometer a viabilidade da solução. Seria interessante que uma função de avaliação penalizasse esta solução, mas ela com certeza pertence ao espaço admissível.

Tendo apenas 4 turmas, 3 professores, dois horários e duas salas, temos um problema que já é bastante difícil. Quando o número de cada um destes itens aumenta, o número de combinações possíveis também aumenta de forma combinatorial e não é fácil encontrar ações simples que melhorem de forma geral a qualidade do horário – neste caso, é mais comum que introduzamos muitas novas violações de restrições quando fazemos alteração, o que faz com que seja extremamente difícil navegar pelo espaço de soluções.

Tendo em vista a dificuldade e o tamhno deste problema, podemos pensar em um algoritmo genético que nos ajude a buscar soluções adequadas para o problema. Vamos ver então como alguns pesquisadores resolvem este problema.

Iniciamos com um trabalho antigo, mas que apresenta um desenvolvimento extremamente interessante, usando o conceito de função reparadora para lidar com soluções inadmissíveis, um operador de otimização local para melhorar a solução e uma diversidade de operadores para lidar com as peculiaridades da questão.

Este trabalho, (Colorni, 1990) representa o problema como uma matriz, em que cada coluna representa um dia e cada linha representa um professor. Cada entrada r_{ij} da matriz consiste em uma sequência de cinco caracteres, representando os cinco períodos do dia, em que cada posição pode assumir um dos seguintes valores:

- 0,1,...9: o professor dará aula na sala de número igual à posição
- ◆: horário vago para o professor
- A: horas para desenvolvimento profissional
- D: horas à disposição para posições temporárias
- -: cinco seguidos representam o dia de folga do professor

O objetivo é minimizar uma função *f*, que é dependente dos seguintes fatores:

- $\#_{in}$: número de restrições violadas, que causam penalidades altas na função de avaliação
- Δ : custos didáticos (por exemplo, não ter designado todos os horários necessários para uma disciplina)
- Ω : custos organizacionais (por exemplo, não ter um professor disponível para posições temporárias)
- Π : custos pessoais (por exemplo, não ter um dia de folga)

Assim, podemos criar uma função de custo associada a ela, dada por:

$z(R) = \alpha\#_{inf} + \beta_1 s_\Delta + \beta_2 s_\Omega + \beta_3 s_\Pi$, onde:

- α, β_1, β_2 e β_3 são parâmetros dos algoritmos, onde α é muito maior do que todos os outros parâmetros, o que impõe uma estrutura básica subjacente, onde os elementos que não violam restrições são sempre melhores do que os que as violam.
- $\#_{inf}$ é o número de restrições violadas.
- s_Δ, s_Ω e s_Π são os custos associados a cada uma das categorias anteriores.

Como esta função impõe um problema de minimização e GAs são adequados para problemas de maximização, é definida para o custo da função de avaliação uma função linear monotonicamente decrescente tomando por base a função *z(R)*, de forma que quando *z(R)* aumente, a função definida decresça.

Os operadores genéticos não alteram o total de horas designado originalmente para cada professor, mas, para minimizar conflitos, uma função reparadora é aplicada a cada cromossomo, além de penalidades altas serem aplicadas para cada cromossomo que viole uma das restrições descritas antes. A função reparadora trabalha em nível de colunas, tentando corrigir situações como a alocação de uma mesma sala de aula para duas disciplinas no mesmo horário, ao mesmo tempo em que tenta minimizar o número de alterações aplicadas a cada cromossomo.

O operador de *crossover* usa como blocos básicos as linhas das matrizes (o horário completo de um professor). Assim, dois pais geram filhos cedendo algumas linhas para compor o horário completo do filho. Para tentar gerar filhos melhores, a avaliação parcial de cada linha é calculada e são criados filhos com as k melhores linhas (baseadas na sua avaliação) de um pai com as m-k linhas restantes do outro pai, onde m é o número de professores.

O operador de mutação usado opera também em nível de linha, invertendo dois dias de um determinado professor. Outro operador usado é uma busca local baseada no método *2-opt*, que inverte dias e horários aos pares, procurando o melhor indivíduo existente na vizinhança do cromossomo corrente.

É claro que ambos os operadores podem gerar horários inaceitáveis, o que leva à necessidade da função de reparo. Nem sempre é possível fazer um cromossomo obedecer a todas as restrições possíveis, mas caso um cromossomo desobedeça uma restrição, o alto valor associado ao parâmetro a fará com que o valor de $z(R)$ cresça muito e, por conseguinte, o valor da função de avaliação do cromossomo caia de forma proporcional. Assim, a seleção natural tenderá a se encarregar destes elementos recalcitrantes.

Rossi-Doria (2004), assim como seu antecessor mais antigo, descreve uma abordagem baseada em um algoritmo memético. Note que a maioria dos pesquisadores que resolve problemas práticos busca utilizar outras técnicas além dos GAs para obter os melhores resultados possíveis.

O cromossomo usado neste trabalho é uma matriz em que as colunas representam os horários e as linhas representam as salas. Em cada posição da lista será colocada uma entrada representando a matéria que ocupará aquela sala naquele determinado horário, com o valor especial de –1 representando que aquela sala está livre. Esta representação é interessante pois elimina, por definição, uma ampla gama de soluções inviáveis, como aquelas que representam duas matérias ocupando uma mesma sala no mesmo horário.

As restrições do problema neste caso são representadas como função do estudante e, como sempre, divididas em restrições *hard* (tornam o cromossomo inviável) e *soft* (devem ser atentidas, se possível). As restrições *hard* podem ter sido violadas dentro desta representação, como, por exemplo, duas turmas com alunos em comum podem ter sido designadas para um mesmo horário, ou uma turma pode ter sido designada para uma sala que não a comporta.

Para resolver estes problemas, é usada uma função de otimização local, uma extensão dos operadores *2-opt* e *3-opt* descrito na seção 13.4 . Este operador tenta realizar uma dentre três operações básicas, sem violar as restrições do problema:

- mudar o horário de uma aula para outro que esteja livre
- inverter o horário de duas matérias
- recombinar o horário de três matérias distintas (6 opções distintas de realocação)

O operador de *crossover* é uma versão simples do operador de *crossover* uniforme descrito na seção 6.3. Para cada horário, é feito um sorteio de um número 0 ou 1. Se for selecionado o número 0, o filho herda a matéria do primeiro pai, e se for selecionado o número 1, ele herda a posição do segundo pai. Apenas um filho é gerado de cada vez, e um módulo de população do tipo *steady-state* onde o pior elemento da população é substituído pelo novo filho gerado.

Como pode-se ver nestes dois exemplo, existem várias representações possíveis para um mesmo problema, mas em algo a maioria dos bons artigos concordam: sempre busque embutir o máximo de conhecimento disponível dentro da sua representação e dos seus operadores, de forma a otimizar o desempenho do seu algoritmo genético. Ademais, hibridizar seu GA com funções de otimização local também costuma ser benéfico para o seu desempenho.

O terceiro trabalho digno de menção é (Kanoh, 2004). Neste, um gene consiste em um aatribuição Disciplina-Horário, onde Horário é uma combinação dada por (período, dia da semana, horário do dia). Cada cromossomo é uma alocação completa de todas as disciplinas existentes na faculdade e é avaliado de acordo com uma série de restrições hard e soft, que são pontuadas de acordo com a sua importância.

Este trabalho usa um operador de mutação de inversão de posições, descrito no capítulo 10 deste livro, e um operador de crossover uniforme. Entretanto, o mais interessante deste trabalho é o fato de que ele mantém uma base de alocações passadas e estas alocações "infectam" os candidatos existentes na população usando-se um operador de mapeamento parcial (PMX).

O conceito fundamental que podemos aprender com este trabalho é que conhecimento passado não deve nunca ser ignorado. Se existem soluções anteriores para o problema, seu GA deve incorporá-las de forma que elas tragam o seu nível de qualidade mínimo para a população em desenvolvimento.

Lembre-se que ao trazer conhecimento do domínio para o seu GA você estará fazendo com que ele deixe de ser genérico, evitando assim as consequências negativas preconizadas pelo teorema da inexistência do almoço grátis.

A principal lição a aprender destes artigos é que o uso de conhecimento específico é sempre a melhor maneira de obter um bom resultado. Não adianta simplesmente pegar um GA qualquer e jogar o problema direto nele sem pensar. Isto raramente vai produzir bons resultados.

16.2.b. Escala de tarefas

O problema de escala de tarefas (*job shop scheduling problem*) consiste em fazer uma escala de tarefas, onde cada tarefa consiste em uma sequência de operações, que têm que ser processadas em um conjunto de fechado e limitado de máquinas, de forma que o conjunto de todas as tarefas sejam realizadas em um tempo mínimo.

Formalmente o problema pode ser definido como a alocação de um conjunto de n tarefas, denominadas de $\{J_1, J_2, ..., J_n\}$ que devem ser realizadas em m máquinas, denominadas de $\{M_1, M_2, ..., M_m\}$, que podem ou não estar alocadas em centros de trabalho.

Cada tarefa recebe duas datas: uma a partir da qual ela pode ser realizada e um prazo máximo. O processamento de uma tarefa i em uma máquina j é denotado pelo par ordenado (i,j), com o tempo de processamento sendo designado por de T_{ij}.

O tempo de processamento pode ser definido de forma imprecisa, por fatores humanos ou mecânicos associados ao processo, mas pode ser definido como tendo um tempo mínimo, dado por a, um tempo máximo, dado por c, e um tempo provável, b. Além disto, duas tarefas consecutivas têm, entre elas, um tempo de preparação para que a configuração da máquina para a primeira tarefa seja desfeita e transformada na configuração para a segunda tarefa. Por exemplo, em uma gráfica que esteja imprimindo folhetos na cor azul, o tanque de tinta deve ser trocado para imprimir folhetos na cor verde.

Outra questão importante consiste no fato de que existe precedência entre tarefas. Muitas vezes, uma tarefa deve ser terminada necessariamente antes de que outra possa começar, pois há uma dependência entre elas. Por exemplo, não podemos começar a imprimir um folheto antes de carregar o papel na impressora.

É frequente não ser possível entregar todas as tarefas no prazo, o que faz com que se tenha que definir uma punição para cada tarefa em atraso, que pode ser variável de acordo com o tipo de tarefa (por exemplo, impressão de folhetos para um evento com data específica é mais urgente que impressão de folhetos de propaganda de uma loja) e de cliente (preferencial, primeira vez, usual etc.).

O problema é essencialmente multiobjetivo, e sua função de avaliação deve conter um termo para cada um dos seguintes objetivos:

- minimizar o atraso médio das tarefas;
- minimizar o número de tarefas em atraso;
- minimizar o tempo total de transição entre tarefas;
- minimizar o tempo ocioso de cada máquina;
- minimizar o tempo total de ***throughput*** (tempo em que todas as tarefas são efetivamente realizadas).

Alguns destes objetivos podem ser mutuamente excludentes. Podemos querer usar muito uma máquina rápida em vez de dividir a tarefa por várias máquinas lentas. Isto pode aumentar o tempo de transição usado, mas diminuirá o tempo total de *throughput*. Logo, os custos associados a cada categoria sendo minimizada podem ser multiplicados por pesos ou tratados através de qualquer outra abordagem descrita no capítulo 14.

A definição desta função, devido a todos estes objetivos complexos, é o grande desafio na resolução de um problema de escalonamento de tarefas. Todos os custos descritos antes devem ser calculados e devem receber pesos de acordo com sua importância relativa no problema sendo resolvido.

Como discutido no capítulo 14, esta atribuição de pesos é complexa e específica – a literatura pode apenas lhe dar referências sobre como defini-la. Por exemplo, existem empresas para as quais o tempo ocioso é uma característica inaceitável, enquanto outras não podem aceitar nenhum atraso na entrega de encomendas de seus clientes. Logo, para estas duas indústrias, as atribuições de pesos são totalmente distintas. O resto do GA é relativamente simples, em comparação.

Petrovic (2005) resolve o problema usando uma estrutura de cromossomo em duas camadas. Como ele divide as tarefas e as máquinas em conjuntos, ele precisa designar um conjunto de tarefas para um conjunto de máquinas. O primeiro nível então associa um conjunto de tarefas para um conjunto de máquinas e o segundo nível tem uma posição para cada tarefa dentro de cada conjunto de tarefas, associando-a a uma máquina do conjunto de máquinas no qual ela será executada. Um exemplo deste cromossomo pode ser visto na figura 16.1.

O operador de mutação usado em Petrovic (2005) simplesmente altera o conjunto de máquinas para o qual uma determinada tarefa foi designada. Poderia ser utilizada uma função de inversão de ordem de tarefas, desde que feito com cuidado para preservar as dependências entre tarefas.

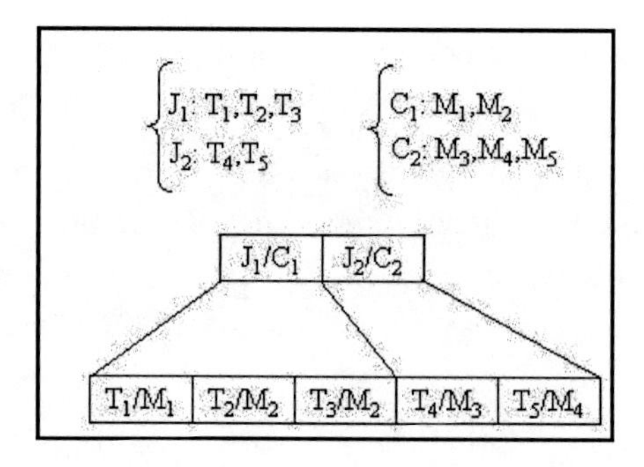

***Fig. 16.1:** Exemplo de cromossomo em dois níveis usado por Petrovic (2005). O primeiro nível consiste na alocação de um conjunto de tarefas para um conjunto de máquinas. Acima, estão listadas as tarefas componentes de cada conjunto de tarefas e as das máquinas pertencentes a cada conjunto de máquinas. Um algoritmo simples de alocação faz a transição do primeiro para o segundo nível, podendo ser usado até mesmo um algoritmo exaustivo, visto que o número de tarefas e o número de máquinas total em cada alocação é pequeno.*

Este trabalho não usa um operador de *crossover* devido ao extenso trabalho de reparo que seria necessário para o caso de haver alocações que não usassem todas as máquinas de forma correta.

Esta abordagem é interessante (apesar de provavelmente menos eficiente) para demonstrar que não é obrigatório usar todos os operadores de forma padronizada para ter um GA adequado para a resolução do seu problema específico. Lembre-se: a ferramenta deve se adaptar ao problema e não o contrário.

Yamada (1997) descreve vários algoritmos genéticos para resolver o mesmo problema, ilustrando o fato de que sempre haverá uma diversidade de opções para resolver o seu problema, cabendo uma análise específica para determinar qual delas será a mais apropriada naquele momento. Na versão mais simples de GA descrita neste trabalho, o processo como um todo é visto como um grafo no qual existem dois tipos de arestas:

- conjuntivas: são direcionadas e indicam quais tarefas têm precedências;
- disjuntivas: são não direcionadas e indicam quais tarefas são realizadas na mesma máquina.

Uma demonstração desta ideia pode ser vista na figura 16.2.

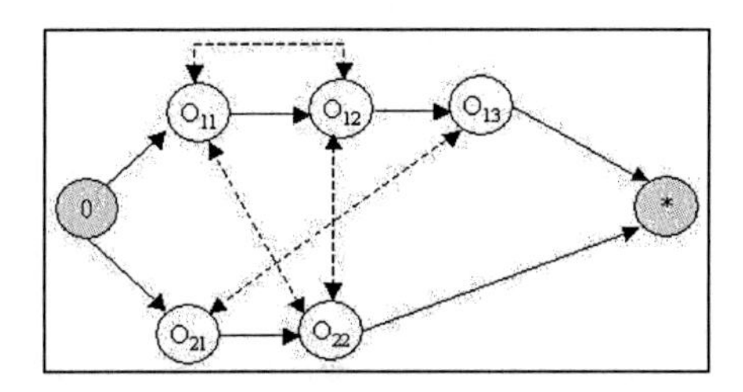

Fig. 16.2: Dois nós especiais foram criados no grafo, representando o início dos trabalhos (0, ou fonte) e o fim deles (*, ou* sink*). As linha sólidas representam arestas conjuntivas, ou dependências do tipo fim-início entre tarefas. Por exemplo, a existência de uma seta com linha sólida entre as tarefas O_{21} e O_{22} significa que a primeira deve ser realizada antes da segunda. As linhas tracejadas indicam arestas disjuntivas, ou compartilhamento de máquina. Assim, a existência de uma aresta de linha tracejada entre O_{21} e O_{13} indica que estas são realizadas na mesma máquina.

Neste trabalho o processo de alocação de tarefas consiste em transformar arestas disjuntivas em arestas direcionadas, obtendo um grafo acíclico, de forma que exista um escalonamento de tarefas para cada máquina. Note que o passo de atribuições de tarefas a máquinas, realizado pelo GA no trabalho anterior, já é dado como feito aqui.

A representação adotada é a *booleana*. Ela foi escolhida pois existem apenas duas direções possíveis para uma aresta disjuntiva e tem a vantagem de poder usar qualquer um dos operadores de *crossover* e mutação discutidos exaustivamente nos capítulos 4 e 6.

A principal desvantagem desta abordagem é que ela permite a criação de soluções ilegais, que contenham ciclos ou que desrespeitem a ordenação imposta pelas arestas conjuntivas, conforme explicado antes. Para isto foi criado uma rotina de reparação de soluções que busca a solução permitida mais próxima da solução codificada pelo cromossomo, em termos de distância de Hamming.

O desempenho deste método deixa um pouco a desejar, e os autores sugerem incorporar uma heurística de maximização local ao algoritmo genético. É sempre bom ressaltar a importância de incorporar o máximo de conhecimento possível do problema dentro do seu GA. Se você não fizer isto, o seu GA será pouco mais eficaz do que uma *random walk*.

A demonstração da importância desta ideia é feita neste mesmo trabalho, onde uma nova versão de GA usando busca local (uma versão modificada do processo *2-opt*) apresenta um desempenho muito superior ao GA "cego" discutido até aqui.

Estes exemplos demonstram que sempre há uma ampla gama de soluções usando-se algoritmos genéticos para problemas que enfrentamos e que muitas vezes é mais sábio tentar hibridizar o seu GA com alguma técnica de maximização local conhecida. Além disto, pode-se concluir também que GAs que embutem o máximo de conhecimento disponível sobre o problema tendem a obter resultados superiores àqueles obtidos com GAs padronizados aplicados de forma (quase) cega.

A principal lição a aprender destes artigos é que você não precisa usar todos os operadores descritos neste livro ou em qualquer outra obra só porque o autor disse que eles são importantes. Você deve entender o que cada operador traz de benefício para sua solução e usá-lo de acordo com os resultados desta análise.

16.3. SETOR ELÉTRICO

Vamos agora falar de alguns trabalhos de aplicação de algoritmos genéticos na área de sistemas de potência. A escolha foi feita apenas pelo fato de eu trabalhar diretamente com esta área, e não por uma suposta adequação dos GAs a esta área específica.

A lista de artigos apresentada é bem restrita, somente por considerações práticas de espaço. Existem várias fontes possíveis de mais artigos além daqueles citados aqui – uma delas é a revista IEEE *Transactions in Power*

Systems, que pode ser referenciada no endereço http://ieeexplore.ieee.org/xpl/RecentIssue.jsp?punumber=59 (acessado pela última vez em maio/2011).

16.3.a. Planejamento de expansão

O planejamento da expansão é um problema de otimização combinatorial muito difícil que apresenta uma função multimodal a ser otimizada, o que requer algoritmos que não fiquem presos em mínimos locais. Este problema é de fundamental importância econômica, requerendo a determinação de soluções de alta qualidade para minimização de custos e viabilização de planos de expansão.

Outro ponto interessante neste problema é o fato dele ser sujeito a restrições, que restringem o espaço de soluções admissíveis, conforme descrito no capítulo 14. Estas restrições incluem perda de carga máxima, corrente mínima necessária, condições do fluxo de potência e outras mais, incluindo várias condições não lineares.

Gallego (1998) faz uma comparação entre GA e outras duas técnicas de busca (resfriamento simulado e busca tabu). Cada cromossomo representa uma configuração de rede com as arestas e seus pesos diretamente codificados e a função de avaliação é caracterizada por dois fatores que devem ser ponderados: perda de carga e custo total do investimento na expansão.

Demonstrando uma técnica que deve ser sempre considerada, este trabalho cria a população inicial usando heurísiticas de aproximação, mais especificamente uma versão modificada do algoritmo de Garver, modelo que usa apenas as correntes e a lei de Kirchhoff para definir um modelo básico aproximado.

Esta estratégia gera soluções que normalmente não satisfazem todas as restrições do problema. Logo, se vamos usá-la para inicializar a população do GA, precisamos de um módulo que as corrija, levando-as para a zona de soluções admissíveis.

O conhecimento sobre o problema é usado também na geração de novas soluções como um operador de mutação, através de técnicas de conexão de novos *buses* criados dentro do sistema. Para fazê-lo, são criados blocos básicos de elementos que, sabe-se a priori, têm uma configuração mínima para causar impacto no fluxo de potência da rede.

Além do passo de correção, o GA ainda usa uma busca local como operador alternativo de mutação, tentando encontrar o máximo da região onde uma solução se encontra através de operações que causam pequenas perturbações na configuração encontrada, como remoção de linhas de baixo custo, inversão aleatória de linhas e/ou transformadores, entre outros. Depois deste passo, ainda é tentado um passo em que as linhas menos críticas do sistema são removidas, o que pode gerar soluções que não satisfaçam todas as restrições e nos fazer voltar ao passo de correção.

Os resultados obtidos com esta mistura de técnicas foi superior ao obtido com algoritmos genéticos puros mais uma vez sugerindo que embutir o máximo de conhecimento disponível e hibridizar um GA com métodos de otimização locais é uma estratégia que maximiza o potencial de busca e, normalmente, encontra os melhores resultados.

Vou repetir o lema deste livro: nunca despreze o conhecimento existente. Este trabalho mostra que o conhecimento pode ser embutido nos operadores, na função de avaliação e até mesmo na inicialização do sistema. Se você usar soluções existentes com uma técnica elitista, vai provavelmente conseguir resultados superiores.

Hong (2005) tenta resolver o mesmo problema, usando duas premissas básicas para a função de avaliação: a perda de carga em situações normais e a queda de tensão associada a falhas devem ser minimizadas. Além disto, o sistema procura identificar os pontos mais sensíveis nas linhas de forma a determinar configurações que previnam a ocorrência de falhas. Este trabalho é interessante também porque ele transforma as restrições que são naturalmente inerentes a este tipo de problema em condições *fuzzy*, criando restrições do tipo "quero que a perda seja muito menor que um valor g_0".

A representação usada neste trabalho inclui valores numéricos e reais. Os valores numéricos são derivados de uma técnica de codificação da configuração que calcula o número de Prufer, através da transformação do grafo inerente à estrutura da rede em uma permutação de inteiros. Esta codificação permite associar um grafo a apenas N-2 números inteiros, onde N é o número de linhas existentes no sistema, diminuindo de forma considerável o tamanho dos cromossomos. Para definir o número de Prufer, usamos o seguinte algoritmo, cujo processo está ilustrado na figura 16.3:

1. Numere todas as arestas;
2. Escolha o nó com apenas uma aresta (folha) de menor número;
3. Anexe ao número de Prufer o número do nó ao qual a folha selecionada no item 2 está ligada;
4. Remova a aresta considerada e acrescente a folha à lista de folhas;
5. Se sobrar apenas uma aresta no grafo, termine. Senão, volte para o passo 2;

O número de Prufer tem algumas propriedades interessantes. Por exemplo, ele pode ser calculado e decodificado rapidamente, é fácil gerar uma população inicial (basta sortear 2 elementos que são os nós internos finais, retirá-los da lista e depois gerar números aleatoriamente) e eles suportam todos os operadores genéticos tradicionais de *crossover*, além de permitirem fácil reparo quando gerarmos grafos que violam qualquer condição do problema.

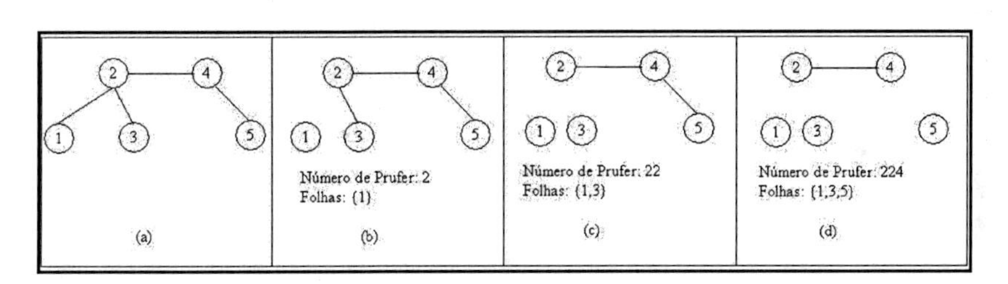

Fig. 16.3: Demonstração do algoritmo de determinação do número de Prufer. (a) Arestas do grafo foram numeradas. (b) Selecionamos a folha de menor índice, acrescentamos seu índice à lista de folhas usadas e colocamos o nó ao qual ela se liga à direita do número de Prufer. (c) Repetimos o processo do item (b). (d) Repetimos o processo e agora sobrou apenas uma aresta no grafo, encerrando o processo. O número de Prufer calculado é então 224.

Os problemas do número de Prufer, conforme apontado por Gottlieb (2001), são os seguintes:

- Os cromossomos têm pouca localidade, isto é, pequenas mudanças nos cromossomos causam grandes alterações na topologia do grafo representado;
- Tendo em vista que o significado do cromossomo é dado pelo seu contexto, ao usarmos um operador tradicional de corte, estaremos cancelando o contexto no qual as arestas foram definidas e, por conseguinte, estaremos mudando imensamente o grafo representado.

Este trabalho de Gottlieb (2001), e outros, afirmam que por estes motivos, o número de Prufer não deve ser utilizado como método codificador para um GA, e mostram vários casos em que este número obtém resultados inferiores a outras codificações. Entretanto, o trabalho que usamos (Hong, 2005), entre vários outros, aponta para bons resultados utilizando o número de Prufer.

Isto deve fazer com que você se pergunte se deve ou não considerar o número de Prufer como representação adequada para o seu algoritmo genético. A resposta para a sua pergunta é um forte e incisivo *talvez*! Todas as formas de representação devem ser estudadas quando fazemos um novo projeto em algoritmos genéticos, e aquela que se mostrar mais adequada às condições do problema deve ser escolhida. Não se fixe em uma representação única, pois ela não será a resposta para todos os seus problemas.

Uma representação que é péssima para várias outras situações pode ser a mais adequada para resolver o seu problema. Entenda as restrições que todos fazem a cada representação, estude suas qualidades e limitações e decida de acordo com sua situação específica. É impossível dizer, sem contexto, que a representação A é melhor que a representação B. De vez em quando A vai ser melhor, mas em certas situações B pode ser a solução ideal.

Voltando ao trabalho de Hong (2005), os operadores genéticos são então os mais simples possíveis: um *crossover* de dois pontos e uma mutação aleatória simples, associados ao método de seleção da roleta viciada, além de um módulo de população elitista, para garantir que a melhor configuração não se perca. Este artigo não menciona métodos de inicialização da população, mas podemos expandir o trabalho imaginando que técnicas heurísticas conhecidas são usadas de forma que as soluções iniciais já possuam um mínimo de qualidade associado a elas.

Este trabalho é interessante pelo fato de usar o máximo de conhecimento possível embutido tanto na função de avaliação quanto na codificação dos cromossomos, o que permite que estes tenham um tamanho adequado para gerenciamento pelo GA. É sempre importante conhecer o máximo sobre seu problema e tentar embutir o máximo de conhecimento possível sobre ele dentro do seu GA, de forma que este não seja apenas uma ferramenta de busca cega, mas sim uma heurística perfeitamente adequada ao seu problema.

Acima afirmamos que todas as topologias devem ser consideradas, e isto deve ser levado realmente a sério. Existem trabalhos com todos os tipos de representação possíveis nesta (e em qualquer outra) área de aplicação. Por exemplo, Park (2000) chega a usar uma representação binária de seus cromossomos, usando uma mistura de crossover de um ponto, dois pontos e uma variação dos mesmos. A diferença entre este trabalho e os outros é que ele não está interessado explicitamente na topologia da rede, mas sim no tamanho das unidades a serem adicionadas ao sistema e no grau de utilização que elas atingirão em um horizonte previsível.

A moral da história é: não existe uma representação única, nem um conjunto padronizado de operadores genéticos que possa resolver seu problema. Você sempre terá que analisar as várias opções diferentes que existem de forma a determinar aquela que lhe será mais adequada em cada momento.

16.3.b. *Unit Commitment*

O problema de *Unit Commitment* consiste em determinar quais unidades de geração de energia estarão em operação durante um determinado período e por quanto tempo elas operarão.

Há a necessidade de se ligar e desligar unidades devido ao fato de que o consumo de energia varia imensamente durante o dia e durante a semana, aumentando em dias úteis e em horários de pico. O importante a ser considerado é que as unidades em operação devem necessariamente satisfazer à necessidade de carga estabelecida no período e devem, se possível, minimizar os custos de operação do sistema.

O problema se torna ainda mais difícil quando existem diferentes tipos de geradoras no sistema (hidrelétricas, térmicas, nucleares etc.), que possuem diferentes custos, necessidades de manutenção, tempo e custo de ligação e desligamento, a manutenção de um pequeno excesso de oferta para evitar blecautes e outros fatores que devem ser considerados na composição da solução oferecida.

Este problema poderia ter seu nome traduzido para despacho econômico, mas a maioria dos artigos prefere utilizar o nome em inglês, mesmo quando escrevem em português. Assim, respeitaremos a vontade da maioria dos pesquisadores na área.

Poderíamos tentar uma solução exata do problema fazendo uma enumeração de todas as unidades, mas tendo em vista que o número de combinações cresce com a fatorial do número de unidades geradoras, o problema rapidamente cresce para se tornar intratável por métodos de busca exaustiva.

Uma abordagem bem simples para solução deste problema foi adotada em um trabalho relativamente antigo (Dasgupta, 1993) e, de certa forma, pioneiro. Este trabalho busca definir a alocação de unidades geradoras em um período de 24 horas e o faz dividindo este período em 24 subperíodos de uma hora. Em cada um deles se determina se uma unidade está ligada ou desligada, o que faz com que seja natural adotar uma representação binária. Assim, cada cromossomo é representado através de $24*n$ bits, onde n é o número de unidades geradoras existentes no sistema elétrico.

A representação binária, como o próprio trabalho reconhece, apresenta alguns problemas sérios, sendo que o mais importante de todos é o efeito epistático (epistase é o termo biológico para interdepêndencia entre genes). O efeito da mudança de um determinado *bit* afeta muito mais do que só aquela unidade geradora em um determinado instante de tempo, podendo incorrer em violações de condições, aumento de custos de ligação/desligamento e outros fatores, quando for verificado seu efeito em um período de 24h. Assim, eventualmente poderemos precisar mudar vários *bits* simultaneamente para obter algum tipo de melhora substancial na avaliação de um cromossomo.

Dadas as limitações de tempo do problema de *unit commitment* (a solução tem que ser obtida antes do dia planejado começar), o critério de parada utilizado consiste em um número de gerações máximo ou pela ausência de melhora em um determinado número de gerações (o que sugere a, mas não necessariamente implica em, ocorrência de convergência genética).

Este artigo usa um módulo corretor de soluções que não atendam às necessidades de carga. Além disto, certas restrições do sistema elétrico, como violação do tempo mínimo de desligamento ou restrições econômicas/de carga nos próximos períodos de tempo, fazem com que o sistema ignore breves desligamentos previstos no cromossomo (codificada no cromossomo no formato 1 → 0 → 1).

O sistema possui um módulo de população que a cada geração substitui a metade da população com avaliação inferior com soluções geradas aleatoriamente, para tentar evitar o efeito da convergência genética.

Este trabalho, apesar de usar uma representação e operadores muito simples, obtém bons resultados, o que pode ser derivado do fato de que ele embute uma grande gama de conhecimento na função de avaliação e no módulo de decodificação do cromossomo. Este último nos ensina a lição de que nos algoritmos genéticos, assim como na natureza, o fenótipo não precisa ser necessariamente igual ao genótipo. Isto é, nós podemos (e devemos) usar o máximo de conhecimento do sistema na hora de decodificar soluções, de forma a maximizar o desempenho de nossos GAs.

Arroyo (2002) propõe uma técnica diferente para resolver o mesmo problema, mas que usa o mecanismo de reparo de soluções para lidar com as restrições impostas pelo problema, tornando desnecessária a aplicação de punições e pesos na função de avaliação.

Este trabalho levanta uma questão interessante quanto aos métodos de reparo que é o fato de que eles normalmente demoram muito tempo para levar uma solução inadequada para a região aceitável, o que este trabalho tenta minimizar paralelizando o processo, usando algumas das técnicas descritas no capítulo 15.

O processo de paralelização aproveita o fato de que várias atividades em um GA, como a inicialização da população e a geração de filhos, são inerentemente paralelizáveis em vários processadores. Por exemplo, se eu tiver 3 processadores, eu posso fazer 3 *crossovers* ao mesmo tempo, reduzindo o tempo de gerar uma nova geração a cerca de um terço.

Neste trabalho, esta paralelização é feita através de um formato mestre-escravo: existe um processador central, que controla a execução do algoritmo e que pede para que os outros processadores realizem as atividades necessárias naquele momento, recebendo os resultados e mantendo o controle do processo do GA.

Também é usada, neste trabalho, uma paralelização em outro nível. Neste segundo nível, uma abordagem do tipo *Island* é utilizada, onde várias populações são evoluídas, havendo um processo de migração entre elas, numa tentativa de escapar de máximos locais (veja mais detalhes sobre esta técnica na seção 15.3).

As técnicas de paralelização descritas podem ser combinadas, assim como tudo que falamos neste livro. Não se lmiite a uma ferramenta qualquer, seja por motivos ideológicos ou quaisquer outros. Considere todas as ferramentas que existem e quais são as mais adequadas para você e para resolver o seu problema. Este é o caminho mais curto para obter uma solução de alta qualidade.

Como em todos os trabalhos nesta área, a função de avaliação consiste em uma verificação do *trade-off* entre o atendimento da demanda em todos os instantes, com um pouco de folga, também levando em conta os tempos de ligação e desligamento (condição necessária) e a minimização do custo de operação, levando em conta os custos de ligação e desligamento (condição desejável).

O resto do algoritmo genético comporta-se de forma similar ao trabalho descrito anteriormente. A representação é binária, e os operadores utilizados são idênticos aos operadores tradicionais de cromossomos binários, usando-se um módulo de população generacional com elitismo.

Mantawy (1999) usa um sistema de reparo como os outros artigos citados antes, mas merece ser mencionado por utilizar uma técnica híbrida que incorpora os algoritmos genéticos a duas outras técnicas: a busca tabu e o resfriamento simulado. A busca tabu é uma técnica que busca usar a memória para lembrar das principais características das soluções recentemente visitadas e cria zonas do espaço de busca que se tornam proibidas (ou tabu) para a busca, enquanto que o resfriamento simulado é uma técnica de busca estocástica que simula o processo de resfriamento de cristais, quando estes adotam a configuração de mínima energia. A ideia então consiste em diminuir um parâmetro interno, denominado de temperatura, por sua analogia com a propriedade real, e realizar a busca, esperando encontrar o mínimo (ou máximo) global ao fim do processo (veja a seção B.4 no Apêndice B para entender um pouco melhor estas técnicas).

A ideia por trás deste artigo é fazer com que a busca tabu e do resfriamento simulado sejam operadoras do algoritmo genético, junto com o *crossover* e a mutação. Assim, mantém-se a característica de fazer uma busca paralela em uma população ao mesmo tempo em que se adquirem as boas qualidades destes dois métodos.

A representação usada é a binária, mas para simplicação das operações, os números binários são codificados pelo seu valor correspondente em decimal, sobre os quais a operação de *crossover* uniforme é realizada. Isto é problemático pois não permite o intercâmbio de pedaços de estratégias por unidade, fazendo com que os genes básicos da população sejam estratégias completas e diminuindo a variabilidade passível de ser atingida através deste operador.

Felizmente, o operador de mutação age sobre os valores binários, diminuindo este efeito espúrio de representação. O sistema usa um módulo de população generacional com elitismo e os seu critério de parada é duplo: o fato de se ter atingido um número máximo de gerações e a ausência de melhora por um número predeterminado de gerações, o que pode implicar em convergência genética.

Nestes trabalhos pudemos perceber mais uma vez a importância de se embutir o conhecimento disponível dentro do GA, além de sempre podermos considerar a possibilidade de hibridizar um GA com qualquer outra técnica de otimização disponível.

Os GAs são excepcionalmente flexíveis nesta questão, sempre permitindo que outras técnicas sejam incluídas como operadores ou que estas ajam sobre a população no intervalo entre gerações. Outro ponto importante é a questão de que sempre podemos pegar um GA tradicional e paralelizá-lo de forma quase direta usando métodos como o *Island*, por exemplo, que mudam muito pouco a estrutura de comando e tendem a obter resultados melhores em tempos mais curtos.

16.3.c. Alocação de capacitor es

Este problema, como o próprio nome sugere, poderia perfeitamente ser descrito na seção 16.2, dada a sua similaridade com os problemas de alocação de recursos lá descritos. Como aqueles, este problema possui um espaço de busca combinatório, que dificilmente pode ser varrido por método exaustivo e uma função de múltiplos objetivos: maximização da compensação e minimização de custo.

Capacitores são frequentemente usados em sistemas de distribuição de energia para compensação, para conseguir regular a voltagem fornecida e para aumentar a capacidade de liberação de energia do sistema.

A extensão dos benefícios conseguidos depende fortemente de como os capacitores são colocados e controlados. Logo, o problema de alocação de capacitores consiste em escolher localização, tipo, tamanho e esquema de controle dos capacitores em um sistema de distribuição de energia, de forma que a relação benefícios/custo seja maximizada e que restrições de corrente, voltagem etc. em cada nó e ramo sejam satisfeitas.

Palagi (1993)[2] tem um artigo antigo, mas com uma abordagem extremamente simples que obtém bons resultados. No caso deste trabalho, as localizações dos capacitores é fixa, o que faz com que então as únicas incógnitas deste problema sejam apenas as magnitudes dos capacitores. Os cromossomos são então binários, contendo um número fixo de *bits* para cada capacitor. A magnitude de cada capacitor está representada como um número inteiro que representará o múltiplo do tamanho mínimo de

[2] Como o leitor pode ver, não estou preocupado em mostrar o estado da arte em cada área de aplicação, mas sim em usar os exemplos como reforço do aprendizado dos conceitos que vimos até aqui.

capacitor utilizado. Dado que estamos usando a representação binária comum, os operadores genéticos são exatamente iguais àqueles usados anteriormente e que nos são bem conhecidos.

Uma extensão natural do problema, descrita em Levitin (2000), consiste em tentar determinar não só a capacitância, mas também a localização ótima de cada capacitor, de forma a maximizar os benefícios auferidos de sua instalação.

A representação utilizada neste trabalho é bem mais complexa e baseia-se no seguintes conceitos:

- Existem F alimentadores no sistema;
- Cada alimentador tem N_f localizações possíveis para os capacitores, mas usam-se no máximo K_{max} capacitores por alimentador. Estes dois números podem ser padronizados ou diferentes para todos os alimentadores, sem prejuízo para os conceitos descritos aqui. Isto não é irreal, posto que devido a restrições regulatórias, técnicas ou financeiras não se pode botar os capacitores em qualquer ponto da linha;
- Cada empresa usa, por questões de padronização, um conjunto fechado de Y diferentes tipos de capacitores.

Com base nestes conceitos, representam-se os capacitores de cada alimentador por uma sequência de números K_{max} inteiros. Cada número V_i pode ser compreendido calculando-se o seguinte: $\left\lfloor \frac{V_i}{Y} \right\rfloor$ é a seção do alimentador onde se instalará o capacitor e V_i *mod* Y é o tipo de capacitor a ser instalado nesta posição. Por exemplo, se temos três tipos diferentes de bancos de capacitores e K_{max}=2, a solução representada pelos números 62 e 12 é respectivamente um capacitor do tipo 2 (*62 mod 3*) na seção $\left\lfloor \frac{62}{3} \right\rfloor = 20$ e nenhum capacitor (*12 mod 3=0*) na seção 4. Assim, podemos representar qualquer número de capacitores entre 0 e K_{max}, obtendo, implicitamente, uma solução de tamanho variável.

Neste trabalho, usa-se um operador de *crossover* de dois pontos para gerar filhos (poderia se considerar também a utilização de um operador de *crossover* uniforme). Lembre-se que, aqui, os números têm significados implícitos e não podem ser modificados através de operadores aritméticos. Esta representação é mais adequada para o tratamento descrito na seção 10.4, pois, na realidade, os números estão representando valores categóricos.

O operador de mutação utilizado busca fazer apenas pequenas mudanças na configuração representada, incrementando ou decrementando em um o valor representado em uma posição escolhida de forma aleatória. Deve-se tomar cuidado com o caso em que o capacitor representado é o valor máximo, o que faria com que adicionar um levaria a termos um capacitor de valor zero na próxima seção (e com o caso recíproco, de limite inferior), fazendo com que a mutação levasse a um capacitor de tamanho zero dentro da mesma seção.

Este artigo é interessante pois mostra uma maneira de embutir um conteúdo de tamanho variável em uma representação de tamanho fixo. A maioria das representações de tamanho variável têm problemas em aplicar os operadores a cromossomos de tamanhos diferentes. Aqui, isto foi resolvido usando-se o conceito de *fillers* (números que não representam capacitores, mas que estão marcando a posição no cromossomo), conceito este que pode ser estendido para outras representações, se necessário.

16.4. BIOINFORMÁTICA

Bioinformática é o campo da ciência onde a biologia, a ciência da computação e as tecnologias da informação se fundem em uma única disciplina. O objetivo final deste campo é permitir a descoberta de novas fronteiras da biologia, assim como buscar uma perspectiva global de onde os princípios subjacentes à área da biologia possam ser percebidos. Cada dia inventam-se mais ferramentas para a obtenção de dados brutos, que permitem investigar vários aspectos da biologia, desde a sequência dos genes dos mais diversos indivíduos (o famoso projeto genoma, que buscava sequenciar o código genético do ser humano, insere-se nesta categoria) até a expressão dos genes em diversas situações (veja seção 16.4.a, adiante).

A imensa quantidade de dados gerados por estas novas ferramentas fez com que percebêssemos que havia uma grande necessidade de criação de novas técnicas e algoritmos que permitam transformar esta imensa massa bruta de dados em informação, de forma a permitir a compreensão dos processos biológicos e, eventualmente, o desenvolvimento de novos remédios ou novas técnicas que garantam o progresso e a melhoria das condições de vida da humanidade.

Devido à *hype* associada a esta área, todos os ramos da computação têm investido fortemente no desenvolvimento de novos algoritmos aplicados à bioinformática. Vamos ver nesta seção algumas destas aplicações usando GA. A área da bioinformática é extremamente ampla e não é o objetivo desta seção mostrar todas as aplicações possíveis, mas sim oferecer uma amostra da aplicabilidade dos algoritmos genéticos. Aqueles que gostarem da área devem procurar referências mais detalhadas, tais como (Fogel, 2003).

16.4.a. Engenharia reversa de redes de regulação genética

Como discutimos nos exercícios resolvidos do capítulo 2, a maioria das células de um mesmo organismo tem o mesmo DNA (algumas diferindo por fatores como rearranjos e amplificação); entretanto, as células são diferentes entre si, sendo que um dos principais motivos para esta diferenciação é a existência de uma complexa rede de regulação que realiza o **controle transcripcional**, em que os produtos de certos genes afetam outros genes em um processo com, possivelmente, vários *feedbacks* e vários caminhos alternativos.

Este controle transcripcional é essencial para o estabelecimento da expressão diferenciada, formação de padrões e desenvolvimento do organismo como um todo, sendo fundamental para a criação e a manutenção de toda a vida multicelular. Cada tipo de célula é diferente devido ao fato dos diferentes genes que nela estão expressos. Isto significa que em muitos casos duas células são muito diferentes apesar do fato de compartilharem a mesma informação genética.

Entretanto, o processo de controle não é tão simples como discutimos até agora. Para entender bem esta aplicação e suas complexidades, vamos discutir um pouquinho de biologia. O dogma central da biologia estabelece que somente uma pequena fração do DNA será transcrita em mRNA e este será traduzido posteriomente em proteína.

O dogma central descrito aqui não é totalmente verdadeiro. Em alguns experimentos pôde-se verificar que a quantidade de proteína não é perfeitamente correlacionada com a quantidade de seu mRNA codificador (na verdade, a correlação se aproxima mais de 0,5) (Alberts *et al.*, 2007). Isto se deve a outros fatores não embutidos no dogma central, como o controle da degradação das moléculas de mRNA e entrada de substâncias vindas do ambiente extracelular, entre outros.

Consequentemente, deve-se entender que a expressão gênica e a consequente síntese de proteínas é um processo complexo regulado em diversos estágios. Além da regulação da transcrição de DNA, que é a forma mais estudada de controle, a expressão de um gene pode ser controlada durante o processamento de RNA e o transporte do núcleo para a matriz celular (somente nas células eucarióticas, tendo em vista que as procarióticas não possuem núcleo), na tradução do RNA e até mesmo através da modificação das proteínas após o processo de tradução.

Ademais, deve-se entender que as proteínas não se degradam ao mesmo tempo, o que implica que sua degradação, bem como a de produtos intermediários de RNA, também pode ser regulada dentro da célula. Tendo em vista que as proteínas que realizam esta regulação são codificadas por outros genes da mesma ou de outra célula, surge um verdadeiro sistema regulatório genético estruturado através de uma rede de interações regulatórias entre DNA, RNA, proteínas e pequenas moléculas (Smolen *et al.*, 2000).

Todos estes fatores levam à conclusão de que o padrão de expressão gênica resulta de uma interação de caminhos regulatórios individuais. Nestas redes de sinalização celular altamente conectadas, as funções de um gene dependem de seu contexto celular e possivelmente do comportamento de todos os outros genes à sua volta.

Tendo todos estes conceitos em mente, vamos discutir alguns trabalhos que descrevem aplicações de algoritmos genéticos nesta área. Infelizmente, a maioria deles tende a não usar todos os processos de controle descritos nesta seção, pois a interação entre todos torna o problema extremamente difícil. Assim, a maioria dos trabalhos descreve apenas um dos aspectos do sistema de controle, majoritariamente, o controle transcripcional[3].

Linden (2005) usa um programa genético que desenvolve regras baseadas em lógica *fuzzy*. Os conjuntos *fuzzy* são definidos *a priori*, dividindo o universo de discurso de cada variável (definido pelos valores mínimo e máximo de expressão obtidos no *microarray*, multiplicados por constantes flexibilizadoras), logo só precisamos buscar as regras, que são expressões lógicas com conjuntos *fuzzy* como operandos básicos, representadas internamente como árvores. São definidas as variáveis de interesse, como sendo aqueles genes cuja regulação nos interessa e candidatos a regulação são buscados pelo algoritmo entre todos os genes cujas expressões apresentam uma correlação elevada (positiva ou negativa) com a expressão do gene de interesse.

Os operadores usados são idênticos aos operadores de *crossover* e mutação tradicionais da GP, definidos no capítulo 12. Em relação ao critério de parada, em vez de usar rodadas extremamente longas para buscar as soluções, como é tradicional em GP, o trabalho usa uma abordagem diferente, executando o algoritmo proposto 10 vezes e usando os dois melhores resultados de cada rodada como sementes de inicialização para a 11ª rodada. Os critérios de parada são então por qualidade (encontramos uma solução suficientemente próxima dos dados reais) ou por "cansaço" (já se passou um determinado número de gerações).

Um ponto importante deste trabalho é que o algoritmo permite a incorporação de conhecimento preexistente, oferecendo uma interface para que o usuário defina quais relacionamentos são conhecidos de antemão, quais não devem ser considerados pelo GP e quais são candidatos interessantes. Isto resolve um grande problema da maioria das técnicas modernas de extração de dados a partir de experimentos biológicos (de *microarray* ou de outros) que consiste no fato de que a maioria destas técnicas geralmente não incorpora nenhum ou quase nenhum conhecimento preexistente, baseando-se apenas nos dados disponíveis (Schrager, 2002).

---

[3] Taí uma excelente oportunidade de pesquisa para os interessados!

Desprezar conhecimento preexistente nunca é a melhor maneira de proceder. Você deve fazer todo o possível para incorporar o máximo de conhecimento em qualquer técnica de solução que decidir usar (seja GA ou não), sob pena de cair no lado "ruim" do teorema NFL.

Sakamoto e Iba (2000) usam um programa genético muito semelhante, só que baseado em equações diferenciais. Cada cromossomo representa a expressão da equação diferencial que modela a variação da quantidade de cada um dos metabólitos presentes na reação, sendo que o conjunto de equações representa a rede de regulação como um todo.

Cada cromossomo, então, é representado por *n* árvores, onde *n* é o número de metabólitos existentes no processo que está sendo modelado. Cada árvore contém nós internos que contêm operadores matemáticos (produto, soma ou subtração) e folhas que contêm um metabólito, representando a concentração deste no ambiente. Os operadores genéticos usados são idênticos àqueles descritos no capítulo 12 e os resultados obtidos com a identificação de pequenas redes de regulação são extremamente promissores.

Kitagawa e Iba (2003) usam um modelo baseado em redes de Petri para modelar as redes de regulação. Redes de Petri são uma técnica matemática de especificação de sistemas na qual pode-se modelar sistemas paralelos, concorrentes, assíncronos e não determinísticos, como os sistemas biológicos.

As redes de Petri são formadas por estados, que são elementos passivos que correspondem às variáveis de estados, e transições, os elementos ativos, que correspondem às ações, cuja execução está condicionada a alguma pré-condição sobre os estados (Maciel, 1996).

Kitagawa e Iba fazem a codificação através de *strings* em que a ação de uma enzima é representada por uma transição. Como cada enzima pode trabalhar com vários substratos, as *strings* têm tamanho variável, sendo que cada uma é representada pelos vários estados contendo cada um dos substratos necessários e a transição com o produto obtido. Assim, uma reação que precisa dos substratos *S1* e *S2*, ocorrendo com taxa *k* para cada um deles e gerando o substrato *P* é representado pela *string (S1,1,k) (S2,2,k) (P,3)*.

Para determinar a qualidade de cada solução, é calculado o desenvolvimento da rede durante um tempo fechado e o resultado obtido é comparado com o valor real obtido nos experimentos, além de se adicionar uma punição pelo tamanho da solução, privilegiando-se assim as soluções mais curtas.

Este trabalho usa também operadores de *crossover* e de mutação que não são identificados de forma clara. Entretanto, sua maior virtude é relacionar os algoritmos genéticos com as redes de Petri, que são ferramentas de modelagem poderosas e que devem ser consideradas quando se deseja identificar um sistema, seja ele biológico ou computacional.

16.4.b. Filogenética

A filogenética se refere à história das espécies e do seu relacionamento com as outras espécies. O nome vem do grego, *phyl*=tribo e *gen*=origem, ou seja, filogenética é a ciência que estuda o relacionamento de uma "tribo", ou um grupo de organismos.

O problema básico da filogenética consiste em estimar os relacionamentos evolucionários entre uma série de *n* organismos, ou *taxa*. Para tanto é necessário desenvolver um método particular de formular hipóteses explícitas e testáveis sobre as relações de parentesco entre organismos.

Este parentesco normalmente é representado como um grafo binário ordenado, denominado ***árvore filogenética***, no qual as arestas do grafo representam os relacionamentos de descendência e os nós representam os organismos sob consideração (Salter, 2000).

A filogenética é importante não só pelo fato de nos permitir entender a história evolucionária dos organismos. Ela também pode ajudar a mapear a diversidade de cepas de organismos para auxiliar na criação de vacinas e para que entendamos a epidemiologia tanto de doenças infecciosas quanto de defeitos genéticos além de ajudar na previsão de função de genes desconhecidos.

A construção de árvores filogenéticas é de grande interesse em estudos sobre a evolução. Ademais, ela tem sido usada na previsão de função de genes, em uma nova área chamada filogenômica. A árvore filogenética pode ser binária, se cada nó tiver no máximo dois filhos, ou n-ária, se tal limite de filhos não for respeitado. Ademais, ela pode ser enraizada, se tiver um nó a partir do qual todos os outros nós se originam, ou não enraizada, se tal nó não existir. Árvores enraizadas são interessantes para mostrar ancestralidade em comum, enquanto que árvores não enraizadas mostram os relacionamentos entre os *taxa* sem indicar a direção do tempo evolucionário. Exemplos de ambas as árvores podem ser vistos na figura 16.4 (Ewens, 2004).

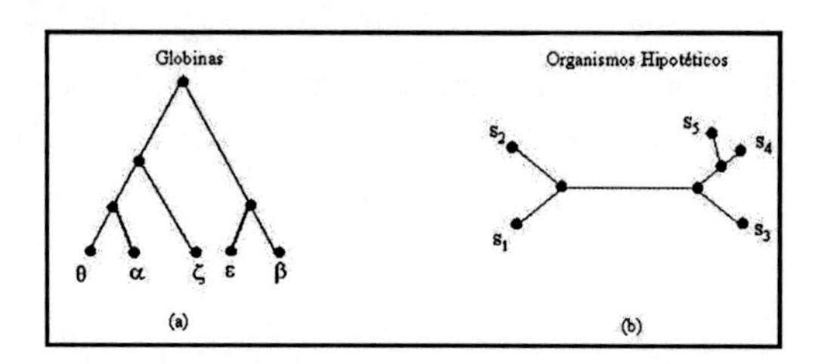

Fig. 16.4: Exemplos de árvores filogenéticas. Os círculos representam indivíduos e círculos não nomeados, supostos ancestrais que são comuns a todos os descendentes daquele círculo. (a) Árvore enraizada. Quanto mais próximo o ancestral em comum de duas globinas, mais similares elas são. (b) Árvore não enraizada: não é possível determinar relações de ancestralidade entre os organismos s_2 e s_4.

A análise filogenética é baseada nos conceitos da **cladística**, a classificação sistemática de grupos de organismos com base em características em comum, as quais devem derivar de um ancestral em comum. A existência deste ancestral comum é evidenciada pela existência de homologias em características anatômicas em organismos distintos, como por exemplo no caso dos membros superiores de espécies tão distintas como sapos, aves e cavalos. Apesar dos usos muito distintos dos membros por cada espécie, os esqueletos são muito similares, o que é um indício claro da origem comum de todos estes indivíduos.

O problema básico de usar características morfológicas como guia é que nem sempre estas características são **homólogas**, isto é, derivadas de um ancestral comum. Em vários casos, diferentes espécies, de ramos completamente distintos, podem desenvolver características similares devido a necessidades similares e não porque elas são homólogas. Por exemplo, golfinhos e ictiossauros (um peixe pré-histórico) têm aparências similares, mas não são nem primos distantes. Este tipo de similaridade devida a fatores que não a homologia é chamada de **homoplasia**.

Os pressupostos básicos da cladística são os seguintes:

- Todos os grupos de organismos são relacionados através da descendência de uma única espécie ancestral (monofilia);
- A biodiversidade é originária de um processo de modificação de características (bifurcação) denominado cladogênese;
- As mudanças nas características ocorrem em linhagens ao longo do tempo.

A cladística é importante para os biológos pois prediz as propriedades de organismos, ajuda no esclarecimento de mecanismos de evolução, é útil na criação de sistemas de classificação: reconhece e emprega a teoria evolutiva e auxilia a deduzir as relações históricas entre áreas geográficas (Peixoto, 1999).

O problema da construção da árvore filogenética é que um algoritmo de força bruta executa em um tempo que cresce de forma proporcional à fatorial do número de organismos envolvidos. Um exemplo do número de possibilidades de árvores diferentes de acordo com o número de espécies em consideração é dado na tabela 16.1.

Nº Espécies	*Árvore Binária Não Enraizada*	*Árvore Binária Enraizada*	*Árvore n-ária Enraizada*
5	15	105	256
10	$2*10^6$	$3*10^7$	$4*10^8$
20	$2*10^{20}$	$8*10^{20}$	$2*10^{24}$
50	$3*10^{74}$	$3*10^{76}$	$6*10^{82}$

Tabela 16.1: Número de diferentes árvores filogenéticas existentes como função do número de espécies sendo consideradas. Note que o número cresce explosivamente e mesmo com apenas 20 espécies o problema se torna intratável para métodos de força bruta.

O problema, como pode-se perceber, é de ordem combinatória e, por conseguinte, os algoritmos genéticos são fortes candidatos para a busca de soluções.

Outro ponto importante é como determinar a distância entre as espécies sob consideração. Antes do advento das ferramentas da genômica, os estudos filogenéticos se baseavam fortemente nas características morfológicas, como forma de dentes ou ossos, mas estes estudos ficavam sujeitos aos efeitos da homoplasia.

Com esta ferramentas, pode-se então usar sequências de moléculas específicas de organismos (DNA, proteínas etc.). A história genealógica de um organismo está, de certa forma, escrita nas sequências de cada um dos seus genes. Comparando a sequência de moléculas cujas funções sejam universais pode-se construir uma árvore genealógica para os organismos sob consideração, e até mesmo uma árvore filogenética universal que una todos os reinos em um único "reino" filogenético (Woese, 2000).

Outra vantagem de usar sequências de DNA ou de aminoácidos de proteínas é que seu uso permite a criação de abordagens mais algorítmicas e/ou matemáticas. Os genes que compartilham sequências de DNA são ortólogos se têm sequências tão similares que é provável que derivem de um mesmo ancestral. Quanto mais longas as sequências, mais confiável é a ortologia.

Para construir uma árvore filogenética, monta-se uma matriz contendo, nas linhas, as espécies e, nas colunas, as características, que podem ser traços morfológicos, sequências de DNA ou a sequência de aminoácidos de uma proteína. A partir desta matriz, é construída a árvore usando o princípio da parcimônia, isto é, a mais simples de todas, ou o princípio da máxima probabilidade, isto é, descobrindo qual das árvores possíveis é mais provável. O problema pode ser definido então como a busca de uma árvore cujo formato explique estas diferenças da melhor maneira, não importa qual princípio se está usando.

O princípio da máxima parcimônia nada mais é que uma extensão do princípio da navalha de Occam. Este princípio diz que se há duas explicações possíveis para um mesmo evento, a mais simples é a mais provável. Assim, o princípio da máxima parcimônia pressupõe que a causa de uma mudança de uma proteína ou um aminoácido é uma mutação única e não uma série de mutações que culminaram na diferença vista.

Brauer (2002) busca resolver o problema da determinação da árvore filogenética usando um GA cujos indivíduos são árvores onde cada aresta representa a ligação entre os indivíduos e contém a distância filogenética entre eles. O único operador genético utilizado é a mutação que pode alterar a distância filogenética entre os indivíduos ou a topologia da rede, criando e eliminando arestas entre os indivíduos.

O processo de seleção usado neste trabalho consiste em levar *k* cópias do melhor indivíduo para a próxima geração e selecionar os *n-k* restantes indivíduos através de um processo baseado em uma roleta viciada, com as avaliações determinadas através do *ranking* de cada indivíduo. Toda uma nova população, menos uma cópia do melhor indivíduo, sofre então mutação usando-se o operador descrito antes.

Um ponto interessante deste algoritmo é que ele usa multiprocessamento, mas somente para calcular a avaliação de cada indivíduo. Existe um processador central, o mais poderoso de todos, que manda para os outros processadores os cromossomos a serem avaliados, e estes devolvem o valor desejado, abordagem esta que é diferente de todas as que descrevemos no capítulo 15. Usando esta abordagem, conseguiu-se definir uma árvore filogenética de 228 indivíduos em um tempo praticável.

Congdom e Septor (2003) também representam as árvores filogenéticas usando árvores, mas seus operadores são diferentes. O operador de *crossover* neste trabalho segue os seguintes passos:

1. Escolha uma subárvore do primeiro pai de forma aleatória. Se for escolhida a raiz ou uma folha, repita o processo.
2. Encontre, no segundo pai, a menor subárvore que contém todos os elementos presentes na árvore escolhida no passo 1.
3. Substitua, no primeiro pai, a subárvore escolhida pela subárvore do passo 2.
4. Remova, nos ramos que já existiam no primeiro pai, todos os elementos que estão em duplicata.

Este trabalho usa também dois operadores de mutação. O primeiro simplesmente inverte a posição de dois organismos dentro da árvore. O segundo operador seleciona uma subárvore do pai corrente e um elemento desta subárvore. Depois ele faz uma rotação nesta subárvore de forma que o elemento selecionado se torne a raiz da mesma.

Estes operadores são bem diferentes dos operadores tradicionais de árvores descritos no capítulo 12, incorporando o conhecimento do problema, que, diferentemente dos casos atendidos pelos operadores daquele capítulo, impede que existam duas cópias do mesmo *taxa* dentro de uma árvore. Eles demonstram que existe espaço para criatividade na definição de operadores e que não podemos nos restringir apenas aos operadores tradicionais, precisando sempre incorporar o máximo de conhecimento dentro de nossa representação, de nossa função de avaliação e também de nossos operadores.

Este trabalho detectou uma rápida convergência genética em sua população e para remediar este problema, resolveu utilizar um GA paralelo usando a abordagem *Island* (seção 15.3). Esta solução, além de minimizar os efeitos da convergência genética, permite também que seja testada uma população maior, aproveitando-se do poder computacional adicional dos múltiplos processadores.

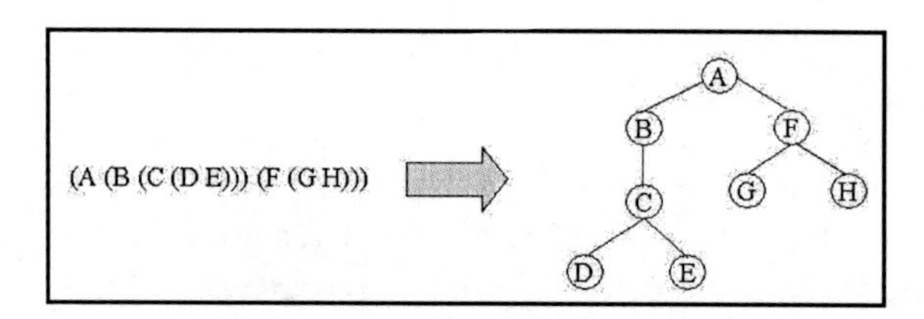

Fig. 16.5: Exemplo de interpretação de representação baseada em listas no formato LISP. Como G e H estão dentro dos parênteses de F, então eles são descendentes deste nó. O mesmo raciocínio pode ser aplicado várias vezes e vemos que A não está dentro dos parênteses de nenhum outro nó, sendo portanto a raiz da árvore filogenética.

Cotta (2002) usa uma abordagem diferente. Os cromossomos neste trabalho também contêm representações das árvores filogenéticas que são armazenadas em estruturas de listas no formato LISP, que não contêm as distâncias filogenéticas entre os *taxa*. Um exemplo desta representação pode ser visto na figura 16.5.

O operador de *crossover* deste trabalho consiste em escolher uma subárvore de um pai e acrescentá-lo na árvore do outro pai, eliminando, posteriormente, todos os elementos repetidos do pai onde foi feito o "enxerto". Os operadores de mutação usados incluem *swap* (troca entre dois *taxa* escolhidos aleatoriamente) e *scramble* (escolha de uma subárvore que é ordenada aleatoriamente).

Este mesmo trabalho sugere uma representação alternativa, que consiste em usar um operador baseado em ordem e um decodificador que monta a árvore a partir dos *taxa*, dada a ordem destes dentro do cromossomo. Isto permite que se usem diretamente todos os operadores genéticos descritos na seção 10.2, só necessitando embutir o conhecimento do decodificador dentro da função de avaliação. O decodificador consiste em uma heurística que vai inserindo cada *taxa* representado dentro do algoritmo, minimizando, em cada inserção, o somatório das distâncias filogenéticas expressas na árvore, o que faz dele uma heurística gulosa (veja Apêndice B para mais detalhes sobre este tipo de técnica de busca).

Este conceito consiste em usar um operador genético padrão e embutir todo o conhecimento sobre o problema dentro da função de avaliação. Quando a maioria das soluções for admissível e houver um decodificador razoável, é uma estratégia de qualidade que facilita imensamente o desenvolvimento de um GA para resolver qualquer novo problema que surgir. Entretanto, foge dos princípios que colocamos anteriormente, de colocar o máximo de conhecimento em todos os aspectos do GA.

Você deve escolher a estratégia mais adequada para você e para seu problema, mesmo que isto implique em contradizer tudo que foi colocado neste livro. Estou tentando ampliar sua caixa de ferramentas: a maneira como você usa o que foi ensinado é limitado apenas pelo seu intelecto e trabalho árduo.

16.5. SETOR PETROLÍFERO

O setor petrolífero é um dos mais rentáveis do mundo e um que oferece incontáveis oportunidades de pesquisa em várias áreas. Vários aspectos desta área consistem em difíceis problemas de otimização, suscetíveis à aplicação de algoritmos genéticos. Vamos discutir agora alguns destes problemas.

16.5.a. Inversão Sísmica

O problema da inversão sísmica é extremamente importante no campo da geologia e consiste na determinação da estrutura dos dados de subsolo a partir da prospecção geológica, tendo como objetivo primário obter uma seção geológica ou um modelo 3D.

Este problema é extremamente suscetível à aplicação de algoritmos genéticos, pois sua função objetivo é extremamente irregular, sendo altamente não linear, possuindo muitos mínimos e máximos locais e podendo apresentar descontinuidades.

Este problema tem alguns aspectos interessantes que são, entre outros, a sensitividade da solução obtida a condições iniciais distintas e o problema da não unicidade de soluções. Estes problemas são usualmente resolvidos usando-se o conhecimento prático dos geologistas, logo é importante levá-lo em consideração.

Wijns (2003) apresenta um algoritmo genético interessante para atacar este problema, em que a função de avaliação computacional de seu GA é substituída por um analisa humano (geólogo) que ordena as soluções de acordo com sua adequação. A justificativa por trás deste modelo é a dificuldade de se quantificar numericamente, de forma absoluta, a qualidade de uma solução para o problema da inversão, mas a possibilidade racional de distinguir a melhor dentre duas soluções.

Este artigo demonstra as capacidades de uma área denominada Computação Evolucionária Interativa (IEC) que, como o próprio nome diz, baseia-se em conhecimento de especialistas para avaliar as soluções propostas. Obviamente isto reduz o número de soluções que podem ser avaliadas em um determinado espaço de tempo, mas é extremamente útil em domínios nos quais é difícil quantificar a qualidade de uma solução.

O problema de inversão depende de parâmetros contínuos, logo, o GA proposto usa a representação de cromossomo real, mais próxima da realidade (aplicação direta do princípio KISS), para modelar o problema, ao invés da representação *booleana*. Esta opção liga o problema ao algoritmo, criando um vínculo maior do que a simples adequação da função de avaliação. Além disto, existe um domínio específico de valores razoáveis para os parâmetros (subconjunto dos reais), o qual é respeitado tanto na inicialização quanto pelos operadores genéticos.

O método de seleção usado é baseado em uma função de avaliação à qual é aplicada normalização linear, diminuindo o efeito de superindivíduos na população. O operador de mutação usado consiste em selecionar aleatoriamente um valor dentro dos limites aceitáveis para substituir o gene escolhido.

Outro ponto interessante em relação a esta implementação consiste no fato de que ele usa uma função de avaliação que muda com o decorrer do tempo. Nas primeiras gerações a função de avaliação reflete um modelo de baixa granularidade, que pode ser avaliado mais rapidamente. Após haver alguma adaptação da população a este modelo, a granularidade é aumentada. Assim, o tempo total do algoritmo é diminuído e pode-se obter um resultado igualmente bom.

O artigo ainda sugere uma hibridização com métodos de otimização local, obtendo-se assim um algoritmo memético (ainda que os autores não o chamem assim). Foram testados vários métodos, alguns que requerem o cálculo do gradiente da função, e outros que não o requerem. O método Simplex foi escolhido como o melhor de todos, por sua simplicidade e estabilidade, e aumentou o desempenho do algoritmo genético.

Outro ponto importante apontado por este algoritmo é que os resultados obtidos não melhoraram significativamente após uma determinada geração (a 100ª), tendo sido um desperdício de esforço computacional continuar a executar o GA por outras centenas de gerações como eles fizeram. Isto não significa que você deve parar seu algoritmo sempre na centésima geração, mas sim que você deve incluir no seu critério de parada a ausência de melhora da função de avaliação.

16.5.b. Otimização de estratégias de produção

Decidir a melhor estratégia de gerenciamento de poços de forma a maximizar o retorno é um problema importante na área de produção de petróleo. Deve-se definir um planejamento da produção, especificando as taxas de extração em toda a vida útil de cada poço.Estas decisões são especialmente importantes pois dela deviram-se as decisões sobre as construções de facilidades de processamento e tubulações.

Harding & Radcliffe (1996) sugerem que o problema pode ser modelado como um modelo de maximização do valor presente líquido (VPL) dos poços. O valor presente líquido (VPL) é um método muito usado na contabilidade gerencial que modela matematicamente o valor atual de pagamentos futuros descontados a uma taxa de juros predefinida, que podem ser diminuídos do custo do investimento inicial de forma a determinar o valor presente do lucro a ser obtido. Ele permite que se verifique quão lucrativo é um projeto e sua maximização leva à escolha do projeto que auferirá maiores retornos.

O modelo de VPL proposto é uma função não linear de um conjunto de variáveis $x_{i,t}$, onde cada variável $x_{i,t}$ representa a produção do poço *i* no ano *t*. Nos seus 3 primeiros anos cada poço só tem gasto, sem receitas, enquanto que cada posto tem uma vida útil máxima de n_y anos. Assim, se possuímos n_f poços, temos um total de variáveis de $n_f * n_y$. Um modelo simplificado do VPL pode ser dado pela seguinte função:

$$VPL = \sum_{t=1}^{n_y+3} \frac{1}{(1+r)^{t-1}} (renda_t - custos_t)$$, onde:

- r é a taxa de desconto;
- custos incluem os custos fixo, de perfuração, capital e operação;
- a renda inclui o que é obtido com todos os fluidos extraídos dos poços (petróleo e gás natural);
- quanto mais alto for o nível de produção de cada posto, maior o seu custo e mais cedo obtemos sua renda total (que passa a ser menos descontada para a obtenção do valor presente líquido);
- Existem poços que servem a outros poços, como centrais de processamento e distribuição. Estes devem incluir em seu termo de custo de operação e de capital o valor do fluxo máximo que terão que processar durante os n_y anos de vida útil, mesmo que o fluxo máximo ocorra por um pequeno espaço de tempo (para ter esse

fluxo máximo deve-se investir no poço para que ele seja capaz de lidar com ele, incorrendo-se assim em custos mais altos de capital).

O problema está ainda sujeito a algumas restrições:

- Se modelarmos cada poço como um simples tanque, temos que cada um tem dois parâmetros básicos: a sua capacidade de produção e a sua reserva. Em cada ano, a produção de um poço deve ser, no máximo, uma fração fixa de sua reserva;
- Todo poço servidor deve começar sua produção no máximo no mesmo ano que todos os seus poços clientes. Além disto, o fluxo dirigido para cada poço servidor não pode ser superior a sua capacidade de processamento;

O artigo sugere a representação mais direta para o problema: um vetor de $n_f * n_y$ variáveis, cada uma delas representando a produção de um determinado poço em um determinado ano.

O operador de crossover usado foi denominado de RECT-BLX-½, onde os vetores são considerados como retângulos e uma linha média do retângulo é definida. Os valores fora desta linha média são pegos do primeiro pai, os valores dentro são pegos do segundo pai e os valores sobre a linha média serão uma média dos valores de cada pai. A maneira como este operador age pode ser vista na figura 16.6. Além disto, foi usado um operador de mutação uniforme que altera de forma aleatória um ou mais parâmetros de cada cromossomo.

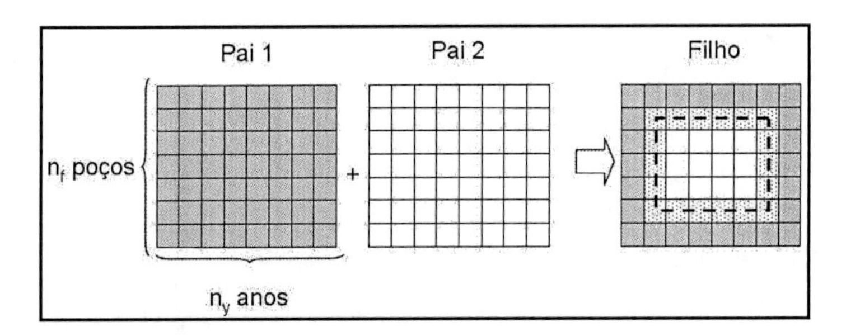

Fig 16.6: Operador de crossover usado. É definida uma linha média (retângulo de linha tracejada) dentro do filho. Os valores fora deste retângulo vêm do primeiro pai (fundo sólido) e os valores dentro do retângulo vêm do primeiro pai (fundo branco). Os valores sobre o retângulo são uma média de ambos os pais.

A ação dos operadores pode gerar vários filhos que não respeitem as restrições do problema. Assim, foi criado um método de reparo das soluções que é aplicado antes de cada cromossomo ser avaliado. Na hora de definir a população, entretanto, os autores decidiram colocar os valores não corrigidos em cada filho. A ideia é maximizar a varredura do espaço de busca, mesmo que isto gere um custo computacional elevado em termos de correção de filhos inviáveis.

Esta é uma decisão difícil, pois o aumento do custo computacional pode ser significativo, entretanto, regiões inviáveis, especialmente se o espaço de busca não for convexo, podem causar imensas dificuldades para um GA e a ideia de manter indivíduos inviáveis dentro da população pode aumentar a força da componente exploratória do GA.

Outro ponto importante deste trabalho consiste no fato de que foram comparadas diversas estratégias para solução do problema e a vencedora foi a de algoritmos meméticos! Os autores decidiram hibridizar seu algoritmo genético com uma técnica de otimização local baseada em programação quadrática obtendo assim os melhores resultados.

Este resultado não é estranho nem mesmo deve-se esperar que seja muito específico do problema. De uma forma geral, seu algoritmo genético terá um desempenho muito melhor se você incorporar o máximo de conhecimento sobre seu problema, evitando representações artificiais e usando o máximo do conhecimento preestabelecido, tais como os métodos de maximização local que costumam estar disponíveis em todos os domínios.

16.5.c. Agendamento da pr odução

O problema de agendamento da produção consiste em maximizar a produção de combustíveis (diesel de de aviação) minimizando o custo, dadsa as restrições de material recebido e as demandas de mercado para outros produtos, tais como óleo combustível e asfalto.

Este problema é muito similar àquele discutido na seção 16.2.a (escalonamento de tarefas), mas vale a pena discutir a solução distinta apresentada em (De Almeida et al, 2001).

Como discutimos no capítulo 14, os problemas de múltiplos objetivos são normalmente abordados com abordagens baseadas em conjuntos de

Pareto, agregação linear (colocação de pesos) ou então através de otimização de um objetivo de cada vez. Entretanto, este artigo sugere uma abordagem diferente, de minimização de uma função de energia que pode ser acrescentada a sua caixa de ferramentas para solução de problemas computacionais.

A função energia proposta neste artigo tem uma aparência similar à agregação linear, tendo a seguinte forma:

$$F=\left(\sum_{i=1}^{n} w_i\left(\frac{(best_i-f_i)}{(best_i-\bar{f}_i)}\right)^2\right)^{1/2}$$

, onde $best_i$ representa a avaliação do melhor cromossomo da população corrente, f_i representa a avaliação da componente i, $\bar{f}_i$ representa a média das avaliações das componentes i e w é um peso que é adaptado progressivamente no decorrer do algoritmo.

Os pesos têm que ser atualizados de acordo com a seguinte fórmula, que tem inspiração no algoritmo de backpropagation:

$$w_{i,t+1}=k_1\alpha w_{i,t}+k_2(1-\alpha)e_{i,t}$$

Nesta fórmula, $e_{i,t}$ representa o erro cometido pela avaliação corrente, dado um objetivo preestabelecido pelo usuário e os pesos k_1 e k_2 são atualizados conforme o somatório dos erros e dos pesos.

O GA em si é bastante tradicional, usando um cromossomo que representa lista de tarefas. Como as tarefas a realizar são fixas, podem ser usadas as técnicas de cromossomos baseados em ordem, explicadas em detalhes no capítulo 10. Esse trabalho usa também operadores com percentagens variáveis e avaliação com normalização linear, além de usar um módulo de população baseado em *steady state* sem duplicatas. Os resultados obtidos conseguiram obter um valor próximo de zero de demanda não atendida ao mesmo tempo em que diminuíam de forma significativa os estoques médios mantidos.

Capítulo 17

Conclusões

Ao terminar este livro, apesar de todas as objeções colocadas durante o seu desenrolar, você pode ter ficado com a impressão de que os algoritmos genéticos são uma ferramenta para atacar todo e qualquer problema de maximização que surgir pela frente, especialmente depois de ler o capítulo 16, que fala das aplicações nas mais variadas áreas de conhecimento. Afinal, nada mais díspar do que biologia e engenharia elétrica. Se os GAs servem para ambas, por que não serviriam para qualquer problema imaginável? Entretanto, esta aplicabilidade universal dos GAs não é verdadeira.

Algoritmos genéticos são uma interessante ferramenta para efetuar buscas em espaços praticamente infinitos, mas sua aplicabilidade é limitada basicamente a este tipo de problema. GAs não são uma técnica que revolucionará toda a ciência da computação. Os praticantes de uma área gostam, de uma forma geral, de promovê-la anunciando que ela seria a solução milagrosa para todos os problemas computacionais existentes, mas uma análise cuidadosa de qualquer área desmente tal *hype*.

É importante entender que existem várias classes de problemas com uma solução natural, que não pode ser batida por nenhuma técnica. Por exemplo, problemas de minimização de funções quadráticas devem ser atacados com o método de Newton, que é capaz de resolvê-los em uma única iteração.

Entretanto, podemos afirmar que, como ferramenta de busca, os GAs se mostram extremamente eficientes, encontrando boas soluções para problemas que talvez não fossem solúveis de outra forma, além de serem extremamente simples de implementar e modificar. O custo de pessoal para implementação de um GA é quase mínimo, pois GA é uma técnica que só necessita de tempo de processamento para obter resultados, sendo os programas quase rudimentares em sua essência. Existe um "senão" escondido nesta afirmação, que pode ser resumido em um trecho extraído de "*How to solve it*", de Z. Michalewicz e D. B. Fogel:

"*Ao invés de devotar o tempo necessário e o pensamento crítico necessário para entender um problema e para ajustar nossa representação dos seus requisitos, nós ficamos complacentes e simplesmente buscamos a sub-rotina mais conveniente, uma pílula mágica para curar nossas doenças*".

Esta afirmação procura dizer que a abordagem de simplesmente pegar um GA padronizado e executá-lo até o computador cansar ou até que um bom resultado seja obtido não é a melhor possível. Muitos praticantes da área têm o hábito de simplesmente pegar um GA com representação binária, com operadores competitivos e probabilidade de 80% para o *crossover*, taxa de mutação de 1% e população de 100 indivíduos, para tentar aplicá-lo ao problema que eles estão enfrentando neste momento. Será que isto parece uma solução razoável? Espero que você tenha respondido "não" para esta pergunta.

A verdade é que, como Michalewicz e Fogel apontam e como o teorema da inexistência do almoço grátis categoricamente afirma, dois métodos não informados terão, em média, o mesmo desempenho ao longo de uma grande série de problemas. Você pode até ter sorte na resolução de um problema específico, mas sorte não é um bom substituto para a competência e o estudo cuidadoso.

Este resultado não deve deprimi-lo nem fazê-lo dizer que qualquer ferramenta é igual. Ao contrário, ele deve fazê-lo ficar feliz por poder optar pelo uso de algoritmos genéticos para a resolução de problemas. Afinal, os GAs permitem que informações sobre o problema sejam embutidas dentro da representação (proibindo soluções que desrespeitem restrições do problema), dentro da função de avaliação (recompensando aquelas soluções que estão mais próximas de resolver o problema) e até mesmo dentro dos operadores genéticos. Isto quer dizer que pode-se esperar que os GAs tenham um desempenho superior aos algoritmos não informados em vários problemas difíceis que temos que enfrentar.

A palavra mágica neste caso é *informação*. Isto é, antes de tentar resolver um problema, você deve entendê-lo profundamente. Assim, você poderá escolher a ferramenta correta. Se porventura esta ferramenta for um algoritmo genético, a sua compreensão do problema permitirá que você faça escolhas inteligentes de representação, função de avaliação e operadores genéticos, de forma que o desempenho de seu GA seja maximizado.

Outro ponto que é importante manter em mente permanentemente é que os GAs, apesar do seu nome enganador, são heurísticas, e não algoritmos, e que não oferecem nenhum tipo de garantia de desempenho, além de serem dependentes de fatores estocásticos (inerentemente incontroláveis e dificilmente reprodutíveis) e de vários parâmetros diferentes que devem ser ajustados da forma mais perfeita possível para que o resultado final seja o mais próximo do ótimo.

Tudo isto faz com que cheguemos à conclusão de que um GA não deve ser, necessariamente, a primeira ferramenta na sua mente. No Apêndice B deste livro são descritas várias técnicas tradicionais de resolução de problemas que podem ser aplicadas em várias situações. Considere-as primeiro e, somente se elas se mostrarem incapazes de resolver o seu problema a contento, parta para um algoritmo genético.

Pense sempre que uma pessoa que tem uma grande caixa de ferramentas é capaz de resolver mais problemas, e cada um deles de forma mais eficiente, do que uma pessoa que só tem um martelo ou uma chave de fenda. Mantenha a sua caixa de ferramentas sempre cheia!

Lembre-se do teorema NFL que discutimos na seção 3.5: nenhuma técnica isoladamente obterá os melhores resultados possíveis para todos os problemas existentes. Assim, é indicado que você estude o problema que está enfrentando de forma cuidadosa antes de escolher a ferramenta mais indicada. Espero que este livro tenha sido adequado para que você possa aprender as principais forças do GA para poder decidir pela sua aplicação, quando apropriado.

Para que você nunca esqueça disto, lembre-se da seguinte afirmação de (Wolpert, 1995):

"Intuitivamente, pode-se esperar que para estes algoritmos [genéticos e de resfriamento simulado] funcionarem corretamente, a maneira como eles buscam melhorar a população (isto é, como eles percorrem o espaço de busca), deve casar com as características implícitas na função de custo sendo otimizada. Entretanto, na maioria das vezes em que estes algoritmos são aplicados, isto é feito sem nenhuma preocupação

com as particularidades da função de custo que deve ser tratada. Este tipo de "fé cega" em um determinado algoritmo raramente é justificada."

O que Wolpert quer dizer é que não se deve pegar um GA (ou qualquer outro algoritmo) da prateleira e começar a usá-lo sem analisar o problema cuidadosamente. É quase garantido que você obterá um resultado bem aquém do possível para o problema em questão. Pouco pensamento e muita programação raramente conduzem a bons resultados!

É importante ressaltar, também, que as justificativas teóricas para os algoritmos genéticos ainda não são completas nem totalmente aceitas. O teorema dos esquemas é interessante e outras abordagens matemáticas e estatísticas têm mostrado resultados promissores, mas nada consegue descrever totalmente o comportamento de um GA.

Este item pode parecer totalmente acadêmico, mas não é. Avanços teóricos ajudam a entender melhor um processo e ajustá-lo para melhor resolver problemas. Com avanços teóricos ficaria mais fácil, por exemplo, entender como os diversos parâmetros de um GA interagem e como eles afetam o desempenho global do algoritmo.

Por último, mas não menos importante, devemos enfatizar que não há motivo nenhum para pararmos de aprender com a natureza. Os GAs atuais funcionam (muito bem), mas provavelmente a inclusão de técnicas já usadas na natureza podem melhorar bastante o desempenho destes algoritmos. Descreveremos a seguir alguns campos que podem ser bastante promissores, alguns dos quais foram retirados de Mitchell (1996), mas que mais de quinze anos depois ainda são atuais:

- Incorporar interações ecológicas: existem comportamentos na natureza que são cooperativos ou competitivos que fazem com que o ambiente tenha um sucesso maior (relação predador-presa, por exemplo) ou que duas determinadas espécies maximizem seus resultados (relação tubarão-rêmora, por exemplo). Incorporar estes mecanismos poderia permitir que fossem obtidas soluções mais bem sucedidas do que soluções obtidas com uma única espécie isolada, como é o caso dos algoritmos genéticos padrões usados atualmente;
- Incorporar interações sociais: a grande maioria das sociedades animais incorporam regras de comportamento onde existem castas

e/ou lideranças que buscam maximizar a sobrevivência do grupo, melhorar a qualidade da prole gerada ou simplesmente otimizar a relação da espécie com o meio ambiente. Estas regras não descartam, geralmente, indivíduos mais fracos, a não ser que eles sejam um percalço para o grupo como um todo. Este tipo de organização social poderia ser incorporado aos algoritmos genéticos, substituindo os módulos de população triviais que são usados hoje em dia, de forma a verificar se o desempenho global dos algoritmos melhoraria;

- Incorporar novas ideias da genética: os algoritmos genéticos usam apenas os conceitos de *crossover* haplóide e mutação aleatória. Entretanto, existem muitos outros mecanismos genéticos que podem ser explorados. Entre eles, a questão dos introns, transposons, genes diplóides, com dominância e codominância, diferenciação sexual, e outros mecanismos, que o leitor interessado pode encontrar em Alberts (2007). A natureza explorou todos eles. Por que os pesquisadores de algoritmos genéticos também não podem fazê-lo?

- Buscar novas técnicas de codificação: a técnica de codificação deve ser o mais naturalmente próxima do problema. Não cometa o erro, muito comum na literatura, de sempre pensar em uma codificação binária e ver como adaptá-la para o problema em questão. É mais importante ser capaz de representar naturalmente todas as condições inerentes ao seu problema do que usar uma estrutura pré-aprovada por livros e/ou artigos.

- Hibridizar com técnicas já existentes: existem várias técnicas de otimização local ou global já estabelecidas que poderiam colaborar com os algoritmos genéticos de forma a buscar melhores resultados para o problema em questão. Por exemplo, técnicas locais de otimização numérica, como o método de Newton, podem servir como operadores de mutação, fazendo rapidamente uma otimização local que poderia ser incorporada à população. De uma forma geral, cada método tem forças que podem ser exploradas e combinadas com os pontos fortes de um algoritmo genético, de forma a conseguir uma sinergia entre as duas ferramentas e, por conseguinte, obter uma solução melhor para o problema que está sendo atacado.

Todos estes tópicos, e muitos outros mais, são parte da mentalidade citada antes de manter a sua caixa de ferramentas o mais cheia possível. Não pense como você pode fazer para forçar um quadrado de forma a tapar seu buraco redondo. Procure um círculo e você provavelmente terá muito mais sucesso.

Eu imagino que muitos de vocês talvez tenham saído com mais perguntas do que respostas. Isto me lembra de um quadrinho da série "*Piled Higher and Deeper*" (http://www.phdcomics.com) em que se provava que o doutorado fazia as pessoas ficarem mais ignorantes.

A prova era dada com dois gráficos de torta: o primeiro, mostrava o que as pessoas acham que sabem antes do doutorado (cerca de 50% do gráfico) e o que não sabem (o resto do gráfico). O segundo, mostrava o conhecimento depois do doutorado: 1% era o que elas sabiam, 49% o que elas tinham certeza que existia, mas elas não sabiam e o resto o conhecimento cuja existência elas desconheciam (50%). Moral da história: o doutorado fez com que as pessoas desaprendessem o que sabiam!!!

Apesar disto ser piada, não deixa de ser verdadeiro. Quanto mais informação temos sobre algo, mais percebemos sua complexidade inerente e as dificuldades associadas ao seu uso e compreensão e com os algoritmos genéticos não são diferentes.

Eu imagino que vocês gostariam de mais respostas e menos perguntas e discussões, mas isto é difícil em um campo tão novo e que se baseia fortemente em conhecimento heurístico.

Finalmente, podemos afirmar que existem várias áreas em aberto dentro da pesquisa, tanto teórica quanto aplicada, dos algoritmos genéticos. Espero que elas tenham ficado claras o suficiente. Busquem aquela que mais lhes interessa e tenham sucesso! Todos se beneficiarão com ele.

Capítulo 18

Exercícios Adicionais

Muitas vezes, o fato de um exercício estar no fim de um capítulo faz com que sua solução seja mais fácil para o leitor, pois ele pressupõe (na maioria das vezes corretamente) que os exercícios foram projetados para que os conceitos do capítulo sejam mais facilmente compreendidos. Assim, nenhum raciocínio maior é necessário, posto que o leitor já sabe imediatamente quais conceitos aplicar para resolver os problemas propostos.

Para evitar isso, são propostos agora uma série de exercícios genéricos, que não estão ordenados por capítulo, nem por qualquer outro princípio lógico que você possa imaginar. O objetivo destes exercícios adicionais é verificar se você conseguiu entender bem todos os conceitos propostos neste livro, e propiciar a você, querido leitor, várias horas de grande divertimento.

18.1. Seja um algoritmo genético para maximizar a função f(x)=1+x. Imagine que codificamos as soluções com sequências de 6 *bits* representando x. Seja uma geração contendo os indivíduos 001100, 100100, 100100 e 100111.

a) Calcule a avaliação e monte a roleta viciada para estes indivíduos.

b) Determine os indivíduos selecionados se a roleta sortear os números 13, 25, 40 e 72.

c) Determine os filhos gerados pelos pais selecionados se usarmos *crossover* de três pontos e os pontos de corte selecionados para cada uma das reproduções forem respectivamente (1,4,5) e (2,5,5).

d) Determine os filhos gerados pelos pais selecionados no item b) se usarmos *crossover* uniforme e as *strings* de seleção forem respectivamente 101010 e 110000.

18.2. Determine as chances do indivíduo 001100 ser escolhido, dentre todos os indivíduos da população do exercício 18.1, para reproduzir se usarmos o método da roleta viciada, o método do torneio com 2 e 3 indivíduos e o método da amostragem estocástica uniforme.

18.3. Um problema importante na computação é o problema da satisfabilidade *booleana* (SAT). O objetivo deste problema é verificar se é possível que uma determinada expressão *booleana* assuma valor verdadeiro. Por exemplo, sejam as seguintes expressões:

- $x_1 \vee x_2$ → é satisfatível, desde que uma das variáveis assuma valor verdadeiro.
- $x_1 \wedge x_2 \wedge \overline{x}_1$ → não é satisfatível, pois quando a primeira variável assumir valor verdadeiro, sua negação assumirá valor falso e vice-versa, o que faz com que a conjunção sempre assuma valor falso.

O problema é muito fácil, e com poucas variáveis podemos montar uma tabela verdade e verificar se alguma linha resulta em um valor verdadeiro para a expressão. O problema é quando o número de variáveis cresce muito. Imagine que a expressão *booleana* envolve 100 variáveis. O número de linhas da tabela verdade (o espaço de busca) é igual a $2^{100} \approx 10^{30}$, o que é grande demais para um problema de busca exaustiva.

Sabendo disto, e da importância deste problema, projete um algoritmo genético para resolvê-lo. Escolha a representação mais adequada, a função de avaliação que será usada, os operadores genéticos e os critérios de parada.

18.4. É possível, usando um *crossover* de 3 pontos, gerar os mesmos filhos gerados por um *crossover* de 2 pontos? Isto pode ser generalizado para todos os *crossovers* de k pontos e de j pontos, onde k>j?

18.5. Qual é a vantagem de se usarem operadores genéticos com probabilidades variáveis? É garantido que seu algoritmo genético terá um desempenho inferior se você usar operadores com probabilidades fixas?

18.6. Ao fim da execução, queremos mais mutação, mas que ela mude menos os indivíduos. Por quê? Estes não são objetivos mutuamente excludentes? Será que não seria interessante mudar bastante os indivíduos neste momento para que tenhamos mais uma componente fortemente exploratória em nossa execução?

18.7. O problema das oito rainhas é um problema clássico da área de inteligência artificial que consiste em tentar colocar as oito rainhas em um tabuleiro de xadrez de tal forma que nenhuma delas ataque a qualquer outra. Lembre-se de que uma rainha pode mover-se em qualquer direção por qualquer número de casas. Imagine que você deseje resolver o problema das oito rainhas usando um GA, explique a representação cromossomial, os operadores e a função de avaliação que você usaria.

18.8. Imagine que queremos usar um cromossomo binário para otimizar dois parâmetros reais, o primeiro deles no intervalo [0,1] e o segundo no intervalo [-100,0], ambos com precisão de 0,01. Quantos *bits* precisamos usar no nosso cromossomo?

18.9. Modifique os operadores de *crossover* descritos no capítulo 6 para gerar dois filhos em vez de apenas um, como descrito.

18.10. Mostre a representação em formato de árvore da expressão $2+3*5^2$.

18.11. Mostre a reprodução entre a expressão do exercício anterior e a árvore dada por 1-4*6/(5-8) se os pontos de corte forem dados pelos operadores de multiplicação.

18.12. Explique quais seriam os esquemas fundamentais da representação baseada em ordem e da representação numérica. Eles têm alguma similaridade com os esquemas da representação binária?

18.13. Imagine que você tem um projeto de pesquisa que busca descobrir o valor ótimo de l para um *crossover* aritmético. Para tanto, você decide usar um GA para otimizar o seu GA (poderíamos chamá-lo de meta-GA, talvez). Explique a sua representação, a função de avaliação e os operadores adotados.

18.14. A programação genética pode ser hibridizada com as estratégias evolucionárias?

18.15. Reproduza o exemplo da seção 4.8 usando cromossomos de representação numérica, operador de *crossover* simples e operador de mutação real. Implemente as duas versões do algoritmo genético e verifique qual das duas oferece um melhor resultado. Você acredita que o "vencedor" desta pequena competição sempre se repetirá? Mude a função de avaliação para qualquer outra função não linear que você conhece e verifique se o "vencedor" se repete.

18.16. Explique por que não é recomendado aumentar o tamanho da população de um GA de forma indefinida.

18.17. O elitismo necessariamente melhora o desempenho de um GA. Verdadeiro ou falso? Justifique.

18.18. Calcule a probabilidade do *crossover* de dois pontos e o *crossover* uniforme fazerem uma reprodução que poderia ser feita pelo *crossover* de um ponto. É interessante para o desempenho de nosso algoritmo genético que este tipo de situação (um operador acabar desempenhando a função de um operador mais simples) ocorra?

18.19. Use um esquema similar ao baseado em ordem para resolver o problema da mochila. Atente para o fato de que os cromossomos armazenam uma lista possivelmente parcial de elementos e que nem todos os cromossomos têm o mesmo tamanho. Como seriam os operadores de crossover e mutação que poderíamos usar para resolver este problema?

18.20. Implemente um GA que resolva a equação:

$$\begin{cases} x^2 + y\sqrt{x} - z = 0 \\ xyz = 1 \\ x^2yz^2 = 2 \end{cases}$$

Sujeita às restrições:

$$\begin{cases} x \in [-10,10] \\ y > 0 \\ |x| > |z| \\ y - z > 0 \end{cases}$$

Referências Bibliográficas

ALBERTS, B., JOHNSON, A., LEWIS, J., *et al.*, 2007, "*Molecular Biology of the Cell*", 5ª. Edição, Garland Publishing, Boston, EUA.

ALTENBERG, L., 1995, "The Schema Theorem and Price's Theorem", In *Foundations of Genetic Algorithms 3*, Darrell Whitley and Michael Vose (editors), pág. 23-49, Ed. Morgan Kaufmann, San Francisco, EUA.

ALSABTI, K. RANKA, S.; SINGH, V., 1998, "An Efficient K-Means Clustering Algorithm", Proceedings of the 11th International Parallel Processing Symposium","IEEE Computer Society Press", EUA

ARABAS, J., MICHALEWICZ, Z.; MULAWA, J., 1994, "GAVaPS: A Genetic Algorithm with Varying Population Size", in Proceedings of the First IEEE Conference on Evolutionary Computation, v. 1, pág. 73-78.

ARNONE, M.I., DAVIDSON, E.H., 1997, "The hardwiring of development: organization and function of genomic regulatory systems", *Development* v. 124, n. 10 (May), pp. 1851-1864.

ARROYO, J. M.; CONEJO, A. J., 2002, "A Parallel Repair Genetic Algorithm to Solve the Unit Commitment Problem", IEEE Transactions On Power Systems, v. 17, n. 4, pág 1216-1224, IEEE Press, EUA.

BEASLEY, D., BULL, D. R., MARTIN, R. R., 1993, "An Overview of Genetic Algorithms: part 1 – Fundamentals", University Computing, v. 15, n. 2, pág. 58-69, Inter-University Comitee of Computing, Cardiff, País de Gales.

BLICKLE, T.; THIELE, L., 1997, "A comparison of selection schemes used in evolutionary algorithms", Relatório Técnico, ETH Zurich, Suíca.

BODENHOFER, U., 2003, "Genetic Algorithms – Theory and applications", Fuzzy Logic Laboratory at the Linz-Hagenberg University, Alemanha.

BOONE, G.; CHIANG, H. – "Optimal capacitor placement in distribuition systems by genetic algorithm" in "Electrical Power and energy systems", vol 15, no. 3, 1993.

BORATTI, I. C., 2007, "Programação Orientada a Objetos em Java", Ed. Visual Books, São Paulo, Brasil

BRAUER, M. J.; HOLDER, M. T.; DRIES, L. T., *et al.*, 2002, "Genetic Algorithms and Parallel Processing in Maximum-Likelihood Phylogeny Inference", *Mol. Biol. Evol. vol.* 19, n 10, pág. 1717–1726, Society for Oxford Press, Grã-Bretanha.

CARVALHO, A. C. P. L. F.; BRAGA, A. P.; LUDERMIR, T. B., 2003, "Computação Evolutiva", In: Rezende, S. O. (coord), "*Sistemas Inteligentes – Fundamentos e Aplicações*", 1ª. Edição, capítulo 9, São Paulo, Brasil, Ed. Manole.

CARVALHO, A. C. P. L. F.; BRAGA, A. P.; LUDERMIR, T. B., 2007, "Redes Neurais Artificiais", 2ª. Edição, São Paulo, Brasil, Ed. LTC.

CESAR, R.M. Jr., 2005, "A estrutura da molécula de DNA", home page no endereço dado por http://www.ime.usp.br/~cesar/projects/lowtech/setemaiores/dna.htm

CHIABERGE, M., MERELO, J. J., REYNERI, L. M. *et al,* 1994, "A Comparison of Neural Networks, Linear Controllers, Genetic Algorithms and Simulated Annealing for Real Time Control", Electronic Proceedings of the 2nd European Symposium on Artificial Neural Networks, Bruxelas, Bélgica.

COLORNI A.; DORIGO, M.; MANIEZZO, V.; 1990, "**Genetic Algorithms And Highly Constrained Problems: The Time-Table Case",** *Proceedings of the First International Workshop on Parallel Problem Solving from Nature*, H.-P.Schwefel and R.Männer (Eds.), Lecture Notes in Computer Science 496, pp. 55-59, Springer-Verlag Ed., Dortmund, Alemanha.

CONGDON, C. B. ; SEPTOR, K. J.; 2003, "Phylogenetic Trees Using Evolutionary Search: Initial Progress in Extending Gaphyl to Work with Genetic Data", Congress on Evolutionary Computation (CEC-2003), Canberra, Austrália.

CORMEN, T. H., LEISERSON, C. E., *et al.*, " Algoritmos – Teoria e Prática", 2ª Edição, Ed. Campus, Rio de Janeiro, 2002.

COTTA, C. , MOSCATO, P., 2002, "Inferring Phylogenetic Trees Using Evolutionary Algorithms ", in *Parallel Problem Solving From Nature VII*, J.J. Merelo *et al.* (eds.), Lecture Notes in Computer Science 2439, pág. 720-729, Springer-Verlag Berlim, Alemanha.

DAVIS, L., 1991, "Handbook of genectic algorithms", Van Reinhold Nostrand, EUA.

DARWIN, C., 2004, "A origem das espécies", Ed. Martin Claret, São Paulo, Brasil.

DASGUPTA, D.; McGREGOR, D. R., 1993, "Short Term Unit Commitment Using Genetic Algorithms", Relatório Técnico no. IKBS-16-93, Universidade de StrathClyde, Glasgow, Escócia.

DE ALMEIDA, M.R., HAMACHER, S., PACHECO, M.A.C., VELLASCO, M.B.R., 2001. "The energy minimization method: a multiobjective fitness evaluation technique and its application to the production scheduling in a petroleum refinery". Proc. of the 2001 Congress on Evolutionary Computation, vol. 1, pp. 560– 567. Seoul, Korea.

DEB, K.; AGRAWAL, S., 1998, "Understanding Interaction Among Genetic Algorithm Parameters", In Banzhaf, W.; Reeves, C. Foundations of Genetic Algorithms 5, pág. 265-286, Morgan Kaufmann Pub., São Francisco, EUA.

DIMEO, R. M.; LEE, K. Y., 1994, "Genetics based control of a mimo boiler-turbine plant", Proceedings of the 33rd Conference on Decision and Control, EUA.

DORIGO, M.; MANIEZZO, V., 1992, "Parallel Genetic Algoriths: Introduction and Overview of Current Research", Paralle Genetic Algorithms: Theory and Applications. IOS Press, Amsterdã, Holanda

EIBEN, A. E.; MARCHIORI, E.; VALKO, V.A.; 2004 "Evolutionary Algorithms with on-the-fly pop size adjustment". *In proceedings of Parallel Problem Solving from Nature 2004 (PPSN 2004)*., X.Yao et al. editors, Springer, volume 3242 of *LNCS* pp.41-50, Birmingham, Grã-Bretanha.

EIBEN, A. E.; SMITH, J. E., 2003, "Introduction to Evolutionary Computing", 1a. Edição, Springer Verlag Publishers, Berlim, Alemanha.

EVSUKOFF, A. G.; ALMEIDA P. E. M., 2003, "Sistemas Fuzzy", In: Rezende, S. O. (coord), "*Sistemas Inteligentes – Fundamentos e Aplicações*", 1ª. Edição, capítulo 7, São Paulo, Brasil, Ed. Manole.

EWENS, W. J., GRANT, G. R., 2004, Statistical Methods in Bioinformatics, Springer Verlag. Nova Iorque, EUA.

FAHLMAN, S. E., 1988, "An empirical study of learning speed in Back-propagation networks", Computer Science Technical Report, Carnegie-Mellon University, EUA.

FERNANDES, A. M. R., 2003, "Inteligência Artificial – noções gerais", Editora Visual Books, Florianópolis, Brasil.

FERNANDES, C., TAVARES, R., ROSA, A., 2000, "NiGAVaPS – Outbreeding in Genetic Algorithms", Proc. 2000 ACM Symposium on Applied Computing (ACM SAC'2000), pp 477-482. Como, Itália.

FOGEL, G.; CORNE, D. B., 2003, "Evolutionary Computation in Bioinformatics", Morgan Kauffman Ed., EUA.

FONSECA, C. M.; FLEMING, P. J., 1995, "Multiobjective optimization and Multiple Constrain Handling with Evolutionary Algorithms I: A Unified Formulation", Relatório Técnico 564, Universidade de Sheffield, Inglaterra.

FRANCO, N. M. N., 2007, "Calculo Numérico", Ed. Prentice-Hall, São Paulo, Brasil

GALLEGO, R. A.; MONTICELLI, A.; ROMERO, R., 1998, "Comparative Studies On Non-Convex Optimization Methods For Transmission Network Expansion Planning", IEEE Transactions on Power Systems, v. 13, n. 3, pág. 822-828, EUA.

GILL, P. E.; MURRAY, W., WRIGHT, M. H., 1981, "Practical Optimization", 1a. Edição, Academic Press Ltd., Califórnia, EUA.

GOLDBERG, D. E., 1989, "Genetic algorithms in search, optimization and machine learning", Addison Wesley Publishing Co. , EUA.

GOLDBERG, D.E., 1990, "Real-coded genetic algorithms, virtual alphabets, and blocking," Illinois Genetic Algorithms Laboratory, Dept. of General Engineering, IlliGAL Report 90001, Illinois, EUA.

GOODRICH, M. T.; TAMASSAIA, R., 2010, "Data Structures and Algorithms in Java", 5ª. Edição, John Wiley & Sons, Inc., Nova Iórque, EUA.

GOTTLIEB, J.; JULSTROM, B. A.; ROTHLAUF, F.; RAIDL, G. R., 2001,."Prüfer numbers: A poor representation of spanning trees for evolutionary search". In L. Spector et al., editors, *Proceedings of the 2001 Genetic and Evolutionary Computation Conference*, pp 343-350. Morgan Kaufmann Ed., EUA.

GOULD, S. J., 1977 "Evolution's erratic pace" *Natural History* 86, pág. 12-16, Nova Iórque, EUA.

GUPTA, M., YAMAKAWA, T., 1991, *Fuzzy Logic in Knowledge Based Systems, Decision and Control*, 1ª. Edição, Amsterdã, Holanda, Elsevier Science Publishers B. V.

HAN, K-H.; KIM, J-H., 2002, "Quantum-Inspired Evolutionary Algorithm for a Class of Combinatorial Optimization", IEEE Transactions on Evolutionary Computation, v. 6, n. 6, pp. 580-594, IEEE Press, EUA

HARDING, T. J.; RADCLIFFE, N. J.; KING, P. R., 1996, "Optimisation of Production Strategies using Stochastic Search Methods", apresentando na European 3-D Reservoir Modelling Conference, Society of Petroleum Engineers, Stavanger, Noruega

HART, W. E., 1994, Adaptive Global Optimization with Local Search, Dissertação de Doutorado, Universidade da Califórnia em San Diego, EUA

HEITKOTTER, J. – "The Hitch-Hiker's guide to evolutionary computation" – FAQ in comp.ai.genetic

HELLMAN, H., 1999, "Grandes Debates da Ciência: 10 Maiores Contendas de Todos os Tempos", Ed. UNESP, São Paulo, Brasil.

HERRERA, F.; LOZANO, M.; VERDEGAY, J. L., 1998, "Tackling Real-Coded Genetic Algorithms – Operators and Tools for Behavioural Analysis", Artificial Intelligence Review 12 (1998) pág. 265-319, Kluwer Academic Publishers, Amsterdã, Holanda.

HINTERDING, R.; MICHALEWICZ, Z.; EIBEN, A. E., 1997, "Adaptation in Evolutionary Computation: A Survey", IEEE Transations on Evolutionary Computation, v. 3, n. 2, pág. 124-141, IEE Press, EUA.

HONG, Y. Y., HO, S. Y., 2005, "Determination of Network Configuration Considering Multiobjective in Distribution Systems Using Genetic Algorithms", Ieee Transactions On Power Systems, v. 20, n. 2, pág. 1062-1069, EUA.

HORSTMANN, C. S.; CORNELL, G., 2007, "Core Java 2 – Volume I – Fundamentals", 8ª Edição, Ed. Prentice Hall, Nova Iórque, EUA.

IORIO, A.; LI, X, 2002, "Parameter Control within a Co-Operative Co-evolutionary Genetic Algorithm", In: Merelo Guervs, J.J., Adamidis, P., et al. (eds.): Proc. of Parallel Problem Solving From Nature VII (PPSN'02). Lecture Notes in Computer Science, Vol 2439, pág. 247-256. Springer-Verlag Ed., Berlim, Alemanha.

KANOH, H.; SAKAMOTO, Y., 2004, "Interactive Timetabling System Using Knowledge-Based Genetic Algorithms", : IEEE International Conference on Systems, Man and Cybernetics, 2004, vol. 6, pp 5852-5857, EUA

KANUNGO, T.; MOUNT, D. M., NETANYAHU, N. S.; et al., 2002, "An Efficient k-Means Clustering Algorithm: Analysis and Implementation" IEEE Transactions on Pattern Analysis and Machine Intelligence archive, v 24 , n 7, pp 881 - 892, EUA

KARR, C., 1991, "Applying genetics to fuzzy logic" – AI Expert, março, EUA.

KITAGAWA, J.; IBA, H., 2003, "Identifying Metabolic Pathways and Gene Regulation Networks with Evolutionary Algorithms", in Fogel, G. B.; Corne, D. W., *Evolutionary Computation in Bioinformatics*, Morgan Kauffman Publishers, pág. 255- 278, São Francisco, EUA.

KOZA, J., KEANE, M. A., STREETER, M. J. *et al.*, 2003, "Genetic Programming IV: Routine Human-Competitive Machine Intelligence", Kluwer Academic Publishers, Hingham, EUA.

KRASNOGOR, N.; GUSTAFSON, S., 2002, "Toward Truly Memetic Memetic Algorithms: discussions and proof of concept ", *Advances in Nature-Inspired Computation: The PPSN VII Workshops. PEDAL (Parallel Emergent and Distributed Architectures Lab). University of Reading.*

KURZWEIL, R., 2006, "The Singularity Is Near: When Humans Transcend Biology", Penguin Group Publisher, EUA.

LEE, B.; YEN, J., YAN, L. *et al.*, 1999, "Incorporating qualitative knowledge in Enzyme kinetic models using fuzzy logic", *Biotechnol Bioeng.* v. 62, n. 6 (Mar.), pp. 722-729. Wiley Interscience, Grã-Bretanha.

LEVITIN, G.; KALYUZHNY, A.; SHENKMAN, A.; CHERTKOV, M., 2000, "Optimal Capacitor Allocation in Distribution Systems Using a Genetic Algorithm and a Fast Energy Loss Computation Technique", IEEE Transactions On Power Delivery, v. 15, n. 2, pág.. 623-629, IEEE Press.

LINDEN, R., 1996, "Operador de mutação dirigida" – Simpósio Brasileiro de Inteligência Artificial (SBIA'96) – Curitiba, Brasil.

LINDEN, R., 2005, "Um Algoritmo Híbrido Para Extração De Conhecimento Em Bioinformática", Tese de Doutorado, COPPE-UFRJ, Rio de Janeiro, Brasil.

LUGER, G. F., 2002, "Inteligência Artificial: Estruturas e Estratégias para a Resolução de Problemas Complexos", Pearson Education do Brasil, Rio de Janeiro, Brasil.

MACIEL, P. R. M. , LINS, R. D., CUNHA, P. R. F., 1996, "Introdução (às Redes de Petri e Aplicações", XI Escola de Computação, UNICAMP, Campinas, São Paulo, Brasil.

MANTAWY, A. H.; ABDEL-MAGID, Y. L.; SELIM, S. Z., 1999, "Integrating Genetic Algorithms, Tabu Search, And Simulated Annealing For The Unit Commitment Problem", IEEE Transactions on Power Systems, v. 14, n. 3, pág. 829-836, IEEE Press, EUA.

McCLEAVE, J. T.; SINCICH, T., 2000, "A first course in statistics", 7ª Edição, Prentice Hall Ed., Nova Jérsei, EUA.

MICHALEWICZ, Z., FOGEL, D. B., 2010, "How to Solve It: Modern Heuristics", 2ª Edição, Springer-Verlag, Berlim, Alemanha.

MINETTI, G. F.; ALFONSO, H. A., 2005, "Variable Size Population in Parallel Evolutionary Algorithms", Proceedings of the 5th International Conference on Intelligent Systems Design and Applications (ISDA'05) pp. 350-355, Wroclaw, Polônia.

MITCHELL, M., 1996, "An Introduction to Genetic Algorithms", 1ª Edição, MIT Press, Cambridge, EUA.

PALAGI, P. M.; CARVALHO, L. A. V., "Neural networks learning with genetic algorithms", XI European Meeting on Cybernetics and Systems Research, Austria.

PARK, J. B.; PARK, Y. M.; WON, J. R.; LEE, K. Y, 2000, "An Improved Genetic Algorithm for Generation Expansion Planning", Ieee Transactions On Power Systems, v. 15, n. 3, pp 916-922, IEE Press, EUA.

PEDRYCZ, W.; GOMIDE, F., 1998, "An Introduction to Fuzzy Sets – Analysis and Design", 1ª. Edição, Cambridge, EUA, MIT Press.

PEIXOTO, S., 1999, "Sistemática: Introdução Geral e à Cladística", home page no endereço dado por http://www.zoo1.ufba.br/sistematica.htm

PETROVIC, S.; FAYAD, C.; 2005, "A Genetic Algorithm for Job shop Scheduling with Load Balancing," in: S.Zhang, R.Jarvis (Eds.), 18th Australian Joint Conference on Artificial Intelligence, Sydney, Lecture Notes in Artificial Intelligence 3809, pp. 339-348, Springer-Verlag Ed., Australia.

PRICE, A. M. A.; TOSCANI, S. S., 2008, "Implementação de Linguagens de Programação: Compiladores", 3ª. Edição, Ed. Bookman, Porto Alegre, Brasil.

RAGHUWANSHI, M.M.; KAKDE, O.G., 2005 , "Multiobjective Evolutionary and real coded Genetic algorithms: A Survey", Proceedings of the 7th International Conference on Adaptative and Natural Computing Algorithms, Coimbra, Portugal.

RAO, H. S., BABU, B.R., 2006, "Genetic Algorithm Based Neural Network Model For The Design Of Two-Way Slabs", Trabalho Submetido, Electronic Journal of Information Technology in Construction, Estados Unidos.

RECHENBERG I., "Evolutionsstrategie: Optimierung technischer systeme nach prinzipien der biologischen evolution", Frommann-Holzboog Verlag, Alemanha, 1973.

REZENDE, S. O., 2002, "Sistemas Inteligentes", 1ª. Edição, Ed. Manole, Rio de Janeiro, Brasil.

RIEDMILLER, M., 1994, "Rprop – Description and Implementation details", Relatório Técnico, Institut für Logik, Komplexität und Deduktionssysteme, Universidade de Karlsruhe, Alemanha.

ROSSI-DORIA, O.; PAECHTER, B., 2004, "A memetic algorithm for University Course Timetabling", Relatório Técnico, School of Computing, Napier University, Edimburgo, Escócia.

RUMELHART, D. E.; HINTON, G. E; WILLIAMS, R. J., 1986, "Learning internal representations by error backpropagation". in D. E. Rumelhart, J. L. McClelland, and the PDP Research Group, editors, Parallel Distributed Processing: Explorations in the Microstructure of Cognition, volume 1, pages 318—362. MIT Press, Boston, EUA.

RUSSEL, S. J.; NORVIG, P., "Inteligência Artificial", 2ª edição, Elsevier Editora, Rio de Janeiro, 2004.

SAKAMOTO, E.; IBA, H., 2000, "Inferring a system of differential equations for a gene regulatory network using genetic programming", Proceedings of the IEEE Congress on Evolutionary Computations, IEEE Service Center, Piscataway, EUA.

SALTER, L. A., 2000 , "Algorithms for Phylogenetic Tree Reconstruction", Universidade do Novo México. Novo México, EUA.

SCHRAGER, J; LANGLEY, P., POHORILLER, 2002, "Guiding revision of regulatory models with expression data", In: *Proceedings of the Pacific Symposium on Biocomputing (PSB'02)*, pp. 486-497, Havaí, EUA.

SEBESTA, R. W., 2003, "Conceitos de Linguagens de Programação", 5ª. Edição, Editora Bookman, São Paulo, Brasil.

SEVERO, C. E. P, 2005, "NetBeans IDE 4.1 para desenvolvedores que utilizam a tecnologia Java", 1ª. Edição, Editora Brasport, Rio de Janeiro, Brasil.

SILVEIRA, S. R., BARONE, D. A. C., "Modelando Comportamento Inteligente com Algoritmos Genéticos", in Barone, D. A. C., "Sociedades Artificiais – A nova fronteira da Inteligência nas Máquinas", 1ª Edição, Ed. Bookman, Porto Alegre, 2003.

SMOLEN, P, BAXTER, D, BYRNE, J. D., 2000, "Modeling Transcriptional Control in Gene Networks—Methods, Recent Results, and Future Directions", *Bulletin of Mathematical Biology* v. 62, n. 2 (Mar), pp. 247–292. Elsevier B.V., Holanda.

STEPHENS, C.; WAELBROECK, H., 1999, "Schemata Evolution and Building Blocks", Evolutionary Computation vol. 7, n. 2, pp. 109-124, Cambridge, EUA.

TOSCANI, L. V., VELOSO, P. A. S., "Complexidade de Algoritmos: análise, projetos e métodos", Ed. Bookman, Porto Alegre, 2009.

VOSE, M. D., 2004, "The Simple Genetic Algorithm", Prentice-Hall of India, Nova Dheli, Índia.

WANG, L., 1994, "Adaptative Fuzzy Systems and Control – Design and Stability Analysis", 1ª Edição, Nova Iórque, EUA, Ed. Prentice-Hall.

WIJNS, C., BOSCHETTI, F., MORESI, L., 2003. "Inverse modelling in geology by interactive evolutionary computation". J. Struct. Geol. v. 25, n. 10, pp 1615–1621, EUA.

WOESE, C. R., 2000, "Interpreting the universal phylogenetic tree", PNAS, v. 97 n. 15 pp. 8392-8396, Washington, EUA.

WOLPERT, D. H.; MACREADY, W. G., 1995, "No Free Lunch Theorems for Search", Relatório Técnico SFI-TR-95-02-010. Santa Fe Institute, Santa Fé, EUA.

YAMADA, T; NAKANO, R; 1997, "Genetic Algorithms for Job-Shop Scheduling Problems", Proceedings of Modern Heuristic for Decision Support, pp. 67-81, Londres, Grã-Bretanha.

YAO, X., 1999. "Evolving Artificial Neural Networks". In *Proc. of the IEEE*, v. 9 n. 87 pág. 1423-1447, Setembro, Estados Unidos.

ZEBULUM, R. S.; PACHECO, M. A. C.; VELLASCO, M. M. B. R., 2002, "Evolutionary Electronics – Automatic Design of Electronic Circuits and Systems By Genetic Algorithms", CRC Press, Florida, EUA.

ZITZER, E., 2003, "A Short Course on Evolutionary Algorithms", Tutorial apresentado no Escola Avançada MPTP 2003, Tomar, Portugal.

Apêndice A
Recursos na Internet

A Internet é um mundo em constante mutação, logo alguns destes sites podem ter saído do ar quando você for acessá-los. O último acesso a eles foi feito em maio/2011, durante a preparação da terceira edição, e todos garantidamente funcionavam. Se você descobrir algum novo site interessante ou que algum dos endereços colocados aqui não são mais corretos, terei prazer em receber suas sugestões.

A.1. Sites

Como quase sempre, quando queremos buscar informações na Internet, podemos começar procurando na Wikipedia. Este projeto mantém uma página interessante sobre algoritmos genéticos em http://en.wikipedia.org/wiki/Genetic_algorithm, no qual existem informações interessantes, links para outros sites com boas informações e para informações complementares sobre conceitos nos quais os GAs se baseiam, além de um link para baixar um livro de programação genética (http://dces.essex.ac.uk/staff/rpoli/gp-field-guide/).

Nenhuma referência a material público sobre algoritmos genéticos poderia estar completa sem mencionar o "Hitchhiker's Guide to Evolutionary Computation", que pode ser obtido no endereço http://www.aip.de/~ast/EvolCompFAQ/ . O guia surgiu inicialmente como um guia para o newsgroup *comp.ai.genetic*, mas que cresceu de forma espantosa (a última versão acessada já tinha 116 páginas). O guia é organizado em forma de perguntas e respostas e sua (falta de) organização reflete o fato de ter múltiplos autores. Entretanto, é muito provável que a resposta para alguma pergunta que você tenha (ou pelo menos uma dica de onde encontrá-la) seja encontrado no guia. Apesar de sua idade (a versão que indico tem dez anos), ainda é muito útil.

Existem vários sites que contêm informações interessantes sobre algoritmos genéticos. Dois que podemos destacar são:

- http://www.obitko.com/tutorials/genetic-algorithms/ → Contém um texto introdutório básico, que vai acrescentar pouco (espero que neste ponto do livro você já tenha dominhado todos os fundamentos dos algoritmos genéticos). Entretanto, possui *applets* que funcionam perfeitamente no Internet Explorer e que lhe permitem visualizar graficamente o desenvolvimento da população de um GA que busca resolver um problema de otimização de uma função multimodal.

- http://www.rennard.org/alife/english/gavintrgb.html → Outro site com um texto básico, mas que contém uma *applet* na qual podemos ver em tempo real a evolução de uma população. No caso deste site, a evolução é de estruturas que são codificadas de forma tradicional, mas que são desenhadas graficamente, dando uma roupagem interessante ao problema. Este site inclusive permite que se faça o *download* do código fonte da *applet*, o que é uma excelente maneira de se aprender um pouco mais sobre GAs.

Como neste livro mencionamos outras áreas da computação evolucionária, você pode ter ficado interessado em uma delas. Como sempre a internet é uma fonte valiosa de recursos, muitas informações podem ser encontradas em:

- http://www.genetic-programming.org → Site organizado pelo "papa" da programação genética, John Koza, que contém muita informação interessante, incluindo um capítulo do livro de Koza (que é mencionado na bibliografia deste livro), teses de doutorado, artigos, tutoriais e outras informações interessantes. A última atualização é de 2007, mas ainda tem muita informação interessante para quem se interessar.
- http://en.wikipedia.org/wiki/Evolution_strategy → no site da Wikipedia você encontra links para muitos recursos interessantes, como artigos na Scholarpedia, links para animações de funcionamento de estratégias evolucionárias e outros.

A.2. Comunicação com a Comunidade

Um dos grandes mecanismos de comunicação com a comunidade de algoritmos genéticos é o EC-Digest (antigo GAList), que é um bom lugar para ver chamadas de congressos, pedir ajuda ou até auxiliar ao próximo (agora que vocês já estão extremamente proficientes na área de algoritmos genéticos). A mudança de nome da lista decorre da alteração de paradigma do conteúdo. Antigamente, nesta lista, só se falava de algoritmos genéticos. Entretanto, hoje ela evoluiu e lá se fala de programação genética, estratégias evolucionárias e todos os temas ligados à computação evolucionária como um todo.

Para se inscrever nesta lista, mande um e-mail sem assunto para o endereço listserv@listserv.gmu.edu com o texto subscribe EC-Digest-L <seu nome> ou vá diretamente ao site da lista, no endereço http://listserv.gmu.edu/cgi-bin/wa?A0=ec-digest-l. Logo após você receberá um e-mail de confirmação contendo instruções para se inscrever. Após alguns minutos, você será parte da grande comunidade mundial da computação evolucionária.

A.3. Código-Fonte

Existem vários sites que oferecem código-fonte de implementações de algoritmos genéticos. Um site que contém algumas implementações é http://www.cse.unr.edu/~sushil/class/gas/code/index.html. Outro site importante é http://www.cs.cmu.edu/afs/cs/project/ai-repository/ai/areas/genetic/ga/systems/0.html, que mantém uma listagem de cerca de 50 aplicativos em várias linguagens diferentes (C, C++, Java, Eiffel, Fortran, LISP e Matlab). As normas de utilização dos códigos disponibilizados estão contidas no próprio site e devem ser respeitadas, obviamente.

Outra boa fonte é usar o motor de busca especializado em algoritmos genéticos no site http://www.optiwater.com/GAsearch/. Ele pode ser de grande valia para encontrar alguma informação que pode ajudar a direcionar sua pesquisa.

A.4. Produtos Não Comerciais

Na primeira edição do livro eu coloquei uma lista de produtos comerciais disponíveis no site. Esta foi retirada pois não tenho interesse em apoiar companhias comercialmente – tenho certeza que todas elas são competentes o suficiente para realizar suas próprias ações de marketing.

Softwares comerciais são interessantes para aqueles que desejam conseguir *software* com apoio profissional. É importante buscar, antes de se decidir por qualquer um deles, ferramentas que sigam a filosofia *open source* ou não comerciais, que listamos a seguir, que podem eventualmente ser mais adequadas para sua empreitada, especialmente se você levar em consideração o conselho que permeia todo este livro: adapte o GA ao seu problema, e não o contrário!

Existem dezenas de produtos não comerciais cujo código-fonte está disponível para uso. Muitos são bem comentados, outros são bibliotecas de usos. Listamos a seguir uma relação resumida, alguns dos quais foram originalmente referenciados em Carvalho (2003) e no FAQ intitulado "Hitchhiker's Guide to Evolutionary Computation". É importante ressaltar que todos os links foram verificados em maio/2011 e podem ter sido desabilitados no decorrer do tempo. Os *softwares* são os seguintes:

- Evolving Objects: é uma biblioteca escrita em C++ criada pela equipe Geneura da Universidade de Granada que foi projetada para facilitar a construção de algoritmos evolutivos. O sistema roda em uma diversidade de ambientes, incluindo vários tipos de Linux e Windows 95/NT. Pode ser obtida no endereço http://eodev.sourceforge.net/. Lá encontram-se *links* para um tutorial de uso, além de um *paper* e *slides* usados em uma conferência de 2001 onde o sistema foi apresentado.

- GALib: é uma biblioteca escrita em C++ que fornece um conjunto de objetos para o projeto de GAs. A documentação on-line e o código fonte podem ser obtidos em no endereço http://lancet.mit.edu/ga. Com GALib, é possível utilizar vários tipos distintos de seleção, *crossover* e mutação em várias diferentes representações cromossomiais, além de usar diversos módulos de população e critérios de parada distintos. Este *software* requer um compilador C++ e pode ser rodado em vários sistemas operacionais distintos, tais como vários sistemas Unix, Mac/OS e DOS/Windows.

- GANNET: GANNET (Genetic Algorithm / Neural NETwork) é um pacote de *software* escrito por Jason Spofford em 1990 que permite evoluir redes neurais binárias pequenas, de forma a construir um modelo educacional do que foi discutido no capítulo 11. Apesar de ser relativamente antigo, ele é interessante pois permite avaliar as redes sobre vários critérios diferentes de forma relativamente fácil. GANNET 2.0 pode ser obtido diretamente no site contido no endereço da Internet dado por http://www.cs.cmu.edu/afs/cs/project/ai-repository/ai/areas/genetic/ga/systems/gannet/0.html

- Genesis e variantes: Genesis é um GA baseado em gerações escrito em C por John Grefenstette. Como foi um dos primeiros pacotes distribuído de forma gratuita e extensa, o Genesis foi muito influente na popularização dos algoritmos genéticos e vários pacotes disponíveis atualmente são baseados nele. Ele pode ser obtido no site que fica no endereço da Internet http://www.cs.cmu.edu/afs/cs/project/ai-reposi-tory/ai/areas/ge-netic/ga/sys-tems/ge-nesis/0.html. O DGenesis é uma implementação distribuída baseada na versão 5.0 do Genesis para ser implementada em uma rede de *workstations*, onde cada subpopulação é mantida como uma *thread*, e todas se comunicam usando *sockets*. É programado na linguagem C e pode ser utilizado em estações de trabalho Unix. Pode ser obtida através do endereço da Internet http://www.cs.cmu.edu/afs/cs/project/ai-repository/ai/areas/gene-tic/ga/sys-tems/dge-nesis/0.html .O pGA é uma versão paralela do Genesis que permite múltiplas populações com taxa periódica de migração e várias outras opções, e pode ser obtido no endereço da Internet http://www.cs.cmu.edu/afs/cs/project/ai-repository/ai/areas/ge-netic/ga/sys-tems/pga/0.html

- GenET é um pacote genérico para GAs, no sentido de que mecanismos independentes de problema foram implementados e podem ser usados não importando o domínio da aplicação. O pacote permite múltiplas representações cromossomiais distintas, além de múltiplos operadores para cada representação. O GA foi implementado oferecendo uma ampla gama de possibilidades de parametrização, como, por exemplo, no caso do módulo de população, que suporta modelos que incluem um baseado em gerações, um *steady-state* e até mesmo outros, mais avançados. Foi implementado em C++ e pode ser obtido no endereço da Internet http://www.cs.cmu.edu/afs/cs/project/ai-repository/ai/areas/genetic/ga/systems/genet/0.html

- GA Playground: O GA Playground é um pacote de ferramentas de propósito geral no qual o usuário pode definir e rodar seus próprios problemas de otimização. Foi implementado na linguagem Java e requer um compilador Java, além da JVM instalada no computador que vai executá-lo. Para resolver seu problema particular, o usuário só precisa modificar um arquivo denominado GaaFunction, onde se codificará, em Java, sua função de avaliação. O endreço da Internet onde o GA Playground pode ser encontrado é http://www.aridolan.com/ga/gaa/gaa.html.

A.5. Revistas e Periódicos

Seguem alguns dos principais periódicos e revistas disponíveis no meio científico para que você possa se manter a par das novas pesquisas na área de algoritmos genéticos. Novamente, a presença ou ausência de um periódico nesta lista não é indicativo de qualidade, posto que a listagem não é, de maneira nenhuma, exaustiva. Ademais, os periódicos descritos nesta seção publicam artigos decorrentes de pesquisas novas e, geralmente, inovadoras, o que pode fazer com que sejam leitura extremamente difícil para um iniciante na área.

- *Evolutionary Computation*: contém artigos que descrevem várias áreas de modelos inspirados em sistemas naturais, com especial ênfase em sistemas evolucionários, tais como algoritmos genéticos e estratégias evolucionárias.
- *IEEE Transactions on Evolutionary Computation*: tem como objetivo publicar artigos de computação evolucionária e áreas correlatas com ênfase nas aplicações práticas para resolução de problemas na indústria, medicina e outras disciplinas. Dá preferência a artigos sobre algoritmos genéticos, estratégias evolucionárias e programação genética, entre outras.
- *BioSystems*: publica artigos que ligam a informática à biologia e ao pensamento evolucionário. Suas áreas de interesse são amplas e incluem desde modelagem de sistemas biológicos complexos até modelos evolucionários da computação.

- *Machine Learning*: é uma revista que congrega todas as diferentes abordagens do aprendizado de máquina. Publica artigos em teoria do aprendizado ou na aplicação de diferentes métodos de aprendizado, entre os quais os GAs, aplicados a várias áreas de aplicação distintas.

A.6. CONFERÊNCIAS

Na década de 80, o progresso dos algoritmos evolucionários e sua popularização no meio científico fizeram com que surgissem as primeiras conferências dedicadas exclusivamente a estes tópicos. Em termos internacionais, podemos destacar alguns eventos, listados em Eiben (2004), mas que até 2011 ainda eram especialmente ativos e apresentavam trabalhos de alto nível:

- Em 1985 surgiu a *International Conference on Genetic Algorithms* (1985), uma conferência bienal, que, em 1999, fundiu-se com a *Annual Conference on Genetic Programming* e formou um dos mais prestigiados eventos da comunidade, a *Genetic and Evolutionary Computation Conference* (GECCO).
- Em 1992 surgiu a *Annual Conference on Evolutionary Programming* que se fundiu com a *IEEE Conference on Evolutionary Computation* e se tornou o *Congress on Evolutionary Computation* (CEC), evento que ainda mantém seu caráter anual.
- Na Europa surgiu, em 1990, a conferência intitulada *Parallel Problem Solving from Nature* (PPSN), que desde então mantém seu caráter bienal.
- Existe também uma conferência dedicada apenas aos aspectos teóricos de algoritmos genéticos, intitulada *Foundations of Genetic Algorithms* (FOGA), que também é bienal.
- *International Joint Conference on Artificial Intelligence* (IJCAI) é um encontro bienal, organizado de forma independente mas com o apoio das sociedades de inteligência artificial dos países sedes. É uma conferência de vários temas de IA, não só de algoritmos evolucionários, e, consequentemente, pode conter poucos artigos sobre o assunto.

Existem também eventos nacionais que, apesar de não serem dedicados única e exclusivamente aos algoritmos evolucionários, dão a esta área um grande destaque. Entre eles podemos destacar:

- Simpósio Brasileiro de Inteligência Artificial (SBIA), que é um evento bienal, que em 2004 chegou à sua 17ª edição e que busca ser o fórum principal da comunidade de inteligência artificial no Brasil, incluindo nestes os pesquisadores na área de algoritmos evolucionários. Desde os anos 90 o SBIA tem atraído pesquisadores de todo o mundo e hoje em dia possui um comitê de programa internacional, além de ter vários estrangeiros nas posições de palestrantes principais.
- Workshop Brasileiro de Teses e Dissertações em Inteligência Artificial (WTDIA), evento bienal e que em 2004 realizou sua segunda edição. Como seu próprio site oficial afirma, o WTDIA tem como objetivo principal a existência de um fórum de discussão para os trabalhos de tese e dissertações em Inteligência Artificial, promovendo a integração e cooperação dos pesquisadores nesta área e propiciando maior visibilidade dos trabalhos em andamento para a comunidade acadêmica e industrial. Pretende ainda propiciar maior participação de alunos de pós-graduação no evento, e estimular a melhoria da qualidade dos trabalhos de teses de Doutorado e de dissertações de Mestrado da área de Inteligência Artificial.
- Simpósio Brasileiro de Automação Inteligente (SBAI), que é um evento bianual, promovido pela Sociedade Brasileira de Automática, reunindo pesquisadores da área de automação que utilizam técnicas de inteligência artificial e áreas correlatas. Várias aplicações interessantes de algoritmos evolucionários e outras técnicas computacionais podem ser vistas neste evento.
- Encontro Nacional de Inteligência Artificial (ENIA), que é um evento que ocorre dentro do Congresso da Sociedade Brasileira de Computação (CSBC). Como seu nome indica, possui artigos em todas as áreas de inteligência artificial, apresentando vários trabalhos de ponta nesta área (e por conseguinte em algoritmos genéticos também).

É importante ressaltar que nenhum dos eventos nacionais é dedicado exclusivamente a algoritmos evolucionários e é possível que, em alguma edição, haja poucos artigos ligados a EA. Entretanto, pelo seu caráter científico e tecnológico, estes são eventos que sempre interessarão a uma pessoa verdadeiramente dedicada à área.

A.7. INFORMAÇÕES BIOLÓGICAS

No capítulo 2 tentamos oferecer uma introdução simples e compacta sobre os conceitos biológicos usados como inspiração dos algoritmos genéticos. Devido ao fato do público alvo deste livro ser composto de informatas, e não biólogos, esta seção ficou bastante incompleta. Assim, listamos aqui alguns sites que podem ajudar àqueles que queiram complementar estas informações.

Para compreender bem a teoria da evolução, o surgimento da vida e até mesmo algumas teorias contrárias à de Darwin, um bom site é http://www.universitario.com.br/celo/topicos/subtopicos/evolucao/teorias/teorias.html. Outro site que pode lhe ajudar bastante está no endereço http://www.xr.pro.br/teoria_evolucao.html.

Para entender melhor a história do descobrimento do DNA, sua função e como ele se relaciona com as proteínas, um excelente site é http://www.biomol.org/. A Wikipedia, sempre uma fonte interessante de subsídios, pode lhe fornecer informação sobre os cromossomos, no site http://pt.wikipedia.org/wiki/Cromossoma.

A sua compreensão sobre o DNA e o dogma central pode ser ampliada através da informação contida no site http://www.euchromatin.org/Crick01.htm. Lá também estão armazenadas informações sobre o RNA, mutações e outros conceitos biológicos interessantes. Um link muito interessante é a série de vídeos que está disponível no YouTube, no link www.youtube.com/watch?v=GkdRdik73kU.

Outro ponto importante é a associação entre genótipo e fenótipo. Algumas informações interessantes podem ser encontradas no link cujo endereço é http://www.monografias.com/trabajos13/heram/heram.shtml. A Wikipedia contém textos bem básicos sobre o assunto (último acesso em agosto/2011), sem maiores referências, no endereço http://pt.wikipedia.org/wiki/Fen%C3%B3tipo e http://pt.wikipedia.org/wiki/Gen%C3%B3tipo.

Estes sites são apenas uma sugestão para uma introdução rápida. Muitos outros existem, em todos os níveis imagináveis de profundidade. Use as capacidades do seu buscador favorito para encontrar muito mais informação disponível na Internet.

Apêndice B

Técnicas Tradicionais de Resolução de Problemas

Neste apêndice veremos alguns métodos que devem ser parte do seu arsenal para resolução de problemas. Obviamente, veremos todos os métodos de forma superficial, pois nenhum deles é o objetivo primário deste livro. Em cada descrição, colocaremos referências onde mais detalhes podem ser obtidos.

B.1. Métodos numéricos

Descreveremos agora métodos numéricos que servem para encontrar máximos ou mínimos e zeros de função. Encontrar estes pontos consiste em resolver a maioria dos problemas reais, pois estes podem ser transformados em equações tratáveis por estes métodos. Existem vários outros métodos numéricos além daqueles que são citados aqui. O leitor pode referenciar Franco (2007) para encontrar descrições melhores destes e de outros métodos úteis.

B.1.a. Método da Bisseção

O método da bisseção é um método que busca um zero de uma função contínua. Sua ideia é buscar um ponto em que a função seja positiva e outro onde ela seja negativa. Como a função é contínua, tem que haver ao menos um zero entre estes dois pontos. O método vai dividindo o intervalo ao meio até encontrar este ponto, ou chegar em uma vizinhança suficientemente próxima. O algoritmo do método é o seguinte:

```
1. Chute valores iniciais a e b tais que:
      a. f(a)<0
      b. f(b)>0
2. Calcule o valor c = (a+b)/2 .

3. Se f(c)=0, Interrompa o algoritmo.
4. Se f(c)<0, faça a=c.
5. Se f(c)>0, faça b=c.
6. Volte para o passo 2
```

O problema deste método é que, se houver mais de um zero no intervalo, ele só encontrará um deles. Ademais, ele ignorará totalmente a existência de zeros fora do intervalo determinado inicialmente. Entretanto, sua convergência é extremamente rápida, pois o tamanho do intervalo a cada iteração se reduz a $\varepsilon = \left|\frac{a_{inicial} - b_{inicial}}{2^n}\right|$, onde n é o número de iterações decorridas. Algumas iterações deste algoritmo são mostradas na figura B.1.

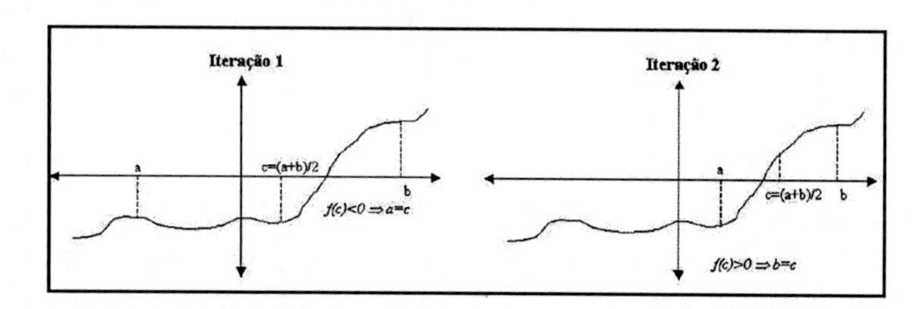

***Fig. B.1: Exemplo de execução do método da bisseção. Na iteração 1, começamos com dois valores aleatórios,* a *e* b*, tais que* f(a)*f(b)<0*. *Escolhemos então um ponto que divide o intervalo entre eles em duas partes iguais. Como* sgn(f(c))=sgn(f(a))*, fazemos* a=c *e vamos para a segunda iteração, onde o processo se repete. Nesta iteração,* sgn(f(c))=sgn(f(b)) *e fazemos* b=c*. O processo se repetiria até que encontrássemos a raiz ou até que* f(c)<e.**

B.1.b. Método de Newton-Raphson

O método iterativo linear é um método que cria uma função de iteração $x_{k+1} = \varphi(x_k)$ a partir da função *f(x)* utilizada de forma a iterar o valor de *x* e chegar à raiz de *f(x)*. A convergência deste método é tão mais rápida quanto menor for o valor de $|\varphi'(x_k)|$. O método de Newton-Raphson modifica o método iterativo linear fazendo com que $|\varphi'(x_k)| = 0$ (Franco, 2007). Para tanto, a fórmula de iteração é dada por $x_{k+1} = x_k - \frac{f(x_k)}{f'(x_k)}$.

A interpretação geométrica deste método é direta, sendo x_{k+1} a abcissa do ponto onde a reta tangente a $f(x_k)$ intercepta o eixo das abcissas. Se o chute inicial for na área da solução e a derivada não for muito próxima de zero em nenhum ponto por onde passarmos e a segunda derivada por limitada, o método de Newton-Raphson converge de forma quadrática. Um pouco da iteração deste método é mostrado na figura B.2.

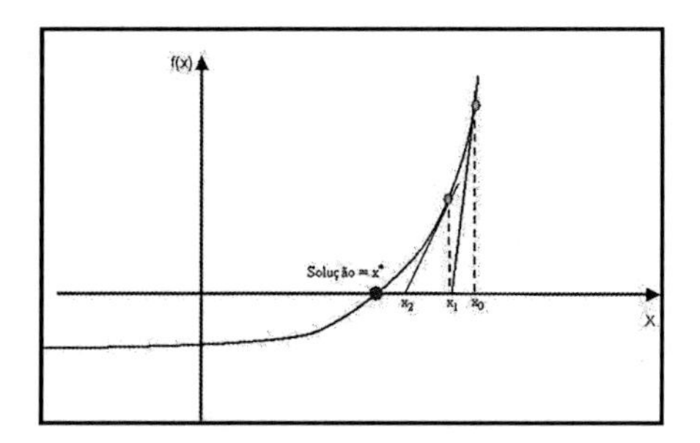

Fig. B.2: Exemplo do funcionamento do algoritmo de Newton-Raphson. Começamos no ponto x_0 e traçamos a reta tangente à função neste ponto. O ponto de interceptação desta reta com o eixo das abcissas é o segundo ponto da sequência do algoritmo x_1. Mais uma iteração idêntica e chegamos a x_2. Note como nos aproximamos da solução, o ponto x*.

B.2. PROBLEMAS COM RESTRIÇÕES

Descreveremos agora métodos que servem para resolver problemas similares àqueles apresentados no capítulo 14, que podem ser definidos pelas expressões:

$$\begin{array}{lcl} \min_{x \in R^n} F(x) & & \min_{x \in R^n} F(x) \\ & \text{ou} & \\ onde: Ax \geq b & & onde: Ax = b \end{array}$$

Estas expressões definem, respectivamente, o que conhecemos como o problema da **inequalidade linear** (LIP) ou o problema da **igualdade linear** (LEP). Para maiores informações sobre todos os métodos descritos aqui, deve-se consultar Gill (1981).

Não falaremos sobre algoritmos nesta seção, posto que as técnicas requerem um conhecimento matemático maior do que o requisito imposto sobre todas as outras seções deste livro. Entretanto, estas técnicas funcionam muito bem e com uma velocidade bem adequada para os problemas com as características que descrevemos. Caso você enfrente um destes problemas, deve considerar seu uso antes de se aventurar por um algoritmo genético.

B.2.a. Método Simplex

Se a função F(x) for linear, podemos resolver o problema diretamente usando o conhecidíssimo método Simplex. Este método baseia-se no conceito verdadeiro de que, quando as equações e as restrições são verdadeiras, a melhor solução tem que se encontrar em um vértice do espaço definido pelas restrições, onde um vértice consiste em um ponto do espaço $\Re^n$ onde mais de um plano definido pelas restrições se cruza.

Desta forma, para encontrar uma solução basta fazer um algoritmo que itere entre os vértices. Como há um número limitado de vértices, existe um limite superior de iterações necessárias para se alcançar a solução ótima.

Este número de iterações cresce quando o tamanho do problema aumenta de forma excessiva, mas, na prática, o método Simplex é bastante eficiente e o número de iterações tende a ser uma função linear do tamanho do problema.

B.2.b. Programação Quadrática

Quando a função F(x) tem uma forma quadrática dada por $F(x) = c^T x + \frac{1}{2} x^T G x$, existem vários métodos, de acordo com o formato da matriz G que define o problema.

Por exemplo, se é sabido *a priori* que a matriz Hessiana do problema é positiva definida, sabemos que o problema tem um mínimo unívoco e pode-se encontrar a direção de busca usando equações baseadas no método de Newton.

Quando a matriz Hessiana é indefinida em alguns pontos, o problema se complica, mas ainda existem aproximações que permitem encontrar uma direção de busca na qual o gradiente da função F(x) é negativo.

Estes métodos de programação quadrática são muito importantes pois sempre podemos fazer uma aproximação dos mínimos quadrados de uma função, de forma a buscar seu mínimo. Assim, como aproximação, muitos problemas podem ser reduzidos à programação quadrática.

B.3. MÉTODOS DE BUSCA EM ESPAÇO DE ESTADOS

Um problema do mundo real pode ser resolvido através de técnicas de busca, desde que consigamos uma representação de espaços de soluções, onde possamos definir um estado onde o problema se inicia e o objetivo aonde desejamos chegar, que pode ser representado por uma ou mais soluções.

Assim, para resolver o problema tudo que precisamos é um algoritmo que realize transições entre os estados usando operações válidas de forma a encontrar um caminho entre o estado inicial e uma das soluções (objetivos).

Nesta seção discutiremos brevemente alguns dos métodos usados para fazer uma busca em um espaço de estados. O leitor que desejar mais informações deve buscá-las em Russel (2004) ou Luger (2002).

B.3.a. Métodos de busca cega

Os métodos descritos nesta seção são chamados de cegos pois não usam informação do problema para tentar resolvê-lo. Ao invés disto, eles fazem uma busca sistemática pelo espaço de estados, varrendo-o exaustivamente até encontrar a solução desejada, se ela existir.

O primeiro método descrito aqui é o método da **busca em largura**. Este método abre todos os sucessores do estado corrente e verifica se algum deles é o objetivo. Se não for, ele enfileira todos os estados, retira o que está na primeira posição da fila e repete o processo. Existe um método extremamente similar, chamado de método da **busca em profundidade**, cuja única diferença é o fato de que ele empilha os estados sucessores, buscando então a próxima solução corrente, caso não encontre a solução, no topo da pilha de candidatos.

Como vocês todos se lembram das suas aulas de estruturas de dados, uma fila é uma estrutura do tipo *First In First Out* (FIFO), isto é, o primeiro a chegar é o primeiro a ser servido. Por outro lado, uma pilha é uma estrutura do tipo *Last In First Out* (LIFO), onde o último a chegar é o primeiro a ser selecionado. Isto quer dizer que o método em profundidade tenta explorar um caminho até não haver mais sucessores possíveis, aprofundando cada vez mais a busca antes de tentar outra solução que seja uma sucessora direta do estado inicial. Por conseguinte, se não houver um fim na lista de sucessores possíveis, este algoritmo pode nunca terminar, mesmo que a solução esteja a poucos passos de distância do estado inicial.

O método em largura encontra uma solução próxima no número mínimo de passos (que não necessariamente representam o custo mínimo da função). Entretanto, como é necessário manter todos os estados candidatos na fila de possíveis sucessores, este método pode precisar de uma memória de um tamanho pouco prático, o que inviabilizaria sua utilização em problemas reais. Russel (2004) cita um exemplo de problema relativamente pequeno em que são necessários apenas 10 passos para chegar a uma solução, havendo 10 soluções candidatas a partir de cada estado. Neste pequeno exemplo[1], são necessários mais de 100 terabytes (aproximadamente 100.000.000 de megabytes) para resolver o problema.

Os parágrafos anteriores embutem a noção de que o método em largura é completo, no sentido de que, se há uma solução, ele necessariamente a encontra, enquanto o método em profundidade não o é. Ademais, se as ações disponíveis satisfizerem certos requisitos básicos, como o fato de que todos os passos têm custos iguais, o método em largura garantidamente encontra a solução ótima, coisa que o método em profundidade não faz. O problema do método em largura é a sua complexidade de espaço, que pode inviabilizar a solução, problema do qual o método em profundidade não sofre.

Para resolver o problema do método em profundidade pode-se usar o de **aprofundamento iterativo**. Este método limita a profundidade máxima a ser atingida pelo algoritmo e, se ao fim do percorrimento do grafo que inclui não mais do que n passos em cada direção a solução não for encontrada, tenta-se novamente, só que limitando o número de passos em cada direção a $n+1$.

---

[1] O problema é pequeno mesmo. Por exemplo, um jogo de xadrez entre dois jogadores normais tem cerca de 30 soluções candidatas a cada estado e precisa de mais de 40 movimentos, em média para terminar. O jogo de Go é ainda pior.

B.3.b. Métodos de busca informada

Se os métodos não informados não parecem ser capazes de resolver o problema da busca em um tempo razoável, podemos então apelar para o uso de mais informação, de forma a tentar encontrar métodos mais eficientes.

O primeiro método que usa informação é conhecido como **busca gulosa**, ou pela melhor escolha (*greedy*). Este método expande o estado que implique em um menor custo, na suposição de que o somatório de soluções que são mínimos locais gera um mínimo global. Esta presunção é falsa, como podemos ver na figura B.3, mas o uso do método guloso geralmente nos permite obter soluções de qualidade razoável em um tempo muito pequeno.

Um método muito bom e muito veloz é o **algoritmo A***. Este método necessita de informações sobre a distância estimada entre o estado atual (uma função heurística) e o estado objetivo mais próximo, e sempre percorre o caminho que passa pelo estado mais promissor, isto é, aquele que tem o menor somatório do custo para chegar ao estado atual com o custo estimado até a função objetivo.

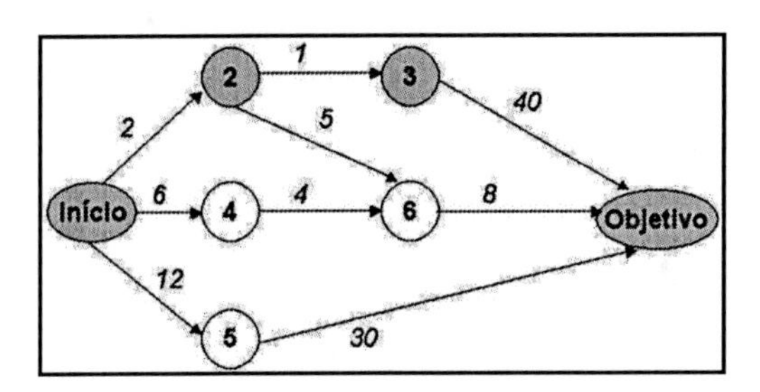

Fig. B.3: Exemplo de situação em que o algoritmo guloso não encontra o melhor resultado. As legendas nas arestas indicam o custo do caminho e o caminho seguido é dado pelos nós de fundo escuro. O algoritmo guloso começa pelo nó 2 pois este tem o menor custo dos destinos possíveis a partir do nó de início. O mesmo vale para o nó 3 e a conseguinte chegada no objetivo. Isto faz com que algoritmo encontre um caminho de custo 43 quando existe um caminho ótimo de custo 15 (Início → 2 → 6 → Objetivo).

Pode-se provar matematicamente que se a função heurística for admissível, isto é, se seu valor sempre for inferior ao custo real do caminho entre os estados corrente e objetivo, então o algoritmo A* sempre encontrará a solução ótima para o problema sendo resolvido, além de ser otimamente eficiente, isto é, ser o método que expande o número mínimo de estado antes de encontrar a solução para o problema.

O algoritmo A* ser completo e otimamente eficiente não significa que ele seja a resposta para todos os problemas. Em muitos casos, o número de nós explorado ainda é exponencial em relação ao comprimento da solução, além dele necessitar de uma grande quantidade de memória que pode não ser prática para problemas de comprimento maior (Russel, 2004), sendo que este último problema pode ser resolvido de forma similar à limitação da profundidade efetuada pelo método de aprofundamento iterativo.

Outro ponto a ser considerado é a dificuldade de se projetar uma heurística admissível para problemas mais complexos. Para encontrá-las, normalmente necessitamos relaxar o problema em questão, abandonando certas restrições que ele possui (como a impossibilidade de atravessar paredes, por exemplo), mas, mesmo assim, nem sempre elas são fáceis de encontrar. É possível, entretanto, usar heurísticas que não sejam estritamente admissíveis e nos contentarmos com soluções subótimas.

O importante a concluir nesta seção é o fato de que o uso de informação sobre o problema sempre melhora o desempenho dos métodos de busca. Assim, a estratégia mais sábia sempre consiste em tentar compreender o máximo possível sobre o problema que precisa ser resolvido antes de atacá-lo diretamente com um algoritmo de busca escolhido ao acaso.

B.4. OUTROS MÉTODOS INTELIGENTES

Nesta seção vamos discutir dois outros métodos que são considerados inteligentes e que, como vimos no capítulo 16, podem ser utilizados em conjunto com algoritmos genéticos para melhorar o desempenho dos mesmos. Maiores referências sobre estes métodos e outros métodos inteligentes podem ser obtidas nos excelentes livros (Russel, 2004) e (Michalewicz, 2010).

B.4.a. Resfriamento simulado

Este método, cujo nome original é *simulated annealing*, o que poderia ser traduzido com mais precisão para método da têmpera simulada, busca simular o processo de resfriamento de metais e vidros. Estes, naturalmente, atingem uma configuração de baixa energia conforme esfriam gradativamente, apesar de suas moléculas "dançarem alucinadamente" quando o metal está aquecido.

O funcionamento do método de resfriamento simulado é extremamente similar ao de subida de encosta, no qual só aceitamos mudanças no estado atual quando estas melhorarem a avaliação do indivíduo. A diferença principal é que, no refriamento simulado, em vez de escolher mudar o estado na direção de maior ganho, escolhe-se um movimento aleatório.

A escolha do movimento é feita de forma simples: se ele melhora o estado atual, ele é sempre aceito. Se ele não melhora a configuração atual, ele é aceito com uma probabilidade menor do que 1.

A probabilidade de escolha de uma solução deve diminuir quanto pior for o movimento e também conforme as iterações forem passando: no começo, é muito provável que se aceite um movimento ruim. Ao fim do algoritmo, a aceitação de um tal movimento deve ser muito improvável. Para tanto, estabelecemos um parâmetro T, que representa a temperatura do processo de resfriamento e que é diminuída durante todo o desenvolver do algoritmo, o que faz com que a probabilidade também diminua.

A conclusão razoável é que precisamos de uma função de determinação de probabilidades que satisfaça os seguintes critérios:

- Quando T é alta, a probabilidade de aceitação é grande.
- Quando T é baixa, a probabilidade de aceitação é pequena.
- Quanto pior for o próximo estado, mais difícil se torna sua aceitação.

Partindo destes conceitos, podemos chegar à seguinte fórmula para a probabilidade de aceitação de um movimento que não melhore o estado atual:

$$p = 1 - e^{\frac{-\Delta E}{T}}$$

Repare que quando $T \rightarrow \infty$, o valor de $e^{\frac{-\Delta E}{T}}$ tende a zero, fazendo com que o valor da variação de energia seja irrelevante, e a probabilidade de aceitação tenda a 1. Por outro lado, quando $T \rightarrow 0$, o valor do expoente tende a $-\infty$ e o termo exponencial tende a 1, o que faz com que a probabilidade total tenda a zero.

Para valores fixos de *T*, se o sinal de ΔE for negativo (nova solução é pior do que a solução atual), quanto maior for seu módulo, maior será o valor de $e^{\frac{-\Delta E}{T}}$, devido ao sinal negativo invertendo seu sinal, o que diminuirá a probabilidade total de aceitação da mesma.

Precisamos apenas determinar um valor inicial para a temperatura e um procedimento para sua diminuição. Muitos trabalhos demonstraram que, se a diminuição da energia for lenta o suficiente, o valor encontrado ao final da execução do algoritmo se aproxima bastante do ótimo procurado. Isto é similar ao processo de resfriamento real, pois se o fazemos muito rápido, introduzimos falhas e fraturas na estrutura do cristal/metal que estamos esfriando.

B.4.b. Busca Tabu

A ideia principal da busca tabu é a existência de uma memória que força o algoritmo a explorar novas áreas do espaço de busca. A ideia consiste em proibir (tornar tabu) certas regiões do espaço de busca que já tenham sido visitadas e cujas características já conhecemos. Note que esta busca é completamente determinística, ao contrário do resfriamento simulado.

A diferença entre os vários métodos que implementam a busca tabu é a forma com que mantêm a estrutura de memória. Ela pode proibir que se retorne para sempre para uma região, ou proibir este retorno apenas por um certo tempo (número de iterações).

Em problemas binários, (Michalewicz, 2010) sugere duas técnicas distintas: uma baseada em uso recente e outra em uso frequente.

A técnica baseada em uso recente mantém armazenado o número da última geração em que cada *bit* foi mudado. Se ele nunca foi mudado ou se foi modificado há mais de *n* gerações, *n* sendo um parâmetro do algoritmo, estão ele pode ser alterado por um processo de busca. Senão, ele só pode ser mudado se a melhora por ele oferecida for boa o suficiente, onde a determinação deste patamar é feita *ad hoc.*

A técnica baseada em uso frequente mantém uma contagem do número de vezes que um *bit* foi mudado nas últimas *n* gerações, *H(i)* e penaliza a avaliação de qualquer nova solução que o altere por um fator *k*H(i)*.

Outras representações devem manter sua lista tabu de outras formas. Representações baseadas em ordem podem manter uma lista das inversões feitas no cromossomo e as numéricas podem manter um hipercírculo de raio *r* em torno do ponto alterado como área proibida. A literatura é pródiga em exemplos de utilização desta técnica nos mais diversos tipos de problema.

Impressão e Acabamento
Gráfica Editora Ciência Moderna Ltda.
Tel.: (21) 2201-6662